大同地区农作物栽培实用技术

● 张世发 著

U0272289

中国农业科学技术出版社

图书在版编目（CIP）数据

大同地区农作物栽培实用技术／张世发著. —北京：中国农业科学技术出版社，2017.8

ISBN 978－7－5116－3180－0

Ⅰ. ①大… Ⅱ. ①张… Ⅲ. ①作物－栽培技术－大同 Ⅳ. ①S31

中国版本图书馆 CIP 数据核字（2017）第 170802 号

责任编辑　徐　毅
责任校对　马广洋

出 版 者　中国农业科学技术出版社
　　　　　北京市中关村南大街 12 号　邮编：100081
电　　话　（010）82106631（编辑室）　　（010）82109702（发行部）
　　　　　（010）82109709（读者服务部）
传　　真　（010）82106631
网　　址　http：//www. castp. cn
经 销 者　各地新华书店
印 刷 者　北京富泰印刷有限责任公司
开　　本　880mm ×1 230mm　1/32
印　　张　13. 875
字　　数　305 千字
版　　次　2017 年 8 月第 1 版　2017 年 8 月第 1 次印刷
定　　价　35. 00 元

作者介绍

张世发，男，汉族，1966 年出生，籍贯山西省阳高县。中央党校研究生，高级农业经济师，现任大同市农业广播电视学校书记。

多年来一直从事农业实用技术研究与推广工作。先后主持并完成山西省农业科技成果转化与推广项目 3 项，山西省农业软科学研究项目 1 项，大同市农业科技成果转化与推广项目 2 项，大同市农业科学技术攻关项目 3 项，大同市农业软科学研究项目 5 项。在国家级刊物上发表论文 2 篇，省级刊物上发表论文 5 篇。2014 年被大同市政府授予"农业学科带头人"称号。

前　言

　　大同地区地处黄土高原东北部，下辖 11 个县区，其中，有 9 个农业县区。由于地貌类型、土壤结构、气候条件不同，各地的农业产业结构也不尽相同。如何使农业实用技术培训贴近当地农业生产实际，使农业科技成果快速转化为现实生产力，让农民朋友实实在在感受到农业科技培训带来的实惠，促进农业增产，农民增收。这是每位农业工作者职责所在。

　　为了更好地开展新型职业农民培育工作，实现精准培育，同时，也为了方便广大农民朋友学习掌握农作物栽培实用技术，解决农业生产中遇到的实际问题，编写了《大同地区农作物栽培实用技术》，期盼能取得预期的效果。

作　者

2017 年 4 月 6 日

目　　录

第一篇　主要粮食作物

第二篇　小杂粮作物

第三篇 蔬菜作物

第一篇　主要粮食作物

第一章 玉 米

一、大同地区玉米高产栽培技术

玉米是大同地区主要粮食作物之一，玉米丰歉和效益的高低直接影响农民的收入和农业经济的发展，为了实现农业生产的高产高效，下面我们就玉米品种的选用、适宜播种期、配方施肥、种植密度、田间管理等技术进行讲解。

（一）品种选用

产量高，增产潜力大，紧凑耐旱的玉米品种，是实现玉米高产的前提。从近 2 年的高产品种对比试验示范结果来看，郑单 958、大丰 30、先玉 335 这 3 个品种可作为高产田的主推品种。

（二）整地

选择有浇灌条件的耕地，在一个生长周期能确保浇 2 ~ 3 次水，去秋深耕、早春要镇压耙磨使土地细碎，地面平整，播前旋耕后要立即耙磨，使土中无暗坷垃，无大空隙，上虚下实，为播种创造良好条件。

（三）配方施肥

施肥应以基肥为主，追肥为辅，根据地力情况和生产水平科学搭配氮磷钾施用量，底肥亩施有机肥 2 000 kg，40% 的复合肥（N = 24 kg、P_2O_5 = 10 kg、KO_2 = 6 kg）40 kg，在春耕时将有机肥和化肥同时施入。

（四）种子二次包衣

目前，市场上供应的玉米包衣种子，由于受到技术成本等条件的限制，包衣剂的用量还不能够彻底解决玉米病虫害问题，近年来我们引进拜耳公司生产的拌种药高巧＋立克秀，对包衣种子进行二次包衣试验示范，取得了理想的防治病虫害效果。用高巧二次包衣不会对种子产生任何影响，不仅可以预防丝黑穗病、病毒病，而且解决了地下害虫（蛴螬、金针虫、地老虎）的为害问题，更重要的是每亩（1亩≈667m²，全书同）能够平均增产100kg左右，既能预防主要病虫害，又能调节玉米生长起到增产作用。二次包衣方法是：高巧1瓶（30ml）＋立克秀（10ml）兑水300～400g可包衣种子6.5～7.5kg，要在室内操作，包衣后将种子倒在铺有塑料布的地面上阴干（24小时）即可播种，不能拿到室外晒干。

（五）精细播种，合理密植

合理的种植密度是发挥品种增产潜力的重要措施，创建合理的群体结构，充分利用土、肥、水、气、热等自然资源和生产条件，协调好群体与个体之间，植株地上部分与地下部分之间的关系是实现高产的重要保证。郑单958、大丰30、先玉335每亩留苗在3 800～4 000株，宽窄行种植，大行55cm，小行35cm，株距30cm，要做到精少量播种，即单粒播种，覆膜一次性作业，一窝1粒种子，出1株苗，不仅省种，也省间苗用工，大同市县区播种期应在4月25日至5月5日。

（六）化学除草

大同市春季风大干旱，使用苗前除草剂效果不理想，应选择苗后除草剂，当幼苗出齐后3～5叶时，可用老马金锄（丙莠滴丁酯）每亩用280g兑水30kg，在10:00前和16:00后无风时喷雾，除草效果较好。

（七）及时打杈去蘖

玉米在拔节前茎基部长出分蘖，分蘖茎上，一般不结果穗，因此，必须在拔节前后随见随去，去蘖应早些，以免浪费营养和损伤主茎与根系。

（八）适时浇水追肥

玉米拔节孕穗期是需水肥需求最旺盛时期，气温高，田间蒸发量大，应适时浇水追肥，特别是大喇叭口期是玉米雌、雄穗分化发育关键时期，也是玉米需水临界期，遇旱极易形成"卡脖旱"造成花期不遇，结实不好的后果，所以，大喇叭口期确保浇 1 次透水，结合浇水亩施尿素（穴施）15～20kg。

（九）及时防治附萤叶甲

附萤叶甲属鞘翅目、叶甲科，近年来在大同市玉米抽穗吐丝期发生严重，蚕食花丝，使玉米授粉受阻造成缺粒，应及时防治附萤叶甲，每亩用高效氯氰菊酯 100g 兑水 30kg 喷雾防治。

（十）人工辅助授粉

高产地块群体较大，通透性差，个别植株自然授粉困难，应在授粉后期进行人工辅助授粉以增加穗粒数。

（十一）去雄

待玉米授粉结束后，人工将玉米雄穗全部去掉以减少养分消耗，提高顶层叶片光照强度，增加植株的光合作用。

（十二）适当晚收

适当晚收能保证籽粒充分灌浆和成熟，眼观"乳线"消失为最好，从初熟期到完熟期每推迟 1 天，千粒重可增加 3～4g，因此，适当晚收可达到提高产量的目的。

二、鲜食玉米（甜、糯）高效栽培技术

目前，大同市鲜食玉米市场需求量较大，发展鲜食玉米是农民增收的有效途径。鲜食玉米在栽培技术上和普通玉米有较大的区别。主要栽培技术如下。

（一）选地

要选择土地肥沃的黏壤土，平坦浇灌方便的地块。

（二）选用适宜的品种

要根据当地环境条件和生产目的以及市场需求等因素综合考虑。一般应选用糯性好、质地柔嫩、香味纯正、果穗大小一致，结实饱满、籽粒排列整齐和种皮较薄的品种，目前糯玉米比较好的品种有：万糯一号（白粒）、万黏三号（白粒）、垦黏一号（黄粒）、彩糯一号（花粒），甜玉米可选用超甜2000。

（三）合理安排播期

根据市场要求，本着效益最大化的原则，科学安排种植时间和面积，因为，鲜食玉米的采收期很短，一般在授粉后 22～28 天，必须在这时期采收上市或加工，过早过晚采收都会影响其商品质量，为延长上市和加工时间，就应实行分期播种和早、中、晚品种搭配种植。

（四）精细整地，施足底肥

播前要认真耕地耙磨，使土地上虚下实无圪垃，亩施农家肥 2 000kg，40% 的复合肥 50kg。

（五）空间隔离，时间隔离

种植鲜食玉米必须与其他类型玉米隔离，因甜糯玉米在接受了其他类型玉米的花粉后，当代所结籽粒就变成了普通玉米，所以，甜糯玉米种植区 300m 内的田块不能种植普通玉米，如空间不能隔离，就采取播种期时间隔离，比普通玉米晚播 15 ~ 20 天，错开花期。

（六）播种

因甜糯玉米种子顶土能力较弱，所以，要求墒情要好，不能深播，一般播种深度在 4 ~ 5cm，每穴播 2 ~ 3 粒种子。

（七）合理密植

为了取得好的经济效益，必须协调好群体与个体之间的关系，争取较高的商品率。通过近几年的试验，种植万糯一号、万黏三号、超甜 2000，亩苗数应掌握在 2 800 ~ 3 200 株为宜。

（八）加强肥水管理

甜糯玉米长势和吸收水肥能力都不及普通玉米，所以，在施足底肥的基础上还要追肥、浇水 3 次。第一次追肥浇水在拔节期，玉米苗高 30cm 左右亩追尿素 10kg。第二次追肥浇水在大喇叭口期，亩施尿素 15kg。第三次追肥浇水在玉米吐丝期，亩追尿素 10kg。

（九）及时去蘖

甜糯玉米比普通玉米容易产生分蘖，分蘖一般不能结实或极少结实，若发现分蘖要及时除去，减少养分消耗，而且要进行多次去蘖。

（十）人工辅助授粉

进入抽穗吐丝期，如遇高温、大风和下雨等不良气候条件，会出现秃尖和缺粒现象，通过人工辅助授粉可解决因自然授粉不足产生的秃尖缺粒问题。一般在 9：00 ~ 11：00 进行人工辅助授粉，每隔 1 ~ 2 天进行 1 次，3 ~ 4 次便可达到目的，授粉后花丝迅速萎缩。

（十一）及时防治病虫害

在大同市主要是玉米红蜘蛛和附萤叶甲，如田间发生，可用高效氯氰菊酯或阿维菌素 2 000 倍液喷雾防治。

（十二）适期采收

采收期主要是由"食味"决定，在授粉后 25 ~ 28 天采收最佳，即玉米的乳熟期，采收过早，干物质和各种营养成分不足，糯性差。采收过晚风味差，采收一般以清晨低温时进行，采收后保存时间不宜过长，存放时间超过 24 小时品质变差，应该当天采收当天上市或加工。

三、玉米生物覆盖技术

生物覆盖也称秸秆覆盖，是利用作物秸秆和一切残体覆盖地表，达到蓄水保墒、改土培肥、减少水土流失的目的。目前，推广的生物覆盖技术是一项综合的旱作技术。

玉米生物覆盖有 5 种形式，即半耕整秆半覆盖，全耕整秆半覆盖，免耕整秆覆盖，短秸秆覆盖和地膜、秸秆二元覆盖。

（一）覆盖形式和操作程序

1. 半耕整秆半覆盖

玉米秸秆收获后，一边割秆一边硬茬顺行覆盖，盖 67cm，空67cm，也可以盖 60cm，空 73cm。下一排根要压住上一排梢，在秸秆交接处和每隔 1m 左右的秸秆上要适量压些土，以免大风刮走。第二年春天，在未盖秸秆空行内耕作、施肥。用单行或双行半精量播种机在空行靠秸秆两边种 2 行玉米。玉米生长期间在未盖秸秆行内中耕、追肥、培土，秋收后，再在第一年未盖秸秆的空行内覆盖秸秆。

2. 全耕整秆覆盖

玉米收获后，将玉米秆搂到地边，耕耙后顺行覆盖整株玉米秆，盖 67cm，空 67cm，下一排根要压住上一排梢，在首尾交接处或 1m左右距离的秸秆上，适量压些土。第二年春天的施肥、播种以及玉米生长期间的管理与半耕整秆半覆盖相同。

3. 免耕整秆覆盖

玉米收获后，不翻耕，不去茬，将玉米整株秸秆顺垄割倒或用机具压倒，均匀的铺在地面，形成全覆盖。第二年春天，播种前 2～3 天，把播种行内的秸秆搂到垄背上形成半覆盖。播种方法采用两犁开沟法，先开施肥沟，沟深 10cm 以上，施入农家肥和化肥。第二犁开播种沟，下种覆土。生长期间管理和半耕整秆半覆盖操作程序相同。

4. 短秸秆覆盖

在玉米拔节期，将玉米秸秆切成 6～10cm 的短秸秆，均匀地撒在玉米行间，其他程序同常规生产。

5. 地膜、秸秆二元覆盖

"旱、寒、薄"是高寒冷凉区农业发展的主要制约因素，推广地膜、秸秆二元覆盖技术是解决"旱、寒、薄"三大问题的重要技术之一，它既有地膜覆盖增温保墒作用，又有秸秆覆盖蓄水保墒、肥田改土作用。

（1）地膜、秸秆二元双（层）覆盖技术。主要操作程序：开沟—铺秆—起垄—施肥—盖膜—打孔—播种。

开沟铺秆起垄，秋收后用犁开成 40cm 宽、20～27cm 深的沟，将玉米整秸秆铺于沟底覆土，起垄过冬。要求形成垄和空档各占一半的 133cm 为一带。施肥、盖膜、打孔、播种，第二年春天玉米播种前在垄上先施肥再覆盖 75cm 宽的地膜，然后在地膜两侧打孔种 2 行玉米，小行距 50cm。田间管理同地膜覆盖栽培技术。秋收后继续例行覆盖，其余配套农艺与地膜、秸秆单覆盖雷同。

（2）地膜、秸秆单（层）覆盖技术。主要操作程序：开浅沟—铺秆—浅覆土—另起垄—施肥—盖膜—打孔播种—田间管理。

开浅沟铺秆，玉米收获后，用犁开沟，沟深 10～15cm、沟宽 25cm 左右，将玉米整秸秆铺于沟底浅覆土（或间隔覆土）过冬，形成 133cm 为一带，秸秆覆盖和空档各占一半（也可不开沟铺秆）。

整地施肥盖膜，在空挡处亩施碳铵和过磷酸钙各 50kg，沟施覆土，然后整地起垄（起垄可在秋后覆盖秸秆之后起垄或者在第二年春天整地起垄，及时覆盖 75cm 宽的地膜）。

播种管理，在地膜两边分别打孔播种两行玉米，播深要掌握在 3~5cm，出苗后及早间苗、定苗。沟铺垄盖技术要求一次性施足底肥，若肥力不足，可在拔节后在膜侧开沟追肥。田间管理与地膜覆盖栽培技术形同。

生物覆盖还要因地制宜，半耕整秆半覆盖、全耕整秆半覆盖、免耕整秆覆盖和短秸秆覆盖适宜于海拔 1 300m 以下，坡度 15°以下，年均气温 7℃以上，大于零度的年积温在 3 500℃以上的广大中晚熟玉米旱作区。每亩覆盖秸秆以 500~1 000kg 为宜。地膜、秸秆双相覆盖适宜于 0℃的年积温 3 000~3 500℃的冷凉区。每亩覆盖秸秆 400~600kg 为宜，但这些条件也可因地制宜，适当改变。玉米生物覆盖要有配套的农艺措施，才能发挥它的优势。

（二）玉米生物覆盖配套农艺措施

1. 选用良种

玉米生物覆盖田改善了生态条件，所以，应选用高产、抗病、抗倒伏的品种，目前以烟单 13 号、中单 2 号、丹玉 13 号、农大 60 和晋单 27 号等品种为宜。

2. 合理密植

在当地常规栽培密度基础上，每亩增加 300~500 株玉米。

3. 防治病虫害

生物覆盖玉米田，早春地温低，出苗缓慢，易感黑粉病，应采用种子包衣，或用 50% 的"甲基对硫磷"乳油按 1∶50（水）∶500（种子）的比例拌种，或用 40% "拌种双"按种子量的 0.3% 拌种，发现丝黑穗病和黑粉病植株要及时清除，最好烧掉病株。

4. 平衡施肥

在当地配方施肥的基础上，施足底肥，适当增施 15%~20% 的氮肥，以便调整碳氮比，有利于秸秆腐解。一般情况下，每亩生产 600~800kg 玉米籽粒，应该施纯氮 15~22kg，五氧化二磷 7~10kg。地膜、秸秆双相覆盖的高产、高效田还需适当增施氮、磷、钾和锌肥。

5. 中耕除草

生物覆盖田虽然可以抑制杂草，但是在不规范的覆盖田和免耕覆盖田中，还必须中耕除草，或者用除草剂在播后或苗期进行化学除草。有些冷凉地区玉米苗期地温低，生长缓慢，应当做到"两要"。第一次中耕"要早"，在 4 ~ 5 叶期进行；"要深"，深度达 10 ~ 15cm，以利于提高地温。

6. 配备专用农机具

整秆玉米覆盖可选用半覆盖机覆盖或用大型农机具直接压倒覆盖。用小型旋耕机耕作施肥，用半精量播种机播种。免耕覆盖可用中国农业大学研制的免耕播种机，一次完成扒秆、破茬、松土、播种、施肥、镇压等作业。

（三）玉米生物覆盖注意事项

1. 生物覆盖要注意"四盖四不盖"

即盖旱地不盖保浇水地；盖向阳沟坝地不盖背阴冷凉地；盖盐碱地不盖下湿地；盖单作或两作地，不盖间套多种多收地。

2. 生物覆盖技术要规范

有人认为生物覆盖无技术可言，随便把秸秆放到地表就了事。因此，出现了覆盖秸秆宽窄不一、稀稀拉拉，有的秸秆上盖土过多等问题。覆盖秸秆过乱的田块，一定要整理规范，这样才有利于机械耕种等作业。覆盖量不当容易影响效果。秸秆覆盖量过多则影响地温，不利于苗期生长，覆盖量不足，则保墒差，容易草荒。秸秆上压土过多，容易引起草荒，保墒效果也不好，也不易中耕除草。一般是在秸秆首尾交接处适量压土，或用带土根茬 2 ~ 3 个，如果秸秆长，风大的地区，每隔 1m 处，再压少量土。

3. 生物覆盖必须合理施肥

有人认为，覆盖的秸秆是很好的有机肥、生物覆盖田可以少施或不施肥料也能增产。其实，这是错误的认识。因为秸秆腐烂时，微生物活动需要一定的氮素，需要适当的碳氮比，一般以 25：1 为宜。腐解 1 000kg 秸秆，需要 16kg 氮素，碳氮比才算合理。这叫"欲要取之，必先与之"，只有先提供一部分能源（氮耙），使微生物活动加强，才会分解出更多的养分。因此，生物覆盖田要比常规生产田多施 15%~20% 的氮肥。

4. 生物覆盖与耕作

传统农业所提倡的"耕三耙四锄五遍"，其实这是跑水、跑肥、跑土的错误做法。对于十年九旱，严重干旱的土地来说，更是万万使不得。现代农业提倡少耕、深松、免耕。生物覆盖目的也是少耕、保蓄、肥田。一般情况下，提倡在半耕半覆盖田的空行处秋耕，这样在第二年播种作业就方便多了。

（四）玉米生物覆盖的作用

1. 抑制土壤水分蒸发，提高水分利用率

生物覆盖田地表处在半遮阴状态，可减少地表水分的蒸发和散失，雨天可纳雨保墒，提高土壤含水量。一般来说，生物覆盖田 0~30cm 耕作层土壤含水量，可以提高 1~5 个百分点。这样，大大增加了自然降水的利用率，与常规生产田比较，每亩每毫米降水利用效率提高 0.5kg，相对水分利用率提高 40.3%。

2. 提高土壤肥力

玉米秸秆覆盖是秸秆还田的好形式，覆盖秸秆腐烂入土，是极好的有机肥。据测定，每 1 000kg 玉米秸秆含氮 5Kg，五氧化二磷 3kg，氧化钾 6kg。相当于标准氮肥 24kg，磷肥 21kg，钾肥 12kg。据陵川、高平示范点测定，连续 3 年覆盖，比未覆盖田有机质年递增 0.05%~0.1%，全氮含量年递增 0.003% 左右，全磷含量年递增 0.006% 左右，全钾含量年递增 0.07% 左右。同时，改善了土壤结构，3 年生物覆盖田，土壤容重下降 0.11g/cm³，土壤孔隙度增加 30%，土壤团粒结构增加，固相、液相、气相比例协调。土壤中生物活动加强，蚯蚓数量和微生物数量明显增加。覆盖田蚯蚓数量增加 10 倍以上，它们像无数头老黄牛，把土壤耕作成多孔、松暄的海绵田。土壤中的微生物活动更是频繁。据观测，表层土壤好气性纤维分

解菌数量比常规耕作土壤增加 262.7%，与此相应的放线菌、细菌和固氮菌也分别增加了 47.8%、50.7% 和 19.8%。

生物覆盖改善了土壤水、肥、气、热四大肥力因素，促进了土壤有益微生物活动，使土体生命力加强，土壤肥力提高，为作物增产奠定了良好的基础。

3. "地温效应"

生物覆盖田在玉米全生育期 0～20cm 土层平均地温下降 2.5～3.5℃，"地温效应"前期大，后期小。表面看来，低温抑制了幼苗生长发育，似乎是件坏事，实则有利于提高土壤水分的利用效率，增强土壤抗旱能力。另外，"地温效应"也延长了玉米穗分化时间，有利于形成大穗。

4. 减少水土流失

覆盖田可以有效地减少水土流失。10°左右的坡地，覆盖田水和土的流失量减少 60% 左右，土壤有机质、氮、磷、钾流失量减少 50%～60%。即使在旱平地，覆盖田也可减少地表径流，水土流失可大大降低。

5. 促进玉米生长发育

生物覆盖田抑制了土壤水分蒸发，减少了地表径流，增加了土壤有机质，提高了田间二氧化氮浓度，抑制了田间杂草滋生，从而使植株根系发达、生长健壮、光合作用加强，提高了玉米的穗粒数、千粒重和籽粒产量。大面积覆盖，平均增产 18% 以上，大旱年份，可增产 60%。

四、玉米新品种介绍

（一）长城315

特性特征：在极早熟玉米区春播出苗至成熟 107.6 天，比对照冀承单 3 号晚熟 2.4 天，需有效积温 2 100℃ 左右。幼苗叶鞘紫色，叶片绿色，叶缘绿色，花药绿色，颖壳色绿间紫色条纹。株型，开展，株高 194cm，穗位高 74cm，成株叶片数 15～16 片。花丝浅粉色，果穗筒形，穗长 17cm，穗行数 16～18 行，穗轴红色，籽粒黄色、半马齿形，百粒重 25～30g。

经吉林省、黑龙江省农业科学院植物保护研究所 2 年接种鉴定，综合评价为高抗瘤黑粉病，中抗茎腐病和玉米螟，感大斑病、丝黑穗病和弯孢菌叶斑病。

产量表现：2004—2005 年参加极早熟玉米品种区域试验，20 点次增产，2 点次减产，2 年区域试验平均亩产 464.8kg，比对照冀承单 3 号增产 14.8%。2005 年生产试验，平均亩产 475.6kg，比对照冀承单 3 号增产 11%。

栽培要点：每亩适宜密度 4 000 株左右，注意防止丝黑穗病和叶斑类病害。

适种地区：适宜大同市新荣区、左云县和其他山区种植。

（二）东单 2008

特征特性：幼苗第一片叶呈匙形，长势强，幼茎叶鞘深紫色，叶色较绿。成株生长整齐，株型半紧凑，株高 165cm，穗位高 60cm 左右。雄穗发达，花丝绿带粉色，花药黄色。果穗长 18cm，穗行数 14 行，行粒数 37 粒，百粒重 33g。穗轴红色，籽粒金黄色，硬粒型，保绿性好。较对照晋单 43 号略早熟。

2005 年经山西省农科院植保所抗病接种鉴定，综合评价为中抗茎腐病，抗穗腐病、矮花叶病和粗缩病，感丝黑穗病和大、小斑病。

产量表现：2004—2005 年参加山西省特早熟玉米品种区域试验，平均亩产 522.6kg，比对照晋单 43 号增产 15.9%。2005 年生产试验，平均亩产 461.3kg，比对照晋单 43 号增产 11.4%。

栽培要点：亩留苗 3 500 株，注意防治丝黑穗病。

适种地区：适宜左云县、新荣区和其他县山区种植。

（三）先玉 335

特征特性：在东北华北地区出苗至成熟 127 天，比对照农大 108 早熟 4 天，需有效积温 2 750℃ 左右。幼苗叶鞘紫色，叶片绿色，叶缘绿色，花药粉红色，颖壳绿色。株型紧凑，株高320cm，穗位高110cm，成株叶片数19片。花丝紫色，果穗筒形，穗长20cm，穗行数14～16行，穗轴红色，籽粒黄色、半马齿形，百粒重39.3g。区域试验中平均倒伏（折）率3.9%.

经辽宁省丹东农业科学院2年和吉林省农业科学院植物保护研究所1年接种鉴定，综合评价为高抗瘤黑粉病，抗灰斑病、纹枯病和玉米螟，感大斑病、弯孢菌叶斑病和丝黑穗病。

产量表现：该品种在国家黄淮海夏玉米区域试验以及

各省的品种比较试验中共计获得8个第一。2003—2004年参加东北华北春玉米品种区域试验，44点次全部增产，2年区域试验平均亩产763.4kg，比对照农大108增产18.6%；2004年生产试验，平均亩产761.3kg，比对照增产20.9%。

栽培要点：每亩适宜密度3 500～4 500株，注意防治丝黑穗病。

适种地区：适宜大同市无霜期在125～130天的水地种植。

（四）长城799

特征特性：幼叶叶鞘深紫色，叶片绿色，叶缘紫色。株型半紧凑，总叶片数20～22片，株高283cm左右，穗位高116cm左右，春播生育期126天左右。花药绿色，颖壳淡紫色，花丝浅粉色。果穗长筒形，穗轴红色，穗长20.5cm左右，穗行数16行左右。百粒重40g左右，籽粒黄色，半马齿形，出籽率81.6%左右。

河北省农林科学研究院植物保护研究所抗病检测结果，综合评价为高抗大斑病，感小斑病，中抗弯孢菌叶斑病，中抗茎腐病，高抗瘤黑粉病，高抗矮花叶病，抗玉米螟。

产量表现：2003年承德市春播早熟玉米区域试验结果，平均亩产719.5kg；2004年同组区域试验结果，平均亩产717.7kg；2004年同组生产试验结果，平均亩产733.1kg。

栽培要点：春播区一般在4月下旬至5月上旬播种，适宜密度3 500～3 700株/亩。施肥方式可采用一次性施肥法，播种前整地时，将氮、磷、钾肥料按配合比例一次性施下，也可采用分次施肥。

适宜地区：适宜华北、东北地区春播种植。

（五）吉东 16 号

特征特性：在东北地区出苗至成熟 123 天，比吉单 261 早熟 5 天，需有效积温 2 550℃左右。幼苗叶鞘浅紫色，叶片绿色，叶缘绿色，花药绿色，颖壳绿色。株型半紧凑，株高 270cm，穗位高 109cm，成株叶片数 17 片。花丝绿色，果穗短筒形，穗长 20cm，穗行数 14～16 行，穗轴白色，籽粒浅黄色、马齿形，百粒重 40g。

经吉林省、黑龙江省农业科学院植物保护研究所 2 年接种鉴定，综合评价为抗丝黑穗病、茎腐病和玉米螟，感大斑病和弯孢菌叶斑病。

产量表现：2005—2006 年参加东北早熟玉米品种区域试验，2 年平均亩产 698.0kg，比对照增产 9.8%。

2006 年生产试验，平均亩产 691.1kg，比对照吉单 261 增产 4.7%。

栽培要点：在中等肥力以上地块栽培，每亩适宜密度 3 500 株左右。

适种地区：适宜新荣区、左云县上等地覆膜种植，其他县区水地或旱地种植。

（六）晋单 58 号

特征特性：幼苗芽鞘紫色，株型紧凑，上部叶片短举，株高 230cm，穗位高 95cm，花丝粉红鲜艳，雄穗伞状，分枝 7～8 个，黄花药，粉红花丝。穗长 21cm，穗粗 5.2cm，粉红轴，穗行数 16～18 行，行粒数 35～38 粒，黄粒大扁平、呈马齿形，百粒重 40g 左右，生育期为 128 天。

2006—2007 年经山西省农业科学院植物保护研究所接种鉴定，综合评价为抗穗腐病，中抗大斑病，高抗矮花叶病，感丝黑穗病、粗缩病，高感青枯病。

产量表现：2006—2007 年参加山西省早熟玉米品种区域试验，平均亩产分别为 660.4kg 和 675.1kg，分别比对照忻黄单 84 号增产 10.3% 和 13%，2 年平均亩产 667.8kg，比对照增产 11.7%。2007 年生产试验，平均亩产476.7kg，比当地对照增产11.8%。

栽培要点：①合理密度3 300～3 500株/亩。②种子包衣。③增施农家底肥，拔节期及时追肥浇水。

适种地区：适宜山西省春播早熟区种植。

（七）强盛51号

特征特性：幼苗叶鞘浅紫色，长势强。植株高低适中，叶片稀疏上冲，株高275cm左右，穗位高105cm左右，穗长约19.6cm，穗行14～16行，行粒数43粒左右，穗轴红色，籽粒黄色，半马齿形。果穗较小，但结实好，穗轴较细，生育期为127天。

2005—2006年经山西省农科院植保所2年抗病接种鉴定，综合评价为抗小斑病，中抗穗腐病、矮花叶病和粗缩病，感丝黑穗病、大斑病，高感茎腐病。

产量表现：2005—2006年参加山西省玉米中晚熟组区试，平均亩产659.1kg，比对照农大108增产8.1%。2006年生产试验，平均亩产693.7kg，比当地对照增产6.6%。

栽培要点：适期播种，以4月下旬至5月上旬播种为宜；亩留苗2 800～3 000株为宜；种子包衣或拌种预防丝黑穗病发生。

适种地区：适宜山西省玉米春播中晚熟区种植。

（八）大丰14号

特征特性：幼苗长势强，第一叶尖圆形，叶鞘紫红色，叶缘红色，叶背有紫晕。植株生长整齐，株型紧凑，株高255cm左右，穗位高100cm左右，穗位以上叶较上冲，雄穗发达，花粉量大，花丝红色。果穗粗筒形，穗轴红色，穗长约18cm，穗行22行，行粒数36粒，籽粒黄色、半马齿形，百粒重42.3g左右。保绿性好，熟期较对照略早熟，在大同地区生育期为125～128天。

2004—2005年经山西省农科院植保所2年抗病接种鉴定，综合评价为中抗茎腐病，抗小斑病、穗腐病和矮花叶病，感丝黑穗病、大斑病和粗缩病。

产量表现：2004—2005年参加山西省玉米中晚熟组区试，平均亩产 703.1kg，比对照农大 108 增产 11.2%。2005 年生产试验，平均亩产 780.8kg，比对照增产 14.5%。

栽培要点：高水肥地种植，应在施农家肥的基础上，亩施 50kg 硝酸磷肥做基肥，拔节期追施尿素 15～20kg，注意防治丝黑穗病。

适种地区：适宜大同市无霜期在 125～135 天地区域水地种植。

（九）兴垦 3 号

特征特性：在东北早熟地区出苗至成熟 124 天，比对照四单 19 晚熟 2 天，比对照本玉 9 号早熟 1 天，需有效积温 2 600℃ 左右。幼苗叶鞘绿色，叶片浓绿色，叶缘紫红色，花药绿色，颖壳紫色。株型半紧凑，株高 243cm，穗位高 95cm，成株叶片数 17 片。花丝粉红色，果穗长筒形，穗长 21cm，穗行数 14 行，穗轴红色，籽粒橙黄色、马齿形，百粒重 41g。

经吉林省、黑龙江省农业科学院植物保护研究所 2 年接种鉴定，综合评价为抗瘤黑粉病和茎腐病，中抗丝黑穗病，感大斑病、弯孢菌叶斑病和玉米螟。

产量表现：2004—2005 年参加东北早熟春玉米品种区域试验，17 点次增产，9 点次减产，两年区域试验平均亩产 659.8kg，比对照四单 19 增产 6.0%。2005 年生产试验，平均亩产 621.9kg，比对照四单 19 增产 6.9%。

栽培要点：中等肥力地块每亩适宜密度 3 000～3 300 株，高水肥地块每亩适宜密度 3 800～4 000 株。

适种地区：大同市无霜期在 120～135 天的县区种植。

（十）长城 706

特征特性：幼苗叶鞘浅紫色，叶缘绿色。茎秆"之"字形中。株高 225～235cm，穗位高 80～90cm；叶色浓绿，叶片较宽，叶缘波曲小，穗上叶片 6～7 片，叶数 19～20 片。雄穗分枝 5～8 个，主侧枝明显，侧枝与主枝夹角 25°～30°。

护颖绿色，花药黄色。雌穗花丝绿色，穗柄长度 15～20cm，穗

茎夹角 30° ~ 35°。苞叶长度适中；穗长 22 ~ 25cm，穗粗 5.3 ~
5.5cm，秃尖小，穗行数 18 行左右，行粒数 48 ~ 53 粒；穗型长锥形，
紫轴。籽粒呈马齿形，黄色。

2005 年辽宁省农科院北方作物抗病育种鉴定中心测定，综合评
价为抗玉米大斑病（R）、抗灰斑病（R）、中抗弯孢菌叶斑病
（MR）、抗纹枯病（R）、抗丝黑穗病（R），抗玉米螟（R）。

产量表现：2003 年内蒙古自治区中晚熟组预试，平均产量
876.5kg/亩，比对照哲单 20 增产 3.7%，比对照农大 108 增产
14.7%；生育期 131 天，与哲单 20 相同。2004 年内蒙古自治区中晚
熟区试，平均产量 832.3kg/亩，比对照哲单 20 增产 8.1%，增产幅
度 3.9% ~ 17.4%；生育期 133 天，与对照哲单 20 相符。2005 年内
蒙古自治区中晚熟生产试验，平均产量 826.5kg/亩，比对照哲单 20
增产 8.6%；平均生育期 124 天，比对照哲单 20 早 1 天。

栽培要点：种植密度以 3 500 ~ 4 000 株/亩。种肥可选复合肥
20kg/亩，磷酸二铵 15 ~ 20kg/亩，在玉米 10 叶期，追施尿素 25 ~
30kg/亩，大喇叭口再追施尿素。大喇叭口期用呋喃丹丢心叶防治玉
米螟。

适种地区：适应于大同市 ≥10℃ 活动积温 2 750℃ 的地区春播
种植。

（十一）本玉 18 号

特征特性：在东北早熟地区出苗至成熟 125 天，比对照本玉 9 号
早熟 1 天。幼苗叶鞘紫色，叶片绿色，叶缘无波纹，花药黄色。株型
平展，株高 290cm，穗位高 116cm，成株叶片数 19 ~ 20 片。花丝白
色、半马齿形，百粒重 43.2g。

经吉林省、黑龙江省农业科学院植物保护研究所 2 年接种鉴定，
综合评价为高抗瘤黑粉病，抗茎腐病，中抗大斑病、弯孢菌叶斑病和
玉米螟，感丝黑穗病。

产量表现：2003—2004 年参加东北早熟春玉米品种区域试验，
25 点次增产，1 点次减产，两年区域试验平均亩产 723.0kg，比对照
四单 19 增产 11.1%。2004 年生产试验，平均亩产 750.5kg，比对照

四单 19 增产 13.4%。

　　栽培要点：每亩适宜密度 3 300～3 500 株。注意防治丝黑穗病。

　　适种地区：南郊区、阳高县、大同县平川水地种植。

（十二）大丰 30 号

　　该品种是由山西大丰种业有限公司最新培育成功的优良玉米杂交种。生育期 125～128 天，需≥10℃有效积温 2 700℃。植株清秀紧凑，株高 290cm，穗位高 100cm，果穗筒形，穗长 22cm，穗行数 16～18 行，穗轴深红色，出籽率 90%，籽粒黄色，长马齿形，百粒重 39.8g。

　　经人工接种鉴定：该品种抗穗腐病、粗缩病和青枯病，感大斑病、丝黑穗病，果穗均匀，田间内外一致，具有超高产能力，中等水地亩产可达 750～1 000kg。

　　适种地区：大同市无霜期在 125～130 天的县区种植。

（十三）晋糯 8 号（糯玉米品种）

　　特征特性：苗期牙鞘绿色，第一叶是匙形，叶脉紫红色，第三叶缘有波纹。成株期气生根发达，抗倒，叶色深绿，半平披，雄穗分枝 7～9 个，花粉黄色，花丝紫红色，20 片叶。株高 230cm，穗位高 100cm，果穗长锥形，籽粒黑紫色，穗长 18.6cm，穗粗 4.51cm，行数 16～18 行，行粒数 36 粒。出苗至鲜穗采收 85～90 天。

　　2006—2007 年经山西省农业科学院植物保护研究所接种鉴定，综合评价为抗矮花叶病，中抗大斑病、青枯病、穗腐病，感丝黑穗病，高感粗缩病。

　　产量表现：2006—2007 年参加山西省糯玉米品种区域试验，平均亩产分别为 722.5kg 和 786.1kg，分别比对照晋单（糯）41 号增产 13.4% 和 12.0%，2 年平均亩产 754.3kg，比对照增产 12.8%。

　　栽培要点：①不能与其他类型玉米种在一起，选好隔离区，可采用时间隔离、空间隔离、障碍物隔离。②应种植在有灌溉和排水条件的地块（盐碱地不能种植）。③适期播种，早收早种是获得高效益最佳措施。上市越早，效益越好。一般气温稳定在 13℃ 以上就可下种，地膜覆盖可提前 7～10 天。④合理密植，糯玉米一般以出售鲜嫩玉米为主，合格穗高低决定效益。一般亩留苗 3 000～3 500 株为宜。⑤适期采收、及时上市或加工。授粉后 25～27 天采收为宜，过迟或过早都将严重影响品质和营养物质的含量。采收后，要尽快上市或加工，采收至加工不能超过 8 小时。

适种地区：适宜大同市各地糯玉米区种植。

（十四）中糯二号（糯玉米品种）

白色中熟糯玉米单交种。株高 220cm，穗位高 90cm，穗长 16～18crn，穗行数 14～16 行，鲜穗单重250g 左右，从出苗至采收鲜穗 85 天左右，植株半紧凑，果穗近角形，粒大雪白，宜鲜食成速冻加工，种植密度 3 000～3 300株/亩，抗逆性强，抗病、抗虫、抗倒伏。

必须与其他玉米品种隔离 300m 以上种植，否则，易改变籽粒外观和品质，增施有机肥，均衡施用氮磷钾肥，及时去除分蘖和无效果穗腋芽（保留最上部分的果穗），注意防治病虫害。

（十五）万糯一号（糯玉米品种）

白色中熟甜糯玉米单交种（糯玉米中含有超甜玉米基因），在大同地区从出苗至采收鲜穗 90 天，株高 220cm，穗位高 90cm，果穗锥形，穗长 18～20cm，穗行数 14～16 行，鲜穗单重 280g 左右，甜糯可口，风味独特，宜鲜食或速冻加工，适宜种植密度 3 000～3 300株/亩，抗逆性强，抗病、抗虫、抗倒伏。

必须与其他品种隔离 300m 以上种植，否则，易改变籽粒外观和品质，增施有机肥，均衡施用氮磷钾肥，及时去除分蘖，注意防治病虫害。

（十六）超甜2000（甜玉米品种）

黄色中熟超甜玉米单交种，从出苗至采收鲜穗 90 天左右，株高 230cm．，穗位高 90cm，果穗长 20cm，果穗粗 5.2cm，属大穗型甜玉米，穗行数 14～16 行，行粒数 40，籽粒长 1.2cm，鲜穗单重 400g 左右，皮薄，金黄色，宜鲜食或籽粒加工，适宜种植密度 3 000～3 500

株/亩，抗玉米大小斑病、青枯病，适合大同市种植。

必须与其他品种隔离 300m 以上种植，或错开播期 20 天左右，否则，易改变籽粒外观和品质，增施有机肥，均衡施用氮磷钾肥，亩施农家肥 2 000kg，40% 的复合肥 40kg，及时去除分蘖和无效果穗腋芽（保留最上部的 1~2 个果穗），大喇叭口期亩追尿素 20kg，及时防治病虫害。

五、玉米病虫害防治

（一）玉米空秆与突尖的原因及预防措施

1. 空秆的原因

（1）过度密植造成雌穗营养不良。

（2）开花前干旱或缺肥。

（3）因出苗不齐或缺苗后补种，补栽形成弱小苗导致营养失调。

2. 突尖的原因

（1）顶部小花在分化过程中出现干旱或缺肥等不利因素而退化为不育。

（2）抽穗前遇到高温、干旱导致抽穗散粉提早，雌穗花丝抽出过晚，接受不到花粉而无法结实。

（3）因过度密植造成郁闭，光照不足或缺肥、干旱。

3. 预防措施

（1）合理密植、宽窄行种植。

（2）适期播种、培育壮苗。

（3）增施有机肥、施足磷钾肥。

（4）特别注意抽穗开花前后的田间管理，保证充足且合理的水肥条件，满足开花、授粉及成穗时的营养需要。

（二）玉米红蜘蛛防治

玉米红蜘蛛是一种爆发性叶螨，为害玉米等多种作物，主要在叶片背面刺食寄主汁液，造成叶片干枯，籽粒干瘪，造成减产，严重时，给玉米生产带来毁灭性为害。

防治方法

（1）可选用扫螨净、快螨或巨螨达等杀螨剂2 000～2 500倍液喷雾防治，对部分密度较高，影响防治操作的田块需要取留10行隔2行的办法，用机动喷雾器左右喷打药液，全部覆盖防治，植株上下部分叶片，叶片的正背面务必喷洒周到。

（2）在玉米喇叭口期使用稻腾1袋（15ml）加螨危1袋（10ml）对水15kg均匀喷雾，防治效果较好。

（三）玉米粗缩病防治

玉米粗缩病属病毒，近年来在大同地区发生较重，病株严重矮化，仅为健株高的1/3～1/2，叶色深绿，宽短质硬，呈对生状，叶背面侧脉上现蜡白色突起物，粗糙明显，叶鞘、果穗、苞叶上具蜡白色条斑，病株分蘖多，根系不发达，雄穗败育，花丝不发达结实少或早枯。

防治方法

（1）选用抗病品种。

（2）清除田间杂草，减少毒源。

（3）全程施肥、浇水、加强田间管理，缩短玉米苗期时间，减少传毒机会。

（4）使用包衣种子，及时防治灰飞虱，减轻病毒病的传播。

（5）在苗间对玉米田及四周杂草喷2 000倍液的阿维菌素和50%的菌毒清500倍液，隔6～7天1次，连喷2～3次，可达到事半功倍之效。

（四）玉米丝黑穗病防治

玉米丝黑穗病在晋北地区发生较重，主要侵害玉米雌穗和雄穗，病菌在土壤、粪肥或种子上越冬，成为翌年病侵染源。厚垣孢子在土壤中存活2～3年，幼苗期侵入是系统侵染病害，春季播种早，地温低出苗迟发病重，沙壤土发病轻，旱地墒情好发病轻，墒情差的发病重。

防治方法

（1）选用抗病品种。

（2）实行轮作倒茬。

（3）药剂拌种，用 40% 的拌种双，种子量的 0.3% 拌种或用立克秀拌种效果更好。

（五）玉米果穗籽粒不全

一侧有粒，一侧无粒，形成弯曲的所谓牛角穗或果穗中间有粒基部缺粒和满天星的原因和预防措施。

1. 主要表现

（1）因为雌穗不同部位花丝抽出时间不同，一般中部花丝先抽出授粉机会多，故果穗中部籽粒多而且排列整齐，基部花丝伸长晚且距离苞叶顶端较远故抽丝较中部迟，遇到花粉量不足时，基部晚抽出的花丝就会授粉不良产生缺粒。

（2）由于授粉晚，花丝伸得长，上部花丝将下部花丝遮盖，使下部花丝不能授粉而形成牛角穗。

（3）满天星是果穗上只有零星籽粒，这种现象大多由于雌穗吐丝过晚，花期已过，花粉量少或授粉期间温度高湿度小，花粉丧失生命力，只有少量花丝授粉而造成的。

2. 发生原因

（1）玉米在正常生长情况下，一般雌穗开花比同株雄穗开花要晚 2～3 天，如抽穗时遇干旱、缺肥、种植密度过大，通风不良，造成雌穗发育减慢，而这些对雄穗发育影响较小，使雄、雌花开放的间隔期拉长错开，形成花期不遇。

（2）土壤因素。土壤瘠薄，耕作层较浅，蓄水保肥能力差的地块玉米缺粒往往发生较重。

（3）营养因素。单一施用化肥，不施或少施农家肥且氮、磷、钾配比不当，土壤中磷、钾、硼元素不足，使玉米吐丝较晚，田间花粉减少，花粉、花丝寿命缩短至使玉米缺粒。

（4）高温干旱。抽穗时高温干旱，土壤水分供应不足，影响玉米雌、雄穗的发育，会使一部分花粉败育，造成花粉量减少，生命力减弱甚至没有授粉能力，高温干旱会影响雌穗发育，延缓雌穗抽丝造成授粉不好，抽丝后，高温干旱易使花丝枯萎，丧失生命力造成结实率不高。

（5）阴雨天气。抽穗时，连续阴雨天气使空气潮湿，花粉易吸水成团，影响散粉，授粉或花粉粒吸水过多而破裂死亡，未授粉的花丝不断伸长下垂，使外层花丝遮住里层花丝，降低授粉率造成缺粒、牛角穗和满天星。

（6）管理粗放。种植密度过大，也可影响授粉造成缺粒。

（7）病虫为害。吐丝期发生叶甲将花丝咬断，不能正常授粉造成缺粒。

3. 预防措施

（1）按照每生产100kg籽粒需施纯氮3.1kg、磷1.5kg、钾2.8kg的规律施用化肥，增施有机肥。

（2）合理密植，实行宽窄行种植。

（3）及时浇水，在大喇叭口时及时浇水、追肥。

（4）人工辅助授粉，在玉米开花授粉期采用人工辅助法帮助授粉，也可减少缺粒现象发生。方法：一是拉绳法，每隔5~6行2人拉绳顺垄走动让绳子搅动雄穗，使雌穗授粉；二是摇株法，将有花粉的植株摇动授粉，授粉时间应在8：00~11：00，一般进行2~3次即可。

（5）及时防治病虫害。抽穗期及时防治叶甲可减少玉米缺粒。

（六）玉米种子霉烂与腐霉菌根腐病

症状：玉米种子在萌发的过程中，遭受土壤或种子携带的真菌侵染，引起种子腐烂或根腐。初发病时，幼苗叶色变黄，后萎蔫并枯死。

传播途径和发病条件：病菌的芽管和菌丝与玉米幼苗和种子接触，由于条件或化学吸引，真菌从种皮裂口侵入或直接侵入，并在细胞内迅速繁殖破坏种子造成组织腐烂。这类病害在排水不良、10~13℃低温及土壤湿度大和二阴下湿地易发生，播种过深、土壤黏重发病重。甜玉米比马齿形玉米易感病。

防治方法

（1）提倡深翻地，顶凌耙地，及早搂盖，消灭坷垃，防止跑墒。

（2）选用良种，测定发芽率，发芽率低于90%要更换种子或加大播种量。

（3）提倡采用地膜覆盖。

（4）播种前进行种子处理。用ABT4号生根粉15~20mg/kg溶液浸种6~8小时，或用0.3~0.5mg/kg的芸苔素内酯溶液种12小时后播种，出苗早且齐，根系发达，增强抗逆力。

（5）适时播种。土壤表层5~10cm地温稳定在10~12℃，土壤含水量在60%以上，即可播种。

（6）提高播种质量。

（7）药剂防治。发病初期喷洒或浇灌95%绿亨1号（恶霉灵）精品4 000倍液。

（七）玉米茎腐病防治

症状：玉米茎腐病又称青枯病。在玉米灌浆期开始发病，乳熟末期至蜡熟期进入显症高峰。从始见病叶至全株显症一般7天，短的1~3天，长的可持续15天。常见有3种类型。青枯型即典型症状或急性型。叶片自下而上突然萎蔫，迅速枯死，叶片灰绿色、水烫状，田间80%以上病株呈青枯状。

传播途径和发病条件：该病是土传病害，且由多种寄生和半寄生性病原菌引起。病菌在种子上或土壤、肥料中的病残体上越冬。带病种子和病残体是主要初侵染源，从根部伤口侵入。矮秆品种、早熟品种易感病。

防治方法：在明确当地致病菌种类和主要发病规律后，以应用抗病品种为基础，配合药剂处理种子、调整茬口、适期晚播、合理密植、与矮秆作物间作、增施有机肥和硫酸钾肥、及时防治玉米螟等综防措施，可有效地控制该病的发生和为害。

（1）选用抗病品种。

（2）提倡施用酵素菌沤制的堆肥。

（3）适期晚播。

（4）与大豆、马铃薯等作物轮作，合理密植，及时防治黏虫、玉米螟和地下害虫。

（5）用种子重量4%的5%根保种衣剂拌种，效果很好。

（八）玉米大斑病防治

症状：玉米大斑病是分布较广，为害较重的病害。主要为害玉米的叶片、叶鞘和苞叶。叶片染病先出现水渍状青灰斑点，然后沿叶脉向两端扩展，形成边缘暗褐色、中央淡褐色和青灰色的大斑。后期病斑常纵裂。严重时，病斑融合，叶片变黄枯死。潮湿时，病斑上有大量灰黑色霉层。下部叶片先发病。在单基因的抗病品种上表现为褪绿病斑，病斑较小，与叶脉平行，色泽黄绿或淡褐色，周围暗褐色。有些表现为坏死斑。

传播途径和发病条件：病原菌以菌丝或分生孢子附着在病残组织内越冬。成为翌年年初侵染源，种子也能带少量病菌。田间侵入玉米植株，经10~14天在病斑上可产生分生孢子，借气流传播进行再侵染。玉米大斑病的流行除与玉米品种感病程度有关外，还与当时的环境条件关系密切。温度20~25℃、相对湿度90%以上利于病害发展。气温高于25℃或低于15℃，相对湿度小于60%，持续几天，病害的发展就受到抑制。在春玉米区，从拔节到出穗期间，气温适宜，又遇连续阴雨天，病害发展迅速，易大流行。玉米孕穗、出穗期间氮肥不足发病较重。低洼地、密度过大、连坐地易发病。

防治方法：该病的防治应以种植抗病品种为主，加强农业防治，辅以必要的药剂防治。

（1）选种抗病品种。

（2）加强农业防治。适期早播，避开病害发生高峰。施足基肥，增施磷钾肥。做好中耕除草培土工作，摘除底部2~3片叶，降低田间相对湿度，使植株健壮，提高抗病力。

（3）药剂防治。对于价值较高的育种材料及丰产田玉米，可在心叶末期到抽雄期或发病初期喷洒50%多菌灵可湿性粉剂500倍液或50%甲基硫菌灵可湿性粉剂600倍液、75%百菌清可湿性粉剂800倍液。

六、玉米不同生育期对气象条件的要求

玉米不同生育期对气象条件的要求，如表 1 – 1 所示。

表 1 – 1　玉米不同生育期对气象条件的要求

生育期	适宜的农业气象条件	不利的农业气象条件
播种	种子发芽最低温度 8 ~ 10℃，气温在 12℃ 以上，5cm 地温 10 ~ 12℃ 适宜播种	种子发芽后温度降到 7 ~ 8℃ 时，土壤水分为田间持水量的 50% 以下，不利出苗
出苗	气温 15℃ 以上，土壤水分为田间持水量的 60% ~ 70%，幼苗生长发育快	气温低于 10℃，土壤湿度在田间持水量的 50% 以下，或土壤过湿，不利生长。幼苗遇 –2℃ 的低温会受冻害
拔节	气温在 18℃ 以上能拔节，24 ~ 25℃ 适宜生长，土壤水分为田间持水量的 70%，天气晴朗，养分充足对穗分化有利	气温低于 20℃ 延迟抽穗，温差过大不利生长，水分不足影响穗分化
开花	气温在 20 ~ 27℃，空气相对湿度在 70%，土壤水分为田间持水量的 70% ~ 80%，有微风，有利授粉	气温高于 32℃，空气湿度在 30% 以下时，花粉 1 ~ 2 小时死亡，阴雨低温不利与开花授粉
成熟	气温在 20 ~ 24℃，土壤水分为田间持水量的 60% ~ 70%，后期天晴无雨，有利于淀粉积累	气温高于 25℃ 的干热天气导致早睡。气温低于 16℃ 延迟成熟，早霜影响产量和品质，持续数小时的霜冻引起死亡

第二章　马铃薯

马铃薯具有高产、适应性强、分布广、营养成分全和耐贮藏等特点，是重要的宜粮、宜菜、宜饲和宜做工业原料的粮食作物。块茎中淀粉含 12%～22%，还含有丰富的蛋白质、糖类、矿物质盐类和维生素 B、维生素 C 等。块茎单位重量干物质所提供的食物热量高于所有的禾谷类作物。因此，马铃薯在当今人类食物中占有重要地位。马铃薯可以制作淀粉、糊精、葡萄糖、酒精等数十种工业产品，还可以加工成薯片、薯条、全粉等。马铃薯还是多种家畜和家禽的优质饲料。在间作套种、轮作制中马铃薯也占有重要地位。

一、马铃薯的形态特征

马铃薯是茄科（Solanaceae）茄属（Solanum）的草本植物。生产应用的品种都属于茄属结块茎的种（Solamum tuberosum L.）。染色体数 2n＝2x＝48。

马铃薯植株按形态结构可分为根、茎、叶、花、果实和种子等几部分。

（一）根

马铃薯由块茎繁殖发生的根系为须根系。根据其发生的时期、部位、分布状况可分为两类。一类是在初生芽的基部 3～4 节上发生的不定根，称为芽眼根或节根，这是发芽早期发生的根系，分枝能力强，分布宽度 30cm 左右，深度可达 150～200cm，是马铃薯的主体根系；另一类是在地下茎的上部各节上陆续发生的不定根，称为匍匐根，一般每节上发生 3～6 条，分枝能力较弱，长度 10～20cm，分布在表土层。

马铃薯由种子繁殖的实生苗根系，属于直根系。

（二）茎

马铃薯的茎包括地上茎、地下茎、匍匐茎和块茎，都是同源器官，但形态和功能各不相同。

1. 地上茎

种薯芽眼萌发的幼芽发育形成的地上枝条称地上茎，简称茎。栽培种大多直立，有些品种在生育后期略带蔓性或倾斜生长。茎的横切面在节处为圆形，节间部分为三棱、四棱或多棱。在茎上由于组织增生而形成突起的翼（或翅），沿棱作直线着生的，称为直翼，沿棱作波状起伏着生的，称为波状翼。茎翼的形态是品种的重要特征之一。茎多汁，成年植株的茎，节部坚实而节间中空，但有些只有下部多为中空的。茎呈绿色，也有紫色或其他颜色的品种。

茎具有分枝的特性，分枝形成的早晚、多少、部位和形态因品种而异。一般早熟品种茎秆较矮，分枝发生得晚；中晚熟品种茎秆粗壮，分枝发生早而多，并以基部分枝为主。茎的再生能力很强，在适宜的条件下，每一茎节都可发生不定根，每节的腋芽都能形成一棵新的植株。在生产和科研实践中，利用茎再生能力强这一特点，采用单节切段、剪枝扦插、压蔓等措施来增加繁殖系数。多数品种茎高为30~100cm。茎节长度一般早熟品种较中晚熟品种为短，但在密度过大，肥水过多时，茎长的高而细弱，节间显著伸长。

2. 地下茎

在地下水平生长的粗壮的茎，在其上又长出新的根和芽。地下茎生在地下，也有节和芽，但在形态、结构上有很大变化，属变态茎。

3. 匍匐茎

匍匐茎是由地下茎节上的腋芽发育而成，顶端膨大形成块茎，一般为白色，因品种不同也有呈紫红色的。匍匐茎发生后，略呈水平方向生长，其顶端呈钥匙形的弯曲状，茎尖在弯曲的内侧，在匍匐茎伸长时，起保护作用。匍匐茎停止生长后顶端膨大形成块茎。匍匐茎数目的多少因品种而异。一般每个地下茎节上发生4~8条，每株（穴）可形成 20～30 条，多者可达 50 条以上。在正常情况下有 50%～70% 的匍匐茎形成块茎。不形成块茎的匍匐茎，到生育后期便自行死亡。匍匐茎具有向地性和背光性，入土不深，大部集中在地表 0～10cm 土层内；匍匐茎长度一般为 3～10cm，野生种可长达 1～3m。

匍匐茎比地上茎细弱得多，但具有地上茎的一切特性，担负着输送营养和水分的功能；在其节上能形成纤细的不定根和 2～3 级匍匐茎。在生育过程中，如遇高温多湿和氮肥过量，特别是气温超过 29℃ 时，常造成茎叶徒长和大量匍匐茎穿出地面而形成地上茎。

4. 块茎

马铃薯块茎是一缩短而肥大的变态茎，既是经济产品器官，又是繁殖器官。匍匐茎顶端停止极性生长后，由于皮层、髓部及韧皮部的薄壁细胞的分生和扩大，并积累大量淀粉，从而使匍匐茎顶端膨大形成块茎。

块茎具有地上茎的各种特征。块茎生长初期，其表面各节上都有鳞片状退化小叶，呈黄白或白色。块茎稍大后，鳞片状小叶凋萎脱落，残留的叶痕呈新月状，称为芽眉。芽眉内侧表面向内凹陷成为芽眼。芽眼的深浅，因品种和栽培条件而异，芽眼过深是一种不良性状。每个芽眼内有 3 个或 3 个以上未伸长的芽，中央较突出的为主芽，其余的为侧芽（或副芽）。发芽时主芽先萌发，侧芽一般呈休眠状态。芽眼在块茎上呈螺旋状排列，顶部密，基部稀。块茎最顶端的一个芽眼较大，内含芽较多，称为顶芽。块茎萌芽时，顶芽最先萌发，而且幼芽生长快而壮，从顶芽向下的各芽眼依次萌发其发芽势逐渐减弱，这种现象称为块茎的顶端优势。块茎顶端优势的强弱因品种、种薯生理年龄、种薯感病程度而异。块茎与匍匐茎连接的一端称为脐部或基部。

块茎的大小依品种和生长条件而异。一般每块重 50～250g，大块可达 1 500g 以上。块茎的形状也因品种而异。但栽培环境和气候条件使块茎形状产生一定变异。一般呈圆形、长筒形、椭圆形。块茎皮色有白、黄、红、紫、淡红、深红、淡蓝等色。块茎肉色有白、黄、红、紫、蓝及色素分布不均匀等，食用品种以黄肉和白肉者为多。

块茎表皮光滑、粗糙或有网纹，其上分布有皮孔（皮目）。在湿度过大的情况下，由于细胞增生，使皮孔张开，表面形成突起的小疙瘩，既影响商品价值，又易引起病菌侵入，这种块茎不耐贮藏。

马铃薯块茎的解剖结构自外向里包括周皮、皮层、维管束环、外髓和内髓。

（三）叶

马铃薯无论用种子或块茎繁殖，最初发生的几片叶均为单叶，以后逐渐长出奇数羽状复叶。每个复叶由顶生小叶和 3~7 对侧生小叶、侧生小叶之间的小裂叶、侧生小叶叶柄上的小细叶和复叶叶柄基部的托叶构成。顶生小叶较侧生小叶略大，其形状和侧生小叶的对数是品种的特征。复叶互生，呈螺旋形排列，叶序为 2/5、3/8 或 5/13。

（四）花

马铃薯为白花授粉作物。花序为聚伞花序。花柄细长，着生在叶腋或叶枝上。每个花序有 2~5 个分枝，每个分枝上有 4~8 朵花。花柄的中上部有一突起的离层环，称为花柄节。花冠合瓣，基部合生成管状，顶端五裂，并有星形色轮，花冠有白、浅红、紫红及蓝色等，雄蕊 5 枚，抱合中央的雌蕊。花药有淡绿、褐、灰黄及橙黄等色。其中，淡绿和灰黄的花药常不育。雌蕊一枚，子房上位，由 2 个连生心皮构成，中轴胎座，胚珠多枚。

（五）实与种子

马铃薯的果实为浆果，圆形或椭圆形。果皮为、绿色、褐色或紫绿色。果实内含种子 100~250 粒。种子很小，千粒重 0.5~0.6g，呈扁平卵圆形，淡黄或暗灰色。刚收获的种子，一般有 6 个月左右的休眠期。当年采收的种子，发芽率一般为 50%~60%，贮藏一年的种子发芽率较高，一般可达 85% 以上。通常在干燥低温下贮藏 7~8 年，仍具有发芽能力。

二、马铃薯的生长发育

马铃薯全生育过程划分为 6 个生育时期。

(一) 芽条生长期

种薯播种后芽眼开始萌芽，至幼苗出土，为芽条生长期。块茎萌发时，首先幼芽发生，其顶端着生一些鳞片状小叶，即"胚叶"，随后在幼芽基部的几节上发生幼根。该时期是以根系形成和芽条生长为中心，是马铃薯发苗扎根、结薯和壮株的基础。影响根系形成和芽条生长的关键因素是种薯本身，即种薯休眠解除的程度、种薯生理年龄的大小、种薯中营养成分及其含量和是否携带病毒。外界因素主要是土壤温度和墒情。该时期的长短差异较大，短者 20～30 天，长者可达数月之久。关键措施是把种薯中的养分、水分及内源激素调动起来，促进早发芽、多发根、快出苗、出壮苗。

(二) 幼苗期

幼苗出土到现蕾为幼苗期。该期以茎叶生长和根系发育为主，同时，伴随着匍匐茎的伸长以及花芽和侧枝茎叶的分化，是决定匍匐茎数量和根系发达程度的关键时期。多数品种出苗后 7～10 天匍匐茎伸长，再经 10～15 天顶端开始膨大。植株顶端第一花序开始孕育花蕾，侧枝开始发生，标志着幼苗期的结束。一般经历 15～20 天。各项农艺措施的主要目标，在于促根、壮苗，保证根系、茎叶和块茎的协调分化与生长。

(三) 块茎形成期

现蕾至第一花序开始开花为块茎形成期。经历地上茎顶端封顶叶展开，第一花序开始开花，全株匍匐茎顶端均开始膨大，直到最大块茎直径达 3～4cm，地上部茎叶干物重和块茎干物重达到平衡。该期的生长特点是由地上部茎叶生长为中心，转向地上部茎叶生长与地下部块茎形成并进阶段，是决定单株结薯数的关键时期。该期经历 30

天左右。关键措施以水肥促进茎叶生长，迅速建成同化体系，同时，进行中耕培土，促进生长中心由茎叶迅速转向块茎。

（四）块茎增长期

盛花至茎叶衰老为块茎增长期。该期茎叶和块茎生长都非常迅速，是一生中增长最快、生长量最大的时期。地上部制造的养分不断向块茎输送，块茎体积和重量不断增长，是决定块茎体积大小的关键时期，也是一生中需水、肥最多的时期，经历 15 ~ 25 天。

（五）淀粉积累期

茎叶开始衰老到植株基部 2/3 左右茎叶枯黄为淀粉积累期，经历 20 ~ 30 天。该期茎叶停止生长，但同化产物不断向块茎中运转，块茎体积不再增大，但重量仍在增加，是淀粉积累的主要时期。技术措施的任务是尽量延长根、茎、叶的寿命，减缓其衰亡，加速同化物向块茎转移和积累，使块茎充分成熟。

（六）成熟期

在生产实践中，马铃薯无绝对的成熟期。收获期决定于生产目的和轮作中的要求，一般当植株地上部茎叶枯黄，块茎内淀粉积累达到最高值，即为成熟收获期。

三、马铃薯块茎的休眠

新收获的块茎，即使给以发芽的适宜条件，也不能很快发芽，必须经过一段时期才能发芽，这种现象称为休眠。休眠分自然（生理）休眠和被迫休眠两种。前者是由内在生理原因支配的；后者则是由于外界条件不适宜块茎萌发造成的。块茎休眠特性是马铃薯在系统发育过程中形成的一种对于不良环境条件的适应性。

块茎的休眠关系到生产和消费。因为，休眠期的长短，影响块茎耐贮性及播种后能否及时出苗、出苗的整齐度以及产量的高低。这在微型薯作种或二季作地区尤为突出。

休眠期的长短因品种和贮藏条件而不同。高温、高湿条件下能缩短休眠期，低温干燥则延长休眠期。如有些品种在 1~4℃ 贮藏条件下，休眠期可达 5 个月以上，而在 20℃ 左右条件下 2 个月就可发芽。

块茎休眠及其解除，除受外界环境条件影响外，主要受内在生理原因所支配。块茎内存在着 β-抑制剂（脱落酸类物质）等植物激素。同时，还存在着赤霉素类物质，这两类物质比例的大小，就决定着块茎的休眠或解除。刚收获的块茎抑制剂类物质含量最高，赤霉素类含量极微，因而块茎处于休眠状态。在休眠过程中，赤霉素类物质逐渐增加，当其含量超过抑制剂类物质的时候，块茎便解除休眠，进入萌芽。

生产上人为打破休眠最常用的方法是 0.5~1mg/kg GA$_3$ 溶液浸泡 10~15 分钟或 0.1% 高锰酸钾浸泡 10 分钟等。脱毒种薯生产中，用 0.33ml/kg 的兰地特气体熏蒸 3 小时脱毒小薯，可打破休眠，提高发芽率和发芽势。

四、马铃薯生长发育与环境条件的关系

(一) 温度

马铃薯性喜冷凉，不耐高温，生育期间以平均气温 17~21℃ 为适宜。全生育期需有效积温 1 000~2 500℃（以 10cm 土层 5℃ 以上温度计算）。多数品种为 1 500~2 000℃。块茎萌发的最低温度为 4~5℃，芽条生长的最适温度为 13~18℃，温度超过 36℃，块茎不萌芽并造成大量烂种。新收获的块茎，芽条生长则要求 25~27℃ 的高温，但芽条细弱，根数少。茎叶生长的最低温度为 7℃，最适温度为 15~21℃，土温在 29℃ 以上时，茎叶即停止生长。对花器官的影响主要是夜温，12℃ 形成花芽，但不开花，18℃ 时大量开花。

块茎形成的最适温度是 20℃，低温块茎形成较早，如在 15℃ 出苗后 7 天形成，25℃ 出苗后 21 天形成。27~32℃ 高温则引起块茎发生次生生长，形成畸形小薯。

块茎增长的最适温度 15~18℃，20℃ 时块茎增长速度减缓，25℃

时块茎生长趋于停止，30℃左右时，块茎完全停止生长。昼夜温差大，有利于块茎膨大，特别是较低的夜温，有利于茎叶同化产物向块茎运转。

马铃薯抵抗低温能力较差，当气温降到 -2 ~ -1℃时，地上部茎叶将受冻害，-4℃时植株死亡，块茎亦受冻害。

（二）光照

马铃薯光饱和点为 3 万 ~ 4 万 lx。光照强度大，叶片光合强度高，块茎产量和淀粉含量均高。

光周期对马铃薯植株生育和块茎形成及增长都有很大影响。每天日照时数超过 15 小时，茎叶生长繁茂，匍匐茎大量发生，但块茎延迟形成，产量下降；每天日照 10 小时以下，块茎形成早，但茎叶生长不良，产量降低。一般日照时数为 11 ~ 13 小时时，植株发育正常，块茎形成早，向化产物向块茎运转快，块茎产量高。早熟品种对日照反应不敏感，晚熟品种则必须在短日照条件下才能形成块茎。

日照、光强和温度三者有互作效应。高温促进茎伸长，不利于叶片和块茎的发育，在弱光下更显著，但高温的不利影响，短日照可以抵消，能使茎矮壮，叶片肥大，块茎形成早。因此，高温、短日照下块茎的产量往往比高温、长日照下高。高温、弱光和长日照，则使茎叶徒长，块茎几乎不能形成，匍匐茎形成枝条。开花则需要强光、长日照和适当高温。

（三）水分

马铃薯的蒸腾系数为 400 ~ 600。若年总降水量 400 ~ 500mm，且均匀分布在生长季节，即可满足马铃薯对水分的需求。

整个生育期间，土壤湿度保持田间持水量的 60% ~ 80% 为最适宜。萌芽和出苗，靠种薯自身水分；故有一定的抗旱能力。幼苗期需水量不大，占一生总需水量的 10% ~ 15%，土壤保持田间持水量的 65% 左右为宜块茎形成期需水量显著增加，占全生育期总需水量的 30% 左右，保持田间持水量的 70% ~ 75% 为宜。块茎增长期，茎叶和块茎的生长都达到一生的高峰，需水量最大，亦是马铃薯需水临界期，保持田间持水量的 75% ~ 80% 为宜。并要保证水分均匀供给。淀粉积累期需水量减少，占全生育期总需水量的 10% 左右，保持田间最大持水量的 60% ~ 65% 即可。后期水分过多，易造成烂薯和降低耐贮性，影响产量和品质。

（四）土壤

马铃薯对土壤要求不十分严格，但以表土深厚、结构疏松和富含有机质的土壤为最适宜。冷凉地方沙土和沙质壤土最好，温暖地方沙质壤土或壤土最好。这样的土壤上栽培马铃薯，出苗快、块茎形成早、薯块整齐、薯皮光滑、产量和淀粉含量均高。

马铃薯要求微酸性土壤，以 pH 值 5.5 ~ 6.5 为最适宜。但在 pH 值 5.0 ~ 8.0 的范围内均能良好生长。土壤含盐量达到 0.01% 时，植株表现敏感，块茎产量随土壤中氯离子含量的增高而降低。

（五）营养

马铃薯是高产喜肥作物，对肥料反应非常敏感。根据内蒙古农业大学（1992）的试验结果，生产 500kg 块茎需吸收纯氮 3.33kg、纯磷 3.23kg、纯钾 4.15kg。对肥料三要素的需要以钾最多，氮次之，磷最少。各时期对氮、磷、钾的吸收数量和吸收速度不同。一般幼苗期植株小，需肥较少。块茎形成至块茎增长期吸收养分速度快，数量多，是马铃薯一生需要养分的关键时期。淀粉积累期吸收养分速度减慢，吸收数量也减少（表 1 - 2）。

表 1 - 2　马铃薯不同生育时期对氮、磷、钾的吸收情况
（内蒙古农业大学，1992）

生育时期	出苗后天数	干重（kg/hm²）	累计吸收量（kg/hm²）			阶段吸收量（%）			占重量（%）			吸收速率（kg/hm²/天）		
			N	P	K	N	P	K	N	P	K	N	P	K
幼苗期	11	280.2	18.51	10.87	15.77	6.77	4.09	4.62	6.61	3.88	5.63	1.68	0.99	1.43
块茎形成期	28	2 559.6	111.76	61.50	122.56	34.10	19.05	31.30	4.37	2.40	4.79	5.49	2.98	6.28
块茎增长期	46	6 614.4	207.27	133.32	281.66	34.93	27.02	46.64	3.13	2.02	4.26	5.31	3.99	8.84

（续表）

生育时期	出苗后天数	干重（kg/hm²）	累计吸收量（kg/hm²）			阶段吸收量（%）			占重量（%）			吸收速率（kg/hm²/天）		
			N	P	K	N	P	K	N	P	K	N	P	K
块茎增长期	67	13 874	238.49	201.36	284.47	11.42	25.60	0.82	1.72	1.45	2.05	1.49	3.24	0.13
块茎增长期	86	19 237	273.44	265.79	341.17	12.78	24.24	16.62	1.42	1.38	1.77	1.84	3.39	0.15

注：品种：晋薯 2 号　产量：41～100kg/hm²　N－全氮　P－全磷　K－全钾

五、马铃薯的产量形成与品质

（一）马铃薯的产量形成

1. 马铃薯的产量形成特点

（1）产品器官是无性器官。马铃薯的产品器官是块茎，是无性器官，因此，在马铃薯生长过程中，对外界条件的需求，前、后期较一致，人为控制环境条件较容易，较易获得稳产高产。

（2）产量形成时间长。马铃薯出苗后 7～10 天匍匐茎伸长，再经 10～15 天顶端开始膨大形成块茎，直到成熟，经历 60～100 天的时间。产量形成时间长，因而产量高而稳定。

（3）马铃薯的库容潜力大。马铃薯块茎的可塑性大，一是因为茎具有无限生长的特点，块茎是茎的变态仍具有这一特点；二是因为块茎在整个膨大过程中不断进行细胞分裂和增大，同时块茎的周皮细胞也作相应的分裂增殖，这就在理论上提供了块茎具备无限膨大的生理基础。马铃薯的单株结薯层数可因种薯处理、播深、培土等不同而变化，从而使单株结薯数发生变化。马铃薯对外界环境条件反应敏感，受到土壤、肥料、水分、温度或田间管理等方面的影响，其产量变化大。

（4）经济系数高。马铃薯地上茎叶通过光合作用所同化的碳水化合物，能够在生育早期就直接输送到块茎这一贮藏器官中去，其"代谢源"与"贮藏库"之间的关系，不像谷类作物那样要经过生殖器官分化、开花、授粉、受精、结实等一系列复杂的过程，这就在形成产品的过程中，可以节约大量的能量。同时，马铃薯块茎干物质的83%左右是碳水化合物。因此，马铃薯的经济系数高，丰产性强。

2. 马铃薯的淀粉积累与分配

（1）马铃薯块茎淀粉积累规律。块茎淀粉含量的高低是马铃薯食用和工业利用价值的重要依据。一般栽培品种，块茎淀粉含量为12%～22%，占块茎干物质的72%～80%，由72%～82%的支链淀粉和18%～28%的直链淀粉组成。

块茎淀粉含量自块茎形成之日起就逐渐增加，直到茎叶全部枯死之前达到最大值。单株淀粉积累速度在块茎形成期缓慢，块茎增长至淀粉积累期逐渐加快，淀粉积累期呈直线增加，平均每株每日增加2.5～3g。各时期块茎淀粉含量始终高于叶片和茎秆淀粉含量，并与块茎增长期前叶片淀粉含量，全生育期茎秆淀粉含量呈正相关，即块茎淀粉含量决定于叶子制造有机物的能力，更决定于茎秆的运输能力和块茎的贮积能力。

全生育期块茎淀粉粒直径呈上升趋势，且与块茎淀粉含量呈显著或极显著正相关。

块茎淀粉含量因品种特性、气候条件、土壤类型及栽培条件而异。晚熟品种淀粉含量高于早熟品种，长日照条件和降水量少时，块茎淀粉含量提高。壤土上栽培较黏土上栽培的淀粉含量高，氮肥多则块茎淀粉含量低，但可提高块茎淀粉产量。钾肥多能促进叶子中的淀粉形成，并促进淀粉从叶片流向块茎。

（2）干物质积累分配与淀粉积累。马铃薯一生全株干物质积累呈"S"形曲线变化。出苗至块茎形成期干物质积累量小，且主要用于叶部自身建设和维持代谢活动。这一时期叶片干物质积累量占干物质总量的54%以上。块茎形成期至淀粉积累期干物质积累量大，并随着块茎形成和增长，干物质分配中心转向块茎，块茎干物质积累量占干物质总量的55%以上。淀粉积累后期至成熟期，由于部分叶片死亡脱落，单株干重略有下降，且原来存储在茎叶中的干物质有20%以上也转移到块茎中去，到成熟期，块茎干物质重量占干物质总量的75%～82%。干物质积累量在各器官分配，前期以叶茎为主，后期以块茎为主，全株干物质积累量大，产量和淀粉含量高。

（二）马铃薯的品质

马铃薯按用途可分为食用型、食品加工型、淀粉加工型、种用型几类。不同用途的马铃薯其品质要求也不同。

1. 食用马铃薯

鲜薯食用的块茎，要求薯形整齐、表皮光滑、芽眼少而浅，块茎大小适中、无变绿；出口鲜薯要求黄皮黄肉或红皮黄肉，薯形长圆形或椭圆形，食味品质好、不麻口，蛋白质含量高，淀粉含量适中等。块茎食用品质的高低通常用食用价来表示。食用价 = 蛋白质含量/淀粉含量×100，食用价高的，营养价值也高。

2. 食品加工用马铃薯

目前，我国马铃薯加工食品有炸薯条、炸薯片、脱水制品等，但最主要的加工产品仍为炸薯条和炸薯片。两者对块茎的品质要求如下。

（1）块茎外观。表皮薄而光滑，芽眼少而浅，皮色为乳黄色或黄棕色，薯形整齐。炸薯片要求块茎圆球形，大小 40 ~ 60mm 为宜。炸薯条要求薯形长而厚，薯块大而宽肩者（两头平），大小在 50mm以上或 200g 以上。

（2）块茎内部结构。薯肉为白色或乳白色，炸薯条也可用淡黄色或黄色的块茎。块茎髓部长而窄，无空心、黑心等。

（3）干物质含量。干物质含量高可降低炸片和炸条的含油量，缩短油炸时间，减少耗油量，同时，可提高成品产量和质量。一般油炸食品要求 22% ~ 25% 的干物质含量。干物质含量过高，生产出来的食品比较硬（薯片要求酥脆，薯条要求外酥内软），质量变差。由于比重与干物质含量有绝对的相关关系，故在实际当中，一般用测定比重来间接测定干物质含量。炸片要求比重高于 1.080，炸条要求比重高于 1.085。

（4）还原糖含量。还原糖含量的高低是油炸食品加工中对块茎品质要求最为严格的指标。还原糖含量高，在加工过程中，还原糖和氨基酸进行所谓的"美拉反应"（Maillard Reaction），使薯片、薯条表面颜色加深为不受消费者欢迎的棕褐色，并使成品变味，质量严重下降。理想的还原糖含量应约为鲜重的 0.10%，上限不超过 0.30%（炸片）或 0.50%（炸薯条）。块茎还原糖含量的高低，与品种、收获时的成熟度、贮存温度和时间等有关。尤其是低温贮藏会明显升高块茎还原糖含量。

3. 淀粉加工用马铃薯

淀粉含量的高低是淀粉加工时首要考虑的品质指标。因为，淀粉含量每相差 1%，生产同样多的淀粉，其原料相差 6%。作为淀粉加工用品种其淀粉含量应在 16% 或以上。块茎大小以 50～100g 为宜，大块茎（100g 以上者）和小块茎（50g 以下者）淀粉含量均较低。为了提高淀粉的白度，应选用皮肉色浅的品种。

4. 种用块茎的质量要求

（1）种薯健康。种薯要不含有块茎传播的各种病毒病害和真细菌病害，其纯度要高。

（2）种薯小型化。块茎大小以 25～50g 为宜，小块茎既可以保持块茎无病和较强的生活力，又可以实行整播，还可以减轻运输压力和费用，节省用种量，降低生产成本。

六、马铃薯的栽培技术

（一）轮作换茬

马铃薯应实行 3 年以上轮作。应与谷类作物轮作，忌与茄科作物、块根、块茎类作物轮作。

（二）整地与施肥

马铃薯喜沙壤或壤土，实行秋深翻、晒垡、耙糖保墒或起垄等作业。南方雨水多，整地时做成高畦，畦面宽 2～3m，两畦间沟距和沟深为 25～30cm。华北平原常遇春旱，播前需浇水造墒，再浅耕耙平。

结合整地施足基肥，基肥应以腐熟堆肥为主，每公顷施用量按纯厩肥计为 15～30t。基肥用量少时，集中施入播种沟内。

播种时沟施化肥作种肥，每公顷用尿素 75～150kg，过磷酸钙 450～600kg，草木灰 375～750kg，或硫酸钾 375～450kg。施用基肥时应拌施防治地下害虫的农药，可每公顷施入 2% 甲胺磷粉 22.5～37.5kg。

（三）选用优良品种和脱毒种薯

选用优良品种，第一要以当地无霜期长短、栽培方式、栽培目的为依据。北方一作区应选用能充分利用生长季节的中、晚熟品种；为了早熟上市，或在二季作地区种植，应选早熟或极早熟品种；作淀粉加工原料的应选择高淀粉品种；作炸薯条或薯片的应选择薯形整齐、芽眼少而浅、白肉、还原糖含量低的食品加工专用型品种。第二应根据当地生产水平选用耐旱、耐瘠或喜水肥、抗倒伏的品种。第三应根据当地主要病害发生情况选用抗病性强、稳产性好的品种。上述各类品种在生产中均应选用优质脱毒种薯。

（四）播种

1. 播前种薯准备

（1）种薯出窖与挑选。种薯出窖的时间，应根据当时种薯贮藏情况、预定的种薯处理方法以及播种期等三方面结合考虑。

种薯出窖后，必须精选种薯。选择具有品种特征、表皮光滑、柔嫩、皮色鲜艳、无病虫、无冻伤的块茎作种。凡薯皮龟裂、畸形、尖头、皮色暗淡、芽眼突出、有病斑、受冻、老化等块茎，均应淘汰。出窖时，块茎已萌芽则应选择芽粗而短壮的块茎，淘汰幼芽纤细或丛生纤细幼芽的块茎。

（2）催芽。催芽可促进种薯解除休眠，缩短出苗时间，促进生育进程，汰除病薯。催芽的常用方法如下。

①出窖时，种薯已萌芽至 1cm 左右时，将种薯取出窖外，平铺于光亮室内，使之均匀见光，当白芽变成绿芽，即可切块播种。

②种薯与湿沙或湿锯屑等物互相层积于温床、火炕或木箱中。先

铺沙 3~6cm，上放一层种薯，再盖沙没过种薯。如此 3~4 层后，表面盖 5cm 左右的沙，并适当浇水至湿润状况。以后保持 10~15℃ 和一定的湿度，促使幼芽萌发。也可以选室外向阳背风地方挖坑做床，进行催芽。当芽长 1~3cm，并出现根系，即可切块播种。

③将种薯置于明亮室内或室外背风向阳处，平铺 2~3 层，并经常翻动，使之均匀见光，经过 40~45 天，幼芽长达 1~1.5cm 时，即可切块播种。

（3）种薯切块。切块种植能节约种薯并有打破休眠、促进发芽出苗的作用。但采用不当，极易造成病害蔓延。切块大小以 20~30g 为宜。切块时应采取自薯顶至脐部纵切法，使每一切块都尽可能带有顶部芽眼。若种薯过大，切块时应从脐部开始，按芽眼排列顺序螺旋形向顶部斜切，最后再把顶部一分为二。切到病薯时应用 75% 酒精反复擦洗切刀或用沸水加少许盐浸泡切刀 8~10 分钟进行消毒。切好的薯块应用草木灰拌种。若种薯小，可采用整薯播种，避免切刀传病，减轻青枯病、疮痂病、环腐病等发病率，能最大限度地利用种薯的顶端优势和保存种薯中的养分、水分，抗旱能力强，出苗整齐、健壮，生长旺盛，增产幅度可达 17%~30%。此外，还可节省切块用工和便于机械播种。整薯的大小，一般以 20~50g 健壮小整薯为宜。

2. 播种期

春播时，在 10cm 土层地温稳定在 6~7℃ 时即可播种。北方一作区，一般在 4 月下旬至 5 月上旬。中原二作区，春薯一般在 2 月中旬至 3 月下旬。秋薯的播种适期较为严格，通常以当地日平均气温下降至 25℃ 以下为播种适期。南方三作区，秋薯于 9 月下旬至 10 月下旬播种，冬薯于 12 月下旬至翌年 1 月中旬播种。

（五）播种方法

马铃薯适于垄作形式。在高寒阴湿、土壤黏重地势低洼、生育期间降水较多的地区，大多采用垄作。如我国东北、宁夏回族自治区南部、新疆维吾尔自治区的天山以北，各地均采用垄作。在东北和内蒙古自治区东部地区多采用双行播种机播种、施肥、覆土、起垄同时进行。行距 65cm。垄作一般覆土 7~8cm 厚，若春旱严重，可酌情增加厚度并结合镇压。

在我国华北、西北大部地区，生育期间气温较高、水量少、蒸发量大，又缺乏灌溉条件，多采用平作形式。在秋耕耙糖的基础上，播种时，先开 10～15cm 深的播种沟，点种施肥后覆土。一般行距 50cm 左右，播后糖平保墒。

（六）合理密植

马铃薯的产量是由单位面积上的株数与单株结薯重量构成。具体可用下式表示。

每公顷产量 = 每公顷株数 × 单株结薯重（单株结薯重 = 单株结薯数 × 平均薯块重；单株结薯数 = 单株主茎数 × 平均每主茎结薯数）。

密度是构成产量的基本因素。增加种植密度，可使单位面积上的株数和茎数增加，结薯数增加，因而在密度偏低的情况下，增加密度可有效地提高产量，但在密度过大时，单株性状过度被削弱，产量和商品薯率会降低。合理密植在于既能发挥个体植株的生产潜力，又能形成合理的田间群体结构，从而获得单位面积上的最高产量。合理密植应依品种、气候、土壤及栽培方式等条件而定。晚熟或单株结薯数多的品种、整薯或切大块作种。土壤肥沃或施肥水平高、高温高湿地区等，种植密度宜稍稀；反之，就适当加大密度，靠群体来提高产量。在目前生产水平下，北方一作区以每公顷 5.7 万～7.0 万株为宜；中原二季作地区，每公顷 6.5 万～7.5 万株。在相同种植密度下，采用宽窄行、大垄双行和放宽行距、适当增加每穴种薯数的方式较好，有利于田间通风透光，提高光合强度，使群体和个体协调发展，从而获得较高产量。

（七）田间管理

1. 苗前管理

北方一作区，马铃薯从播种到幼苗出土约 30 天。这期间气温逐渐上升，春风大，土壤水分蒸发快，并容易板结，田间杂草大量滋生，应针对具体情况，采取相应的管理措施。

东北垄作地区，由于播种时覆土厚，土温升高较慢，在幼苗尚未出土时，进行苗前耢地，以减薄覆土，提高地温，减少水分蒸发，促使出苗迅速整齐，兼有除草作用。在西北、内蒙古西部等地有"闷锄"习惯，作用与上相同。耢地和闷锄均应掌握适时和深度，切勿碰断芽尖。出苗前，若土壤异常干旱，有条件的地区应进行苗前灌水。

2. 查苗补苗

田间缺苗对马铃薯产量影响很大。因此，当幼苗基本出齐后，即应进行查苗补苗。检查缺苗时，应找出缺苗原因，采取相应对策补苗，保证补苗成活。如薯块已经腐烂，应把烂块连同周围的土壤全部挖除，以免感染新补栽的苗子。

补苗的方法是在缺苗附近的垄上找出穴多茎的植株，将其中 1 个茎苗带土挖出移栽。干旱时可浇水移栽。

3. 中耕除草和培土

中耕松土，使结薯层土壤疏松通气，利于根系生长、匍匐茎伸长和块茎膨大。齐苗后及早进行第一次中耕，深度 8～10cm，并结合除草 10～15 天后进行第二次中耕，宜稍浅。现蕾开花初期进行第三次中耕，此第二次中耕更浅。后两次中耕结合培土进行。第一次培土宜浅，第二次稍厚，并培成"宽肩垄"，总厚度不超过 15cm，以增厚结薯层，避免薯块外露而降低品质。目前，东北及内蒙古东部等垄作地区多采用 65cm 行距的中耕培土器进行中耕培土。

4. 追肥

一般在旱区，只要施足底肥，生长期间可以不追肥。如需追肥时，应于块茎形成期结合培土追施 1 次结薯肥。氮、磷配合施用，追肥量视植株长势长相而定。开花以后一般不再追若后期表现脱肥早衰现象，可用磷、钾或结合微量元素进行叶面喷施，亦有增产效果。

5. 灌溉和排水

马铃薯苗期耗水不多，但若干旱时仍需灌水。块茎形成至块茎增长期，需水量最多，如土层干燥，应及时灌溉。生育后期，需水量逐渐减少，但若过度干旱，也需适当轻灌。收获前 10～15 天应停止灌水，促使薯皮老化，有利于收获和贮藏。各生育阶段，如雨水过多，都要清沟排水，防止涝害。

6. 防治病虫害

马铃薯的病害较多，常见的有病毒病、晚疫病、青枯病、环腐病、疮痂病等。晚疫病多在雨水较多时节和植株开花期大量发生，喷洒瑞毒霉锰锌、甲霜灵锰锌、代森锰锌等，可收到较好的效果。青枯病除选用抗病品种外，可采用合理轮作、小整薯作种或从无病地区调种等措施，减轻为害。环腐病主要通过切刀消毒或小整薯作种等措施来减轻发病。疮痂病可用 0.1% 升汞水浸种 1.5 小时或用 0.2% 福尔马林浸种 1~2 小时进行防治。也可通过施用酸性肥料，保持土壤湿润来减轻该病发生。

马铃薯常见的虫害有蛴螬、蝼蛄、地老虎、金针虫、二十八星瓢虫、蚜虫等，一般采用药剂防治。

（八）收获与贮藏

1. 收获

当植株大部分茎叶枯黄，块茎易与匍匐茎分离，周皮变厚，块茎干物质含量达到最大值，为食用和加工用块茎的最适收获期。种用块茎应提前 5~7 天收获，以避免低温霜冻危害，提高种性。

收获应选晴朗干燥天气进行。收前 1~2 天割掉茎叶和清除田间残留的枝叶，以免病菌侵染块茎。收获过程中，要尽量减少机械损伤，并要避免块茎在烈日下长时间暴晒而降低种用和食用品质。

2. 贮藏

收获的块茎，应根据用途不同，采用相应方法进行贮藏管理，以防止块茎腐烂、发芽、受冻和病害蔓延，尽量降低贮藏期间的自然损耗，保证马铃薯的食用、加工用和种用品质。

（1）块茎在贮藏期间的生理生化变化。刚收获的块茎，呼吸作用旺盛，在 5~15℃ 下所产生的热量可达 30~50kj/t·小时，如果温度增高或块茎受伤感病等情况发生，呼吸强度更高。

在贮藏期间由于块茎水分散失，块茎损失重量 6.5%~11%。新收获的块茎，糖分含量很低，休眠结束时显著增高，萌发时，由于自身消耗，糖分含量又下降。块茎内淀粉含量在 10 ~ 15℃下较稳定，10℃以下淀粉含量开始下降，糖分含量逐渐增加，如在 0℃下长期贮藏，会引起糖分大量积累，使块茎变甜，降低食用和加工用品质。

（2）贮藏的基本条件和方法。贮藏地点和贮藏窖要具有通风、防水湿、防冻和防病虫传播的条件。贮藏前将块茎分级摊晾 7 ~ 15 天，进行"预贮"，使伤口愈合。伤口愈合的适宜温度为 15 ~ 20℃，相对湿度为 90% 左右。预贮后，剔除愈合不良的伤薯、病薯、畸形薯等，再行贮藏。

贮藏的适宜温度因用途而不同。种薯贮藏以 2 ~ 4℃为宜；食用薯以上 1 ~ 4℃为宜；加工用商品薯短期贮藏以 10℃左右为宜，长期贮藏时，先贮藏在 7 ~ 8℃下，加工前 2 ~ 3 周转入 16 ~ 20℃温度下进行回暖处理，并配合施行化学药剂抑芽。贮藏的相对湿度以 85% ~ 95% 为宜。不能见光，以免积累龙葵素。

贮藏方法有 2 种。冬贮法：一季作地区，进行冬季贮藏，一般采用窖藏，有井窖、棚窖、窑洞窖、土沟窖等。贮藏量不超过窖体的 2/3。当温度降到 0℃时，应在薯堆上加覆盖物或熏烟增温。夏贮法：二季作地区，春薯收后于夏季贮藏，一般在阴凉通风地点用架藏方法，即搭成多层棚架，每层架上摆 3 ~ 4 层薯块。这种贮藏方法块茎失水较多，应在中、后期适当进行覆盖。

七、马铃薯地膜覆盖与间套作栽培技术要点

（一）地膜覆盖栽培技术

1. 马铃薯地膜覆盖的应用效果

马铃薯地膜覆盖栽培是 20 世纪 90 年代推广的新技术。运用该技术一般可增产 20% ~ 50%，并可提早上市，调节淡季蔬菜供应市场，提高经济效益。地膜覆盖增产的原因，主要是提高了土壤温度，减少了土壤水分蒸发，提高了土壤速效养分含量，改善了土壤理化性状，保证了马铃薯苗全、苗壮、苗早，促进了植株生育，提早形成健壮的

同化器官，为块茎膨大生长打下良好基础。原内蒙古农牧学院（1989 年）试验，覆膜栽培在马铃薯发芽出苗期间（4 月 25 日至 5 月 25 日），0 ~ 20cm 土层内温度提高 3.3 ~ 4.0℃，土壤水分增加 6.2% ~ 24%，速效氮增加 40% ~ 46%，速效磷增加 1.3%，提早出苗 10 ~ 15 天。

2. 栽培技术要点

（1）选地和整地。选择地势平坦、土层深厚、土质疏松、土壤肥力较高的地块，实行 3 年轮作。在施足基肥基础上进行耕翻碎土耙糖平整，早春顶凌耙糖保墒。

（2）施足基肥。地膜覆盖后生育期间不易追肥，故应在整地时，把有机肥和化肥一次性施入土中。每公顷施入 30 ~ 45t 充分腐熟的有机肥和 300kg 磷酸二铵。

（3）选用脱毒种薯。带病种薯在覆膜栽培条件下，极易造成种薯腐烂，影响出苗，故要选用优良脱毒种薯。播前 20 天左右催芽晒种。

（4）覆膜方法。播前 10 天左右，在整地作业完成后应立即盖膜，防止水分蒸发。覆膜方式有平作覆膜和垄作覆膜。平作覆膜多采用宽窄行种植，宽行距 65 ~ 70cm，窄行距 30 ~ 35cm，地膜顺行覆在窄行上。垄作覆膜须先起好垄，垄高 10 ~ 15cm，垄底宽 50 ~ 75cm，垄背呈龟背状，垄上种 2 行，一膜盖双行。无论采取哪种覆盖方式，都应将膜拉紧、铺平、紧贴地面，膜边入土 10cm 左右，用土压实。膜上每隔 1.5 ~ 2m 压一条土带，防止大风吹起地膜。覆膜 7 ~ 10 天，待地温升高后，便可播种。

（5）播种。播期以出苗时不受霜冻为宜。一般比当地露地栽培提前 10 天左右。在每条膜上播两行。交错打孔点籽，孔深 10 ~ 12cm，然后回填湿土，并将膜裂口用土封严。如果土壤墒情不足，播种时，应在播种孔内浇水 0.5kg 左右。

（6）田间管理。播后要经常到田间检查，发现地膜破损要立即用土压严，防止大风揭膜。出苗前后检查出苗情况，若因苗子弯曲生长而顶到地膜上，应及时将苗放出，以免烧苗。生育中期要及时破膜，在宽行间中耕除草培土，有灌水条件的可在宽行间开沟灌水。

（二）马铃薯间作套种技术

马铃薯性喜冷凉，生育期较短，播种和收获期伸缩性较大；植株矮小，根系分布较浅，适于多种形式的薯粮、薯棉、薯豆、薯菜等间作套种。

1. 薯粮间作套种

薯粮间套应用最普遍的是马铃薯和玉米间套作，一般比二者纯作增产 30%～50%。间套形式按行比有 1∶1、1∶2、2∶2、2∶4 等。各地粮区多采用 2∶2 的形式。在 170cm 带宽内按行株距 65cm×20cm 播种 2 行马铃薯，每公顷种 58 500 株。玉米按行株距 40cm×24cm 条播 2 行，每公顷种 48 000 株。马铃薯应选择早熟、株矮、直立的品种，适时早播，力争早出苗早收获。玉米选用中晚熟高产品种。马铃薯收获后，就地开沟将茎叶埋入土中，给玉米压青培肥。

2. 薯棉间作套种

马铃薯与棉花间作套种模式按行比有 1∶1、1∶2、2∶2、2∶4 等。目前多采用 2∶2 的模式。在 180cm 宽的带内，马铃薯按行株距 65cm×20cm 播 2 行，每公顷 55 500 株。棉花于终霜时按行株距 40cm×18cm 播 2 行，每公顷 61 500 株。马铃薯应覆膜早播，棉花适当晚播 5～7 天，以减少共生期。

3. 薯豆间作套种

近几年，在甘肃、宁夏、青海等省区半干旱和阴湿易旱地区，采用马铃薯和蚕豆、马铃薯和豌豆间套作，取得了明显增产效果。马铃薯与蚕豆间套作时，马铃薯用宽窄行种植，宽行行距 60cm，窄行行距 20cm，株距 35cm，每公顷种 61 500 株。在马铃薯宽行内间作一行株距为 10cm 的蚕豆，每公顷 10 万～12 万株。马铃薯和豌豆间套作，其带间比为 50∶50cm，各种 2 行。豌豆播量 150～180kg/hm^2，保苗 78 万～90 万/hm^2。马铃薯株距 35cm，保苗 61 500 株/hm^2。

4. 薯菜间作套种

薯菜间套模式主要分布于菜区。由于蔬菜种类多，生长期及栽培技术不同，所以薯菜间套方式也多种多样。在二季作地区，有马铃薯与耐寒速生蔬菜如小白菜、小萝卜、菠菜等间套作和马铃薯与耐寒而生长期长的蔬菜如甘蓝或菜花间套作等。在北方高寒地区，采用早熟马铃薯复种油豆角、白菜、萝卜等，马铃薯采用催大芽覆膜栽培，6月上中旬收获，下茬复种（移栽）油豆角、白菜、萝卜等。

八、马铃薯病毒病害及防治途径

马铃薯由于病毒侵染引起的病害称为病毒病害。病毒侵染马铃薯植株后，逐渐向块茎中转移，并在块茎中潜伏和积累，通过无性繁殖，世代传递，导致产量逐年降低，品质变劣，并表现出各种畸形症状，如植株矮化、束顶、花叶、卷叶、皱缩、块茎变小或出现尖头、龟裂等，最终失去种用价值。病毒病害一般减产 20% ~ 30%，重者减产 50% 以上。高纬度、高海拔地区比低纬度、低海拔地区发病轻。

（一）*病毒病害的种类及发病条件*

目前，已知侵染马铃薯的病毒有 18 种，有 9 种是专门寄生于马铃薯上的（也可侵染其他某些植物）。其中，国内已发现的有 7 种，即马铃薯 X 病毒（PVX）、马铃薯 Y 病毒（PVY）、马铃薯 S 病毒（PVS）、马铃薯 M 病毒（PVM）、马铃薯奥古巴花叶病毒（PAMV）、马铃薯 A 病毒（PVA）、马铃薯卷叶病毒（PLRV）。这些病毒通过机械摩擦、蚜虫、叶蝉和土壤线虫等媒介传播侵染，分别引起马铃薯普通花叶病、条斑花叶病、潜隐花叶病、副皱缩花叶病、黄斑花叶病、轻花叶病和卷叶病。马铃薯纺锤块茎类病毒（PSTV）侵染引起马铃薯束顶病。以其他作物为主要寄主侵染马铃薯的 9 种病毒中，国内发现的有 3 种，即烟草脆裂病毒（TRV）、烟草坏死病毒（TNV）、苜蓿花叶病毒（AMV）。它们分别引起马铃薯茎斑驳病、马铃薯皮斑驳病、马铃薯杂斑病。

病毒侵染马铃薯后是否发病和发病的程度与温度、品种的抗病性有关。高温有利于传毒媒介（蚜虫等）的繁殖、迁飞和取食活动，有利于病毒迅速侵染和复制，高温使马铃薯自身的抗病性减弱，因而加重了病毒病害的发病程度。在相同条件下，品种的抗耐病能力不同，也有感病轻重之别。此外，栽培和贮藏条件，也影响植株生长和病毒侵染为害程度。

（二）防治马铃薯病毒病害的途径

1. 选育抗病毒的优良品种

选育抗病毒的优良品种是防治病毒病害最经济有效的途径。由于马铃薯可被多种病毒侵染，给育种工作造成很大困难。各地应根据当地主要病毒病害种类，有针对性地选育抗该种病毒病的品种。

2. 对优良品种进行茎尖脱毒

对已感病的优良品种进行茎尖脱毒，生产脱毒种薯所有的马铃薯病毒都能通过薯块传播，种薯是生产中大多数马铃薯病毒病害的最初侵染来源，因此，采用脱毒种薯是目前防治病毒病害最为有效的途径。为了迅速获得大量优质脱毒种薯，应从以下 2 个方面入手。

（1）建立健全马铃薯脱毒种薯繁育体系。马铃薯种薯生产采用块茎繁殖，其繁殖系数低，生产速度较慢，而且在繁殖过程中很容易受到病毒和其他真菌、细菌病的再侵染。因此，目前我国东北、西北、内蒙古、西南等高海拔、高纬度地区，以县为单位普遍建立了四级脱毒种薯繁育体系，即网室生产原原种—原种场生产原种—种薯生产基地生产一级种薯和二级种薯。

（2）加强脱毒种薯生产田的栽培管理，防治病毒再侵染。

①选地隔离：选择气候冷凉、地势开阔、有水源、交通方便的地方作种薯生产田，周围至少 500 ~ 600m 内不能有马铃薯一般生产田或其他马铃薯病毒的寄主，如苜蓿、烟草等。

②种薯催芽与播种：催芽可提前出苗，苗壮、苗齐，增加每株主茎数，促进早结薯和成龄抗性的形成。催芽方法同一般大田。春播播期尽量提前，二季作地区秋播播期适当推后，尽可能避开夏季高温的不利影响及蚜虫发生期和传毒高峰期。整薯播种。切块播种时，必须严格进行切刀消毒。为了获得更多小薯，种植密度一般为每公顷 10万 ~ 15 万株。采用大行距小株距的播种方式，便于培土和增加结薯数。播种时，结合施肥施放防蚜颗粒剂。

③合理施肥：应以充分腐熟的有机肥为主，适当增施磷、钾肥。避免过量施氮，以防茎叶徒长，而延迟结薯和植株成龄抗性的形成。

④喷药防蚜与拔除病株：从蚜虫出现开始，每隔7～10天喷施一次灭蚜药，每次以不同种类的农药交替喷施。拔除病株是种薯生产过程中消灭病毒侵染源，防止扩大蔓延的一项重要措施。在苗高10～20cm、现蕾期、开花期各进行一次。逐垄检查，发现病株连同新生块茎、母薯彻底拔除，小心装袋，带出田外30m深埋。

⑤提前收获和刈蔓：提前收获可获得更多幼嫩小薯，并可避免病毒传到块茎。较早毁灭茎叶在一定程度上阻止晚疫病菌和已感染的病毒传到块茎。毁茎的方法有拔秧、割秧、化学药剂杀秧等；刈蔓在蚜虫迁飞高峰后10天进行，再经10天左右收获。这项措施在一季作区只适用于早熟和中早熟品种，对晚熟品种应加强药剂防治。凡进入种薯生产田的人员或使用的工具，事前都要进行消毒，用肥皂水反复洗手，用稀碱水消毒工具和鞋底。

第三章 大 豆

一、概 述

（一）大豆生产在国民经济中的意义

1. 大豆的营养价值

大豆既是蛋白质作物，又是油料作物。大豆籽粒约含蛋白质40%、脂肪20%、碳水化合物30%。大豆可加工成多种多样的副食品。大豆营养价值很高，每千克大豆产热量17 207.7kJ。大豆蛋白是我国人民所需蛋白质的主要来源之一，含有人体必需的8种氨基酸，尤其是赖氨酸含量居多，大豆蛋白质是"全价蛋白"。近代医学研究表明，豆油不含胆固醇，吃豆油可预防血管动脉硬化。大豆含丰富的维生素 B_1、维生素 B_2、烟酸，可预防由于缺乏维生素、烟酸引起的癞皮病、糙皮病、舌炎、唇炎、口角炎等。大豆的碳水化合物主要是乳糖、蔗糖和纤维素，淀粉含量极小，是糖尿病患者的理想食品。大豆还富含多种人体所需的矿物质。

2. 大豆的工业利用价值

大豆是重要的食品工业原料，可加工成大豆粉、组织蛋白、浓缩蛋白、分离蛋白。大豆蛋白已广泛应用于面食品、烘烤食品、儿童食品、保健食品、调味食品、冷饮食品、快餐食品、肉灌食品等的生产。大豆还是制作油漆、印刷油墨、甘油、人造羊毛、人造纤维、电木、胶合板、胶卷、脂肪酸、卵磷脂等工业产品的原料。

3. 大豆的其他用途

（1）大豆是重要的饲料作物。豆饼是牲畜和家禽的理想饲料。

大豆蛋白质消化率一般比玉米、高粱、燕麦高 26% ~ 28%，易被牲畜吸收利用。以大豆或豆饼作饲料，特别适宜猪、家禽等不能大量利用纤维素的单胃动物。大豆秸秆的营养成分高于麦秆、稻草、谷糠等，是牛、羊的好粗饲料。豆秸、豆秕磨碎可以喂猪，嫩植株可作青饲料。

（2）大豆在作物轮作制中占有重要的地位。大豆根瘤菌能固定空气中游离氮素，在作物轮作制中适当安排种植大豆，可以把用地养地结合起来，维持地力，使连年各季均衡增产。用根瘤菌固定空气中的氮素，既可节约生产化肥的能源消耗，又可减少化肥对环境的污染。

（二）大豆的起源和分布

1. 大豆的起源

大豆起源于我国，已为世界所公认。我国商代甲骨文中已有"大豆"。汉代司马迁（公元前 145 年至公元前 93 年）在其编撰的《史记》中即提及轩辕黄帝时"艺五种"（黍稷菽麦稻），菽就是大豆。成书于春秋时代的《诗经》中有"中原有菽，庶民采之""五月烹葵及菽"等描述。在考古发掘中也发现了古代的大豆。1959 年山西省侯马县发掘出多颗大豆粒，经测定，距今已有 2 300 年，是战国时代的遗物。栽培大豆究竟起源于我国何地呢？对此，学者们有不同的看法。吕世霖（1963）指出，古代劳动人民的生产活动是形成栽培大豆的关键，并提出栽培大豆起源于我国的几个地区。王金陵等（1973）也认为，大豆在我国的起源中心不止一个，而是多源的。徐豹等（1986）比较研究了野生大豆和栽培大豆对昼夜变温和光周期的反应，证实北纬 35°的野生大豆与栽培大豆之间的差别最小；品质化学分析结果也表明，我国北纬 34° ~ 35°地带野生大豆与栽培大豆的蛋白质含量最为接近；种子蛋白质的电泳分析又证明，胰蛋白酶抑制剂 Tai 等位基因的频率，栽培大豆为 100%，而野生大豆中只有来源于北纬 32° ~ 37°的才是 100% 与栽培大豆相同。基于以上 3 点，说明大豆应起源于黄河流域。

2. 我国大豆的分布和种植区划

大豆品种经我国劳动人民长期的驯化培育，目前，除在高寒地区 >10℃年活动积温在 1 900℃ 以下或降水量在 250mm 以下无灌溉条件地区不能种植外，凡有农耕的地方几乎都有大豆的种植，尤以黄淮海平原和松辽平原最为集中，东北的黑、吉、辽 3 省和华北及豫、鲁、皖、苏、冀等地，长期以来是我国大豆的生产中心。生产较集中的还有陕、晋 2 省，甘肃省河套灌区、长江流域下游地区、钱塘江下游地区、江汉平原、鄱阳湖和洞庭湖平原、闽粤沿海、中国台湾西南平原等。

我国大豆分布很广，从黑龙江边到海南岛，从山东半岛到新疆伊犁盆地均有大豆栽培。根据自然条件、耕作栽培制度，我国大豆产区可划分为 5 个栽培区。

（1）北方一年一熟春大豆区。本区包括东北各省，内蒙古自治区及陕西、山西、河北 3 省的北部，甘肃省大部，青海省东北和新疆维吾尔自治区部分地区。该区可进一步划分为如下 4 个副区。

①东北春大豆区：该区是我国最主要的大豆产区，集中分布在松花江和辽河流域的平原地带。东北大豆，产量高、品质好，在国际上享有很高的声誉。

②华北春大豆区：该区包括河北中北部，山西中部和东南部以及陕西渭北等地区。华北春大豆区的范围大体上与晚熟冬麦区相吻合，当地以两年三熟制为主。

③西北黄土高原春大豆区：该区包括河北、山西、陕西 3 省北部以及内蒙古自治区、宁夏回族自治区、甘肃省、青海省。这一地区气候寒冷，土质瘠薄，大豆品种类型为中、小粒，椭圆形黑豆或黄豆。

④西北春大豆灌溉区：该区包括新疆维吾尔自治区和甘肃省部分地区。年降水量少，土壤蒸发量大，种植大豆必须灌溉。由于日光充足又有人工灌溉条件，单位面积产量较高，百粒重也高。

（2）黄淮流域夏大豆区。该区包括山东、河南 2 省，河北省南部、江苏省北部、安徽省部、关中平原、甘肃省南部和山西省南部、北临春大豆区，南以黄河、秦岭为界。黄淮夏大豆区又可划分为 2 个副区。

①黄淮平原夏大豆区：该区包括河北省南部、山东省全部，江苏、安徽省北部，河南东部。当地实行2年三熟或1年两熟。夏大豆区一般于6月中旬播种，9月下旬至10月初收获。生长期短，需用中熟或早熟品种。

②黄河中游夏大豆区：该区包括河南西部、山西南部、关中和陇东区。本地区气候条件与黄淮平原相似，只是年降水量较少。小粒椭圆品种居多，另有部分黑豆。

（3）长江流域夏大豆。本区包括河南省南部，汉中南部，江苏省南部，安徽省南部，浙江省西北部江西省北部，湖南省，湖北省，四川省大部，广西壮族自治区、云南省北部。当地生长期长，1年两熟，品种类型繁多。以夏豆为主，但也有春大豆和秋大豆。

（4）长江以南秋大豆。本区包括湖南省、广东省东部，江西省中部和福建省大部。当地生长期长，日照短，气温高。大豆一般在8月早中稻收后播种收获。

（5）南方大豆两熟区。本区包括广东省、广西壮族自治区、云南省南部。气温高，终年无霜，日照短。在当地栽培制度中．大豆有时春播，有时夏播，个别区冬季仍能种植。11月播种，翌年3—4月收获。

二、大豆栽培的生物学基础

（一）大豆的形态特征

1. 根和根瘤

（1）根。大豆根系由主根、支根、根毛组成。初生根由胚根发育而成，并进一步发育成主根。支根在发芽后3~7天出现，根的生长一直延续到地上部分不再增长为止。在耕层深厚的土壤条件下，大豆根系发达，根量的80%集中在5~20cm土层内，主根在地表下10cm以内比较粗壮，越向下越细，几乎与支根很难分辨，入土深度可达60~80cm。支根是从主根中柱鞘分生出来的。一次支根先向四周水平伸展，远达30~40cm，然后向下垂直生长。一次支根还再分生 2 ~ 3 次支根。根毛是幼根表皮细胞外壁向外突出而形成的。根毛寿命短暂，几天更新 1 次。根毛密生使根具有巨大的吸收表面（1 株约 $10cm^2$）。

（2）根瘤。在大豆根生长过程中，土壤中原有的根瘤菌沿根毛或表皮细胞侵入，在被侵入的细胞内形成感染线，根瘤菌进入感染线中，感染线逐渐伸长，直达内皮层，根瘤菌也随之进入内皮层。在内皮层根瘤菌的后产物诱发细胞进行分裂，形成根瘤的原基。大约在侵入后 1 周，根瘤向表皮方向隆起，侵入后 2 周左右，皮层的最外层形成了根瘤的表皮，皮层的第二层成为根瘤的形成层，接着根瘤的周皮、厚壁组织层及维管束也相继分化出来。根瘤菌在根瘤中变成类菌体。根瘤细胞内形成豆血红蛋白，根瘤内部呈红色，此时，根瘤开始具固氮能力。

（3）固氮。类菌体具有固氮酶。固氮过程的第一步是由钼铁蛋白及铁蛋白组成的固氮酶系统吸收分子氮。氮（N_2）被吸收后，2 个氮原子之间的三价键被破坏，然后被氢化合成 NH_3。NH_3 与 a - 酮戊二结合成谷氨酸，并以这种形态参与代谢过程。大豆植株与根瘤菌间是共生关系。大豆供给根瘤糖类，根瘤菌供给寄主氨基酸。有估计，大豆光合产物的 12% 左右被根瘤菌所消耗。对于大豆根固氮数量的估计差异很大。张宏等根据结瘤、不结瘤等位基因系比较，用 15N 同位素等手段测得，一季大豆根瘤菌共生固氮数量 $96.75kg/hm^2$。这一数量为一季大豆需氮量的 59.64%。一般地，根瘤菌所固定的氮可供大豆一生需氮量的 1/2 ~ 3/4。这说明，共生固氮是大豆的重要氮源，然而单靠根瘤菌固氮不能满足其需要。据研究，当幼苗第一对真叶时，已可能结根瘤，2 周以后开始固氮。植物生长早期固氮较少，自开花后迅速增长，开花至籽粒形成阶段固氮最多，约占总固氮量的 80%，在接近成熟时固氮量下降。关于有效固氮作用能维持多久，目前，尚无定论。大豆鼓粒期后，大量养分向繁殖器官输送，因而，使根瘤菌的活动受到抑制。

2. 茎

大豆的茎包括主茎和分枝。茎发源于种子中的胚轴。下胚轴末与极小的根原始体相连；上胚轴很短，带有两片胚芽、第一片三出复叶原基和茎尖。在营养生长期间，茎尖形成叶原始体和腋芽，一些腋芽后来长成主茎土的第一级分枝。第二级分枝比较少见。大豆培品种有明显的主茎。主茎高度在 50～100cm，矮者只有 30cm，高者可达 150cm。茎粗变化较大，直径在 6～15mm。主茎有 12～20 节，但有的晚熟品种多达 30 节，有的早熟品种仅有 8～9 节。

大豆幼茎有绿色与紫色 2 种。绿茎开白花，紫茎开紫花。茎上茸毛，灰白或棕色，茸毛多少和长短因品种而异。

大豆茎的形态特点与产量高低有很大的关系。据吉林省农业科学院研究，株高与产量的相关系数 r＝0.8304，茎粗与产量的相关系数 r＝0.5161。对亚有限品种来说，株高与茎粗的比值在 80～120 产量稳定。主茎节数与产量相关也颇显著。有资料表明，单株平均节间长度达 5cm，是倒伏的临界长度。

按主茎生长形态，大豆可概分为蔓生型、半直立型、直立型。栽培品种均属于直立型。大豆主茎基部节的腋芽常分化为分枝，多者可达 10 个以上，少者 1～2 个或不分枝。分枝与主茎所成角度的大小、分枝的多少及强弱决定着大豆栽培品种的株型，按分枝与主茎所成角度大小，可分为张开、半张开和收敛 3 种类型。按分枝的多少、强弱，又可将株型分为主茎型、中间型、分枝型 3 种。

3. 叶

大豆叶有子叶、单叶、复叶之分。子叶（豆瓣）出土后，展开，经阳光照射即出现叶绿素，可进行光合作用。在出苗后 10～15 天内，子叶所贮藏的营养物质和自身的光合产物对幼苗的生长是很重要的。子叶展开后约 3 天，随着上胚轴伸长，第二节上先出现 2 片单叶，第三节上出生 1 片三出复叶。

大豆复叶由托叶、叶柄和小叶三部分组成。托叶一对，小而狭，位于叶柄和茎相连处两侧，有保护腋芽的作用。大豆植株不同节位上的叶柄长度不等，这对于复叶镶嵌和合理利用光能有利。大豆复叶的各个小叶以及幼嫩的叶柄能够随日照而转向。大豆小叶的形状、大小因品种而异。叶形可分为椭圆形、卵圆形、披针形和心脏形等。有的品种的叶片形状、大小不一，属变叶型。叶片寿命 30～70 天不等，下部叶变黄脱落较早，寿命最短；上部叶寿命也比较短，因出现晚却又随植株成熟而枯死；中部叶寿命最长。

除前面提及的子叶、复叶外，各有一对极小的尖叶，称为前叶，在分枝基部两侧和花序基部两侧已失去叶的功能。

4. 花和花序

大豆的花序着生在叶腋间或茎顶端，为总状花序。一个花序上的花朵通常是簇生的，俗称花簇。每朵花由苞片、花萼、花冠、雄蕊和雌蕊构成。苞片有 2 个，很小，呈管形。苞片上有茸毛，有保护花芽的作用。花萼位于苞片的上方，下部联合呈杯状，上部开裂为 5 片，色绿，着生茸毛。花冠为蝴蝶形，位于花萼内部，由 5 个花瓣组成。5 个花瓣中上面一个大的称旗瓣，旗瓣两侧有两个形状和大小相同的翼瓣；最下面的两瓣基部相连，弯曲，形似小舟称骨瓣。花冠的颜色分白色、紫色 2 种。雄蕊共 10 枚，其中，9 枚的花丝连呈管状，1 枚分离，花药着生在花丝的顶端，开花时，花丝伸长向前弯曲，花药裂开，花粉散出。一朵花的花粉约有 5 000 粒。雌蕊包括柱头、花柱和子房 3 部分。柱头为球形，在花顶端，花柱下方为子房，内含胚珠 1~4 个，个别的有 5 个，以 2~3 个居多。

大豆是自花授粉作物，花朵开放前即完成授粉。花序的主轴称花轴。大豆花轴的长短、花轴上花朵的多少因品种而异，也受气候和栽培条件的影响。花轴短者不足 3cm，长者 10cm 以上。现有品种中花序有的长达 30cm。

5. 荚和种子

大豆荚由子房发育而成。荚的表皮被茸毛，个别品种无茸毛。色有黄、灰褐、褐、深褐以及黑等色。豆荚形状分直形、弯镰形弯曲程度不同的中间形。有的品种在成熟时沿荚果的背腹缝自行开裂（炸裂）。

大豆荚粒数各品种有一定的稳定性。栽培品种每荚多含 2~3 个种子。荚粒数与叶形有一定的相关性。有的披针形叶大豆，4 粒的比例很大，也有少数 5 粒荚；卵圆形叶、长卵圆形叶品种以 2~3 粒荚为多。

成熟的豆荚中常有发育不全的籽粒，或者只有一个小薄片，通称秕粒。秕粒率常在 15%～40%。秕粒发生的原因是，受精后结子未得到足够的营养。一般先受精的先发育，粒饱满；后受精的发育，常成秕粒。在同一个荚内，先豆由于先受精，养分供应好于中豆、基豆，故先豆饱满，而基豆则常常瘦秕。开花结荚期间，雨连绵，天气干旱均会造成秕粒。鼓粒期间改善水分、养分和光照条件，有助于克服秕粒。

（二）大豆的类型

1. 大豆的结荚习性

大豆的结荚习性一般可分为无限、有限和亚有限 3 种类型。基本上是前 2 种类型。

（1）无限结荚习性。具有这种结荚习性的大豆茎秆尖削，始花期早，开花期长。主茎中、下部的腋芽首先分化开花，然后向上依次陆续分化开花。始花后，茎继续伸长，叶继续产生。如环境条件适宜，茎向高生长。主茎与分枝顶部叶小，着荚分散，基部荚不多，顶端只有 1～2 个小荚，多数荚在植株的中部、中下部，每节一般着生 2～5 个荚。这种类型的大豆，营养生长和生殖生长并进的时间较长。

（2）有限结荚习性。这种结荚习性的大豆一般始花期较晚，当主茎生长不久，才在的中上部开始开花，然后向上、向下逐步开花，花期集中。当主顶端出现一簇花后，茎的生长终结。茎秆不那么尖削。顶部叶，不利于透光。由于茎生长停止，顶端花簇能够得到较多的营养物质，常形成数个荚聚集的荚簇，或成串簇。这种类型的大豆，营养生长和生殖生长并进的时间较短。

（3）亚有限结荚习性。这种结荚习性介于以上 2 种习性之间而偏于无限习性。主茎较发达。开花顺序由下而上。主茎结荚较多，顶端有几个荚。

大豆结荚习性不同的主要原因在于大豆茎秆顶端花芽分化时个体发育的株龄不同。顶芽分化时若植株旺盛生长时期，即形成有结荚习性，顶端叶大、花多、荚多。否则，当顶芽分化时植株已于老龄阶段，则形成无限结荚习性，顶端叶小、花稀、荚也少。

大豆的结荚习性是重要生态性状，在地理分布上有着明显的规性和地域性。从全国范围看，南方雨水多，生长季节长，有限品多；北方雨水少，生长季节短，无限性品种多。从一个地区看，雨量充沛、土壤肥沃，宜种有限性品种；干旱少雨、土质瘠薄，宜种无限性品种。雨量较多、肥力中等，可选用亚有限性品种。这也并不是绝对的。

2. 大豆的栽培类型

栽培大豆除了按结荚习性进行分类外，还有如下几种分类法。

大豆种皮颜色有黄、青（绿）、黑、褐色及双色等。子叶有黄和绿色之分。粒形有圆、椭圆、长椭圆、扁椭圆、肾状等。成熟的颜色由极淡的褐色至黑色。茸毛有灰色、棕黄 2 种，少数荚皮是无色的。大豆籽粒按大小可分为 7 级。

若以播种期进行分类，我国大豆可分作春大豆型、黄淮海夏大豆型、南方夏大豆型和秋大豆型。

（1）春大豆型。北方春大豆型于 4—5 月播种，约 9 月成熟，黄淮海春大豆型在 4 月下旬至 5 月初播种，8 月底至 9 月初成熟；长江春大豆型在 3 月底至 4 月初播种，7 月间成熟；南方春大豆型在 2—3 月上旬播种，多于 6 月中旬成熟。春大豆短日照性较弱。

（2）黄淮海夏大豆型。于麦收后 6 月间播种，9—10 月初成熟。短日照性中等。

（3）南方夏大豆型。一般在 5—6 月初麦收或其他冬播作物收后播种，9 月底至 10 月成熟。短日照性强。

（4）秋大豆型。7 月底至 8 月初播种，11 月上、中旬成熟。短日照极强。

（三）大豆的生长发育

1. 大豆的一生

大豆的生育期通常是指从出苗到成熟所经历的天数。实际上，大豆的一生指的是从种子萌发开始，经历出苗、幼苗生长、花芽分化、开花结荚、鼓粒，直至新种子成熟的全过程。

（1）种子的萌发和出苗。大豆种子在土壤水分和通风条件适宜，播种层温度稳定在 10℃时，种子即可发芽。大豆种子发芽需要吸收相当于本身重量 120% ~ 140% 的水分。种子发芽时，胚高度接近成株高度，前根先伸入土中，子叶出土之前，幼茎顶端生长锥已形成 3 ~ 4 个复叶、节和节间的原始体。随着下胚轴伸长，子叶带着幼芽拱出地面。子叶出土即为出苗。

（2）幼苗生长。子叶出土展开后，幼茎继续伸长，经过 4 ~ 5 天，一对原始真叶展开，这时幼苗已具有两个节，并形成了第一个节间。从原始真叶展开到第一复叶展平大约需 10 天。此后，每隔 3 ~ 4 天出现一片复叶，腋芽也跟着分化。主茎下部节位的腋芽多为枝芽，条件适合即形成分枝。中、上部腋芽一般都是花芽，长成簇。出苗到分枝出现，称为幼苗期。幼苗期根系比地上部分生快。

（3）花芽分化。大豆花芽分化的迟早，因品种而异。早熟品种较早，晚熟品种较迟；无限性品种较早，有限性品种较迟。据原哈尔滨师范学院在当地对无限性品种黑农 11 的观察。5 月 8 日播种，26 日出苗，出苗后 18 天，当第一复叶展开、第二复叶未完全展开、第三片复叶小时，在第二、第三复叶的腋部已见到花芽原始体。另据原山西农学院对有限品种太谷黄豆的观察，5 月 4 日播种，12 日出苗，出苗 45 天，当第七复叶出现时，花芽开始分化。大豆花芽分化可芽原基形成期、花萼分化期、花瓣分化期、雄蕊分化期、雌蕊分期以及胚珠花药、柱头形成期。最初，出现半球状花芽原始体，接着在原始体的前面发生萼片，继而在两旁和后面也出现萼片，形成萼筒。花萼原基出现是大豆植株由营养生长进入生殖生长的形态标志。然后，相继分化出极小的龙骨瓣、翼瓣、旗瓣原始体。跟雄蕊原始体呈环状顺次分化。同时，心皮也开始分化。在 10 枚；蕊中央，雌蕊分化，胚珠原始体出现，花药原始体也同时分化。随着器官逐渐长大，形成花蕾。随后，雄、雌蕊的生殖细胞连续分，花粉及胚囊形成。最后，花开放。

从花芽开始分化到花开放，称为花芽分化期，一般为 25 ~ 30 天。因此，在开花前 1 个月内环境条件的好坏与花芽分化的多少及常与否有密切的关系。从这时起，营养生长和生殖生长并进，根发育旺盛，茎叶生长加快，花芽相继分化，花朵陆续开放。

（4）开花结荚。从大豆花蕾膨大到花朵开放需 3~4 天。每天开花时刻，从 6:00 开始开花，8:00~10:00 最盛，下午开花甚少。在同一地点，开花时刻又因气候情况而错前错后。

花朵开放前，雄蕊的花药已裂开，花粉粒在柱头上发芽。花粉管在向花柱组织内部伸长的过程中，雄核一分为二，变成 2 个精核，从授粉到双受精只需 8~10 小时。授粉后约 1 天，受精卵开始分裂。最初二次分裂形成的上位细胞将来发育成胚，下位细胞发育成胚根原和胚柄。受精后第一周左右胚乳细胞开始分化，接着，子叶分化。第二周，子叶继续生长，胚轴、胚根开始发育，胚乳开始被吸收，2 片初生叶原基分化形成。第三周，种子内部为子叶所充满，胚乳只剩下一层糊粉层、2~3 层胚乳细胞层。子叶的细胞内出现线粒体、脂质颗粒、蛋白质颗粒。第四周，子叶长到最大，此后，复叶叶原基分化形成。

花冠在花粉粒发育后开放，约 2 天后凋萎。随后，子房逐渐膨大，幼荚形成（拉板）开始。前几天，荚发育缓慢，从第五天起迅速伸长，大约经过 10 天，长度达到最大值。荚达到最大宽度和厚度的时间较迟。嫩荚长度日增长约 4mm，最多达 8mm。

从始花到终花为开花期。有限性品种单株自始花到终花约 20 天；无限性品种花期长达 30~40 天或更长。从幼荚出现到拉板（形容豆荚伸长、加宽的过程）完成为结荚期。由于大豆开花和结荚是交错的，所以，又将这 2 个时期称开花结荚期。在这个时期内，营养器官和生殖器官之间对光合产物竞争比较激烈，无限性品种尤其如此。开花结荚期是大豆一生中需要养分、水分最多的时期。

（5）鼓粒成熟。大豆从开花结荚到鼓粒阶段，无明显的界限。在田间调查记载时，把豆荚中籽粒显著突起的植株达 50% 以上的日期称为鼓粒期。每粒种子平均每天可增重 6~7mg，多者达 8mg 以上。荚的重量大约在第七周达到最大值。当种子变圆，完全变硬，最终呈现本品种的固有形状和色泽，即为成熟。在荚皮发育的同时，其中，种皮已形成；荚皮将近长成后，豆粒才鼓起。种子的干物质积累，大约在开花后 1 周内增加缓慢，以后的 1 周增加很快，大部分干物质是在这以后的大约 3 周内积累的。

2. 大豆生育期和生育时期

（1）我国大豆的生育时期划分。大豆品种的生育期是指从出苗到成熟所经历的天数。而大豆的生育时期是指大豆一生中，其外部形态特征出现显著变化的若干时期，在我国一般划分为 6 个生育时期：播种期、出苗期、开花期、结荚期、鼓粒期、成熟期。

（2）国际上比较通用的大豆生育时期划分。关于大豆生育时期，国际上比较通用的是费尔（Water R. Fehr）等的划分方法，这种方法根据大豆的植株形态表现记载生育时期。

费尔等将大豆的一生分为营养生长时期和生殖生长时期。在营养生长阶段，VE 表示出苗期，即子叶露出土面；Vc – 子叶期—真叶叶片未展开，但叶缘已分离；V_1 – 真叶全展期；V_2 – 第一复叶展开期……Vn – 第 n – 1 个复叶展开期。

在生殖生长阶段，R1 – 开花始期，主茎任一节上开一朵花；R2 – 开花盛期；R3 – 结荚始期，主茎上最上部 4 个全展复叶节中任一节上一个荚长 5mm；R4 – 结荚盛期；R5 – 鼓粒始期，主茎上最上部 4 个全展复叶节中任一节上一个荚中的子实长达 3mm；R6 – 鼓粒盛期；R7 – 成熟始期，主茎上有一个荚达到成熟颜色；R8 – 成熟期，全株 95% 的荚达到成熟颜色，在干燥天气下，在 R9 时期后 5~10 天籽粒含水量可降至 15% 以下。

三、大豆对环境条件的要求

（一）大豆对气象因子的要求

1. 光照

（1）光照强度。大豆是喜光作物，光饱和点一般在 30 000~40 000lx。有的测定结果达到 60 000lx（杨文杰，1983）。大豆的光饱和点是随着通风状况而变化的。当叶片通气量为 1~1.5L/（cm^2/小时），光饱和点为 25 000~34 000 lx，而通气量为 1.92~2.83L/（cm^2/小时）时，则光饱和点升为 31 000~44 700lx。大豆的光补偿点为 2 540 ~ 3 690lx（张荣贵等，1980）。光补偿点也受通气量的影响。在低通气量下，光补偿点测定值偏高；在高通气量下，光补偿点测定值偏低。需要指出的是，上述这些测定数据都是在单株叶上测得的，不能据此而得出"大豆植株是耐阴的"的结论。在田间条件下，大豆群体冠层所接受的光强度不均匀。据沈阳农业大学 1981 年 8 月 1 日的测定结果，晴天的中午，大豆群体冠层顶部的光强为 126 000lx，株高 2/3 处为 2 200 ~ 9 000lx，株高 1/3 处为 800 ~ 1 600lx。由此可见，大豆群体中、下层光照不足。这里的叶片主要依靠散射光进行光合作用。

（2）日照长度。大豆属于对日照长度反应极度敏感的作物。据报道，即使极微弱的月光（约相当于日光的 1/465 000）对大豆开花也有影响。不接受月光照射的植株比经照射的植株早开花 2 ~ 3 天。大豆开花结实要求较长的黑夜和较短的白天。严格来说，每个大豆品种都有对生长发育适宜的日照长度。只要日照长度比适宜的日照长度长，大豆植株即延迟开花；反之，则开花提早。

应当指出，大豆对短日照要求是有限度的，绝非越短越好。

一般品种每日 12 小时的光照即可促进开花抑制生长；9 小时光照对部分品种仍有促进开花的作用。当每日光照缩短为 6 小时，则营养生长和生殖生长均受到抑制。大豆结实器官发生和形成，要求短日照条件，不过早熟品种的短日照性弱，晚熟品种的短日照性强。

大豆在生长发育过程中，对短日照的要求有转折时期：一个是花萼基出现期；另一个是雌雄性配子细胞分化期。前者决定能不能从营养生长转向生殖生长；后者决定结实器官能不能正常形成。

短日照只是从营养生长向生殖生长转化的条件，并非一生生长发育所必需的。认识了大豆的光周期特性，对于种植大豆是有意义的。同纬度地区之间引种大豆品种容易成功，低纬度地区大豆品种向高纬度地区引种，生育期延迟，秋霜前一般不能成熟。反之，高纬度地区大豆品种向低纬度地区引种，生育期缩短，只适于作为夏播品种利用。例如，黑龙江省的春大豆，在辽宁省可夏播。

2. 温度

大豆是喜温作物。不同品种在全生育期内所需要的≥10℃的活动积温相差很大。晚熟品种要求 3 200℃以上，而夏播早熟品种要求 1 600℃左右。同一品种，随着播种期的延迟，所要求的活动积也随之减少。春季，当播种层的地温稳定在 10℃以上时，大豆种子开始萌芽。夏季，气温平均在 24 ~ 26℃，对大豆植株的生长发育最为适宜。当温度低于 14℃时，生长停滞。秋季，白天温暖，夜间凉爽，但不寒冷，有利于同化产物的积累和鼓粒。

大豆不耐高温，温度超过 40℃，着荚率减少 57% ~ 71%。北春播大豆在苗期常受害低温危害，温度不低于 -4℃，大豆幼苗受轻微，温度在 -5℃以下，幼苗可能被冻死。大豆幼苗的补偿能力较强，霜冻过后，只要子叶未死，子叶节还会出现分枝，继续生长。大豆开花期抗寒力最弱，温度在短时间降至 -0.5℃，花朵开始受害，-10℃时死亡；温度在 -2℃，植株即死亡，未成熟的荚在 -2.5℃时受害。成熟期植株死亡的临界温度是 -3℃。秋季，短时间的初霜虽能将叶片冻死，但随着气温的回升，籽粒重仍继续增加。

3. 降水

大豆产量高低与降水量多少有密切的关系。东北春大豆区，大豆生育期间（5—9 月）的降水量在 600mm 左右，大豆产量最高，500mm 次之，降水量超过 700mm 或低于 400mm，均造成减产。在温度正常的条件下，5 月、6 月、7 月、8 月、9 月的降水量（mm）分别为 65mm、125mm、190mm、105mm、60mm，对大豆来说是"理想降水量"。偏离了这一数量，无论是多或是少，均对大豆生长发育不利，导致减产。

黄淮海流域夏大豆区，6—9 月的降水量若在 435mm 以上，可以满足夏大豆的要求。据多点多年的统计资料，播种期（6 月上、中旬）降水量少于 30mm 常是限制适时播种的主要因素。夏大豆鼓粒最快的 9 月上、中旬降水量多在 30mm 以下，即水分保证率不高是影响产量的重要原因。在以上 2 个时期若能遇旱灌水，则可保证大豆需水，提高产量。

（二）大豆对土壤条件的要求

1. 土壤有机质、质地和酸碱度

大豆对土壤条件的要求不很严格。土层深厚、有机质含量丰富的土壤，最适于大豆生长。大豆比较耐瘠薄，但是在瘠薄地种植大豆或者在不施有机肥的条件下种植大豆，从经营上说是不经济的。

大豆对土壤质地的适应性较强。沙质土、沙壤土、壤土、黏壤土乃至黏土，均可种植大豆，当然以壤土最为适宜。大豆要求中性土壤，pH 值宜在 6.5～7.5。pH 值低于 6.0 的酸性土往往缺钼，也不利于根瘤菌的繁殖和发育。pH 值高于 7.5 的土壤往往缺铁、锰。

大豆不耐盐碱，总盐量 <0.18%，NaCl<0.03%，植株生育正常，总盐量>0.60%，NaCl>0.06%，植株死亡。

2. 土壤的矿质营养

大豆需要矿质营养的种类全，且数量多。大豆根系从土壤中吸收氮、磷、钾、钙、镁、硫、氯、铁、锰、锌、铜、硼、钼、钴 10 余种营养元素。

氮素是蛋白质的主要组成元素。长成的大豆植株的平均含氮量 2% 左右。苗期，当子叶所含的氮素已经耗尽而根瘤菌的固氮作用未充分发挥的时间里，会暂时出现幼苗的"氮素饥饿"。因此，播种时施用一定数量的氮肥如硫酸铵或尿素，或氮磷复合肥如磷酸二铵，可起到补充氮素的作用。大豆鼓粒期间，根瘤菌的固氮能力已经衰弱，也会出现缺氮现象，进行花期追施或叶面喷施氮肥，可满足植株对氮素的需求。

磷素被用来形成核蛋白和其他磷化合物，在能量传递和利用过程，也有磷酸参与。长成植株地上部分的平均含磷量为 0.25%～0.45%。大豆吸磷的动态与干物质积累动态基本相符，吸磷高峰期正值开花结荚期。磷肥一般在播种前或播种时施入。只要大豆植株期吸收了较充足的磷，即使盛花期之后不再供应，也不至于严重影响产量。因为，磷在大豆植株内能够移动或再度被利用。

钾在活跃生长的芽、幼叶、根尖中居多。钾和磷配合可加速物质

转化，可促进糖、蛋白质、脂肪的合成和贮存。大豆植株的适宜钾范围很大，在 1.0% ~4.0%。大豆生育前期吸收钾的速度比氮、磷快，比钙、镁也快。结荚期之后，钾的吸收速度减慢。

大豆长成植株的含钙量为 2.23%。从大豆生长发育的早期开始，对钙的吸收量不断增长，在生育中期达到最高值，后来又逐渐下降。大豆植株对微量元素的需要量极少。各种微量元素在大豆植株中的百分含量为：镁 0.97、硫 0.69、氯 0.28、铁 0.05、锰 0.2、锌 0.006、铜 0.003、硼 0.003、钼 0.0003、钴 0.0014。

由于多数微量元素的需要量极少，加之多数土壤尚可满足大豆的需要，常被忽视。近些年来，有关试验已证明，为大豆补充微量元素收到了良好的增产效果。

3. 土壤水分

大豆需水较多。据许多学者的研究，形成 1g 大豆干物质需水 580 ~744g。大豆不同生育时期对土壤水分的要求是不同的。发芽时，要求水分充足，土壤含水量 20% ~24% 较适宜。幼苗期比较耐旱，此时，土壤水分略少一些，有利于根系深扎。开花期，植株生长旺盛，需水量大，要求土壤相当湿润。结荚鼓粒期，干物质积累加快，此时，要求充足的土壤水分。如果墒情不好，会造成幼荚脱落，或导致荚粒干瘪。

土壤水分过多对大豆的生长发育也是不利的。据原华东农业科学研究所（1958）调查，大豆植株浸水 2 ~3 个昼夜，水温无变化，水退之后尚能继续生长。如渍水的同时，又遇高温，则植株会大量死亡。

不同大豆品种的耐旱、耐涝程度不同。例如，秣食豆、小粒黑豆、棕毛小粒黄豆等类型有较强的耐旱性。

四、大豆的产量形成和品质

（一）大豆的产量形成

1. 大豆产量构成因素

大豆的籽粒产量是单位面积的株数、每株荚数、每荚粒数、每粒重的乘积，即籽粒产量（kg/hm²）＝[每公顷株数×每株荚数×每荚粒数×每粒重（g）] /1 000，产量构成因素中任何一个因素发生变化都会引起产量的增减。理想的产量构成是4个产量构成因素同时增长。这4个产量构成因素相互制约，在同一品种中，将荚多、每荚粒数多、粒大等优点结合在一起比较困难。尽管如此，许多大面积高产典型都证明，大豆要高产必须产量构成因素协调发展，只顾某一个或两个产量构成因素发展的措施，都不会获得预期籽粒产量。

大豆品种间的株型不同，对营养面积的要求各异，因此，适宜种植密度也不一致。单株生长繁茂、叶片圆而大、分枝多且角度大的品种，一般不适于密植，主要靠增加每株荚数来增产。株型收敛、叶片窄而小、分枝少且角度小的品种，一般适于密植，通常靠株数多来提高产量。

对同一个大豆品种来说，在籽粒产量的4个构成因素中，单位面积株数在一定肥力和栽培条件下有其适宜的幅度，伸缩性不大。

每荚粒数和百粒重在遗传上是比较稳定的。唯有每株荚数是变异较大的因素。国内外研究结果证实，单株荚数与产量相关显著。单株荚数受有效节数、分枝数等的制约，因此，大豆要获得高产，必须增加有效节数，协调好主茎与分枝的关系。

总之，要根据不同大豆品种产量构成因素的特点，发挥主导因素的增产作用，克服次要因素对增产的限制，在一定的肥力、栽培水平上，协调各产量因素的关系，做到合理密植、结荚多、秕粒，籽粒饱满，才能发挥大豆品种的生产潜力，提高籽粒产量。

2. 光合产物的积累与分配

（1）大豆的光合作用。

①光合速率：大豆作为典型的 C3 作物，光合速率比较低。不同品种之间，在光合速率上有较大的区别。光合速率（CO_2）最低为 11mg/（dm^2/小时），最高者为 40mg/（dm^2/小时），平均为 24.4mg/（dm^2/小时）。光合速率（CO_2）其变异幅度在 25.5 ~ 38.18mg/（dm^2/小时）。在饱和光强、适宜温度条件下，高光效大豆品种和高产品种的光合速率存在明显差异。高光效品种的光合速率大于高产品种。研究结果证明，大豆的光合速率高峰出现在结荚粒期。就一个单叶而言，从小叶展平后，随着叶面积扩大，光合速率增大，叶面积达到最大以后 1 周内，同化能力达到最大值，以后又逐渐下降。在 1 天之中，早晨和傍晚光合速率低，中午最高，并持续几个小时。国内外的许多研究者都指出，在作物叶片的光合速率和作物产量之间不存在稳定的和恒定的相关性。

②光呼吸：大豆的光呼吸速率比较高。由光合作用固定下来的二氧化碳有 25% ~ 50% 又被光呼吸作用所消耗。大豆光呼吸速率（CO_2）在 4.57 ~ 7.03mg/（dm^2/小时），即占饱和光下净光合速率 1/3 左右。

（2）大豆的吸收作用。

①水分吸收：大豆靠根尖附近的根毛和根的幼嫩部分吸收水分。大豆根主要是从 30cm 以内的土层中吸收水分的。在根系强大时，也能从 30 ~ 50cm 土层中吸收水分。大豆的根压为 0.05 ~ 0.25MPa，由于有根压，大豆根能够主动从土壤中吸收水分。为保障叶片的正常生理活动，其水势应维持在 -1MPa 以上。当水势大于 -0.4MPa 时，叶片生长速度快；小于 -0.4MPa 时，叶片生长速度很快下降，当水势在 -1.2MPa 左右时，叶片生长接近于零。据王琳等（1991）测定表明，一株大豆的总耗水量为 35 090ml。单株大豆耗水量的差异与供试品种的生长量大小有关。

春播大豆各生育时期的单株平均日耗水量分别为：分枝末期之前 66ml，初花期 317ml，花荚期 600ml，荚粒期 678ml，鼓粒期 450ml，成熟期 175ml。由此可见，结荚至鼓粒期是春播大豆耗水的关键时期。

②养分吸收：大豆植株生育早期阶段养分浓度较高。这是由于养分吸收速率比干物质积累速率快的缘故。后来，随着干物质积累率加快，养分浓度普遍下降。大豆自幼苗至成熟期间，叶片、叶柄、茎秆和荚皮中的全氮、五氧化二磷和氧比钾百分含量基本呈递减趋势。籽粒中氮的百分含量则是渐升趋势，成熟之前 2 周达到最高值，成熟时，则有所下降。籽粒中的五氧化二磷百分含量变化幅度不大，氧化钾百分含量略呈下降趋势。

大豆植株对氮、五氧化二磷和氧化钾吸收积累的动态符合 Lo－istic 曲线，即前期慢，中期快，后期又慢。大豆植株吸收各种养分最快的时间不同。氮在出苗后第 9~10 周，五氧化二磷在第 10 周前后，而氧化钾则偏早，在 8~9 周。不同品种吸收养分最快的时间并不一样。从养分吸收的最大速率上看，不同品种也不相同，这与品种的株型、各器官的比例以及土壤肥力、施肥状况有很大关系。

（二）大豆的品质

1. 大豆籽粒蛋白质的积累与品质

大豆籽粒的蛋白质含量十分丰富，含量为 40% 左右。大豆蛋白质所含氨基酸有赖氨酸、组氨酸、精氨酸、天门冬氨酸、甘氨酸、谷氨酸、苏氨酸、酪氨酸、缬氨酸、苯丙氨酸、亮氨酸、异亮氨酸、色氨酸、胱氨酸、脯氨酸、蛋氨酸、丙氨酸和丝氨酸。其中，谷氨酸占19%，精氨酸、亮氨酸和天门冬氨酸各占 8% 左右。人体必需氨基酸赖氨酸占 6%；可是色氨酸及含硫氨基酸、蛋氨酸含量偏低，均在2% 以下。

在大豆开花后 10~30 天，氨基酸增加最快，此后，氨基酸的增加迅速下降。这标志着后期氨基酸向蛋白质转化过程大为加快。大豆种子中蛋白质的合成和积累，通常在整个种子形成过程中都可以进行。开始是脂肪和蛋白质同时积累，后来转入以蛋白质合成为主。后期蛋白质的增长量占成熟种子蛋白质含量的 50% 以上。

2. 大豆籽粒油分的积累与品质

大豆油是一种主要的食用植物油，通常籽粒的油分含量在20%左右。大豆油中含有肉豆蔻酸、棕榈酸（软脂酸）、硬脂酸3种饱和脂肪酸和油酸、亚油酸、亚麻酸3种不饱和脂肪酸。大豆油中的饱和酸约占15%，不饱和酸约占85%。在不饱和酸中，以亚油酸居多，占54%左右。亚油酸和油酸被认为是人体营养中最重要的必需脂肪酸，其有降低血液中胆固醇含量和软化动脉血管的作用。亚麻酸的性质不稳定，易氧化，使油质变劣。因此，大豆育种家们正试图提高大豆籽粒中的亚油酸含量、降低亚麻酸含量，以改善大豆的油脂品质。有人对大豆开花后52天内甘油三酯的脂肪酸成分的变化进行了研究。结果证明，软脂酸由13.9%降为10.6%，硬脂酸稳定在3.8%左右，油酸由11.4%增至25.5%，亚油酸由377%增至52.4%。而亚麻酸由34.2%降为7.6%。总的来说，大豆种子发育初期，首先形成游离脂肪酸，而且饱和脂肪酸形成较早，不饱和脂肪酸形成较迟，随着种子成熟，这些脂肪酸逐步与甘油化合。大豆子叶中的油分呈亚微小滴状态，四周被有含蛋白质、脂肪、磷脂和核酸的膜。

3. 影响大豆籽粒蛋白质和油分积累的因素

大豆籽粒蛋白质与油分之和约为60%，这2种物质在形成过程中呈负相关关系。凡环境条件利于蛋白质的形成，籽粒蛋白质含量即增加，油分含量则下降；反之，若环境条件利于油分形成，则油分含量会增加，蛋白质含量则下降。

五、大豆的田间栽培管理技术

（一）轮作倒茬

大豆对前作要求不严格，凡有耕翻基础的谷类作物，如小麦、玉米、高粱以及亚麻、甜菜等经济作物，都是大豆的适宜前作。大豆茬是轮作中的好茬口。大豆的残根落叶含有较多的氮素，豆茬土壤较疏松，地面较干净。因此，适于种植各种作物，特别是谷类作物。据测定，与玉米茬和谷子茬相比，豆茬土壤的无效孔隙（<0.005mm 粒径=数量显著减少，而毛细管作用强的孔隙（0.001～0.005mm 粒径）数量则显著增加。由于豆茬土壤的"固、液、气"3 项比协调，对后茬作物生长十分有利。大豆忌重茬和迎茬。据调查，重茬大豆减产11.1%～34.6%．迎茬大豆减产 5%～20%。减产的主要原因是以大豆为寄主的病害如胞囊线虫病、细菌性斑点病、黑斑病、立枯病等容易蔓延；为害大豆的害虫如食心虫、蛴螬等愈益繁殖。土壤化验结果表明，豆茬土壤的五氧化二磷含量比谷茬、玉米茬少，这样的土壤再用来种大豆，势必影响其产量的形成。迄今为止，只知道大豆根系的分泌物（如 ABA）能够抑制大豆的生长发育，降低根瘤菌的固氮能力；但是对分泌物的本身及其作用机制却知之甚少。目前，大同地区的主要轮作方式：玉米—玉米—大豆；玉米—高粱—大豆。正确的作物轮作不但有利于各种作物全面增产，而且也可起到防治病虫害的作用。试验证明，在胞囊线虫大发生的地块，换种一茬蓖麻之后再种大豆，可有力地抑制胞囊线虫的为害。

（二）土壤耕作

大豆要求的土壤状况是活土层较深，既要通气良好，又要蓄水保肥，地面应平整细碎。平播大豆的土壤耕作。无深耕基础的地块，要进行伏翻或秋翻，翻地深度 18～22cm，翻地应随即耙地。有深翻基础的麦茬，要进行伏耙茬；玉米茬要进行秋耙茬，拾净玉米茬子。耙深 12～15cm，要耙平、耙细。春整地时，因春风大，易失墒，应尽量做到耙、耢、播种、镇压连续作业。

垄播大豆的土壤耕作。麦茬伏翻后起垄，或搅麦茬起垄，垄向要直。搅麦茬起垄前灭茬，破土深度 12～15cm，然后扶垄，培土。玉米茬春整地时，实行顶浆扣垄并镇压。有深翻基础的原垄玉米茬，早春拾净茬子，耢平达到播种状态。

"三垄"栽培法是针对低湿地区种豆所研制的方法。"三垄"指的是垄底深松、垄体分层施肥、垄上双行精量点播。这种栽培方法比常规栽培法增产30%左右。"三垄"栽培法采用垄体、垄沟分期间隔深松，即垄底松土深度达耕层下 8～12cm，苗期垄沟深松 10～15cm。

垄底、垄沟深松宽度为 10～15cm。在垄体深松的同时，进行分层深施肥。当耕层为 22cm 以上时，底肥施在 15～20cm；耕层为 20cm 时，底肥施在 13～16cm 土层。种肥的深度为 7cm 左右。播种时，开沟、施种肥、点种、覆土、镇压一次完成。种肥和种子之间需保持 7cm 左右的间距。"三垄"栽培法具有防寒增温、贮水防涝、抗旱保墒、提高肥效、节省用种等优点，增产效果显著。

（三）施肥

大豆是需肥较多的作物。它对氮、磷、钾三要素的吸收一直持续到成熟期。长期以来，对于大豆是否需要施用氮肥一直存在某些误解，似乎大豆依靠根瘤菌固氮即可满足其对氮素的需要，这种理解是不对的。从大豆总需氮量来说，根瘤菌所提供的氮只占 1/3 左右。从大豆需氮动态上说，苗期固氮晚，且数量少，结荚期特别是鼓粒期固氮数量也减少，不能满足大豆植株的需要。因此，种植大豆必须施用氮肥。据松嫩平原的试验结果，在中等肥力土壤上，每公顷施尿素 97.5kg 和磷肥 300kg，比不施肥对照增产 16.8%。大豆单位面积产量低，主要是土壤肥力不高所致；产量不稳，则主要是受干旱等的影响。

1. 基肥

大豆对土壤有机质含量反应敏感。种植大豆前土壤施用有机肥料，可促进植株生长发育和产量提高。当每公顷施用有机质含量在 6% 以上的农肥 30～37.5t 时，可基本上保证土壤有机质含量不致下降。大豆播种前，施用有机肥料结合施用一定数量的化肥尤其是氮肥，可起到促进土壤微生物繁殖的作用，效果更好。

2. 种肥

种植大豆，最好以磷酸二铵颗粒肥作种肥，每公顷用量 120～150kg。在高寒地区、山区、春季气温低的地区，为了促使大豆苗期早发，可适当旅用氮肥为"启动肥"，即每公顷施用尿素 52.5～60kg，随种下地，但要注意种、肥隔离。

经过测土证明缺微量元素的土壤，在大豆播种前可以挑选下列微量元素肥料搅拌，用量如下：钼氨酸，每千克豆种用 0.5kg，拌种用液量为种子量的 0.5%。硼砂，每千克豆种用 0.4g，首先将硼砂溶于 16ml 热水中，然后与种子混拌均匀。硫酸锌，每千克豆种用 4～6g，拌种用液量为种子的 0.5%。

3. 追肥

大豆开花初期施氮肥是国内、外公认的增产措施。做法是于大豆开花初期或在锄最后一遍地的同时，将化肥撒在大豆植株的一侧，随即中耕培土。氮肥的施用量是尿素每公顷 30～75kg 或硫酸铵 60～150kg，因土壤肥力植株长势而异。为了防止大豆鼓粒期脱肥，可在鼓粒初期进行根外（即叶面）追肥。其做法是将化肥溶于 30kg 水中，过滤之后喷施在大豆叶面上。可供叶面喷施的化肥和每公顷施用量：尿素 9kg，磷酸二氢钾 1.5kg，铝酸铵 225g，硼砂 1 500g，硫酸锰 750g，硫酸锌 3 000g。

需要指出的是，以上几种化肥可以单独施用，也可以混合在一起施用。究竟施用哪一种或哪几种，可根据实际需要而定。

（四）播种

1. 播前准备

（1）种子质量要求。品种的纯度应高于 98%，发芽率高于 85%，含水量低于 13%。挑选种子时，应剔除病斑粒、虫食粒、杂质，使种子净度达到 98% 或更高些。

（2）根瘤菌拌种。每公顷用根瘤菌剂 3.75kg，加水搅拌成糊状，均匀拌在种子上，拌种后不能再混用杀菌剂。接种后的豆种要严防日晒，并需在 24 小时内播种，以防菌种失去活性。

（3）药剂拌种。为防治大豆根腐病，用 50% 多菌灵拌种，用药量为种子重量的 0.3%。大豆胞囊线虫为害的地块，播前需将 3% 的呋喃丹条施于播种床内，用药量为每公顷 30～97.5kg。要注意先施药后播种。呋喃丹还可兼防地下害虫。

2. 播种期的确定

春播大豆，当春天气温 8℃时，即可开始播种。除地温之外，土壤墒情也是限制播种早晚的重要因素。一个地区，一个地点的大豆具体播种时间，需视大豆品种生育期的长短、土壤墒情好差而定。早熟些的品种晚播，晚熟些的早播；土壤墒情好些，可晚些播，墒情差些，应抢墒播种。

3. 播种方法

（1）精量点播。采用机械垄上单、双行等距精量点播；双行间的间距为 10～12cm。

（2）垄上机械双条播。双条间距 10～12cm，要求对准垄顶中心播种，偏差不超过 ±3cm。

（3）窄行平播。行距 45～50cm，实行播种、镇压连续作业。无论采用何种播法，均要求覆土厚度 3～5cm。过浅，种子容易落干；过深，子叶出土困难。

4. 种植密度

种植密度主要根据土壤肥力、品种特性、气温以及播种方法等而定。肥地宜稀，瘦地宜密；晚熟品种宜稀，早熟品种宜密；早播宜稀，晚播宜密；气温高的地区宜稀，气温低的地区宜密。这些便是确定合理密度的原则。肥地每公顷保苗 16.5 万～19.5 万株，肥力中等保苗 19.5 万～24 万株，薄地则需 24 万～30 万株。降水多或水源充足且土壤较肥沃的地块，适宜保苗数在 12 万～15 万株，而降水少或不能灌溉，且土壤较瘠薄，每公顷保苗多在 18 万株或更多些。

在同一地点，大豆品种的株型不同，适宜种植密度也各异。植株高大、分枝型品种宜稀；植株矮小、独秆型品种宜密。密植程度的最终控制线是当大豆植株生长最繁茂的时候，群体的叶面积指数不宜超过 6.5。

（五）田间管理

1. 间苗

间苗是简单易行但不可忽视的措施。通过间苗，可以保证合理密度，调节植株田间配置，为建立高产大豆群体打下基础。间苗宜在大豆齐苗后，第一片复叶展开前进行。间苗时，要按规定株距留苗，拔除弱苗、病苗和小苗，同时，剔除苗眼杂草，并结合进行松土培根。

2. 中耕

中耕主要指铲耥作业，目的在于消灭杂草，破除地面板结；中耕的另一目的是培土，起到防旱、保墒、提高地温的作用。中耕方式如下。

（1）耙地除草。即出苗前后耙地，此法只适用于机械平播的地块。出苗前耙地，在豆苗幼根长 2 ~ 3cm，子叶距地面 3cm 时进行。此时耙地的深度不能超过 3cm。大豆出苗后，第一对真叶至第一片复叶展开前进行耙地。此时，豆苗抗耙力强，伤苗率 3% ~ 5%，耙地深度 4cm。

用链轨式拖拉机牵引钉齿耙，采用对角线或横向耙地（不可顺耙），选择晴天 9：00 以后进行。

（2）耥蒙头土。此法限于垄作地块采用。当大豆子叶刚拱土，大部分子叶尚未展开时，用机引铲耥机耥地，将松土蒙在垄上，厚 2cm。这样能消灭苗眼杂草，经过 2 ~ 3 天后苗仍可长出地面。

（3）铲前耥一犁。平作、垄作均可采用。这项措施在豆苗显行时进行，可起到消灭杂草、提高地温、松土、保墒、促进根系生长的作用。

（4）中耕除草。在大豆生育期间进行 2 ~ 3 次。中耕之前先铲地，将行上杂草和苗眼杂草铲除。在豆苗出齐后 1 ~ 2 天后耥头遍地，耥地深度 10 ~ 12cm。隔 7 ~ 10 天，铲、耥第二遍，耥地深度 8 ~ 10cm。封垄之前铲、耥第三遍，耥地深度 7 ~ 8cm。中耕除草的同时，也兼有培土的作用。培土有助于植株的抗倒和防止秋涝。铲耥作业的伤苗率应低于 3%。

3. 化学除草

目前，应用的除草剂类型多，更新也快。一些土壤处理剂易光解、易挥发，喷药后要立即与土壤混合，可用钉齿耙耙地，耙深 10cm，然后镇压。此项措施在早春干旱地区不宜采用。大豆草剂的使用方法如下。

氟乐灵（48%）乳剂播前土壤处理剂。于播种前 5 ~ 7 天施药，施药后 2 小时内应及时混土。土壤有机质含量在 3% 以下时，每公顷用药 0.9 ~ 1.65kg；有机质含量在 3% ~ 5%：每公顷用药 1.65 ~ 2.1kg；有机质含量在 5% 以上，每公顷用药 2.1 ~ 2.55kg。应注意施用过氟乐灵的地块，翌年不宜种高粱、谷子，以免发生药害。如兼防禾本科杂草与阔叶杂草时，应先防阔叶杂草，后防禾本科杂草。喷药时应注意风向，以免危及邻地作物的安全。

赛克津（70%）可湿性粉剂于播种后出苗前施药。每公顷用药 0.375 ~ 0.795kg。如使用 50% 可湿性粉剂，则用药量为 0.525 ~ 1.125kg。稳杀得（35%）乳油出苗后为防除一年生禾本科杂草而施用。当杂草 2 ~ 3 叶时喷施，每公顷用药 0.45 ~ 0.75kg。当杂草长至 4 ~ 6 叶时，每公顷用药 0.75 ~ 1.05kg。喷液量与喷洒工具有关。当用人工背负喷雾器时，每公顷用液量 450 ~ 600kg。地面机械喷雾的每公顷用液量减至 210 ~ 255kg。飞机喷施，每公顷只需 21 ~ 39kg。

此外，10% 禾草克乳油、12.5% 盖草能乳油等也可用来防治禾本科杂草，每公顷用药量为 0.75 ~ 1.05kg。

出苗后为防治阔叶杂草，当杂草 2 ~ 5 叶时，每公顷用虎威 1.05kg，或杂草焚、达可尔 1.05 ~ 1.5kg 喷施。

随着科技的发展，出现了不少复配的除草剂，例如，豆乙微乳剂就是由氯嘧磺隆和乙草胺复配而成。60% 的豆乙微乳剂（有效成分 $900g/hm^2$）在播种后立即喷药，喷药量为 $750kg/hm^2$ 时，除草效果要显著好于单用 50% 乙草胺乳油的效果。

4. 防治病虫害

用 40% 乐果或氧化乐果乳油 50g。均匀对入 10kg 湿沙之后，撒于大豆田间．防治蚜虫和红蜘蛛。在食心虫发蛾盛期，用 80% 敌敌畏乳油制成秆熏蒸，防治食心虫。每公顷用药 1 500g，或者用 25% 敌杀死乳油，每公顷 300 ~ 450ml，对水 450 ~ 600kg 喷施。用涕灭威颗粒剂防治胞囊线虫病，每公顷 60kg；或用 3% 呋喃丹颗粒剂，每公顷 30 ~ 90kg，于播种前施于行内。用 40% 地乐胺乳油 100 ~ 150 倍液防治菟丝子，每公顷用药液 300 ~ 450kg，于大豆长出第四片叶以后（在此之前施，易发生药害），当菟丝子转株危害时喷施。

5. 灌溉

大豆需水较多。当大豆叶水势为 - 1.2 ~ 1.6MPa 时，气孔关闭。当土壤水势小于 15KPa 时，就应进行灌溉。土壤水势下降到 - 0.5Mpa 时，大豆的根就会萎缩。于大豆盛花期至鼓粒期进行喷灌，并且每公顷追尿素 37.5kg、75kg 和 150kg. 分别增产 10%、14.3% 和 17.5%。大豆开花结荚期如能及时灌溉，一般可增产 10% ~ 20%。鼓粒前期缺水，影响籽粒正常发育，减少荚数和粒数。鼓粒中、后期缺水，粒重明显降低。

灌溉方法，因各地气候条件、栽培方式、水利设施等情况而定。喷灌效果好于沟灌，能节约用水 40% ~ 50%。沟灌又优于畦灌。苗期至分枝期土壤湿度以 20% ~ 23% 为宜。如低于 18%，需小水灌溉；开花至鼓粒期 0 ~ 40cm 的土壤湿度以 24% ~ 27%（占田间持水量的 85% 以上）为宜，低于 21%（占田间持水量 75%）应及时灌溉。播种前、后灌溉仍以沟灌为宜，以加大大水量，减少蒸发量，满足大豆出苗对水分的要求。

6. 生长调节剂的应用

生长调节剂有的能促进生长，有的能抑制生长，应根据大豆的长势选择适当的剂型。2，3，5 - 三碘苯甲酸（TIBA），有抑制大豆营养生长、增花增粒、矮化壮秆和促进早熟的作用，增产幅度 5% ~ 15%。对于生长繁茂的晚熟品种效果更佳。初花期每公顷喷药 45g，盛花期喷药 75g。此药溶于醚、醇而不溶于水，药液配成 2 000 ~ 4 000umol/L，在晴天 16：00 以后增产灵（4 - 碘苯氧乙酸），能促进大豆生长发育，为内吸剂，喷后 6 小时即为大豆所吸收，盛花期和结荚期喷施，浓度为 200Umol/L。该药溶于酒精中，药液如发生沉淀，可加少量纯碱，促进其溶解。矮壮素（2 - 氯乙基三甲基氯化铵），能使大豆缩短节间，茎秆粗壮，叶片加厚，叶色深绿，还可防止倒伏。于花期喷施，能抑制大豆徒长。喷药浓度 0.125% ~ 0.25%。

（六）收获

当大豆茎秆呈棕黄色，杂有少数棕杏黄色，有 7% ~ 10% 的叶片尚未落尽时，是人工收获的适宜时期。当豆叶全部落尽，籽粒已归圆时，是机械收获的适宜时期。如大豆面积过大，虽然豆叶尚未落尽，籽粒变黄，开始归圆时是分段收获的适宜时期，但涝年或涝区不宜采用。

第二篇　小杂粮作物

第一章 荞 麦

一、起源与分布

荞麦起源于中国，栽培历史比较悠久。由中国和德国科学家组成的科研小组研究发现，全球广泛分布的栽培荞麦起源于中国西南地区和青藏高原东部。贵州师范大学教授陈庆富带领的科研小组由德国慕尼黑工业大学教授则勒、四川农业大学教授颜济和杨俊良等人组成。这个研究小组在10多年的时间里，实地考察了中国西部的大部分地区，收集和征集了170多份栽培和野生荞麦类型。研究发现，甜荞的祖先种是大野荞，苦荞的祖先种是毛野荞。毛野荞生长于不利于虫媒传粉的冷凉气候中，诱发了基因重组和突变，最后进化成苦荞。

荞麦作为一种传统作物在全世界广泛种植，但在粮食作物中所占比重很小。世界性荞麦多指甜荞，苦荞在国外视为野生植物，也有作饲料用的，只有我国有栽培和食用习惯。全球荞麦种植面积700万～800万 hm^2，总产量500万～600万t，主要生产国有苏联、中国、波兰、法国、加拿大、日本、韩国等。荞麦在中国分布甚广，南到海南省，北至黑龙江，西至青藏高原，中国台湾省也有种植。中国常年种植面积约50万 hm^2，主要产区在西北、东北、华北以及西南一带高寒山区，居世界第二位。大同栽培的荞麦为苦荞和甜荞，以苦荞为主，主要分布在灵丘、左云、浑源、新荣区，2005年种植面积1 490 hm^2，总产量1 836t，单产82kg/亩。

二、生物学特性

（一）一般特征

1. 根

荞麦的根为直根系，有一条较粗大、垂直向下生长的主根，其上长有侧根和毛根。在茎的基部或者匍匐于地面的茎上也可产生不定根。根一般入土深度为 30～50cm。

2. 茎

荞麦大部分种类的茎直立，有些多年生野生种的基部分枝呈匍匐状。茎光滑，无毛或具细绒毛，圆形，稍有棱角，幼嫩时实心，成熟时呈空腔。茎粗一般 0.4～0.6cm，茎高 60～150cm，最高可达 300cm。有膨大的节，节数因种或品种而不同，为 10～30 个不等。茎色有绿色、紫红色或红色。茎可形成分枝，因种子、品种、生长环境、营养状况不同而数量不等，通常为 2～10 个。多年生种有肥大的球块状或根茎状的茎。

3. 叶

子叶包括叶片和叶柄。叶片呈圆肾形，基部微凹，具掌状网脉；叶柄细长。真叶分叶片、叶柄和托叶鞘 3 个部分。单叶，互生，三角形、卵状三角形、戟形或线形，稍有角裂，全缘，掌状网脉。叶片大小在不同类型中差异较大，一年生种一般长 6～10cm，宽 3.5～6cm，中下部叶柄较长，上部叶柄渐短，至顶部则几乎无叶柄。托叶鞘膜质，鞘状，包茎。

4. 花序

花序为有限和无限的混生花序，顶生和腋生。簇状的螺状聚伞花序，呈总状、圆锥状或伞房状，着生于花序轴或分枝的花序轴上。

5. 花

花多为两性花。单被，花冠状，常为 5 枚，只基部连合，绿色、黄绿色、白色、玫瑰色、红色、紫红色等。雄蕊不外伸或稍外露，常为 8 枚，成两轮：内轮 3 枚，外轮 5 枚。雌蕊 1 枚，三心皮联合，子房上位，1 室，具 3 个花柱。蜜腺常为 8 个，发达或退化。有雌雄蕊等长花型，或长花柱短雄蕊和短花柱长雄蕊花型。

6. 果实

荞麦的果实大部为三棱形，少有两棱或多棱不规则形。形状有三角形、长卵圆形等，先端渐尖，基部有 5 裂宿存花被。果实的棱间纵沟有或无，果皮光滑或粗糙，颜色的变化，翅或刺的有无，是鉴别种和品种的主要特征。瘦果中有种子 1 枚，胚藏于胚乳内，具对生子叶。

（二）生态特征

1. 生育期

荞麦自出苗到 70% 籽粒成熟这一段时间为生育期。一般早熟品种 60～70 天，中熟品种 71～90 天，晚熟品种大于 90 天，生产上多选用早、中熟品种。在一定的光温条件和栽培制度下，荞麦品种的生育期是一个稳定的性状。同一品种在不同地区种植，其生育期有变化。不同地区的荞麦品种在同一地区种植，其生育期表现都有一定的规律性。例如，在大同种植来源于低纬度低海拔地区的品种，一般晚开花、花期长、生育期变长；而来源于高纬度高海拔地区的品种，早开花、花期短、生育期缩短。品种的来源地不同，生育阶段的差异是很大的，这在引种上要首先考虑。

2. 植株性状

株高是荞麦的固有特征，为从出土基部到末端的高度，受遗传性状控制，受环境条件影响。主茎节数和分枝主茎节数因品种、生态条件而不同，苦荞较甜荞多。主茎分枝甜荞少、苦荞多，苦荞分枝分化可达 3～4 级，甜荞为 1～2 级，地区间、品种间存在差异。

3. 花色

荞麦的花蕾色有白、粉、粉红和绿色。我国栽培的苦荞花蕾多为绿色，甜荞的花蕾色地区间、品种间差异明显。

4. 籽粒性状

荞麦正常成熟籽粒颜色有黑、褐、棕灰。我国荞麦粒色, 甜荞以棕色粒为主, 占 61.9%; 苦荞以灰色粒为主, 占 46.2%; 黑色粒和红色粒较少。籽粒颜色的分布与地域有关。

粒形: 甜荞为三棱形, 苦荞粒形多样。粒色、粒形是鉴别品种的一个主要依据。

株粒重: 不同类型和来源地的品种其生产力不同。异花授粉的甜荞生产力不及自花授粉的苦荞高。荞麦株粒重平均为: 甜荞 3.78g, 苦荞 5.45g, 品种不同株粒重差异很大。

千粒重: 千粒重是重要的经济性状, 也是品种的固有特性, 受环境条件的影响相对较小。我国甜荞千粒重平均为 26.5g ± 4.7g, 变幅 38.8 ~ 13.6g, 以中粒品种为主, 占 41.4%; 苦荞千粒重平均为 18.8g ± 4.7g, 变幅 30.7 ~ 8.5g, 也以中粒品种为主, 占 57.5%。

(三) 生长发育规律

1. 温度

荞麦是喜温作物, 生育期要求 10℃ 以上的积温 1 100 ~ 2 100℃。荞麦种子发芽的最适宜温度为 15 ~ 30℃, 播种后 4 ~ 5 天就能整齐出苗。生育期的最适宜温度 18 ~ 22℃; 在开花结实期间, 凉爽的气候和比较湿润的空气有利于产量的提高。当温度低于 13℃ 或高于 25℃, 植株的生育就会受到抑制。荞麦耐寒力弱, 怕霜冻, 因此栽培荞麦的关键措施之一, 就是根据当地积温情况掌握适宜的播种期, 使荞麦生育期处在温暖的气候条件下, 开花结实处在凉爽的气候环境中, 保证在霜前成熟。

2. 水分

荞麦是喜湿作物, 一生中需要水 760 ~ 840m³, 比其他作物费水, 抗旱能力较弱。荞麦的耗水量在各个生育阶段也不同: 种子发芽耗用水分为种子重量的 40% ~ 50%, 水分不足会影响发芽和出苗; 现蕾后植株体积增大, 耗水剧增; 从开始结实到成熟耗水约占荞麦整个生育阶段耗水量的 89%。荞麦的需水临界期是在出苗后 17 ~ 25 天的花粉母细胞四分体形期，如果在开花期间遇到干旱、高温，则影响授粉，花蜜分泌量也少。当大气湿度低于 30% ~ 40% 而有热风时，会引起植株萎蔫，花和子房及形成的果实也会脱落。荞麦在多雾、阴雨连绵的气候条件下，授粉结实也会受到影响。

3. 日照

荞麦是短日照作物，甜荞对日照反应敏感，苦荞对日照要求不严，在长日照和短日照条件下都能生育并形成果实。从出苗到开花的生育前期，宜在长日照条件下生育；从开花到成熟的生育后期，宜在短日照条件下生育。长日照促进植株营养生长，短日照促进发育。同一品种春播开花迟，生育期长；夏秋播开花早，生育期短。不同品种对日照长度的反应是不同的，晚熟品种比早熟品种的反应敏感。荞麦也是喜光作物，对光照强度的反应比其他禾谷类作物敏感。幼苗期光照不足，植株瘦弱；若开花、结实期光照不足，则引起花果脱落，结实率低，产量下降。

4. 养分

荞麦对养分的要求，一般以吸取磷、钾较多。施用磷、钾肥对提高荞麦产量有显著效果；氮肥过多，营养生长旺盛。"头重脚轻"，后期容易引起倒伏。荞麦对土壤的要求不太严格，只要气候适宜，任何土壤，包括不适宜禾谷类作物生长的瘠薄、带酸性或新垦地都可以种植，但以排水良好的沙质土壤最合适。酸性较重的和碱性较重的土壤改良后，可以种植。

（四）苦荞麦种植技术

苦荞由于其独特的营养价值被认为是世界性的新兴作物。它是小宗作物，但却能弥补大宗作物优势的不足和不具有的成分；它能种植在大宗作物不能种植的生育期短、冷凉地域和瘠薄土壤上；它含有大宗作物含有的营养成分，还含有大宗作物不含有的成分。

1. 选茬整地

苦荞对前茬作物要求不严，任何作物的茬口都可种植。

2. 播种

播种前的种子处理，主要有晒种、选种、浸种。

（1）晒种。在播种前 7 ~ 10 天进行，选择晴朗天气，将苦荞种子薄薄地摊在向阳干燥的帆布上或席子上，从 10:00 ~ 16:00，连续晒 2 ~ 3 天，晒种时要不断翻动，使种子晒得均匀，以利出全苗。

（2）选种。利用风筛、水等机械物理方法，以获得大而饱满的种子，然后将种子放在 30% 黄泥水或 5% 的盐水中不断搅拌，捞出浮在水面的杂物和秕粒，再捞出沉在水底的种子，在清水中淘洗干净，晾干作种用。

（3）浸种。用 35℃ 温水浸 15 分钟，用 40% 温水浸 10 分钟，有提高种子发芽力，提早成熟之效。播种前用 0.1% ~ 0.5% 硼酸溶液或 5% ~ 10% 草木灰浸出液浸种，也能获得良好效果。

荞麦的播种期因地域、海拔高度、品种不同很不一致，一年四季都有播种，但确定播种期的原则是："春荞霜后种，秋荞霜前收。"

在一年两作或多作夏荞麦区、秋冬荞麦区或春秋荞麦区，一般春播在 4 月下旬，秋播在 8 月下旬。大同地区一般在 5 月下旬播种。

条播是苦荞产区普遍采用的一种播种形式。条播主要是畜力牵引的耕播和犁播。

苦荞播种量应根据土壤肥力、品种、种子发芽率、播种方式和群体密度来确定。苦荞每千克出苗 3 万株左右，在一般情况下，苦荞每公顷播种量以 45 ~ 60kg 为宜。掌握播种深度，一要看土壤墒情，墒好种浅些，缺墒种深些；二是看播种季节，早播稍深，晚播稍浅；三看土质，沙土地可稍深，但不能超过 6cm，黏土地则应稍浅些；四看播种地区，干旱多风地区，播后要重视覆土，还要视墒情适当镇压，在土质黏重遇雨易板结地区，要浅播，若播后遇雨，要及时耙糖破板结层；五看品种类型，来源地不同的品种，对播种深度的要求有差异，南种宜浅些，北种可稍深，暖地种浅，寒地种宜稍深。

播种深度对苦荞产量影响明显，一般以 4cm 为度，严格掌握。

3. 留苗

在目前肥力水平下，肥地每公顷留苗 60 万 ~ 90 万株，依靠多分枝、多结籽提高单株产量来提高单位面积产量；中等肥力地每公顷留苗 90 万~120 万株，依靠主秆和分枝并重来提高单位面积产量；瘦地、薄地每公顷留苗在 150 万株以上，依靠主秆提高单位面积产量。

三、荞麦的经济价值及用途

（一）荞麦的特性

荞麦又名乌麦、花麦和三角麦。荞麦在我国种植历史悠久，分布广泛，主要种植在华北、西北和内蒙古一带高山区，是农业生产中的一种重要作物。荞麦的适应性很强，耐瘠耐旱，在新开垦地和瘠薄地上都能良好生长。荞麦的生育期短，在大同地区一般在 60~90 天就能成熟，而且多以春播或为主，主要分布于灵丘、左云、新荣、阳高和天镇等县区，被人们称为救荒作物。

（二）荞麦的营养价值和用途

荞麦分为甜荞和苦荞 2 种，大同市以苦荞种植为主。苦荞籽粒含高活性蛋白，约 11.7%，含有 9 种脂肪酸，其中，油酸和亚油酸占 80% 左右；含有较多的膳食纤维，其中，葡聚糖含量特别高，淀粉含量在 60% 以上，还含有维生素 B_1、维生素 B_2、维生素 B_6、维生素 PP、维生素 E 和钙磷铁等矿物质元素，荞麦面食具有杀肠道病菌、消食化滞、凉血、除湿解毒等药用食疗功能，荞麦籽粒、花、子叶、茎含有丰富的生物类黄酮，含量达到 3.25%，具有降血脂、血糖、胆固醇、治疗糖尿病的功效。开花阶段的茎叶花中含有大量的芦丁，是一种甘糖化合物，能防止毛细血管脆弱性出血引起脑出血、肺出血、胸膜炎与多种疾病。因此，荞麦不仅营养丰富，食用价值高，而且含有其他粮食作物所缺乏的各种微量元素及药用成分，对现代"文明病"及中老年心脑血管病，具有预防和治疗作用。

（三）荞麦的生育特质

荞麦的生长发育与其他作物有很大不同，其植株的生长一直持续到成熟期，而花蕾的形成则在除菌后 8 ~ 10 天即开始，花期长达 25 ~ 40 天。因此，整个成熟期拉得很长，在开花的同时，又灌浆继续生长。荞麦随品种、自然环境和栽培条件的不同，生育期的长短有较大的差异就全生育期而言，60 ~ 70 天为早熟品种，70 ~ 90 天为中熟品种，90 ~ 120 天为晚熟品种。

四、荞麦栽培技术与管理

（一）合理轮作

荞麦不宜连作。连作地块病虫害发生多，养分消耗大。合理轮作增产作用显著。荞麦对前作选择不严格，豆科作物（如豌豆、蚕豆）、根茎矮作物（如天才、马铃薯）、禾谷作（如玉米、谷子、黍子），都可作为荞麦的前茬，但以豆茬、黍茬、马铃薯或谷茬为最好。

（二）精细整地、施足茬肥

荞麦为浅根系作物，根系不发达，顶土能力弱。因此，栽前要浅耕茬，精细整地，蓄水保墒，为保全苗夺全苗创造良好的环境条件。此外，荞麦喜通气良好、结构松软、墒情好和肥力高的土壤条件。春播荞麦应在顶凌深耕，旱春顶凌耕地，有利于蓄水和土壤熟化。

荞麦应施足基肥，偏施磷钾肥。基肥以优质农家肥为主，配合磷钾肥和适量的氮肥，数量以 1 000 ~ 2 000kg 为宜。在肥料三要素中，荞麦需磷、钾较多。磷能促进形成，增加饱满度，钾可提高荞麦茎叶强度，增加抗倒能力。但钾对荞麦有害，最好使用草木灰或硫酸钾。氮能促进茎叶生长，增加分枝，但不能多施或晚施，否则，会造成成熟延长、倒伏，不利于种子形成。就当前产量水平，在施一定有机肥基础上，亩增施磷肥 20kg，磷酸二钾 7.5 ~ 10kg，尿素 6kg，草木灰 80kg 或硫酸钾 10kg 为底肥，既经济，增产又显著。

（三）播前种子处理

荞麦种子寿命短，隔年种子发芽率平均下降 34.2%，最多下降 54.79%。播种用的种子应选择新收获的。新种子内皮呈绿色且具有发芽力，已变成黄色的则不能发芽。大而饱满的种子可提高产量，因此，播前应通过风选、过筛或人工清选，剔除空种子，筛选后的种子，再经 5%～9% 盐水浸种，发芽率可达 70%。此外，播前用 35～40℃ 的温水浸种 10～15 分钟，不但可减少附着在种子上的病原菌，还可提高发芽率，也可用 0.1%～0.5% 硼酸或 5%～10% 的草木灰浸出液浸种。

（四）播种技术

1. 播种期

荞麦播种期不可太早，太早植株茎叶生长旺盛，结实率低。荞麦种子发芽适应温度为 18～22℃，10cm 地温 10～15℃，是春荞麦的适应播种期。荞麦苗期喜温暖的气候，开花结实期要求凉爽、昼夜温差大的条件。春荞麦开花结实期如遇高温，则产量偏低，荞麦喜凉爽的气候下开花结实，因此，荞麦的播期界限应掌握"春荞霜后播种、种荞霜前收获"的原则，大同市作为一年一作地区，春荞播种期以 4 月下旬至 5 月上旬为好。秋荞麦最佳播期，从处暑后开始播种。

2、播种量和播种方式

荞麦的播种量应根据地方水平、品种特性、种子发芽率、整改质量等确定。播种量一般为 2.5～4kg/亩。地方水平高，整地质量好，播种应偏稀植。

荞麦的播种方式有散播、点播，个别地方应有撒播，条播和点播通风透光好，便于田间管理，产量较高，大同市各县区多用条播。

荞麦是带子叶出土的，为保证全苗，播种不宜过深，以 4～6cm 为宜，在此范围内，以墒好浅种、墒差深种为好，荞麦播种后应进行镇压。

（五）田间管理

1. 中耕除草

荞麦出苗后虽然生长速度快，并在短期内形成大量枝叶覆盖地面，抑制杂草生长，但夏播出苗后，正遇大同市雨季耕苗，杂草易滋生，因此，第一次中耕时间要早，苗高达 7～10cm，每 10 天左右应进行 1 次中耕。全生育期进行 2～3 次，到开花封垄时停止。

2. 追肥

荞麦的开花期是需要养分最多的时期。花期追肥能显著提高产量，据试验，始花期亩追尿素 6.5kg，其亩产达 138.3kg，对照不追肥亩产 94kg，增产 46.2%。但追肥时期各地不同，肥力瘠薄的地块最好在苗期追肥，效果比花期好。追肥时期不可过晚，量也不能太大，否则，造成茎叶过盛生长、倒伏，甚至成熟推迟遇霜而减产。

根外追肥对荞麦的增产有良好的效力，始花期或开花结实期用：① 19%～49% 的磷酸钙溶液；② 0.59% 的硫酸锰溶液；③ 0.19% 的硫酸铵溶液；④ 59% 草本溶液等进行根外喷肥，增产效果十分明显。荞麦对肥水的施用应遵循"前促、中稳、后补足"的原则，氮、磷、钾肥要配合使用，微肥酌情追施。

3. 灌水

荞麦是需水较多的作物，在全生育，尤以开花结实期需水最多，这时如果降水较多可以不灌水，如遇干旱且有水利条件时，应灌水 1～2 次。但是水量不可过大，以防造成徒长和倒伏。

（六）病虫害防治

（1）地下害虫。用 50% 辛硫磷乳油 1 500 倍液浇泼于荞麦田中。

（2）轮纹病。主要为害荞麦茎叶，发病初期用 659 代森锌 600 倍液或 40% 的多菌灵胶悬剂 500～800 倍液喷雾。

（3）立枯病。一般发生在苗期，用 65% 代森锌可湿性粉剂 500～600 倍液行喷雾防治。

（4）荞麦钩刺蛾。主要为害荞麦花絮及幼嫩种子，可用 25% 溴氰菌酸 4 000 倍液等菌酸粪杀虫剂进行喷雾防治。

（5）黏虫和草地螟。可用 99% 晶体敌百虫 1 000～2 000 倍液喷雾。

（七）适时收获

荞麦从开花到种子成熟需 30～50 天。一株上种子成熟很不一致，先开花结实的先成熟，后开花结实的后成熟。基部种子早已成熟，上部仍在继续开花。荞麦适应收获期是按籽粒成熟的百分率确定的。收获过早，大部分种子未成熟则产量不高。收获过晚，先成熟大而饱满的种子会自然脱落也会降低产量，据试验，荞麦籽粒有 70% 成熟（种皮呈现褐色或灰褐色）是最适应的收获期。过早过晚产量损失严重。大同市一些县（区）有"荞麦遇霜，种子落光"的农谚。因此，荞麦应在霜前收获。霜前收获的植株在田间根朝外，能促进种子成熟，提高产量，但应防止霉烂。

第二章 莜 麦

莜麦（Anudavena L.）又名油麦、裸燕麦、玉麦、铃铛麦等，属禾本科燕麦属一年生草本植物。

一、起源与分布

莜麦原产于我国，最少已有 4 000～5 000 年的栽培历史。相传在公元前的几千年，莜麦就和小麦、大麦混生在一起，我们的祖先不认识它，当做杂草除掉了。后来随着生产的发展，发现莜麦也是一种很好的粮食作物，于是从公元前 2 500 年前后便开始种植。据今 2 000 多年前，莜麦的种植开始有了文字记载。《史记》称之为"斯"，西晋《博物志》称之为"燕麦"。唐代诗人李白在诗中曾写道："燕麦青青游子恋，河堤弱柳郁金枝。长条一拂春风去，尽日飘扬无定时。"这说明，莜麦是我国的一种古老作物。据说莜麦最早起源于我国华北一带的高寒山区，大约 2 500 年前在山西省境内的北部高寒山区就有种植，晋北就是莜麦的最早发源地之一。"晋北莜麦"至今闻名中外，因此，山西省是莜麦的故乡。大约在公元前 9 世纪，莜麦由山西省传入内蒙古，逐步普及到我国北方的山区、丘陵区和部分平川区，以后又随着人们对莜麦认识的深化，传播到全国各地。后来，我国的莜麦还被引入美国、苏联和智利等国种植。《右玉地理》和《朔平府志》记载，晋北"遍地游沙、随风旋转""寒旱暖迟，所种惟莜麦、荞麦、胡麻"。南北朝前后，华北、西北、西南及江淮流域都有大量种植。《穆天子传》称"焚麦"，《黄帝内经》称"迦师"，《广志》称"折草"，《稗海博物志》称"燕麦"，《唐本草》称"麦"，《群芳谱》称为"牛星草""杜子草"，《庶物异名疏》称为"错麦"，《甘肃通志》称为"苢麦"。而《瑟榭丛谈》又记作"油麦""形似小麦而弱，味微苦，核之本草，当即燕麦"。

目前，晋北地区仍是我国的莜麦主产区之一，民间有"大同3件宝，山药、莜麦、大皮袄"之说。山西莜麦播种面积约为20万 hm²，占全国种植面积的1/10。莜麦在大同市主要种植在左云、浑源和新荣区，是当地主要农作物之一，2005 年播种面积为 6 560 hm²，总产 6 980 t，单产 71 kg/亩，比大同市粮食作物平均单产低 64.2%。

二、生物学特性

（一）植物特征

1. 根

莜麦属须根系作物。莜麦的根分为初生根和次生根。初生根又叫种子根，一般 3~5 条，有时可达 8 条。初生根的寿命可维持两个月左右，它的主要作用是吸收土壤中的水分和养分供幼苗生长，直到次生根生长出来。初生根有较强的抗旱和抗寒能力，可保证幼苗在遇到 -2~4℃ 的温度时不至冻死，或在表层土壤含水量降到 5% 左右时，保证幼苗不被旱死。次生根，又叫永久根，着生部位多在地下 3cm 左右的茎节上，分蘖后着生于分蘖节上，形成须根。次生根一般密集于地表 16~20cm 的土层中，但亦有长达 2m 以上者。莜麦的次生根一般比小麦多，且扎得深，范围广，因此，吸收水肥的能力强。

2. 茎

莜麦的茎比小麦粗而且软，其长度依品种环境而异，60~150cm。秆的粗细各有不同。茎一般有 4~8 节，地上的各节除最上一节外，其余各节都有一个潜伏芽。通常这些芽不发育，但在主茎发育受到抑制时，这些芽也能长出新枝，同样可以抽穗结实。

3. 叶

莜麦叶的组成和其他禾谷类作物相同，比小麦叶宽大。莜麦的叶主要由叶鞘、叶片、叶舌组成。叶舌发达，无叶耳，顶端尖，有的叶舌呈环状薄膜，边缘呈锯齿状。叶身的基部与叶鞘一般有短毛，叶鞘不裂开。叶的功能主要是进行光合作用，制造营养物质。

4. 花

莜麦为圆锥花序。整个花序称穗，有周散型和侧散型之分。穗的主轴上着生枝梗，通常有五六层；枝梗上又着生小枝梗，小穗花着生在小枝梗的顶端，小穗由护颖、内稃、外稃和小花组成。小穗一般有2种：一是纺锤形；二是串铃形。每个小穗有2～5朵花，通常有3朵。顶端的小花退化，常不结实。小花内外稃为薄膜状，内有雄蕊3枚，雌蕊1枚，柱头两裂，呈羽毛状。子房被茸毛包着。

5. 果实

莜麦的籽粒瘦长，有腹沟。子实表面有茸毛，尤其以顶部显著。莜麦籽粒有筒形、卵圆形、纺锤形。籽粒长一般为0.5～1.2cm。莜麦籽粒颜色有白、黄、褐之分。籽粒大小也很不一致，一般千粒重14～25g。

（二）生长发育规律

1. 莜麦的发育与水分

莜麦是喜湿性作物，吸收、制造和运输养分都是靠水来进行的，维持细胞膨胀也靠大量水分。如果严重缺水，莜麦就呈萎蔫状，甚至停止生长而死亡。因此，水分多少与莜麦生长发育关系极大。据前苏联研究，春作莜麦最理想的土壤相对湿度为34%，湿润的土层为80cm，每增加10cm可提高产量100kg/hm^2。实践证明，分蘖至抽穗期耗水量占全生育期的70%，苗期只占9%，灌浆和成熟期占20%。需水的关键期是从拔节到抽穗，特别是在抽穗前10～15天。如果在关键期缺水，就会造成严重减产。莜麦发芽时要求水分较多，吸水量占种子总量的65%，比谷子（25%）、小麦（50%）都多，但比玉米（70%）、高粱（75%）、水稻（93%～100%）都少。因此，播种时，对土壤湿度的要求比谷子和小麦较高。莜麦发芽除水分外，还要求一定的温度和空气（氧气）。水分过多，温度降低，氧气缺乏，反而对发芽不利。播种后土壤中含水量不低于9%～12%，即可正常出苗。

莜麦的蒸腾系数比较高，每株每日平均蒸发量为 7.03。蒸腾系数是指每制造一个单位（克）的干物质，从叶面上气孔里蒸发掉水分的比数。计算公式是：蒸腾系数 = 叶面消耗水分（克）÷制成的干物质（克）。据苏联东南农业科学院测定，莜麦蒸腾系数为 474 低于小麦（513），高于大麦（403）。莜麦叶面蒸发量大，但在干旱情况下，调节水分能力很强，可以忍耐较长时间的干旱，因此，农民说的"莜麦妥皮"就是这个道理。所以，在旱坡干梁和湿润沼泽等地，莜麦都可以正常生长。有些人把莜麦这种抗逆性强的特点误解为需水量小，并在生产实践中忽视莜麦管理，不给浇水，或者怕浇水浇坏等认识和做法，都是错误的。

莜麦从分蘖到抽穗阶段是最怕干旱的。幼穗分化前，干旱对莜麦生长发育虽有一定影响，只要以后灌溉还可以恢复生长。但是，如果分蘖到拔节阶段遇到干旱，即使后期满足供水，对穗长、小穗数和小花数的影响也是难以弥补的。拔节到抽穗，是莜麦一生中需水量最大、最迫切的时期，莜麦的小穗数和粒数大都是这个时期决定的。若水分缺乏，结实器官的形成就要受到阻碍。这就是农谚所说的，"麦要胎里富""最怕卡脖旱"的道理所在。

开花灌浆期是决定籽粒饱满与否的关键时期。它和前 2 个阶段相比，需水少了些，实际上由于营养物质的合成、输送和籽粒形成，仍然必须有一定的水分。

灌浆后期至成熟，对水分需求减少，其特点是喜晒怕涝。在日照充足的条件下，利于灌浆和早熟。若多雨或是阴雨连绵，对莜麦成熟不利，往往造成贪青晚熟。连绵阴雨后烈日暴晒，地面温度骤高，水分蒸腾强烈，就会造成生理干旱，出现"火烧"现象。所以农谚说："淋出秕来，晒出籽来。"1978 年和 1979 年，山西省秋莜麦长势喜人，但产量不高，主要是秋雨过多、光照不足、温度不够的缘故。据试验，齐苗后最佳灌溉量为 $250 \mathrm{m}^3/\mathrm{hm}^2$，分蘖至拔节初期为 $350 \sim 400 \mathrm{m}^3/\mathrm{hm}^2$，在整个生育期灌溉量为 $500 \sim 700 \mathrm{m}^3/\mathrm{hm}^2$。

研究莜麦需水规律，对莜麦生产有重要意义。在目前还不能控制自然降雨的情况下，懂得了莜麦需水规律，就可合理利用地下水，保蓄自然降水，在旱地采取秋耕耙耱、适时播种等一整套技术措施，实现抗旱夺丰收。

2. 莜麦的发育与温度

莜麦是一种喜欢凉爽气候和湿润环境的作物。与其他谷类作物比较，它要求较低的温度，一生中需 1 500~1 900℃积温（日照均温在 10℃以上）。它在各个阶段内对温度的要求与需水规律相似，即前期低、中期高、后期低。莜麦的发育起点温度是 2~3℃，所以，种子在 2~3℃时就能发芽。通常地温达 3~4℃时即开始播种。如果土壤含水量适宜，种子 4~5 天就可以发芽，14 天左右出土。地温稳定在 10℃以上，出苗可提前 5 天左右；反之，温度低，发芽出土就要延迟。莜麦比较抗寒，幼苗和分蘖期能耐 -2.4℃的低温。

莜麦在苗期因温度低生长比较缓慢，随着温度的增高，生长速度加快。出苗至分蘖，适宜温度为 15℃左右，地温为 17℃。拔节至孕穗，需要较高的温度，以利迅速生长发育，建成营养生殖器官，适宜的平均温度为 20℃。在这样的条件下，莜麦生长迅速，茎秆粗壮，若温度超过 20℃，则会引起花梢的发生。根据山西省农科院高寒作物研究所的试验证明，莜麦拔节期（穗原始体分化形成过程）的气温在接近 20℃时，花梢就开始发生，花梢率在 10% 以内；气温达 21℃左右，花梢率达 10%~20%；气温在 22~23℃，花梢率为 20%~30%；气温达 24℃时，花梢率为 30%以上。莜麦抽穗期适宜温度为 18℃开花期适宜温度为 20~24℃，最低 16℃，最高 24.4℃，需要湿润而无风的天气。此时，对冷寒忍受力最差，如大气平均温度下降到 2℃时植株全部死亡。温度过高有碍开花，低温又会延迟开花。干燥炎热而有干热风的天气或大雨骤晴，太阳暴晒，常易破坏受精过程而不能结实。通常说"干风不实"即指此言。

灌浆后要求白天温度高，夜间温度低，使养分消耗少，有利于干物质的积累，促进籽粒饱满。这时日平均气温 14~15℃为宜。如遇高温干旱或干热风，即使时间很短，也会影响营养物质的输送，限制籽粒灌浆，加速种子干燥，引起过早成熟，造成籽粒瘪瘦或者有铃无粒，严重减产。当温度下降到 4~5℃时仍可忍受，但如果天气变化剧烈而急剧降低气温，亦影响收成。由此看出，莜麦对温度是特别敏感的。在整个生育过程中，最高温度不能超过30℃，若超过30℃，经4～5小时，叶片气孔就萎缩，不能自由开闭。特别是抽穗、开花、灌浆期间遭受高温的危害更大，会导致结实不良，秕子增多。所以，群众经验是夏季凉爽宜于莜麦长，可获得丰收。在我国高寒山区，"入伏即入秋"，很适合莜麦的生长，所以，种植面积比较大。

根据莜麦对温度的要求，采用适宜播期来满足莜麦各个生育阶段对温度的要求，在生产上具有重要的指导意义。

3. 莜麦的发育与光照

莜麦是一种春化阶段较短、光照阶段较长的作物，必须有充足的日照，才能充分进行光合作用，制造营养物质，满足生长发育的需要。但莜麦还有它的特殊性，即莜麦是长日照短生育期作物，对光照时间反应非常敏感。莜麦在营养生长时期，特别是拔节以前，如果每天日照在15小时以上，就可一直继续营养生长。如果这个时期日照太短，每天为12小时，在它的营养器官还未充分发育之前，就会迅速进入生殖生长阶段，这种情况会造成大量减产。合适的光照，就是既要保证一定的营养生长时期，又要给开花灌浆到成熟留下足够的时间。一般我国北部和西北高寒山区都符合莜麦日照条件，而在我国西南地区就必须注意当地的日照条件。在抽穗前12天，花粉母细胞的四分体分化时，对光照强度非常敏感，此时光照强度不够，就会影响花粉的分化，降低花粉的受精能力。明确了莜麦对光照的要求，在生产实践中就可以采取措施，改善光照条件，提高光合作用强度，使莜麦高产稳产。如在苗期及早中耕、锄草，可以避免杂草与苗争光、争肥、争水的矛盾；合理密植，使个体和群体都得到良好发育。在高水肥地区，应控制生长过旺、分蘖过盛，减少株间荫蔽。合理调节播期，使莜麦营养生长处在光照最长的条件下进行。以后日照逐渐缩短，光照强度逐渐加大，由营养生长转向生殖生长，很快形成结实器官。随着凉爽的秋季到来，日照渐短（14小时以下），而光照强度较大，有利于光合作用的进行，为灌浆提供充足的营养物质，保证籽粒饱满。北方莜麦到海南省和云南省繁殖时，由于日照短，气温低，抽穗延迟，往往不能成熟。所以，在南方繁殖需要加灯补光，以促进抽穗和成熟。

4. 莜麦的发育与肥料

莜麦对肥料的要求与对水、温度的要求相似，即分蘖至抽穗期需肥最多，后期所需要的养分则较少。

下面主要谈莜麦对氮、磷、钾三要素的要求。大约亩产籽粒200kg和茎秆250kg时，收获物中含氮6kg、磷2kg、钾5kg。

（1）氮。氮是构成植物体内蛋白质和叶绿素的主要元素。氮素缺乏，则茎叶枯黄，光合作用功能低，制造和积累营养物质少，莜麦植株生长发育不良。但是，如果氮素过多，则茎叶容易疯长，茎秆细长易倒伏。特别是生长后期，如氮素施用过多，就会造成贪青晚熟。

我国北方的土壤，一般缺乏氮素，莜麦又是喜氮作物，因此施氮后，增产效果显著。但是莜麦在不同时期对氮素的要求也不一样。莜麦是"胎里富"作物，一般在分蘖之前，植株小，生长缓慢，需氮量少，从分蘖到抽穗需氮量增加。氮肥充足，则莜麦穗大、叶片深绿，光合作用强，铃多、粒多。抽穗后需氮量减少，因此，孕穗期适当追施速效氮肥可弥补氮肥的不足。

（2）磷。磷是促进根系发育，增加分蘖，促进籽粒饱满和提前成熟，提高产量的重要营养元素。有磷则根系发达，植株健壮；无磷则苗小、苗瘦，生长缓慢。试验表明，磷还可以促进莜麦植株对氮素的吸收作用。所以，氮磷配合施用，更有利于莜麦对氮磷的吸收利用，比单纯施氮或磷的增产效果要显著。磷肥在生长前期施用，能够参与抽穗后穗部的生理活动，到生长后期追磷，则大多留于茎叶营养器官之内。所以磷肥多用于底肥、种肥而不用追肥。

磷肥的施用效果与土壤中速效氮含量有关，根据资料介绍，土壤中含速效磷在百万分之15（15mg/kg）以下，而速效氮和速效磷的比值在2以上时，施磷肥效果显著；如果速效磷的含量高于百万分之15，而氮、磷比值在2以下时，施磷效果往往表现得不显著。因此，磷肥的施用要因地制宜。

（3）钾。钾是莜麦茎秆和籽粒生长发育不可缺少的重要营养元素。莜麦植株缺钾，表现出的症状是植株矮小、底叶发黄、茎秆软弱，不抗病、不抗倒伏。

莜麦需钾时期是拔节后与抽穗前，抽穗以后逐渐减少。因此，钾肥要在播种前施足。农家肥是全效性肥料，氮、磷、钾三要素相当丰富，草木灰、羊粪和各种饼肥含钾较多。由于我国大量采用农家肥作底肥和种肥，所以，专门施钾肥的很少。随着生产的发展，莜麦产量的提高和氮、磷施用量的增加，也应增施钾肥，以求得在新的水平上使三要素互相平衡和协调，避免出现氮素过多的症状。

除氮、磷、钾以外，莜麦还需要少量的钙、镁、铁等微量元素。因为，用量很少，农家肥中一般都含有，就不再专门施用了。

5. 莜麦的发育与土壤

莜麦一般对土壤要求不严，可栽培在多种土壤上，如黏土、壤土、草甸土和沼泽土等，但以富有腐殖质的黏土为宜，干燥沙土则不适宜。就地形而言，淤洼地因土质比较潮湿、黏重，不适宜小麦及其他谷类作物，但可种植莜麦。二阴下湿地种植莜麦，生长旺盛，收成稳定。莜麦要求在 pH 值 5.5 ~ 6.5 的酸性土壤中种植，当 pH 值在 7 ~ 8 的土壤中，莜麦生长不良。在生产中，由于莜麦有较强的抗逆性，故把莜麦种植在盐碱地上，又较其他禾谷类作物生长良好。

（三）晋北莜麦生长特性

晋北莜麦性喜凉爽、分蘖力弱、产量较低，适宜种植在海拔 1 200 ~ 1 700m 的寒冷黄土丘陵区和寒冷土石山区，抗旱耐瘠、生育期短，适应当地气候冷凉、无霜期短、日照充足、水热同期的气候特点。"莜麦生得怪，天冷长得快""头水浅，二水满，三水四水洗个脸""莜麦种在山坡，秆粗铃铛多"。这是当地农民长期种植莜麦积累的丰富经验。由于这些地区土壤肥力较低，历来农业人口的密度相对较小，农业生产中有广种薄收的习惯。也正是有这些特点，莜麦这一低产作物才赖以传承。

三、莜麦的经济价值

（一）营养和食用价值

莜麦面中蛋白质含量高达到 15.6% 比白面、大米、小米、高粱、玉米面分别高出51%、92%、54%、100%和68%，有的品种蛋白质含量到达到23%。脂肪含量8.8%，居所有粮食作物之首，每100g释放的热量1 683kJ，是其他粮食作物无法比的。人体所必需的8种氨基酸中，莜麦含量多而平衡，其中，尤以赖氨酸含量最高（100g食物中含量高达680mg），是普通面粉的2.45倍。

莜麦出粉率高达95%，比小麦高10%左右，由于营养价值高，食之抗寒耐饥，是高寒地区的主食细粮。有"有莜麦吃个半饱饱，喝点水正好好"的美称。"莜面汤""莜麦片"还是产妇、婴幼儿及久病者的高级营养品。

（二）医用价值

由于莜麦蛋白质含量高，糖分含量低，是糖尿病患者的理想食品。莜麦中色氨酸含量丰富，可防止贫血和毛发脱落。莜麦中还含有较多的维生素E，可延缓衰老并保持生理机能旺盛。其脂肪中含有丰富的亚油酸（2.0%~3.1%），可降低胆固醇在血管中的累积，延缓人体衰老。北京市一些医院已开始用莜麦片治疗心脏病、高血压等多种疾病，据临床证明，50g莜麦片相当于10丸益寿宁或脉通的主要成分。

（三）饲用价值

莜麦秸秆、叶、颖壳中含有丰富的易消化的营养物质，据测定，含蛋白质1.3%~3.0%，脂肪0.6%~0.9%，可消化纤维11.4%~18.3%，无氮浸出物17.8%~19.0%，比谷草、麦草和稻草都高，是马、牛、羊的良好粗饲料，其对奶牛、奶有明显的增加产奶量和提高奶的品质的作用。精料中加入莜麦，能增加猪的瘦肉率，提高肉的品质，能提供鸡的产蛋率。

由于莜麦的上述优点，已经成为许多国家提高粮食营养价值重点开发利用的作物，它是取代动物蛋白的重要作物之一。莜麦在今后人类食物中占有越来越重要的位置。

四、莜麦高产栽培技术

（一）轮作倒茬

莜麦不宜连作，长期连作杂草多（尤其是野燕麦）、病害重（尤其是坚黑穗病）、养分利用不充分。轮作倒茬不仅可以消灭杂草和病害，而且不同作物对养分的吸收利用不同，便于养分充分发挥增产作用，因此，群众有"倒茬如上粪"的经验。不同气候，不同水肥条件的地区，轮作倒茬的方式不一样。

（二）秋深耕结合施肥整地

1. 秋深耕

莜麦根系发达，喜活土层厚而肥沃的土壤，秋深耕有利于积蓄秋冬雨雪增加土壤含水量；能使用土壤疏松，增加土壤肥力；能保证莜麦全苗壮苗。前茬收获后应及早深耕并把，深耕深度应在26cm左右。在秋深耕的基础上播种前一般不再深耕，否则，会造成土壤水分的大量散失。

2. 施肥

秋深耕耱应结合施肥进行，肥料以有机肥为主，各县区高产经验证明，亩产200～250kg的麦田，应施有机肥2 000～2 500kg，在此基础上，适当配合氮，磷化肥。根据大同市土壤普遍缺磷的特点，每亩应施用有效磷（P_2O_5）5～7kg，再配合纯氮3kg，一并深翻入土。早春一般只耙耱保墒。如果秋季未深耕，早春的土壤耕翻也不宜过深。在这种情况下，深耕不仅跑墒严重，而且土壤不易保全苗壮苗。播种前如遇土壤干旱应采用镇压堤墒结合耙耱保墒，水浇地应在冬季或早春浇灌地墒水，以利全苗壮苗。

（三）播种

1. 种子处理

除选择适宜当地的优良品种外，播前晒种和种子处理尤为重要。晒种不仅可以通过阳光中的紫外线杀死种皮上附着的病菌减轻病害，而且利用增温作用完成种子的后熟，有使种子发芽快、出苗全的作用。选择无风晴天将种子摊在席子上暴晒 3 ~ 5 天，可提早出苗 3 ~ 4 天。

2. 播种期

适宜的播种期是满足莜麦"喜凉怕热"的特点，充分利用自然降水规律，发挥水的增产潜力和降低花梢率提高结实率，从而获得高产的重要措施。据大同市农作物研究所表明，夏莜麦以春分至清明前后播种为宜。这时播种墒情好，有利于出苗和保证正常成熟，而且可以避免干热风的为害。随着播种期的推迟，花梢率增加，穗部性状变劣，减产幅度加大，秋莜麦区的宜播期以小满前后产量较高，这时播种能使莜麦拔节抽穗需水最多的时期正好处在 7 月中下旬至 8 月初，满足莜麦需水的要求。

3. 播种量及播种方式

合理密植是充分利用光能、地力及肥水条件达到高产的重要措施。在一般情况下，莜麦密度是否合理，可根据收获时粒秆比判断。如果粒多秸秆少，说明种植的密度偏稀，应增加密度；如果粒少秸秆多，表明种植密度过稠，适当降低密度产量更高。理想密度粒秆比应保持在 1∶1，当前高水肥地亩播量应为 8 ~ 10kg，中水肥地 7 ~ 9kg，旱薄地的播种量以 6kg 左右为宜。播期偏晚，播量应适当增加 1 ~ 1.5kg。

莜麦的播种方式有犁播、耧播和机播。犁播播幅宽，便于集中施肥。耧播省工，下籽均匀，保墒效果好。机播有效率高、速度快、质量好、下籽均匀等优点，值得推广。莜麦的适宜播种深度为 3cm 左右，沼泽地可浅播至 2cm。土壤干旱探墒播种时，深度可达 5 ~ 6cm，并在播后镇压，使籽粒土壤紧密结合，兼有提墒作用，保证全苗。

4. 播种前后防杂草

野燕麦是莜麦田中主要杂草。亩用 25% 的绿麦隆 0.4 ~ 0.5kg，兑水 25kg，或用 40% 的野麦畏 0.2kg 兑水 25kg 或兑细土 20kg 于播前或播后喷撒地面，然后耙地，对野燕麦的防除效果高达 96% 以上。

（四）田间管理

1. 苗期管理

出苗后至拔节前称为苗期。苗期管理的中心的任务是保全苗，促壮苗。具体措施有：遇旱中耕除草保墒。莜麦苗期生长迅速，耗水量大。

2. 病虫害的防治

莜麦红叶病是影响莜麦产量的最主要病害，一般减产 30% ~ 50%，严重时，颗粒无收。红叶病由蚜虫传播小麦黄矮病毒引起，是一种病毒性病害。因此，防止红叶病的关键是防治蚜虫。当春季温暖、蚜虫生发前，可用：①40% 的乐果乳油 2 000 ~ 3 000 倍液；②40% 氧化乐果乳油 3 000 ~ 4 000 倍液；③80% 的敌敌畏乳液剂 1 500 ~ 3 000 倍液喷雾防治病。也可在播种前用 3911 颗粒剂拌种，预防苗期蚜虫为害。

莜麦开始分蘖标志着内部幼穗开始分化，到拔节期开始进入旺盛生长，直至抽穗期称为莜麦的生育期。这一阶段对水肥的要求迫切。

3. 田间管理的主要措施

（1）早追肥。追肥能提高穗数，减少空铃率，增加穗粒数。旱地或化肥较少时，可在分蘖期结合深中耕 1 次追入。水肥条件好的可在分蘖、拔节后孕穗前分两次追入。追肥量的分配应"前重后轻"，即第一次追肥亩用速效氮肥量 10 ~ 15kg，第二次 7.5 ~ 10kg。旱地追肥最好在降雨前后，水地追肥应结合灌水，以便充分发挥肥效。

（2）中耕。莜麦根系有前期深扎后期浅铺的特点。为促进深扎，宜在分蘖期深中耕。这样可以避免根系过早浅铺，增加抗旱能力，并能增强抗倒和防早衰。水地在分蘖期追肥灌水后也应及早深中耕破除板结，促进新根发生和深扎。

（3）灌水。莜麦中期生长需水多，有条件的可在分蘖期、拔节期和孕穗期浇好三水，并做到饱浇蘖水，晚浇拔节水，早浇孕穗水。孕穗期浇水应提前至旗叶刚出现期进行，水量不宜过大。

（4）抽穗成熟期。抽穗至成熟时莜麦籽粒形成及灌浆成熟期，经历 40 天左右的时间。这个时期营养器官已全部形成并定型。田间管理的目的是促进莜麦多成粒成大粒。据研究，籽粒中干物质的累积 90% 是抽穗后功能叶片（尤其是旗叶和倒二叶）等绿色器官光合产物积累的，仅有 10% 左右自抽穗前茎叶等器官贮存转运而来。因此，采用栽培措施延长功能叶片的功能期，并提高光合效率，对多成粒、成大粒起着决定性作用。

4. 莜麦生育后期的管理措施

（1）浇水。灌浆期浇水对延长叶片功能期，促进光合产物运输有利。但浇水量不宜过大，防止因浇水造成倒伏减产。

（2）根外喷肥。磷钾肥对活跃代谢促进营养物质向籽粒运转和提早成熟有重要作用。抽穗前或开花后亩用 0.2% ~ 0.3% 的磷酸二氢钾水溶液或抽穗期明显缺氮，叶片呈淡黄色的莜麦田，根外喷磷钾肥的同时加入适量的尿素（亩用量 0.5 ~ 1kg）同喷，可延长叶片功能期，提高粒重。这类麦田单喷尿素水溶液效果也很好。

（五）适期收获

莜麦穗部不同部位小穗间、同一小穗不同粒位间的籽粒成熟极不一致。收获太早，大部分籽粒尚未成熟，产量低。收获太晚，成熟过度的籽粒又会落粒减产。收获的适宜时间是 3/4 的小穗籽粒已成熟时。全田成熟不一致时，应熟一片收一片，以减少产量的损失。

第三章　谷　子

一、谷子的生物学特征

（一）谷子的形态特征

谷子是一年生禾本科草本植物。从外部形态来看，一株谷子可分为根、茎、叶、花、果实五部分。

1. 根

谷子没有主根，是由许多须根组成的，属须根作物。按其根生长的先后和作用，可分为初生根、次生根和支持根3种。初生根又称种子根、胚根，是种子发芽时由种子胚长出来的。种子根的功能是当胚乳养分用完后，为幼苗的生长吸收土壤中的水分和养分，其寿命约可维持两个多月。种子根抗旱力很强，当土壤水分降到3%～5%时，即停止生长，一旦遇水，即恢复生长，并长出许多侧根称永久根、不定根，水分正常时，在幼苗长出3个叶时，即从地表下的茎基部长出，8～9叶时，大量形成，生长加快，其生命一直维持到成熟。次生根发达时谷子的产量也高，拔节期培养根系很重要。支持根又叫气根、虎爪根，在谷子抽穗前，于靠近地面的茎节处生出，一般2～3层，粗而坚硬，有助于后期对水分养分的吸收和防倒伏作用。

2. 茎

谷子的茎由茎顶端的生长点分生，最初从芽鞘中伸出地面，随着真叶出现，拔节后节间伸长长成茎秆。茎秆呈圆柱状或扁圆状，中空，有节。节与节之间称节间。茎秆是输送水分、养分的主要渠道，同时，也能制造、贮藏一部分营养物质，而且支持整个植株直立，使谷子正常生长。谷子茎秆高低，因品种而异，一般高 60～160cm，早熟种较低，晚熟种较高。茎秆的节数有 15～25 个，地面上可见 7～14 个。地下茎节很短，不易分辨。茎基部节间短的原因与前期干旱有关。从栽培上讲茎基部节间越短，谷子越抗倒伏。因此在栽培前期，当谷子出苗后要创造一个蹲苗的环境。有的谷子品种在长出 3 个叶片后，地下茎节处就开始分蘖，也称支耳。分蘖在生产中可弥补缺苗。目前生产中的品种多数是无分蘖或少分蘖的品种。

3. 叶

叶由叶鞘、叶片、叶枕、叶舌组成。种子发芽时，幼根和芽鞘同时发生，芽鞘出土后即成一片鞘叶，鞘叶片伸出第一片叶叫真叶，又称猫（马）耳叶。随着谷苗的生长发育，下层的鞘叶逐渐干枯，真叶相继出现。叶片数目与茎节数目相同，叶色有黄绿色、绿色，也有带些紫色的；叶鞘呈圆筒状，包着 1～2 个茎节，起保护和疏导水分及养分的作用；叶舌是叶鞘与叶片结合处靠内部的茸毛部分，起着防止外物侵入的保护作用；叶枕是叶鞘和叶片结合处的外部；叶片、叶鞘和叶枕因品种不同，而有不同的颜色和外形，是区别品种的标志之一。叶是进行光合作用，制造营养物质的"绿色工厂"。在阳光的作用下，叶片吸收空气中的二氧化碳和靠根从土壤中吸收并输送来的水分，合成自身所需的养分（糖、淀粉）。谷穗中 90% 以上的重量是来自于抽穗后的光合作用，因此，建立一个合理的群体结构和保持后期有一较适的叶面积，对提高产量至关重要。我们采取一系列耕作栽培措施，如施肥、中耕、覆盖、浇水等，都是为创造一个合适的叶面积，提高谷子的光合作用效率而进行的。

4. 花和果实

谷子为穗状圆锥花序，由主轴、分枝、小穗和花组成。谷子完成三级分枝系统分化后，即进入小穗分化。小穗分化期最怕干旱。受旱后，穗顶部只有刚毛而无小穗，形成刚毛丛生（生产中称油稔），这也是常说的"胎里旱"的主要特征。小穗分化完成后即进入小花分化。一个发育完全的花由 3 个花药和 1 个羽毛状分枝的柱头及子房组成。小穗和小花分化时间需 10 天左右，完成后谷子即开始抽穗。穗分化期到抽穗要保证充足的水分，防止缺水引起的秕谷、秃头或"卡脖旱"。

果实即为成熟后的谷粒，为圆形或椭圆形。去稃壳后即为小米。谷粒的颜色因品种有别，分黄、白、红、灰、青等色。米色有黄、白、青等。籽粒大小也很不一致，一般千粒重为 2.5 ~ 3.5g。小米分黏（糯）粳 2 种。

（二）谷子生长发育规律

从拔节到抽穗，为孕穗期。春谷需 25 ~ 28 天。此期是谷子根、茎生长最旺盛时期，同时，也是谷子幼穗分化发育形成时期，栽培中应注意解决好地上和地下、营养生长和生殖生长的矛盾，达到促壮根、抓壮秆、保大穗的目的。

1. 抽穗开花期

谷穗开始露出顶叶的叶鞘即为抽穗。自抽穗到籽粒开始灌浆，为抽穗开花期，需 15 ~ 20 天。此期主要是保证穗的伸长增粗，完成开花授粉及幼胚的发育过程，是开花结实的决定期。此期最怕长期阴雨或大旱。

2. 籽粒形成期

自籽粒开始灌浆至籽粒完全成熟为籽粒形成期，也是籽粒质量的决定时期，需 35 ~ 50 天。此阶段时间最长，抗旱能力显著减弱，良好的光照是灌好浆的前提。栽培中应注重延长秆系寿命，多保绿叶面积，提高净光合积累，防旱排涝，力争粒多、籽饱、质优。

（三）谷子生长发育对外界环境的要求

谷子生长发育每个时期都有它的特点和生长中心，因此，对外界要求也不一样，总体上是前期较低，中期较高，后期较低。

1. 对水分的要求

将谷子一生的耗水总量以 100% 计，出苗到拔节约需 6%，拔节至抽穗需 44%，开花期约需 20%，灌浆期约需 20%，成熟期需 10%。因为，谷子苗期需水少，而大同市又是一个十年九春旱的地区，因此，种植谷子对于发挥谷子的旱作优势有着独特的意义。谷子苗期耐旱的原因：一是发芽所需要的水分仅占种子重量的25%（约是小麦的1/2，玉米的1/3）。二是蒸腾系数较低，即制造1g干物质，谷子需要271g水，玉米需要368g水，小麦需要513g水。拔节至抽穗是谷子的需水高峰期，在旱地要培肥地力以肥揽水，提高"土壤水库"的贮水能力。要秋雨春用，春旱秋抗，做好秋冬季和春季的土壤保墒工作。要通过选用合适品种和调节播期，使谷子的需水高峰与降水高峰相吻合。

2. 对温度的要求

谷子是喜温作物。春谷一生的活动积温，早熟种约需1 700～2 500℃，中熟种需2 300～3 000℃，晚熟种约需3 000℃以上的积温。种子发芽所需最低温度为6℃，最高温度是30℃，适宜温度为15～25℃。通常田间100cm深处土温达12～15℃，即可开始播种。苗期适宜的温度为20～22℃，拔节至抽穗要求温度在25～30℃，抽穗至灌浆日平均气温以20℃左右为宜。昼夜温差大有利于籽粒灌浆。

3. 对光照的要求

充足的光照，是谷子进行光合作用的保证。但谷子是短日照作物，对光照时间反应非常敏感，每天日照长度在15小时以上，有利于营养生长；若为12小时，则转入生殖生长。因此，生产中应根据谷子的生长发育阶段辅之以必要的栽培措施，如苗期应早间苗，减少苗间的增光增水矛盾；通过选择合理播期使苗期处在一年中光照最长的季节，促进营养生长，攻壮苗、壮株；后期处于一个光照强度大，有利于提高光合作用功能和净光合产物积累的时间，为籽粒的饱满打好基础。通过合理密植，以求得截获光的最佳叶面积。引种中要注意光照、海拔对品种的影响，保证正常成熟。

4. 对肥料的要求

谷子对肥料的要求与对水、温的要求规律相似。拔节前和开花后较少，拔节至抽穗开花期为多。后期所需要的养分主要靠前期吸收储备。每生产百千克籽粒需氮2.5～2.7kg，五氧化二磷1.2～1.4kg，氧化钾2.4kg。大同市谷田主要分布在二三类田中，这些田块中氮、磷、钾养分俱缺，因此，要加大有机肥培肥地力的力度，改变传统的施肥时间与习惯，变春耕施肥为秋耕施肥并耙耱，变多次施肥为一次施足底肥，氮、磷、钾肥与有机肥配合施用，以满足谷株发育对养分的需求。

5. 对土质、地形、地势的要求

谷子生长不择环境。但要达到优质高产，必须注意对土质及地形、地势的选择。红壤土、黄壤土是优质米生产的最佳土质。同时，选择地势高、通风量大、排水良好、土层深厚的地块。

（四）谷子产量的构成

谷子产量是由单位面积上的穗数、穗粒数和粒重 3 个因素组成的，三者之间互为因子。穗头过多，穗头小，饱籽少，千粒重低，不能高产；稀谷大穗，穗头少，穗子大，籽粒虽饱，千粒重高，但总粒数上不去，同样产量也不会高；影响产量高低的主要因素是单位面积上的成粒数，即在产量 = 穗数 × 每穗粒数 × 千粒重的公式中，主要取决于穗数 × 每穗粒数的乘积。成粒数多少是建立在合理的群体与个体结构良好的基础上的。因地制宜确定合理的密度和种植方式，并采取相应的配套栽培措施，是夺取高产的保证。

二、谷子的经济价值及营养价值

谷子属禾本科，黍族，狗尾草属的一年生草本植物，去壳后称小米，是大同地区主要粮食之一。它的播种面积占全市粮食作物的 10% ~15%，在一些丘陵山区面积更大，占粮田面积的 30% ~40%。是调剂城乡人民生活不可缺少的作物，在农业生产中占有重要地位。

小米营养价值高，味美好吃，易消化，深受人们喜爱。据中国农业科学院作物研究所分析，小米中含蛋白质 7.5% ~17.5%，平均 11.42%；脂肪 3% ~4.6%，平均 4.28%；碳水化合物 72.8%。每百克小米可产生热量 1 516kJ，比大米、小麦面粉、高粱、玉米都高。此外，还含有大量的人体所必需的氨基酸，每百克小米含蛋氨酸 297mg，色氨酸 194mg，赖氨酸 334mg，苏氨酸 463mg，还含有钙、磷、铁、胡萝卜素等，对某些化学致癌物质有抵抗作用的维生素 E （5.59～22.36mg/100g 小米）、硒（小米含量 25mg/kg）的含量也很高，同时，对动脉硬化、心脏病有医疗作用的维生素 E 含量更为突出，每百克小米含 1.03～0.66mg。它是一种很好的营养品，体弱多病者和产妇食用具有较好的滋补强身作用。小米除焖饭、煮粥等直接食用外，还可加工煎饼、发糕、小米酥系列产品，如高蛋白酥卷、保健酥卷、强化酥卷和营养调味食品，如高级米醋、米酒饮料等。谷粒、谷糠、谷芽入药后主治多种病。谷子营养值高，含粗蛋白3.16%，粗脂肪 1.35%，无氮浸出物 44.3%，钙 0.32%，磷0.14%，高于其他禾本科牧草，接近豆科牧草，品质优良，适口性强、耐贮藏，经久不变，是大牲畜的优质饲料。谷糠既能酿酒做醋，又是家禽的好饲料，且能提炼谷浆油、糠醋等。

谷子耐旱耐瘠薄，抗逆性强，适应性广，是很好的抗灾作物，籽实坚硬的外壳，可防潮御虫。耐贮藏，又是重要的贮备粮食。

三、谷子栽培技术

（一）轮作

谷子不宜重茬。"重茬谷，坐着哭"，"倒茬如上粪"，生动地说明连作的缺点和轮作的重要意义。

实行合理的轮作，可以合理利用土壤肥力，减少病、虫、杂草为害，提高作物单位面积产量和劳动生产率。还可消除土壤有害物质，改变农田生态条件等。

谷子对前茬作物的反应较为敏感，实践证明，豆类作物是谷子的最好前作，农谚说："豆茬谷，享大福"。马铃薯、玉米是谷子较好的前茬。它们共同的特点是土壤耕层比较疏松，养分、水分较充足，杂草少，不易荒地。而高粱、荞麦等茬口较差，要获得较高产量，必须施更多的肥料和采用良好的栽培技术。

（二）土壤耕作

1. 秋冬深耕

"秋耕深一寸，顶上一车粪""秋天谷田划破皮，赛过春天犁出泥"，生动地说明秋深耕的作用。秋冬深耕改变了土壤物理性状，增强了土壤蓄水保墒能力；活跃了土壤微生物，促进有效养分的释放，提高土壤肥力；减少杂草；病虫为害，从而促进整个生长发育，有显著增产作用．秋冬深耕，结合秋施肥效果更好。秋冬深耕要尽早进行，使土壤有充分的时间风化、热化，接纳雨雪，积蓄水分。农谚"八月（阴历）深耕一碗油，九月深耕半碗油，十月深耕白打牛"，说明秋冬深耕越早越好。据各地试验，秋冬深耕一般以 25~30cm 为宜。深耕一般可维持 3~4 年的后效，每 4~5 年深翻 1 次即可。秋深耕后除盐碱地外，一般都要耙耱，既碎土块，又有利于保墒。有灌溉条件的也可不耙耱进行晒垡。

2. 春季耕作

大同市谷子主要在干旱、半干旱丘陵山区，播种季节又干旱多风，降水量少，蒸发量大。谷子籽粒小，不宜深播，表土极易干燥。因此，做好春季耕作整地保墒工作，对谷子全苗至关重要，是谷子栽培成败的关键。春季气温回升，土壤化冻，进入返青期。随着气温不断升高，土壤水分沿着毛细管不断蒸发丧失。农谚说："早春不耕地，好比蒸馍跑了气。"，因此，当地表刚化冻时就要顶凌耙地，切断土层土壤毛细管，耙碎坷垃，弥合地表裂缝，防止土壤水分蒸发。每次雨后也要及时耙耱，既碎土块又保墒。农谚："不怕谷子小，就怕坷垃咬"，谷子籽粒小，特别要求土壤细碎，坷垃多时，除多耙耱外，要尽早用石磙（或镇压器）镇压，碎坷垃，填补裂缝，缩小蒸发面，利于保墒和解冻后的耕作。解冻后在严重春旱的情况下，若谷田疏松，水分以气体扩散形态大量散失就必须镇压，减少大空隙，削弱气态水的扩散损耗，又缩小蒸发面，收到保墒效果。播种前土壤干土层厚度超过 8cm 或土壤表层含水量在 12% 以下时，必须通过镇压，使表土紧实，减少土壤中水气的扩散，促使它的热凝结，增加土壤毛细管作用，使下层水上升到播种层，利于发芽出苗，同时，促幼苗生长。据调查，镇压可使 5～10cm 土层含水量增加 3% 左右。

没有经过秋冬耕作，或未施秋肥的旱地谷田．要及早春季耕翻。耕后随之耙耢。在正常情况下，经过秋冬深耕或早春春耕的谷田，播前若干天用不带犁镜的犁串地 1 次，进行浅层耕作。耕后立即耙耢，可活土、除草、增温，以提高播种质量。春季土壤耕作要根据具体情况灵活应用。如土壤干旱严重，就要多耙耢镇压，不浅耕。如果雨水多，地湿，就不需要耙耢镇压，而要采取耕翻放墒，以提高地温。

（三）增施基肥

俗话说："要想庄稼好，需在肥上找"。施足基肥是谷子高产的物质基础。基肥不仅源源不断地供给谷子生长发育所需的各种养分，而且增强土壤蓄水保墒能力，并结合土壤耕作制造深厚、松软、肥沃的土壤耕层，为谷子生长发育创造良好的条件。

1. 基肥种类

基肥应以有机肥为主。谷田基肥种类很多，如人粪尿、家畜粪尿、厩肥、堆肥、泥土肥、杂肥、化肥等。"谷地施羊粪，雨雨见后劲"，羊粪是热性肥料，肥力持久，是谷田最好的基肥。

2. 基肥施用量

要根据品种本身需要：产量指标、土壤速效养分含量、肥料中有效元素含量及当地当年利用率和化肥拥有量估算。综合各地经验，中产谷田一般亩施有机肥 1 500～4 000kg，高产谷田 5 000～7 500kg。

3. 施用时期

基肥秋施比春施效果好。据山西农科院谷子研究所试验，秋施比春施增产 10.7%。一是结合秋深耕施入基肥，能增强土壤的蓄水保墒能力，充分接纳秋冬雨雪；二是变春施肥为秋施肥，解决了施肥与跑墒，肥料吸水与谷子需水的矛盾；三是秋施肥料经过冬春风吹日晒，好气性微生物活动，加速分解，肥土相溶，进一步熟化土壤，提高土壤肥力，效果更好。如有条件一定要变春施为秋施肥。若春施基肥须结合早春浅犁施入，以提高肥效。而播前施用效果最差。

4. 基肥施用方法

施肥时如果肥多，可均匀撒施，少时采用"施肥一大片，不如一条线"的集中施用法。施用基肥要因地制宜，阴坡地等冷性土壤，施用骡马粪、羊粪等热性肥料；阳坡地等热性地要施用猪粪、牛粪等冷性肥料，沙性土壤要多施优质土粪、猪羊粪等。

试验表明，谷子对磷敏感，后期需磷是前期积累磷的再利用，所以，磷肥一定要做基肥施用。谷地使用磷肥有显著的增产效果，据山西农科院高寒所试验，每亩施过磷酸钙 15kg，比对照增产 22.4%。磷肥使用时，要与有机肥混合沤制施用效果更好，与氮素化肥配合施用能进一步发挥磷肥作用。一些氮素不稳定的化肥容易挥发损失，作基肥施用以提高肥效，干旱年份，旱地氮肥作基肥效果较好。

（四）播种

1. 播前种子处理

"好种出好苗"确定适宜当地种植的优良品种后，播前进行精选种子和种子处理是重要的增产环节。

（1）精选种子方法。一种是风选，即用风车或簸箕，清除秕籽，选用饱满种子。二是水选，用清水、石灰水、泥水除去秕籽、病籽，洗去附着在种皮表面的病菌孢子。用石灰水还可杀菌。

（2）种子处理。为了保证苗齐、苗全、苗壮，在选种的基础上进行种子处理。发芽效果良好。也可用种子量 0.1% ~ 0.2% 的 25% 辛硫磷微胶囊剂或 25% 的对硫磷微胶囊剂；或用种子量 0.1% ~ 0.2% 的 25% 对硫磷乳剂或 50% 辛硫磷乳剂闷种 3 ~ 4 小时，以防地下害虫。其方法是：5kg 种子，用药 50 ~ 100g，兑水 2.5 ~ 4kg，用喷雾器喷到种子上，随喷随拌，拌匀后堆起来用麻袋覆盖闷种。

（3）种籽粒大化处理。为适应机械化播种的需要，做到精量播种，解决谷子间苗费工，集中施肥问题。种子进行大粒化处理能取得良好的效果。试验表明，大粒化比对照增产 10% ~ 15%。大粒化的方法：500g 精选的谷种，用过磷酸钙和硫酸铵各 500g，筛过的细肥土 3kg，先将肥土混合均匀，另将 2ml 甲基 1605 加水 500g 稀释备用。

制作时将种子放于悬挂的木盘或垫一层油毡的筛子中，用喷雾器将药液略为喷湿种子，然后将配好的肥土均匀撒在谷种上，一面摇动木盘，一面喷药水，撒肥料，使肥料包在种子上成高粱大小的颗粒，摊开阴干播种。大粒化种子宜在春雨充沛、底墒较好的情况下使用。墒情不好的地上采用由于发芽需水多易造成缺苗。另外，播种时不宜覆土过浅，以免水分不足影响发芽。

（4）种子包衣。包衣剂不仅含农药且含微肥。据试验，谷子使用旱粮作物种衣剂出苗率高，保苗效果好；防治病虫害，特别对苗期病虫防治效果好，对中期谷瘟病、白发病，亦有一定效果；促进作物生长，具有增产作用，比对照增产 26.2%，省种省工，应大力推广。种子包衣方法有圆底大锅包衣法、大瓶或铁桶包衣法、塑料袋包衣法。

2. 播种期

古农书中说："早种一把糠，晚种一把米"，都强调了谷子不宜早播，早播虽然墒情较好，容易保苗，但地温较低，生长缓慢，种子幼芽在土壤中时间长增加了病菌侵入的机会，病多；钻心虫一代蛾子产卵时，谷苗嫩，往往虫害严重。据试验，谷雨下种的比立夏下种的病害率增加 2.49%，虫害率增加 31.5%；同时，也因早播，谷子生育期间所需的外界环境条件与当时的客观实际情况不相符合。大同市谷子主要分布在丘陵地区，谷子生育中所需水分主要靠自然降水来满足，过早播种，谷子各生育阶段相应提前，往往在雨季尚未来临时就已拔节，穗分化也随之开始，由于自然降水不能满足需要，易发生"胎里旱"，穗小粒少。抽穗期需水量多，也常因雨季高峰未来，形成"卡脖早"，谷子进入开花灌浆期，常处于雨季高峰，光照不足，影响授粉、灌浆，形成籽粒不饱满，产生大量秕籽，降低产量。过晚播种，易发生烧尖灌耳、地面板结等问题，生育后期易发生贪青晚熟，因积温不够影响籽粒饱满度，甚至不能成熟。"早播晚播碰年头，适期播种年年收"。适期播种，使谷子需水规律和当地自然降水规律相吻合，充分利用自然降水，是旱地谷子高产稳产的一项重要措施。大同市许多种谷县区都是以自然降水特点为条件，以谷子需水规律为依据，总结出灵活的适期播种赶雨季的种谷技术。使谷子苗期处于干旱少雨季节；有利于蹲苗，使谷苗长得壮实。拔节期赶在7月初雨季来临的初期，孕穗期赶在7月下旬雨季来临的中峰期，防止"胎里旱"。谷要拖泥秀，把抽穗赶在7月底、8月上旬的雨季高峰期，防止"卡脖旱"，达到穗大花多。开花灌浆期赶在雨量前，从而获得高产。经过多年生产实践和播期试验，目前，大同市改变了谷子偏早播种的习惯，一般在谷雨至立夏前后播种（4月底至5月初），当土壤耕作层10cm，低温稳定在10℃以上开始。以土温而言，播种层的土温稳定在10℃以上时，播种较为适宜。

3. 播种技术

（1）播种方法。谷子播种方式有耧播、穴播、撒播等。

（2）抗旱播种技术。大同市属于干旱、半干旱地区，年降水量少，分布又不均匀，冬春季干旱少雨，有时地块甚至不得不补种或毁种。因此抓好抗旱播种，保证全苗就成为这些地区谷子生产的关键。我国农民在长期生产实践中，积累了丰富的抗旱播种经验，主要介绍如下几种。

①套耧播种：冬季未蓄墒，春季无雨，干土层较厚，又无灌水条件时采用。具体方法：先用孔耧开播种沟，推开干土，然后用带籽耧播种，这样深播种，浅覆土，使种子播到湿土层上就易出苗。

②镇压提墒播种：当表土面干到10cm左右，底墒较好时采用。据试验，镇压后可使播种层土壤含水量增加3%左右，出苗早而齐，增产16.77%～33.2%。

③深种揭土法：表土干底土有墒时采用。先深播种，把谷子播入较湿的土中，过几天待种子萌发时，将表层干土推开，以利谷苗出土。

④趁墒早播：土壤墒较好，为了抢墒，可提前10天播种。此外，还有冲沟等雨播种、播后等雨、水耧播种、雨后抢种等方法，各县区根据具体情况灵活应用。

（3）播种量和播种深度。谷子播种量要适当，过少易造成缺苗断垄，过多时，幼苗密集，生长不良，间苗费工，稍不注意易发生荒苗而减产。应根据种子质量、墒情、播种方法来定，以一次保全苗、幼苗分布均匀为原则。一般每亩0.75～1kg为宜。如种子发芽率高，种子质量好，土壤墒情好，地下害虫少，整地质量高播种子量可少些。相反，可适当多些。

播种深度对幼苗生长影响很大。谷籽粒小，胚乳中贮藏的营养物质少，如播种太深，出苗晚，在出苗过程中消耗了大量营养物质，谷苗生长细弱，甚至出不了土，降低出苗率。同时增加病菌侵入机会，容易感染病害。播种过浅常因表土干旱缺苗。播种深度适宜，幼苗出土早，消耗养分少，有利形成壮苗。适宜的播种深度3.3～5cm。土壤墒情好的可适当浅些，墒情差的可适当深些。早播可深些，迟播的可浅些。

4. 播后镇压

谷籽粒小，播种浅，春季又干旱多风，播种层常感水分不足。如整地不好，土中有坷垃、空隙，谷粒不能与土壤紧密接触，种子难以吸水发芽或发芽后发生"蜷死""悬死"现象。为促进谷粒发芽，扎根，出苗整齐，播后要镇压。播后镇压是谷子栽培的一项重要措施。"谷子不发芽，猛使砘子砸""播后砘三砘，无雨垄也青"，镇压既可提墒，又保墒，又使种子与土壤紧密接触，有利吸水，防止悬死。据调查，在干旱时砘压3遍的要比1遍的出苗率提高33%。播后三砘：一是随耧砘；二是黄芽砘，即快出土时进行，有利全苗，避免烧芽，压死粟翻死甲；三是压青砘，幼苗2～3片叶时午后进行，既促进壮苗，防止后期倒伏，也能压死一些害虫。

（五）合理密植

谷子产量高低，决定于每亩穗数、每穗粒数和粒重3个因素的乘积反映群体内个体生长发育状况。一般稀植条件下，单株营养面积大，植株得到充分发育，穗大，粒多，粒重，单株产量高。但是由于单位面积个体太少，没有充分利用光能、养分和水分，群体产量仍然不高，每亩穗数不足成为影响产量的主要矛盾。随着密度的增加，虽然单株穗重，穗粒数和粒重各有不同程度的下降，但由于穗数增加，群体产量相应提高。但密度增加到一定程度后，虽然穗数增加，但密度与穗粒数，粒重矛盾激化，穗重降低，穗粒数减少，产量降低。因此，密度增加到一定程度时，已不能再从加大密度增加穗数来提高产量。而应在保证一定穗数的基础上增加穗粒数和粒重来提高产量。据各地研究，在不同密度、不同栽培条件下，粒重变异较小，穗粒数变异大，因此，在合理密植的基础上，单位面积成粒数是决定产量高低的主导因素。合理密植，就是根据土、肥、水、种等具体条件，调整个体与群体之间关系，既要使每亩有最大限度的株数，又要使单株能充分利用光、温、水、养等外界条件，使个体发育好，使单位面积穗数与穗粒数、粒重的矛盾得到统一，保证穗粒数而增产。

谷子合理密植与品种特性、气候条件、土壤肥力、播种早晚和留苗方式等因素有关。一般晚熟品种生育期长，茎叶茂盛，需要较大的营养面积，留苗密度适当稀些。早熟品种，生育期短，植株较矮，个体需要营养面积小，留苗密度应密些。分蘖强的品种留苗密度小些；分蘖弱的应大些。春谷品种留苗应稀些，夏谷品种应稠些。在土壤肥力较高，水肥充足的条件下，留苗密度应加大；干旱瘠薄地留苗密度应减少。在一般栽培条件下，中等旱地和水浇地，以每亩 2.5 万～3 万株为宜，肥力较高的以 3 万～3.5 万株为宜；肥力较差的旱地以 1.5 万～2 万株为宜。坡地以 1 万株为宜。行距经各地试验以 40cm 为好。

谷子具有耐旱性强、适应性广、生育期短等特点。在其中生长发育阶段有"五喜五怕"的表现，从播种到出苗"喜墒怕干"，从出苗到拔节"喜壮怕荒；从拔节到抽穗"喜水怕旱；从开花到结实"喜晒怕涝"；生长后期"喜绿怕黄"。概括起来就是"苗期宜旱，中期要水、后期怕涝"。

（六）田间管理

1. 苗期管理

苗期管理中心任务是在保证全苗的基础上促进根系发育好，幼苗短粗苗壮，苗色浓绿，全田一致。苗期管理的主要措施如下。

（1）保全苗。"见苗一半收"，所以，要采取各种措施保全苗。主要措施有：

①秋冬深耕蓄墒：冬春耙糖保墒，播前镇压提墒，搞好秋雨春用，满足谷子发芽出苗对水分的要求，以保全苗。

②秋冬未蓄墒：春季干旱无雨，出苗困难，采取抗旱播种技术，争取全苗。

③防"蜷死""悬死""烧尖""灌耳"：出苗前土壤干旱镇压，可增加耕层土壤含水量，有利于种子萌发和出土。播后遇雨，出苗前镇压，可破除土壤板结，防止"蜷死"。出苗后镇压，可以破碎坷垃，使土壤紧实，防止"悬苗"。由于镇压提高表层土壤含水量，使土温上升慢，可以防"烧尖"。低洼地防止小苗"灌耳""游心"。做好排水准备，灌后要及时镇压，也可减轻为害。

④查苗补苗：出苗后发现缺苗断垄时，可用催过芽的种子进行补种。来不及补种或补种后仍有缺苗时，可结合间苗进行移栽补苗。移栽谷苗以发出白色新根易于成活。为促使谷苗发出新根，可将间下的谷苗捆束，将根在水中浸一夜发出新根，移栽成活率很高。移栽时在需补苗的地方开浅沟，浇满水，将谷苗浅插湿泥中，再撒上一层细土，以防板结。据试验，移栽谷苗以五叶期最易成活。此外，还可通过中耕用土稳苗防止风害伤苗；早疏苗晚定苗，播前防治地下害虫，减少幼苗损伤来保全苗。

（2）间苗、定苗。谷籽粒小，出苗数为留苗数的几倍以至十几倍。谷子又多系条播，出苗后，谷苗密集在一条线上，相当拥挤，互相争光、争水、争肥，尤其是争光的矛盾尤为严重。如不及时疏间，往往引起苗荒、草荒，影响根系发育形成弱苗，后期容易倒伏又不抗旱。因此，要及早间苗。农谚有"谷间寸，顶上粪"，说明早间苗效果好。对培育壮苗十分重要。早间苗能改善幼苗生态环境，特别是光照条件；能促进植株新陈代谢，生理活动旺盛，有机物质积累多，因而根系发达，幼苗健壮，为后期壮株大穗打下基础，是谷子增产的重要措施。综合各地试验，间苗越晚，减产幅度大。早间苗一般可增产10%~30%。据试验，谷子以4~5片叶间苗，6~7片叶定苗为宜。间苗时，要留大不留小，留强不留弱，留壮不留病，留谷不留莠。

（3）蹲苗。蹲苗就是通过一系列的促控技术促进根系生长，控制地上部生长，使幼苗粗壮敦实。蹲苗应在早间苗，早中耕，施种肥，防治病虫害的基础上，采取下列措施。

①压青砘谷苗：2~3片叶时午后进行。幼苗经过砘压之后，有

效地控制地上部生长，使谷苗茎基部变粗，促使早扎根、快扎根，提高根量和吸水能力，且能防止后期倒伏。据试验压青后 1～3 节间比对照显著变短，茎高比对照矮 4.7～9.1cm。

②适当推迟：第一次水肥管理时间谷子出苗后，土壤干旱、谷苗根系伸长缓慢，只要底墒好，就能不断把根系引向深处，有利于形成粗壮而强大根系。因此，应在土壤上层缺墒，而有底墒的情况下蹲苗，控上促下，培育壮苗。谷子出苗后，适当控制地表水分，即使有灌溉条件，苗期也不灌溉。一般情况下，第一次水肥管理可以在穗分化开始时进行，如果土壤水肥好，幼苗生长正常，可推迟到幼穗一级枝梗开始分化时进行。在此期间，如果中午叶片变灰绿色，发生卷曲，在 16:00 前又可恢复正常的，控水可继续下去。如果上午叶片卷曲，到 16:00 前还不能恢复正常的，应及时浇水。

③深中耕：谷子苗期如果土壤湿度大，温度高，则应进行深中耕，苗期深中耕可以促进根系的发育，减缓地上部生长，并使茎秆粗壮，利于培育壮苗。

④喷施磷酸二氢钾、矮壮素：拔节喷施磷酸二氢钾，幼苗健壮，叶色黑绿，根量增多，有明显的壮秆壮穗效果。喷施矮壮素，也可缩短茎基部节间，延缓地上生长，使谷苗健壮。

（4）中耕锄草。谷子幼苗生长缓慢，易受杂草为害，应及时中耕除草。谷子第一次中耕，一般结合间苗或在定苗后进行。这次中耕兼有松土除草双重作用。而且还能增温保墒，促进谷子根系生长并深扎。中耕应掌握浅锄、细锄，破碎土块，围正幼苗技术，做到除草务净，深浅一致，防止伤苗压苗。

谷子苗期杂草多时，可用化学药剂除草，既提高工效，又能节省劳力，增产效果显著。据经验，以 2，4－D 丁酯除草应用较为普遍，除草效果好。用药量和喷药时间得当，防除宽叶杂草效果可达 90%以上。防治时间宜在 4～5 叶期，药量每亩用 72%，2，4－D 丁酯 31～52g，用背负式喷雾器每亩对水 30～50kg，机引喷雾器每亩对水 25kg 左右喷洒。

谷莠草是谷子的伴生性杂草，苗期与谷子形态相似，不易识别，很难拔除。用选择性杀草剂扑灭津杀除效果很好。50%可湿性粉剂的扑灭津每亩 0.2～0.4kg，在播种后出苗前喷雾处理土壤，杀灭效果可达80%以上。此外，良种种植几年后谷莠草苗色与谷苗一样，更换不同苗色的另一良种，间苗时，可根据苗色将谷莠草全部拔除。

2. 拔节抽穗期管理

谷子拔节至抽穗是生长和发育最旺盛时期，要加强田间管理。田间管理的主攻方向是攻壮株促大穗。拔节期壮株长相是秆扁圆，叶宽挺，色黑缘，生长整齐，抽穗时呈秆圆粗敦实，顶叶宽厚，色黑绿，抽穗整齐。管理主要措施是：

（1）清垄。拔节后谷子生长发育加快，为了减少养分、水分不必要的消耗，为谷子生长发育创造一个良好的环境。要认真进行一次清垄，彻底拔除杂草，残、弱、病、虫株等，使谷田生长整齐，苗脚清爽，通风透光，有利谷苗生长。

（2）追肥。谷子拔节以前需肥较少，拔节以后，植株进入旺盛生长期，幼穗开始分化，拔节到抽穗阶段需肥最多。然而这时土壤养分的供给能力最低。据试验，土壤养分从谷子生育的初期开始逐渐减少，拔节以后的孕穗期到抽穗阶段最低，远不能满足谷子要求。施入农家肥经分解后才能供应吸收，这时即使转化一部分，也赶不上需要。因此，必须及时补充一定数量的营养元素，对谷子生长及产量形成具有极其重要的意义。

磷肥一般作底肥，不作追肥。钾肥就目前生产水平，土壤一般能满足需要，无须再行补充。追施氮素化肥能显著增产。每亩施纯氮3kg，以尿素作追肥效果最好，11个点平均增产58.9%；其次是硝酸铵、氯化铵增产效果在 43.8%～48.1%；再次硫酸铵、碳酸氢铵，增产34.1%～37.5%速效农家肥如坑土、腐熟的人粪尿素含氮较多的完全肥料，都可作追肥施用。

谷子追肥量要适当。追肥过少增产作用小，但过多，不但不能充分发挥肥效，经济效果也不好，而且还导致倒伏，病虫害蔓延，贪青晚熟，以致减产。从各地试验结果看，一次追肥每亩用量以纯氮5kg左右为宜。据试验，以硫酸铵作追肥，在中等肥力的土地上，每亩施用20～30kg产量最高。如果是硝酸铵每亩不宜超过20kg。山西省农科院谷子研究所从土壤保肥方面研究得出结论，一般土壤每亩施硝酸铵超过 17.5kg，就有流失的可能。为做到科学追肥，应根据产量指标、土壤中速效养分含量、底施有机肥中有效元素含量及肥料当地当年利用率估算，不足部分追肥补足。

拔节后穗分化开始到抽穗前孕穗期都是追肥期。从各地试验看，若氮素肥料较少，一次追肥，增产作用最大时期是抽穗前 15～20 天的孕穗期。在瘠薄地或高寒地区要提前些。若氮素肥料较多时，最好两次追肥。第一次于拔节始期，称为"座胎肥"；第二次在孕穗期，称"攻籽肥"，但最迟必须在抽穗前 10 天施入，以免贪青晚熟。各地试验分期追比一次追效果更好。据试验，同样数量氮肥，分期追比集中在拔节时期一次追的增产 5.9%～22.6%，也比孕穗期一次追的增产 11.3%。分期追肥时，在肥地或豆茬地上，第一次少追，第二次多追效果好，但后一次也不宜过量，如广灵南房基点在高肥地试验，拔节始期 5kg，孕穗期追 10kg，比各追 7.5kg 增产 12.9%。在旱薄地、或前情较差的地块、或无霜期短的地区、或早熟品种则初次要多追，以不使苗狂长为度，后期少追，促进前期生长，实现穗大粒重。山西省应县在低肥地上试验，第一次多追、第二次少追，比第一次少追、第二次多追的增产 16.7%。

为了发挥氮素的最大增产作用，追肥时，要看天看地看谷苗。

看天：因肥料溶于水才能吸收，在旱地上，应摸清当地降水规律或根据天气预报，力争雨前甚至冒雨追施。一般应适时早追，以便使谷子能够比较及时地充分利用肥料，宁让肥等水，不要水等肥，涝年土壤水分多，肥地易徒长，要适当控制施肥量。一般风天不要撒施，以免施的不匀或烧苗。

看地：即看土质土性。黏土、背阴、下湿等秋发地，不发小苗应早追施，促苗早发；相反沙性土、向阳的春发地，发小不发老，可略晚追肥。薄地多追，肥地少追。

看苗：谷苗缺氮时要及时早追肥，弱苗要早追，多追，生长过旺要迟追或少追甚至不追。一般追肥后结合中耕埋入土中或追后浇水，以提高肥效。易挥发性的肥料，一定要深施。

（3）浇水。旱地谷通过适期播种赶雨季，满足谷子对水分的要求，水地谷除了利用自然降水外，根据谷子需水规律，对土壤水分进行适当调节，以利谷子生长。谷子拔节后，进入营养生长和生殖生长阶段，生长旺盛，对水分要求迅速增加，需水量多，如缺水，造成"胎里旱"，所以，拔节期浇1次大水，既促进茎叶生长，又促进幼穗分化，植株强壮，穗大粒多。孕穗抽穗阶段，出叶时速度快，节间生长迅速，幼穗发育正处于关键时期，对水分要求极为迫切，为谷子需水临界期，如遇干旱也要造成"卡脖旱"，穗抽不出来，出现大量空壳、秕籽，对产量影响极大。因此抽穗前即使不干旱也要及时浇水。据报道，谷子一生灌三水即拔节、孕穗、抽穗期各灌一水效果最好。比不灌的增产89.50%，比灌两次和一次的分别增产67.3%和20.2%。如果灌水1次，以抽穗期灌水效果最好，比不灌的增产26.4%，其次是孕穗期灌水，增产12.3%，拔节期灌增产12%。如灌两水，以孕穗、抽穗期各灌1次效果最好。比不灌水的增产74.3%，而拔节和抽穗期各灌1水的增产60.3%。旱地谷没有灌溉条件，抽穗前进行根外喷水，用水量少，增产显著。

（4）中耕除草。谷子拔节后，气温升高，雨水增多，杂草滋生，谷子也进入生长旺盛期，此时在清垄的基础上，结合追肥和浇水进行深中耕，深度7~8cm，深中耕可松土通气，促进土壤微生物活动，加速土壤有机质分解，充分接纳雨水，消灭杂草，有利于根系生长，而且可以拉断部分老根，促进新根生长，从而起到促控作用，既控制地上部茎基部茎节伸长，又促进根系发育。有利吸水吸肥、增强后期抗倒抗旱能力。据试验，深锄6.7cm的比3.7cm的增产生长发育，一般5cm左右为宜。除松土除草外，同时，进行高培土，促进气生根生长，增加须根，增强吸收水肥能力，防止后期倒伏，提高粒重，减少秕粒，又便于排灌。

3. 抽穗成熟期管理

田间管理的主攻方向是攻籽粒，重点是防止叶片早衰，延长叶片功能期，促进光合产物向穗部籽粒运转积累，减少秕籽，提高粒重，及时成熟。具体措施如下。

（1）浇攻籽水。高温干旱谷子开花授粉不良，影响受精作用，容易形成空壳，降低结实率。灌浆成熟期干旱造成"夹秋旱"，抑制光合作用正常进行，阻碍体内物质运转，易形成秕粒，影响产量。因此，有灌溉条件的应进行轻浇或隔行浇，有利于开花授粉，受精，促进灌浆，提高粒重。灌浆期干旱又无灌溉条件可在谷穗上喷水，也可增产。灌水时注意低温不浇，风天不浇，避免降低地温和倒伏。

（2）根外追肥。谷子后期根系生活力减弱，如果缺肥，进行根外喷施。谷子后期叶面积喷施磷肥、氮肥和微肥，可促进谷子开花、结实和籽粒灌浆，能提高产量。山西农科院谷子所多点试验，喷施磷酸二氢钾增产 6.59% ~ 10.64%。其方法有：每 500g 磷酸二氢钾加水 400 ~ 1 000kg，每亩喷 75kg 左右。2% 尿素 + 0.2% 磷酸二氢钾 + 0.2% 硼酸溶液，每亩 40 ~ 50kg。400 倍液磷酸二氢钾溶液每亩 100 ~ 150kg。200 ~ 300 倍过磷酸钙溶液，每亩 150 ~ 200kg，于开花灌浆期叶面喷施。山西农科院作物遗传所于抽穗灌浆期喷微量元素硼，15 个点平均增产 11.7%。其方法是：每亩 30g 硼酸溶于 100kg 水中，抽穗与灌浆前后各喷 1 次。

（3）浅中耕。谷子生育后期，若草多，浇水或雨后土壤板结，需要浅中耕。

（4）防涝、防"腾伤"、防倒。谷子开花后，根系生活力逐渐减弱，最怕雨涝积水，通气不良，影响吸收。因此，雨后要及时排除积水。浅中耕松土，改善土壤通气条件，有利根部呼吸。

谷子灌浆期，土壤水分多，田间温度高，湿度大，通风透光不良，易发生"腾伤"，即茎叶骤然萎蔫逐渐呈灰白色干枯状，灌浆停止，有时还感染病害，造成谷子严重减产。为防止"腾伤"，适当放宽行距或采用宽道窄行种植，改善田间通风透光条件。高培土以利行间通风和排涝。后期浇水在下午或晚上进行。在可能发生"腾伤"时，及时浅锄散墒，促进根系呼吸等。

谷子进入灌浆期穗部逐渐加重，如根系发育不良，雨后土壤疏松，刮风即易根部倒伏。谷子倒伏后，茎叶互相堆压和遮阴，直接影响光合作用的正常进行，而呼吸作用则加强，干物质积累少，消耗多，不利于灌浆，秕子率增高，严重影响产量。所以，农谚"谷子倒了一把糠"的说法。为防止倒伏，要采取一系列措施防止倒伏，如选用高产抗倒抗病虫品种，播后要三砘，及时定苗，蹲好苗，合理密植，施肥，科学用水，深中耕培土等。

（七）病虫害防治

1. 谷子锈病的识别与防治

谷子锈病常在叶片、叶鞘上发生。叶片受害，叶片表面及背面生有长圆形红褐色隆起斑点，斑点周围表皮翻起，散出黄褐色粉末（病菌）。后期叶背及叶鞘上生有圆形或长圆形灰黑色斑点（病菌冬孢子堆），冬孢子堆破裂散出黑粉末。

防治方法：①选用抗病品种。②合理密植，增施磷、钾肥，切勿过多施用氮肥。③药剂防治。可用25%三唑酮可湿性粉剂，每亩用药25g；12.5%三唑酮可湿性粉剂，每亩用药60g，对水喷雾。在病叶率1%~5%时喷第一次药，间隔10~15天后喷第二次。

2. 谷子白发病的识别与防治

谷子白发病是真菌引起的病害。病菌在土壤中，肥料中以及附着在种子表面上越冬。谷子播种后，卵孢子随种子发芽而萌动，从芽鞘侵入，蔓延到生长点，并随生长点组织的分化和发展，到达叶片和花序，从而引起不同的症状。谷苗3~4叶起，病叶肥厚叶正面黄白色条纹，田间湿度大时，叶背面密布灰白色霉层（病菌），称"白尖"。白尖枯死变为深褐色，不抽穗，直立田间，称"枪杆"。以后，病叶棕色，心叶厚壁组织被破坏，散出大量黄褐色粉末（病菌卵孢子）残留的管束白色，卷曲成乱发状，全穗膨松，不结实，称"看谷老"或"刺猬头"。"灰背""白尖""白发""看谷老"是植株不同生育阶段表现的不同症状，都是谷子白发病的俗名。

防治方法：①实行2~3年轮作。②拔除病株。苗期拔除灰背，成株期拔除"白尖"。拔下的病株携带出田间烧毁，切勿作饲料。也不要用来沤肥。连续拔除病株，才能压低土壤含菌量。③选用抗病品种并进行种子处理：用35%瑞毒霉拌种剂0.2~0.3kg，拌种100kg。拌种时，先用1%的水拌湿种子，再加药拌匀。也可用40%萎锈灵粉剂0.7kg，拌种100kg，或用10%石灰水浸种12小时，或用清水冲洗2~3次，都有一定防治效果。④适期播种，播种不宜太深，以利谷苗出土，减少发病。

3. 粒黑穗病的识别与防治

谷粒变成粉是由谷籽粒黑穗病引起的。谷籽粒黑穗病是真菌引起的病害。谷籽粒黑穗病在抽穗前不表现明显症状。病穗抽穗较晚，病穗短小，常直立不下垂。病穗灰绿色，一般金穗受害，也有部分籽粒受害，病籽稍大，外有灰白色；薄膜包被坚硬，内充满黑褐色粉末即病菌的厚壁孢子。病菌黏附在粒子表面越冬。病菌厚壁孢子存活力很强。在室内干燥条件下存活 10 年以上。第二年，种子发芽，病菌孢子萌动，由芽鞘侵入，达到生长点，随植株发育扩大蔓延，进入穗部，破坏花器，变成黑粉。田间持水量大、温度低时，发病重。

防治方法：①建立无病留种田，使用无病种子。②进行种子处理。可用50%可美双可湿性粉剂或50%多菌灵可湿性粉，按种子重量的 0.3% 拌种。也可用苯噻氰按种子重量的 0.05%～0.2% 拌种。用40%拌种双可湿性粉以 0.19%～0.3% 剂量拌种，粉锈宁以 0.3% 剂量拌种效果也很好；③实行 3～4 年的轮作。

（八）收获

适时收获是保证谷子丰产丰收的重要环节。过早收获，影响籽粒饱满，招致减产。收获太晚，容易落粒，遇上阴雨连绵，还可能发生霉籽及穗上发芽等现象，影响产量和品质。因此，当籽粒颜色呈本品种固有色泽，变硬，成熟"断青"时，就要及时收获，以提高产量和品质。

第四章　黍子高产栽培管理技术

一、概　述

（一）黍子的特性

黍子属禾本科黍属一年生草本作物，是传统所说的糯性糜子，在大同市种植历史悠久，是该市主要杂粮作物之一，常年播种面积26 700hm² 左右，占全市杂粮播种面积的22%。黍子的营养价值较高，大同市黍子的第一产品就是"黄米"。据测定，黍子籽粒中蛋白质含量达10% 左右，优质黍米黏性好，米色黄，面粉可加工成黄糕、油糕。油糕是大同地区过年过节招待客人的重要食物，黄糕至今仍然是当地农村的主食。

（二）黍子的需肥特点和施肥技术

每生产100kg 黍子籽粒从土壤中吸收氮1.8 ~ 2.0kg，磷0.8 ~ 1.0kg，钾1.21 ~ 1.8kg。苗期需要养分较少，不足全生育期的10%；分蘖到开花，整个生育期所需的钾全部吸收，氮吸收近1/3，磷吸收近1/2，这个阶段是黍子吸收肥量最多的时期；开花期到籽粒成熟，吸收氮占总量的1/3，磷占总量的1/2。

黍子施肥包括基肥、种肥和追肥，应以基肥为主。基肥以有机肥为主，一般每亩有机肥1 000 ~ 1 500kg，并注意氮磷配合。种肥以氮素为主，可用尿素、复合肥、优质有机肥等。每亩施入磷酸二铵5kg或尿素2.5kg。追肥在拔节孕穗期可结合中耕、灌溉追施一次氮肥，每亩2.5kg 尿素。

二、黍子高产栽培管理技术

（一）选地整地

选择地势平坦、土层深厚、肥力中等、通气良好的沙质壤土地块，秋深耕 20~25cm，秋耕后及时耙磨，防止水分蒸发，同时，破除地表土坷垃，使地块平整细碎，以利于出苗。

（二）轮作倒茬

黍子不宜连作，长期连作秕黍多、杂草多，因此，必须进行合理的轮作倒茬。黍子最适宜的前茬作物为豆科作物，其次是马铃薯茬及休闲地。

（三）选用良种

通过多年试验，适合大同地区种植的品种为糯性品种—晋黍 8 号及当地优质高产品种等。为了提高播种质量，做到精量播种，应选择粒大、饱满、成熟度好的完整籽粒作种子。

（四）种子处理

用磷酸二氢钾浸种，浓度一般为 20∶100，即 20g 磷酸二氢钾兑水 1kg；根据黍种用量配制磷酸二氢钾溶液，溶液液面高出黍种 1cm 左右即可，浸泡 2 小时，捞出晾干后播种。

（五）播种时间

通过多年试验，大同市 4 月下旬到 5 月上旬播种黍子为宜，具体还可以根据当地气候特点和土壤墒情，适当调整。

（六）播种方法

黍子采用楼条播，行距 25cm，播深 4~5cm，播后适当镇压。

（七） 合理密植

构成黍子产量的主要因素是每亩穗数、每穗粒数和千粒重。只有建立合理的群体结构，使每亩穗数、每穗粒数和千粒重协调发展，才能保证理想的产量。合理密植是实现黍子合理群体结构的基础。根据大同气候和土质情况，每亩正常种子播量 0.5 ~ 0.75kg，穴距 15 ~ 18cm，每穴 1 ~ 3 株，每亩 4 万 ~ 6 万株。

（八） 田间管理

1. 防"灌耳"和"烧尖"

黍苗出土，如遇急雨，往往把泥浆灌入心叶，造成泥土淤苗，称"灌耳"。为了防止灌耳，应根据地形在黍地挖几条排水沟，避免大雨存水淤垄，低洼积水要及时排水、破除板结。

在土壤疏松、干旱而播种晚的地块，黍苗刚出土时，中午太阳暴晒，地温高，幼苗已被灼伤或烧尖，必须保墒工作，增加土壤水分，使土壤升温慢，同时，要做好镇压提墒工作。

2. 间定苗

两叶期进行间苗，4 ~ 5 叶期定苗。

3. 中耕

黍子中耕一般进行 3 次。第一次中耕在 5 片叶时进行。要结合间苗中耕，深 5 ~ 6cm，彻底清除杂草。经过 10 ~ 15 天后，进行第二次中耕，深 8 ~ 10cm，锄净行株间的杂草及野黍子，第三次中耕要在抽穗前进行，可根据田间杂草和土壤情况灵活掌握，并注意适当浅锄，避免伤根。

4. 病虫害防治

（1）黍子黑穗病。

①症状：病株上部叶片短小、直立向上。穗部分有细长苞，由白色膜包住，然后膨大成瘤状，伸出叶鞘。起初为白色或稍带红色的病瘤，外膜硬裂后黑色孢子散出，剩余部分裂成丝状。

②防治：一般选用 50% 多菌可湿性粉剂或 50% 苯米特或 70% 甲

基托布津可湿性粉剂，用种子量的 0.5% 拌种，可有效防止病害发生。

（2）黍子红叶病。病株多数不结实，少数早期死亡或抽不出穗。紫秆类型感病后叶片呈现深紫色，有的节间缩短，植株变矮。黄秆类型感病后叶片和花呈现不正常的黄色，病株节间也有缩短现象。

防治：可通过消灭传播病毒的昆虫，清除地边杂草防治。

（3）蚜虫。发现蚜虫等害虫为害时，用质量分数 40% 乐果乳油或 40% 氧化乐果乳油 1.125 ~ 1.5kg/hm^2，兑水 750kg，喷雾防治。

（4）鼠害。鼠害严重的地块，用毒饵诱杀或天敌捕杀。

（5）鸟害。主要以鸟雀为主，以绑假人威吓或人工驱赶为主。

（九）适时收获

黍子成熟期很不一致，穗上部先成熟，中下部后成熟，加之落粒性较强，过晚收获损失严重。一般以穗基部籽粒进入蜡熟期、穗籽粒 70% ~ 80% 脱水变硬为最佳收获期。

第五章　芸豆高产栽培管理技术

一、选地整地

芸豆较耐瘠耐旱，但是为了高产高效，应选择有机质含量高、土质疏松的平川或平岗地，以土壤 pH 值 6.0 ~ 7.5 为好，忌选低洼易涝地。芸豆忌重茬，严禁在豆科作物茬口上种植，前茬以玉米、马铃薯茬口为宜。芸豆叶片上时，幼芽顶土能力弱，需精细整地，最好伏秋深松、平翻地，有深翻、深松基础的地块，可进行秋耙茬（捡净茬子），耙深 12 ~ 15cm，耙平耙细，然后起垄，达到待播状态；没有深翻、深松基础的要先进行深翻或深松，深翻深度 15 ~ 18cm，然后整地至待播状态。

二、种子处理

选择成熟期适宜、高产、优质、抗逆性强的优良芸豆为主栽品种。品种选定后进行种子精选。选择籽粒饱满、有光泽的种子，剔除病斑粒、破碎粒、杂粒。对精选好的种子进行处理，要催芽，于播前 2 ~ 3 天用 1% 福尔马林溶液浸种 20 分钟，再用清水冲净，以杀灭种子表面的炭疽病病菌，用温水（40℃）浸种 3 ~ 4 小时后，在 25 ~ 28℃温度下催芽 24 小时，胚根顶破种皮（即吐白）即可，放在阴凉处待播。

三、播种技术

芸豆适宜播期较长，当地土壤 5cm 深处低温稳定，通过 12℃时即可进行播种。穴播、条播均可。芸豆种植密度宜稀不宜密，过密倒伏严重，且结荚率低。一般亩播量为小粒芸豆 2 ~ 3kg，中、大粒芸豆 4 ~ 5kg。播前施用种肥的，注意种、肥隔离，一般种肥要施在种下 4 ~ 5cm 处，切忌种肥同位，以免烧种；每次播 3 ~ 4 粒种子，播深 4 ~ 5cm，最后覆土。

四、田间管理

（一）及时间定苗

芸豆出苗后应及时间苗、定苗，间苗应在幼苗出现 3 ~ 4 片真叶时进行，一般每穴留苗 1 ~ 2 株。

（二）中耕除草并追肥

追肥以氮肥为主，并配合适量的磷肥和钾肥。施肥方法有两种，一种是花前少施，花后适量，结荚盛期重施，不偏施氮肥，增施磷肥和钾肥；另一种是贫瘠地分次追氮，分别在花前、花后追肥。

（三）适时浇水

芸豆喜中度湿润的土壤条件，不耐旱也不耐涝。生长期间适宜的土壤湿度为田间最大持水量的 60% ~ 70%。幼苗期、抽蔓期应以扎根、坐花为主，为防止茎蔓徒长，宜少浇水、勤中耕。开花期对土壤水分反应最为敏感，开花期土壤干旱时，落花率高，导致低产、质劣。因此，芸豆除在定苗后轻浇 1 次水外，直到第一层果荚坐牢这一段时间，应中耕 2 ~ 3 次。开花结荚时，结合追肥浇 1 次水，此后保持土壤见干见湿，即是"干花湿荚"的浇水经验，以增加荚果产量和质量。

五、病虫害防治

对蛴螬、蝼蛄等地下害虫发生较重的地块，播前每亩用 50% 辛硫磷颗粒剂 1.5kg 加细土 30kg，混匀后随播种施入土壤中，或苗后每亩用 5% 辛硫磷乳油 100ml，兑水 50kg 灌根。辛硫磷在避光的土壤中有效杀虫期限可达 60 天左右。

地老虎、斑蝥及豆螟是芸豆常见的地上主要害虫。地老虎为害幼苗，斑蝥成虫为害花蕾和花朵，豆螟为害叶片及幼嫩豆类。苗期可用地虫施杀，用量 1 袋 1 亩，确保一次全苗。开花期用 20% 灭杀毙 3 000倍液或 30% 甲胺菊酯 1 000 倍液，在植株基部喷药液，防治斑蝥成虫。豆螟钻进花冠前，还未危害豆荚蕾期，用 90% 敌百虫或乐果 800 ~ 1 000 倍液每隔 3 ~ 4 天 1 次，连续喷药防治 2 ~ 3 次，效果明显。

芸豆病害主要有叶锈病和褐斑病、角斑病及镰刀菌枯萎病，前两种可用 0.5% 玻尔多液或 50% 甲基托布津 500 ~ 800 液喷治，镰刀菌枯萎病可用 75% 百菌清 1 600 倍液或 70% 敌克松 1 500 倍液喷治。为确保增产增收，还必须加强鼠害防治。

六、适时收获

适时收获，颗粒归仓是保证芸豆丰产又丰收的主要环节之一。芸豆（特别是蔓生芸豆）的豆荚成熟期历时较长，成熟早晚不一致，收获早了，影响籽粒饱满度；收获晚了，又因炸荚或阴雨天损失产量。一般当 80% 的荚由绿变黄，籽粒变为固有形状和颜色，籽粒含水量为 40% 左右时，应开始收获，每天上午 10:00 前或 16:00 后进行收获，以防炸荚造成损失，收获时可连续拔起，摊放在干燥处风干后脱粒。

第六章　豌　豆

一、豌豆的植物学特征

豌豆为一年生或越年生草本植物。在我国华北、西北、东北为一年生作物，多为春播夏收，青藏高原为春播秋收。在长江以南为越年生作物，多为冬播春收或夏收。

（一）根

豌豆为直根系。主根发达，侧根细长分枝多。根入土深可达 1m 以上，侧根主要分布在地表下 20cm 的耕作层中。在食用豆类作物中，豌豆的根吸收难溶性化合物的能力比较强，根系在一生中都保持较强的吸收功能。

根上着生许多大小不一的根瘤，有时数个根瘤聚生在一起，呈花瓣状。主根上根瘤较多，侧根上根瘤少，而且多集中在近地表部分，根瘤内充满根瘤菌，根瘤菌可固定空气中的游离氮素。根瘤数的高峰出现在营养生长中期，接近开花时，根瘤的重量和活力都达到最高峰，到了结实期，根瘤开始大量死亡。豌豆的根瘤菌与蚕豆、扁豆有共生作用，可互相接种。

（二）茎

豌豆为草质茎，通常由 4 根主轴维管束组成，因此，外观呈方形。细软多汁，中空而脆，呈绿色或黄绿色，少数品种的茎上有花青素沉积。表面光滑无茸毛，多被以白色蜡粉。豌豆茎上有节，节是叶柄、花莢和分枝的着生处，一般早熟矮秆品种节数较少，晚熟高秆品种节数较多。

豌豆茎上的分枝情况变化很大，通常矮生类型分枝少，中间类型和高大类型分枝较多。茎的高矮因品种不同有很大差异，矮生型株高 15~90cm，多为早熟品种；高大型株高 150cm 以上，多为中、晚熟品种；中间型株高 90~150cm。根据茎的生长习性不同，又分为直立型、半直立型（半匍匐）、匍匐型 3 种。豌豆营养节，节间较短。生殖节，节间较长。

（三）叶

豌豆为互生偶数羽状复叶，每片复叶由叶柄和 1~3 对小叶组成；少数品种有 5~6 对，小叶形状呈卵圆形、椭圆形，极少数为棱形。小叶全缘或下部有锯齿状裂痕。复叶顶端常有一至数条单独或有分叉的卷须；叶柄与茎相连处有 1 对大的托叶，托叶下部边缘呈锯齿状裂痕，红花豌豆在托叶腋中一般有花青斑环。在个体发育中，复叶经历 1 对小叶 2 对小叶和 3 对小叶的阶段。中间节位复叶上的小叶数较多，主茎基部的第一、第二节不生复叶，而生三裂的小苞叶。复叶的叶面积通常自基部向上逐渐增大，至第一花节处达到最大，以后随节数增加而逐渐减小。

小叶的大小因品种和栽培条件的不同而异。据青海省农林科学院对数百份品种资源测定，小叶长 2.8~6.5cm，宽 1.4~4.4cm，小粒品种叶片较小，大粒品种叶片较大。托叶大小常与小叶相同或大于小叶。小叶的颜色因品种而异，但与栽培的水肥条件也有关，一般为黄绿色、淡绿色、绿色、暗绿色和蓝绿色等。托叶和小叶上有大小不一的银灰色镶嵌斑，托叶上较多，小叶上较少。托叶和小叶通常附着一层蜡质，极少数品种无蜡质层。

豌豆有少数品种的复叶无卷须，由多于 3 对的小叶组成，称之为奇数羽状复叶；另有少数变异类型，托叶退化变小；也有少数变异类型托叶正常，小叶变成十几片到几十片簇生的更小的叶片；还有托叶缩小呈披针形，小叶全部变成卷须的"无叶豌豆"类型；再有是托叶正常，小叶全部变为卷须的"半无叶豌豆"。

（四） 花

豌豆的花着生于由叶腋长出的花柄上，为总状花序。一般每一花柄着生1~2朵花，偶有数朵花，花柄长短不一。花萼钟状，花冠蝶形，花朵上方的一片花瓣最大，张开似旗，称为旗瓣；两侧的两片向两面张开，似蝴蝶的双翅，称为翼瓣；下方的两片更小，其边缘联合包着雌雄蕊，其形状宛如舟船之龙骨，故称龙骨瓣。一朵花中有雄蕊10枚，九长一短，由花丝和花药组成；雌蕊1枚，由子房和柱头组成，位于雄蕊中间。

花的大小和颜色均因品种不同而异。小粒品种花较小，大粒品种花较大。花有白色、粉红色、紫红色和紫色之分。旗瓣颜色通常比翼瓣浅，花色主要决定于翼瓣。白花豌豆的龙骨瓣为白色，有色花豌豆的龙骨瓣有花青色素。

第一花着生部位低，在第七至第十节处的多为早熟品种。着生在第十一至第十五节处的多为中熟品种。着生部位在第十五节以上的多为晚熟品种。豌豆开花顺序自下而上，先主茎后分枝。单株开花总数因品种和栽培条件而异，早期开的花成荚率高，每荚成粒率也较高，粒数多而且饱满。后期顶端开的花常成秕荚或脱落。

豌豆为自花授粉作物，在花开之前就已受精，但在干燥和炎热的气候条件下，偶尔也能发生杂交。每株花期持续15~20天，高秧晚熟品种花期比早熟品种长。每天9:00左右开始开花，11:00~15:00为开花盛期，17:00后减少。1朵花开放2~3天，当日开花后傍晚旗瓣闭合，次日再展开。每朵花受精后2~3天即可见到小荚，33~45天后籽实成熟。

在16℃下，去雄后柱头的受精能力可保持3天；在20~24℃下，仅能保持良好的受精能力1天，气温高于26℃时受精不良。

（五） 荚果

豌豆的花受精后，子房迅速膨大形成荚，经15~20天，荚果逐渐伸长、鼓粒至饱满。经对中豌4号豌豆在北京种植的观察结果：花开后荚果逐渐伸长，伸长期7~9天，当荚果基本停止伸长后，即开始鼓粒，鼓粒期（从开始至鼓粒饱满）需 5～7 天，就一朵花而言，从花开后至鼓粒饱满约需 17 天。不同品神和不同的栽培条件还会有差异。

豌豆的荚果是由单心皮发育而成的两扇荚皮组成的。荚壳有硬荚、软荚和半软荚之分。硬荚类型的豌豆的荚皮内侧有一层坚韧的革质层即羊皮纸状的厚膜组织，成熟时因厚膜组织干燥收缩使荚果开裂，荚壳不能食用又称去壳型或剥壳型荚；软荚类型，荚皮内侧无革质层，柔软可食，成熟时荚果不开裂，少数品种荚面皱缩，凹凸不平，软荚又称糖型荚；半软荚类型，荚皮内侧革质层发育不良或呈条、块状分布。这种荚也不易开裂。

荚果的形状、颜色和大小，因品种不同差异较大，荚形有剑形、马刀形、弯弓形、棍棒形和念珠形等，先端或钝或锐。未成熟荚的颜色有蜡黄色、浅绿色、绿色和深绿色之分；某些红花豌豆的荚上带有紫色带状花纹；成熟荚色通常为浅黄色。荚果一般长 2.5～12.5cm，宽 1.0～2.5cm。按其长短可分为：小荚长度短于 4.5cm；中荚长度 4.6～6.0cm；大荚长度 6.1～10.0cm；特大荚长于 10cm。荚内种子数多少不一，少的 3～4 粒；中等的 5～6 粒；多的 7～12 粒。种子在荚果内的排列方式，有的彼此挤在一起，有的互不接触，排列疏松。

（六）种子

成熟的豌豆种子由种皮、子叶和胚构成，无胚乳。在两片子叶中贮藏着发芽时必需的营养物质。种子有圆球形、椭圆形、扁圆形、方形、压挤圆形或圆形有棱。有的光滑，有的皱缩或具皱纹、皱点。圆粒种含淀粉多，水分少；皱粒种含的水分、蛋白质和糖分都比较多。种子大小因品种而不同，小粒型百粒重小于 15g；中粒型百粒重为 15.1～25g；大粒型百粒重大于 25g。

种子颜色有多种多样，白花豌豆通常为黄白色、橙黄色、绿色、蓝绿色、玫瑰色或粉红色；紫花豌豆常呈褐色、黄褐色、绿灰色、黄灰色、暗紫色、黑色等，有的还有紫色斑点或褐色花纹。种脐是珠柄的痕迹，也是区别品种的一个特征。白花豌豆种脐和种皮同色或黑色。紫花豌豆种脐颜色为浅褐色、黑色或灰白色。

二、豌豆的生长发育及其对环境条件的要求

（一）豌豆的生长发育

豌豆从播种到成熟收获的全部过程，可分为出苗期、分枝期、孕蕾期、开花结荚期和成熟期。其中孕蕾、开花和结荚持续时间较长。豌豆上下各节之间是边孕蕾、边开花、边结荚，相互交错而又同时进行。各生育时期的长短因品种、温度、光照、水分、土壤养分和播种季节的不同而有差异。不同生育阶段有不同的特点，对环境条件有不同的要求，认识这些特点并采取相应的栽培技术，对促进稳产和高产有重要意义。

1. 出苗期

从种子发芽到主茎（幼芽）伸出地面2cm左右的时间一般需7~20天。出苗时间的长短与温度、湿度、籽粒大小和品种特性均有关。在温度、湿度适宜时，7~8天即出苗。如果土壤湿度合适，温度高低则是影响出苗天数的主要因素，温度低出苗慢，温度高出苗快。北方春播出苗所需时间长一些，南方秋播所需时间短一些。当地表下5~10cm的土壤温度稳定在5℃以上时，种子就可正常发芽，子叶不出土。在土壤温度相同的情况下出苗时所需要水分小粒种比大粒种少，出苗也比大粒种快。

2. 分枝期

一般在3~5片真叶期，分枝开始从基部节上发生，生长到2cm长，有2~3片展示叶时才算作1个分枝。豌豆分枝能否开花结荚及开花结荚多少，主要取决于分枝长出的早晚和长势的强弱。另外，还与土壤肥力、密度、品种和栽培管理等有关。早出生的分枝长势强，积累的养分多，大多能开花结荚。一般高茎品种分枝较多，其大小相近；矮茎品种分枝较少而且大小不一；匍匐习性强的深色粒红花晚熟品种分枝发生早而且多。如果光照和水肥不足，常无分枝；水肥充足，则分枝增加。豌豆的分枝习性可因低温受抑制，打顶摘心会促进

分枝产生。

3. 孕蕾期

孕蕾期是豌豆从营养生长向生殖生长的过渡时期。进入孕蕾期的特征是主茎顶端已经分化出花蕾，并为正在发育中的托叶所包裹，揭开这些叶片能明显看到正在发育中的花蕾。

北方春播从出苗至开始孕蕾需要 30～50 天，随品种的熟性不同而有迟早。同一品种也会因播期早晚、水肥情况的不同而有变化。孕蕾期是豌豆一生中生长最快、干物质形成和积累较多的时期，此时，要通过调节肥水来协调生长与发育的关系，对生长不良的要追肥浇水，防止早衰；对长势过旺的要控制水肥，防止茎叶生长过旺而花荚不多、贪青晚熟。

4. 开花结荚期

豌豆是边开花边结荚，开花顺序自下而上。从始花到终花是豌豆生长发育的盛期，花旗一般持续 30～45 天。这个时期茎叶在其自身生长的同时，又为花荚的生长提供大量的营养，因而需要充足的土壤水分、养分和光照，以满足生长发育的需要，减少落花落荚。

5. 成熟期

豌豆花朵凋谢后，幼荚伸长速度加快，荚内的种子灌浆速度也随之加快。随着种子的发育，荚果也在不断伸长加宽和鼓起。这一时期是豌豆种子形成与发育的重要时期，决定着单荚成粒数和百粒重的高低。此时，如果缺水肥会使百粒重降低，从而降低籽粒重量和品质。当豌豆植株75%以上的荚果变黄变干时，就达到了成熟期。北方春播区一般在6—8 月成熟；南方冬播区一般在翌年 4—5 月成熟。

成熟的豌豆种子没有休眠期，条件合适时便能发芽。豌豆种子不一定要到完全成熟才有发芽能力。据试验，在开花后 10～14 天采收的种子即具有发芽力。

（二）豌豆对环境条件的要求

1. 土壤

豌豆对土壤的适应性较强，较耐瘠薄，但以有机质多，排水良好，并富含磷、钾及钙的土壤为宜，黏壤土、壤土和沙壤土均较好，在沙土或石土上生长较差，在烟碱地以及低洼积水地上则不能正常生长。在腐殖质过多的土壤上种植时，常造成茎叶徒长而影响籽实产量。适宜的土壤 pH 值为 6.5～8 以在微碱性土壤上生长最好。酸性过强的土壤，会使豌豆根瘤菌的发育受到抑制，根瘤难以形成。当土壤 pH 值小于 5.5 时，应施石灰中和。而以 pH 值为 4.7 时为极限，小于此极限则不能形成根瘤。

2. 温度

豌豆对温度的适应范围较广，但更喜凉爽而湿润的气候，耐寒性强。在北纬 25～60℃的低海拔地区和北纬或南纬 0～25℃的高海拔地区都有种植。

豌豆种子发芽的起始温度低，圆粒种为 1～2℃，皱粒种为 3～5℃，但在低温下发芽很慢，13～18℃要时发芽较快苗整齐。幼苗能耐寒，可耐受短期 -5℃的低温，如果短时间遇 -8～-7℃低温，植株地上部分会冻死，但回暖后或翌年春天又可从茎基部长出分枝，继续生长。豌豆在花荚期遇低温易受冻害。生长期内最适温度 15℃左右，开花期适温 16～20℃，结实期以 16～22℃为宜，若遇高温会加速种子成熟，使产量和品质降低。生长期内气温在 20℃以下、10℃以上保持时间长，则分枝多，开花多，产量高，所以，在春播地区应适期早播。

豌豆从种子萌发到成熟需要 ≥5℃ 的有效积温 1 400～2 800℃。豌豆每个生长发育阶段各需多少积温，因品种而异，而且品种间差异较大。

3. 水分

豌豆是需水较多的作物，比高粱、玉米、谷子、小麦等耐旱力弱，在种子吸水膨胀和发芽时，圆粒光滑品种需吸收种子本身重量的 100%～120% 的水分，皱粒品种为 150%～155%。豌豆发芽的临界含水量为土壤田间持水量的 50%～52%，低于 50% 时，种子不能萌发。播种时如果土壤水分不足，延迟出苗且出苗不齐，但土壤过湿又易烂种。豌豆幼苗时期较耐旱，这时地上部分生长缓慢，根系生长较快，如果土壤水分偏多，往往根系入土深度不够，降低其抗旱能力。此时锄草、松土可提高土壤的通透性并提高地温，促使根系充分入土，地上部分茎叶生长健壮，为丰产打下良好基础。

播种时土壤墒情好，豌豆全生育期仍需要大约 100～150mm 的降水量或灌溉作保证。苗期对水分需要较少，水分过多会延长生长期，减少产量。自现蕾开花至结荚鼓粒期需水分较多，最适宜的空气相对湿度为 60%～90%。开花结荚期若遇高温干旱，花蕾脱落多，并影响结荚鼓粒。籽粒成熟期如遇多雨天气，会导致成熟延迟，降低产量和品质。

4. 光照

豌豆是长日照作物，延长光照时间绝大多数品种能提早开花，缩短光照则延迟开花。在短日照条件下分枝较多、节间缩短、托叶变形。一般南方品种引种到北方，大多提早开花，加速成熟。不过豌豆日照长短要求并不严格，光照的敏感性常因品种不同而异。有些早熟品种缩短光照至 10 小时后，对其开花期几乎没有影响。据试验，日照和温度对豌豆分枝的着生节位有影响。长日照和高温会促进主茎伸长，但不利于下部节位侧枝的发生；短日照和低温则不利于主茎伸长，而有利于低节位侧枝的发生。因而秋季播种愈晚，低节位分枝愈多，高节位分枝愈少；早播则相反。但不同品种也会有差异。豌豆是喜光作物，在整个生育期都需要充足的阳光。尤其是花荚期。如果种植过密，株间互相遮光严重，花荚就会大量脱落，因而栽培技术上采用窄行大株距或宽行小株距以及间作套种等种植方式，使豌豆株间通风透光良好，增加叶片的受光面积，对豌豆的高产优质十分重要。

5. 养分

据分析，每生产 100kg 豌豆籽粒需吸收氮约 3.1kg，磷约 0.9kg，钾约 2.9kg。所需氮、磷、钾的比例大约为 1:0.29:0.94，从出苗到开花吸收的氮素约占全生育期吸收量的 40%，始花到终花约 59%，终花到完熟约 1%；磷吸收量分别为 30%、36% 和 34%；钾吸收量分别为 60%、23% 和 17%。

氮是蛋白质、核酸、酶类、叶绿素、维生素等重要物质的组成部分。豌豆虽能与根瘤菌共生形成根瘤固定空气中的氮素，但还不能满足其生长发育的全部需要，不足部分靠根系从土壤中吸收。每亩豌豆的根瘤菌，一般可固氮 5kg 左右，仅可基本满足生长中后期对氮的需求。尤其在根瘤菌尚少，固氮力较弱的苗期应追施氮肥，以促进植株生长，提高产量。

磷是原生质、细胞核、磷脂、核酸和某些酶的重要成分，参与豌豆体内的碳水化合物代谢、脂肪代谢和蛋白质代谢。对维持正常的生理活动和根瘤固氮是不可缺少的。处于营养生长期的豌豆，对磷有着较强的吸收能力，在开花结荚期，根系对磷的吸收有所降低，此时采用根外喷施磷肥，有较好的增产效果。

钾作为甘肽酶、淀粉合成酶等 60 多种酶的激活剂，能提高光合作用强度，促进碳水化合物的代谢和合成，有利于氨基酸的形成和蛋白质的合成。钾能增强茎秆组织结构强度，提高抗旱、耐病、抗倒伏和抗寒的能力，还能增加豌豆的根瘤数，增强固氮能力。缺钾则使体内代谢受阻，光合效率下降，影响有机物质的积累和运输，甚至引起早枯。钾全部靠豌豆根系从土壤中吸收，如果土壤中缺钾，应叶面喷施速效钾肥，也可在苗期田间撒施草木灰。

豌豆对多种矿物元素和微量元素，如钙、硼、镁、硫、铁、铜、锌、钼、氯和锰都有需要。钙的作用在于促进生长点细胞的分裂，保证植株正常生长发育。在酸性土壤中，整地时撒施石灰，既可提高豌豆生长所需的钙素，又可调节土壤 pH 值，有利于改善豌豆生长发育的土壤环境，对根瘤菌的活动有利，可促进固氮，从而提高豌豆产量。

硼在植株内参与碳水化合物的运输，调节体内养分和水分的吸收。缺硼时，豌豆维管束与根瘤的联系不畅，减少对根瘤的碳水化合物供应，降低根瘤的固氮能力，减少根瘤数目，从而导致豌豆产量和品质下降。因此，在花荚期喷施硼肥增产效果显著。镁是叶绿体结构的成分，还是许多酶的激活剂，缺镁时，叶绿体片层结构破坏。因此，施镁可以改善豌豆的光合状况。钼是固氮酶和硝酸还原酶必需的组成成分，施钼肥能增强豌豆的固氮能力，改善氮素代谢，促进蛋白质合成。因此，在开花结荚期采用根外喷施硼、镁、钼、锌等矿物元素，往往有明显的增产效果。

三、豌豆的栽培技术

（一）轮作

豌豆应轮作，忌连作。白花豌豆比紫花豌豆更忌连作。连作后籽粒变小，产量降低，品质下降，病虫害加剧。连作减产的原因是土壤中某些营养元素得不到恢复和调节，活性磷、钾含量显著减少；豌豆根部分泌多量有机酸，会影响翌年豌豆根瘤菌的发育，从而影响固氮能力。所以，有"豌豆能肥田，只能种一年"的农谚。豌豆适合与禾谷类或中耕作物轮作，年限为 4～5 年，轮作对于豌豆稳产高产特别重要，在长期的栽培实践中，各地都创造出不少轮作方式。

南方一年两熟或三熟的稻区，如四川、湖南、湖北、江西、浙江、广东、广西壮族自治区、福建、云南等省区，水热资源丰富，自然条件优越，人多地少，复种指数较高，不管是双季连作稻区还是单季稻区、冬闲田有 3～4 个月，平均温度 9～14℃，豌豆是这些地区主要的冬季作物之一，干豌豆每亩产 100kg 以上，收青豌豆荚更为适宜。3～4 年一轮，常见的轮作方式为：

第一年：豌豆（蚕豆）—早稻—晚稻（或单季稻）

第二年：大（小）麦—早稻—晚稻（或单季稻）

第三年：油菜—早稻—晚稻（或单季稻）

在我国西北部高寒地区青海、新疆维吾尔自治区、甘肃、宁夏回族自治区及内蒙古自治区、山西雁北地区、河北张家口地区、东北 3 省等，一年一熟，仅春播一年一季豌豆或玉米、春麦、燕麦、青稞、油菜、蚕豆、马铃薯等，其轮作方式如下。

（1）豌豆—玉米—玉米。

（2）豌豆—油菜—春麦。

（3）豌豆—春麦—马铃薯。

（4）豌豆—大麦—玉米。

3 年或 4 年一轮，干豌豆每亩产 150kg 以上。

如果在倒不开茬口的连作地上种豌豆，应特别注意增施农家肥作底肥，并增施磷肥和钾肥，以减轻重茬的危害。

（二）混作、间作及套种

为了充分利用光、温、水、土等自然资源，以豌豆和其他作物混作、间作和套种，既可抑制杂草，减少病虫为害，又可增加单位面积的年产量。

混作是指2种或两种以上的不同作物按一定比例同时播种，在同一行内条播或在一块地上撒播。混作是一种比较古老的种植方式，目前在河南、青海、甘肃等省仍有一定面积。以豌豆与春小麦、大麦或青稞等混作较为普遍。通常，混作时豌豆与春小麦、大麦或青稞等的成熟期要基本一致，宜采用矮秆直立型的品种，同时，要注意播种比例。豆、麦播量以3：7的比例较好，豌豆比例过大，容易引起小麦倒伏。混作时一般单位面积产量比单播小麦或豌豆时有所增加。成熟时一起收割，混合脱粒，一起磨粉食用。这种混作方式增产作用不大，而且不适于机械化脱粒，因此，逐步被间、套作方式所代替。

间作是指在一块耕地上间隔地种植两种或两种以上作物，也称为间种；套种是指在某一种作物生长的后期，在行间播种另一种作物，以充分利用地力和生长期，增加产量，也叫套作。间作、套作是优于混作的复种轮作方式，有利于充分利用地力，满足不同作物对光、温、水、肥的需要，管理、收获、脱粒均比混作方便，可提高单位面积产量和产值。在新疆维吾尔自治区、甘肃、青海等省区，历来就有豌豆与春麦、油菜间作的习惯。为了克服前后作之间生育期的矛盾，豌豆与下季作物实行套种更为普遍，各地套种形式有多种多样。主要有"豌豆/玉米""豌豆/马铃薯""豌豆/向日葵"等。近年来一年一熟地区在"豌豆/玉米"套种方式中，加进平菇，发展成为"豌豆/玉米/平菇"一年三作三收。我国江苏、上海、浙江、山东、河南、安徽等省市的棉区，"麦/棉"套种曾是其主要栽培方式，近几年在河南省出现"麦/豌/棉"一年三种三收的间套方式，经济效益显著提高。

"麦/豌/棉"套作一年三熟栽培，是在麦棉套种田的预留棉花行内种上生育期短、矮秆、成熟期早于小麦半个月的豌豆品种，豌豆收后移栽棉花。经试验表明，在每亩地上可收小麦 200 ~ 225kg，豌豆 90 ~ 140kg，皮棉 60 ~ 70kg。经济效益高于麦、棉套种田。具体作法：① "三、二式"：带宽 1.4 ~ 1.5m，小麦、豌豆、棉花分别为 3 行、3 行和 2 行。② "三、二、二式"：带宽 1.4 ~ 1.5m，小麦、豌豆、棉花分别为 3 行、2 行和 2 行。③ "三、二、一式"：带宽 1.1 ~ 1.2m，小麦、豌豆、棉花分别为 3 行、2 行和 1 行。④ "三、三、一式"：带宽 1.1m，小麦、豌豆、棉花分别为 3 行、3 行和 1 行。

其中，①和②的方式适合中等肥力土壤采用；③和④的方式适宜水肥条件较好的地块采用。不论哪一种方式，棉花都要实行大钵育苗移栽，一般 3 月底至 4 月初育苗，四叶一心时移栽。豌豆播种量每亩 8 ~ 10kg，小麦和棉花的播种量和密度可依当地习惯确定。

中国农业科学院畜牧研究所育成的中豌系列新品种，均属早熟矮生型，适合间套作。除粮豆、棉豆套种外，也能在瓜地和幼龄果园内套种。北京市郊区许多幼龄果园内套种中豌早熟豌豆，取得增产增收的效果。

（三）栽培季节

豌豆性喜凉爽而湿润的气候，幼苗耐寒力较强，并可适应较高温度，但开花结荚期不耐炎热和干旱。春播的豌豆花荚期若遇高温会提早封顶，不再开花结荚，出现高温逼熟。夏秋播的豌豆，花荚期遇高温会落花落荚，后期温度太低会影响灌浆鼓粒而减产。因此，在确定豌豆的栽培季节时，应将开花结荚期安排在 15 ~ 25℃ 的适宜季节，并且在盛夏前或霜冻前能成熟收获。

我国南北各地气候条件不同，栽培季节各异，主要有春播和秋播之分。自陕西省关中平原向东沿陇海铁路到海边为其分界线，此线以北及西北地区多为春播夏收；此线以南及西南地区多为秋播翌年春收或秋播冬收，也有春播夏收的。

1. 春播豌豆的栽培季节

一般在开春气温回升后，平均气温稳定在 0 ~ 5℃ 时，即 2 月下旬至 4 月上旬顶凌播种，6—7 月收获，高寒地区的播种期和收获期相应稍迟。

春豌豆应重视适期早播，早播使豌豆出苗后仍处于较低温度条件下，根系发育好，主茎由于生长缓慢，基部节间变得短而紧凑，有利于形成良好的株形和群体结构。春花作用较充分，有利于花蕾的分化和孕育。而且比其他许多作物更早地利用大自然提供的光、温、水、肥等条件，收获期提前；如果迟播，出苗后就处于较高温度条件下，主茎生长加快，基部节间较长，后期易倒伏，而且春化作用不充分，影响花蕾的分化，从而减少单株花荚数，降低产量。因此，适期早播对于春播区的豌豆高产十分重要。

2. 秋播豌豆的栽培季节

一般在 10—11 月播种，以一定大小的幼苗越冬，翌年 5 月上中旬开始收获。秋播豌豆播种过早，因气温过高，造成徒长，会降低苗期的抗寒能力，容易受冻；而播种过迟，因气温低，出苗时间延长，影响齐苗，冬前生长瘦弱，成熟期推迟，百粒重下降，产量受影响。

我国华南地区 9—12 月均可分期播种，11 月至翌年 3 月收获；长江以南多为秋播春收，虽然也可春播，但春播生长期短产量较低，移植不多。不过选择早熟品种可在 8 月中下旬再种一茬，到 10 月下旬至 11 月收获。例如，上海地区 1 年内豌豆栽培季节有 3 茬。冬茬豌豆 10 月中下旬至 11 月初播种，翌年 5 月上旬收获；春茬豌豆 2 月下旬至 3 月上旬播种，5 月中下旬收获；秋茬豌豆 8 月中下旬播种，10 月底至 11 月初收获，如用塑料棚保护可延长收获期。

（四）播前准备

1. 种子精选与种子处理

播种前要精选种子，选粒大，饱满、整齐和无病虫害的种子，剔除小粒、破碎粒，提高种子整齐度，促使出苗整齐一致。如果种子受豌豆象为害严重，有蛀孔的种子较多，可用 30% 盐水选种，即将种子倒入 30% 盐水中，捞出上浮的虫蛀豆。播前最好能晒种 1~2 天，可提高种子生活力，提早出苗。

2. 根瘤菌接种

在初次种豌豆或已经多年未种豌豆的地块播种豌豆时，最好在播前人工接种根瘤菌。常用的接种方法有两种：一是从上年栽培过豌豆的地里取表土 100～150kg，均匀撒于准备播种豌豆的田里。二是用自制的根瘤菌剂接种，即在豌豆收获后，选无病植株在根部着生根瘤多的部位，洗净后在 30℃ 以下的暗室中干燥，然后捣碎装袋，贮于干燥处。播种时取出根瘤菌剂，用水浸湿与种子拌匀后播种。

（五）播种方式和播种量

豌豆的播种方式有条播、穴播（点播）和撒播。播种量因地区、种植方式、品种和肥力的不同而有差异。一般每亩播种量 5～15kg。春播豌豆在 8—9 月反季栽培的播种量宜多些，10—12 月秋冬播种的宜少些；矮生早熟品种播量宜多些，高茎晚熟和分枝多的品种宜少些。肥地宜稍稀，瘦地宜稍密。

豌豆播种密度的大小，还应根据株形和种植目的决定，粒用豌豆的最佳播种密度比收青豌豆的稍小；准备留种用的可适当稀播，通风透光好，籽粒大而饱满；大粒软荚豌豆类型的播种密度应比小粒硬荚豌豆类型稀些。

豌豆条播时要先整地，用机械或犁开沟，人工撒籽，然后盖土、耱平。也可用谷物播种机播种、盖土、耱平一次完成。北方春播多为条播，南方秋播条播、穴播皆有，撒播适于南方秋播区土壤温度大的山坡地和小块地。

豌豆播种的行株距，因品种和类型的不同而有较大的差异。矮生种，条播行距 25～40cm，株距 4～6cm，穴播行距 30～40cm，穴距 15～20cm；半蔓性种条播行距 40～50cm，株距 10cm 左右，穴播行距 45～50cm，穴距 20cm 左右；蔓性种条播行距 50～60cm，株距 10～15cm，穴播行距 50～60cm，穴距 20～30cm。生长旺盛和分枝多的品种，行距加宽到 70～90cm。点播每穴下种 3 粒左右。干旱时开沟浇水播种，以保证种子发芽所需水分。

因土壤温度和土质不同，豌豆播种深度宜在 3～7cm。

（六）春豌豆的栽培

1. 整地和施足基肥

豌豆的根比其他食用豆类作物弱，根群较小，适当深耕细耕，疏松土壤，能促使豌豆根系发育，使出苗整齐，幼苗健壮，抗逆力增强。在北方，豌豆多春播，在上一年的秋作物收获后，先灭茬除草，然后施肥耕翻。豌豆施肥应以基肥为主，除施用堆肥，作基肥外，还应多施磷、钾肥料，如骨粉、草木灰等，也可施用磷酸二胺作基肥和种肥。一般每亩施农家肥 1 500 ~ 2 000kg，过磷酸钙 20 ~ 30kg，草木灰 40 ~ 50kg 做基肥。如缺少农家肥可施用磷酸二胺作基肥，条施每亩 5 ~ 7.5kg，撒施 10 ~ 15kg。地耕翻耙平后做平畦，最好能在冬前浇冻水，翌年早春土壤化冻后，即可顶凌播种。如果年前未冬灌，开春后墒情不足应提早先浇水，待土壤水分合适时播种，当墒情不足时，忌先播种后浇水，因为，这样易造成土壤板结，影响出苗。

2. 播种

豌豆不怕轻霜冻，春豌豆适期早播不仅根系发育良好，幼苗生长健壮，花荚多，而且还可避开黏虫、潜叶蝇的为害期，也可减轻豆象、蚜虫的侵害。同时，还可避开或部分避开后期的高温阴雨天气，减少豆荚内种子遇连阴雨发芽，也减少后期因倒伏，荚果内种子霉变的可能性。

早春土壤化冻后，5cm 地温在 2 ~ 5℃时即可播种。由于春豌豆必须在盛夏前收获，适宜生长期短，以栽培矮生品种和半蔓性品种为宜，应适当加大播种密度。播种时如用磷酸二铵作种肥（每亩 2.5 ~ 3kg），肥料不宜与种子直接接触，以免影响种子发芽与幼苗生长。播种量常因品种和地力而异，多为 12.5 ~ 15kg，覆土后应镇压保墒。

3. 田间管理

生长期间应加强田间管理，在不同管理情况下，产量差异较大。豌豆在水肥供应良好时，结荚多籽粒饱满，能更好地发挥增产潜力，但只有管理跟上，才能获高产。

豌豆出苗后一般不需要疏苗、定苗，但是由于苗期生长缓慢，易发生草荒，应早锄地、松土保墒，以提高地温促进生长。为了抑制杂草生长除锄地外，也可施用除草剂防草，每亩用50%利谷隆粉剂1 100g或35%除草醚乳油500g，兑水60L。豌豆从出苗后到植株封垄前，应及时中耕松土2～3次，中耕深度应掌握先浅后深的原则。一般苗高5cm左右时进行第一次中耕。株高15～20cm时进行第二次中耕，第三次可根据生长情况，灵活掌握。生长后期已经封行，如果杂草多应拔除，以免杂草丛生，植株受荫蔽，影响产量而且会延迟成熟。

底肥足苗色正常，可不用再追肥。豌豆根瘤菌能固氮，不必多施氮肥，但在幼苗期如果地瘦苗黄，应施速效氮肥作追肥，每亩施尿素5～7.5kg，施后立即浇水，然后松土保墒，氮肥不宜施得过晚或过多，以免茎叶徒长而荚果不饱满。开花结荚期喷施磷、钾肥，特别是喷施硼、锰、等微量元素肥料，增产效果显著。

底墒足时，开花前不浇水，干旱时可结合追施尿素浇水。一般在开花结荚期应浇水2～3次，每隔10天左右浇1次，最后1次应在终花期浇，若浇的太晚会贪青晚熟，影响适合时收获。

春豌豆生长期间长有潜叶蝇为害，潜叶蝇在叶片表皮下，潜行蛀食，虫道旋转曲折，被害叶片逐渐枯黄，影响光合作用造成减产。北方春播豌豆应在4月中旬开始防治，喷40%乐果乳剂1 000倍液，每隔1周喷1次，视虫情喷2～3次。若有蚜虫或菜青虫为害，用敌百虫或敌敌畏等及时防治。

北方春播豌豆生长后期有白粉病，应选抗病品种，必要时进行药剂防治。

四、豌豆病虫害防治

豌豆的病害有真菌、细菌核病毒3类，其中以真菌病发生最普遍、最严重。豌豆的虫害也较多，一些为害叶菜类和其他作物的害虫也为害豌豆。

（一）真菌病及其防治

能使豌豆致病的真菌有近30种，常见的真菌病害有8种。

1. 豌豆白粉病

白粉病主要为害叶片，有时茎、荚也会受害。叶片感病时，初期出现淡黄色小点，扩大后呈不规则粉斑，并遍及全叶，似覆盖一层面粉，故称白粉病。后期的病部散生黑色小粒点，受害的叶片会很快枯黄、脱落。茎和荚受害时也出现白色粉斑，严重时茎部枯黄、豆荚干缩。

全国各地均有发生，在长江流域发生较普遍。一般在白天温暖、夜间凉爽、多雨和重雾及田间潮湿等条件下发病较重。土壤干旱或氮肥施用过多，植株抗病力降低时也容易发病。发病严重时对产量影响较大。

防治方法：种植抗病品种；避免重茬和在低湿地上种豌豆；合理密植，加强田间通风透光，增施钾肥提高植株抗病力；药剂防治应在发病初期开始喷药，可用70%甲基托布津1 000倍液或50%多菌灵1 000倍液，也可用15%粉锈宁1 500倍液或50%硫黄悬浮剂200～300倍液，每隔10天左右喷1次，连喷2～3次。

2. 镰刀菌根腐病

该病经常发生，有时成为很严重的豌豆根病，在春播地区发病较严重。病菌一般为害子叶连接处、上胚轴和下胚轴。为害初期，初生根和次生根表面形成浅红褐色条纹，根外观为暗红棕色，地表线处尤其明显。切开时可见子叶连接处和初生根的维管束系统褪成砖红色，但仅限于土壤线以下，而不向上发展。病重植株灰黄色，下部叶片枯死，植株矮小。

防治方法：合理轮作，提高土壤肥力，保持土壤水分以及良好的种子质量，均有利于减少病害的发生与发展，播种前用杀菌剂处理种子也有防治效果。

3. 丝囊根腐霉根腐病

丝囊根腐霉根腐病即普通根腐病，是豌豆最具毁灭性的病害之一，在世界许多豌豆产区发生过。我国甘肃、宁夏和青海等春豌豆区的一些干旱山地，曾因感染该病减产严重。病菌能在适合豌豆生长的全部温度范围内危害豌豆。其最适温度为 16℃。温度高发病快，土壤湿度大病害重。气候凉爽和土壤潮湿的春季和温暖而降水少的夏季，发病最严重。

该病病原菌的致病能力最强，任何株龄的豌豆都可感病。如果将植株拔出，会发现根上的皮层已脱落，只剩维管束。该病也可侵染上胚轴，产生与根系相似的症状。如果发病早，植株在结荚前枯死或生长很差，病株叶片从下至上依次变黄，荚和籽粒减少。目前，还没有好的防治方法，应注意选用耐病品种。

4. 豌豆锈病

该病在我国发生较普遍，气温 15 ~ 24℃，阴天多雨，空气相对湿度在95%左右时发病多，低洼潮湿地块发病重。主要为害叶片，严重时叶柄和豆荚也受害。发病初期叶片先出现黄白色小点，不久变成红褐色、隆起呈小脓疮疱斑，外围常有黄色晕环。有时老病斑四周有一圈新的疱状物，红褐色，是病菌的夏孢子堆，表皮破裂后散出红褐色粉末（夏孢子），病株茎叶上有圆形褐色小斑点。后期叶片、叶柄和茎的病斑上产生大而明显、突起的黑包肿斑是病原菌的冬孢子堆，破裂后散出黑褐色粉状物，为冬孢子。病株叶片早落，豆荚的食用价值大减。

防治方法：实行 3 ~ 4 年轮作，清除病株，深耕灭茬，减少病源。发病初期喷50%萎锈灵乳油 800 ~ 1 000 倍液，或用50%多菌灵可湿性粉剂 800 ~ 1 000 倍液，或用50%硫悬剂 200 倍液。每隔 7 ~ 10 天喷1 次，共喷 2 ~ 3 次。

5. 豌豆褐斑病

该病在东北、华北和西南等地区都有发生。叶、茎和荚均可受害。叶感病时初呈淡褐色病斑，圆形，有明显的周缘，后在病斑上散生黑色小粒点。茎上病斑褐色至黑褐色，椭圆形或纺锤形，中部颜色浅，周缘较深。荚上病斑圆形或不规则形，中央淡褐色，边缘暗褐色。茎、荚病斑后期稍凹陷，也长有黑色小粒点。病荚内的种子在潮湿环境中可见淡黄色至灰褐色病斑，有皱纹。

防治方法：选用抗病品种，在无病的良田中繁种。在发病初期可用70%甲基托布津1 000倍液或50%多菌灵1 000倍液，也可用75%百菌清600倍液或0.5%石灰倍量式波尔多液（硫酸铜∶生石灰∶水＝1∶2∶200），每隔10天左右喷1次，连喷2～3次。

6. 豌豆霜霉病

该病的病原菌为害豆类中的豌豆和蚕豆两个属，发生范围广。但在我国仅春播豌豆区发现过这种病害，未造成严重损失。病原菌为豌豆霜真菌。高湿（90%以上相对湿度）和低温（4～8℃）容易发病。

病原菌为害植株各个部分，有时也只限于叶和荚。病叶表面淡黄绿色至褐色，叶背面布满绒毛状的灰色霜霉层。也危害花序和卷须，湿度大时病菌发展到荚上，受害荚为黄色至淡褐色，起泡。如果受害早，植株生长矮小，布满病菌，在开花前就枯黄；受害晚，则植株上部发病变黄。

防治方法：种植抗病良种；及时清理田间残枝烂叶；深耕实行轮作；用35%的阿普隆拌种杀菌。

7. 豌豆炭疽病

该病的病原菌为豌豆炭疽刺盘孢菌。种子带菌，病原菌也在病株上越冬。湿度大，下雨多，天气暖和等有利于病害发展。病斑发生在茎、叶和荚等部位，叶上病斑为卵形，直径1.5～7mm，中间灰色至棕褐色，边缘褐色。荚上病斑为圆形，下陷，中间淡红色，边缘淡红褐色。茎的病斑较长，呈椭圆形。天气潮湿为铜色，天气干旱为灰色。

防治方法：种植不带病的种子和合理轮作。

（二）细菌病及其防治

最常见的是细菌性疫病，该病由丁香假单胞菌引起，已知有4个小种，病原菌通过种子传播。

细菌性疫病为害植株地上各部分，病斑初为水渍状，有光泽，以后变黑枯死。茎节最先受害，并由此发展到托叶和该节的上下节间、花柄和卷须。病斑形状不规则，由斑点状到较长较宽的环带。为害初期叶和托叶的下表面出现水渍状斑点，上表面的相应部位为墨绿或褐色，以后病斑干枯成纸状，中间颜色较浅，边缘颜色较深，粗糙而不规则，半透明。花萼受害造成落花、落荚。病荚表面粗糙而湿，或表面产生湿而浅的黑色斑点。如果幼苗受害顶端枯死，从基部重新发出分枝，致使豌豆成熟度不一；晚期受害则产生落叶、落花、落荚或荚变形。该病发生的适宜温度为 26～28℃。土壤潮湿，有露水或下雨时细菌繁殖快；大雨、冰雹、风沙以及人们的田间管理和昆虫活动等因素，有利于病菌传播及繁殖。

防治方法：种植抗病品种；种植干旱地区繁殖的种子；用 1% 的次氯酸钠进行种子消毒，或用克菌丹拌种。

（三）病毒病及其防治

已发现的豌豆病毒病大部分经由蚜虫传播，少数几种由线虫、蓟马和豌豆象传播，还有一部分专门或兼由种子传播。为害较重的有豌豆种传花叶病、豌豆花叶病、豌豆耳突花叶病和豌豆卷叶病。

1. 豌豆种传花叶病

该病的突出特点是在出苗后的 5 天内幼苗生长矮小，叶片卷缩，有花叶或者没有花叶。因患病植株矮小、畸形，常被正常生长植株所遮盖，因生长条件恶化，以致到开花时植株仍然不高。这种植株不结荚或仅结畸形荚，荚内种子开裂。病株成熟迟，到收获时还是绿的。该病毒可由蚜虫从带病植株传播到无病植株或其他寄主。

防治方法：对新引进的品种进行该病毒的检疫，避免引进感病的品种；种植抗病品种。

2. 豌豆花叶病

该病由菜豆黄色花叶病毒的一个小种引起。主要病症为病斑褪绿为黄色。现在已有不少抗病品种问世，可以控制这种病害的严重发生。

3. 豌豆耳突花叶病

该病因引起荚和叶脉组织增生突起而得名。患病植株矮小，顶端丛生。叶和荚上产生褪绿病斑。病荚种子小，品质差。如果为害早，可造成开花前植株死亡。其传播媒介为蚜虫。

防治方法：种植耐病品种。

4. 豌豆卷叶病

该病由豌豆卷叶病毒引起。发病早时植株长得很矮小，有时在开花前死亡；发病晚时，植株长得较矮，顶端或者全株褪绿，叶片卷缩。该病病毒经蚜虫传播，除豌豆外还为害一年生或多年生豆科植物。

防治方法：①种植耐病品种。②豌豆病毒病大部分经蚜虫传播，杀灭蚜虫是控制病毒病的关键措施之一，可用乐果、敌杀死等药剂来灭蚜。③及时拔除已感染病毒病的植株并彻底销毁。④进行合理的轮作和间套种，适期播种，加强田间管理，提高植株的抗病能力。

（四）虫害及其防治

豌豆的害虫种类较多。其中，比较普遍和为害严重的有豌豆蚜虫、潜叶蝇、豌豆象等。在部分春播地区还发现有豌豆小卷蛾幼虫，蛀食嫩荚中的豆粒。除此之外，豌豆线虫、小地老虎、豆荚螟、豆芫菁等也为害豌豆。

1. 豌豆蚜虫

豌豆蚜虫以成蚜、若蚜吸食叶片、嫩茎、花和嫩荚的汁液。春播地区发生较轻，秋播地区较重。大发生年份造成豌豆严重减产。3—11月豌豆蚜虫都能繁殖，它多为害豌豆嫩尖，严重时，叮满植株各部，造成叶片卷缩、枯黄乃至全株枯死。5月中下旬发生最重。

豌豆蚜虫有有翅蚜和无翅蚜。有翅蚜体长约5mm，翠绿色，复眼红色，足细长，触角和足的末端黑褐色；无翅蚜翠绿色，体长4.5~5mm。成虫产卵在苜蓿、三叶草等植物上，初产时淡青绿色，后变成黑色。

豌豆蚜虫在南方以无翅蚜、成虫越冬；在北方以卵在苜蓿、三叶草、山黧豆等植物上越冬。早春先在这些植物上繁殖为害1~2代，然后迁飞到豌豆上。3月以后开始为害。成虫寿命20~28天，1头蚜虫可产卵 57~114 个。春季气候温暖，雨量适中，有利于蚜虫发展，温度低和阴雨天气蚜虫为害轻。除豌豆外，还为害苜蓿、草木樨、巢菜等。

防治方法：用 40% 氧化乐果乳剂 1 000~1 500 倍液，每亩用药 30~40kg 喷雾；用 50% 马拉硫磷乳剂或 50% 二溴磷乳剂 2 000 倍液，每亩用药 30~40kg 喷雾，均有较好的防治效果。同时，要保护蚜虫的天敌——瓢虫，如果田间蚜虫不多，而且又发现有瓢虫，可不喷药或暂缓喷药。

2. 豌豆潜叶蝇

豌豆潜叶蝇主要为害豌豆、蚕豆、油菜、白菜、甘蓝、萝卜等。春播和秋播地区均普遍发生。该虫主要以幼虫取食叶片表皮下的叶肉，形成迂回曲折的虫道，严重时，可使全叶变黄枯萎，植株枯死，产量下降。成虫也可吸食叶液。

成虫为褐色小蝇，体长 2~3mm，翅展 5~7mm。头部褐色或红褐色，胸部隆起，腹部灰黑色。卵散产在嫩叶叶背的表皮组织里，产卵处可见白色小圆点。卵为长椭圆形，约 0.3mm 长，淡灰白色，表面有皱皮。幼虫呈蛆状，长 2.9~3.5mm，体表光滑、柔软，初为乳白色，后变黄白色，在叶片组织中化蛹。蛹头小，长椭圆形略扁，长 2.2~2.6mm，初为淡黄色，后变为黄褐色或黑褐色。

豌豆潜叶蝇 1 年发生多代，南方从 11 月起潜叶蝇以各种虫态越冬，翌年 1 月间羽化为成虫。3—4 月气温上升，虫害大量发生。5 月以后气温增高，豌豆、油菜等成熟，虫数逐渐减少。8 月秋播，气温下降，虫数又渐增加。据江苏扬州地区观测，从 3 月上旬到 6 月中旬的 3 个多月内，潜叶蝇可以繁殖 4 代。豌豆潜叶蝇也是春播地区苗期的主要害虫之一，在北京 1 年约发生 5 代，以蛹在被害叶片内越冬。从早春起，虫口数量逐渐上升，春末夏初为害严重。

在干旱温暖的天气条件下，虫害大量发生，受害植株中下部叶片变成黄白色，甚至枯死，严重影响生长。

防治方法：除了及时处理有虫残株叶片，减轻虫口基数外，主要掌握在虫害发生初期就开始喷药，药剂可用 20% 斑潜净微乳剂 1 :（1 500~2 000）倍液喷雾。喷时应注意使叶面充分湿润，以利药液渗入到表皮下杀虫，夏季气温高时宜在早晨或傍晚喷药。也可用40%乐果乳剂 1 000 倍液或 90% 敌百虫 1 000 倍液，也可用 50% 马拉硫磷乳油 1 000 倍液喷雾，喷在叶背面效果更好。每隔 10 天喷 1 次，连喷 2 ~ 3 次，对幼虫和蛹有好的防治效果。另外，还可诱杀成虫，在甘薯或胡萝卜的 5L 煮液中加放 90% 晶体敌百虫 2.5g 制成诱杀剂，每平方米面积内点喷豌豆 1 ~ 2 株，每隔 3 ~ 5 天点喷 1 次，共喷 5 ~ 6 次。

3. 豌豆象

豌豆象是为害最严重的一种豌豆害虫。春、秋豌豆播区均普遍发生。豌豆象可随豌豆调运而长距离传播。以幼虫蛀食豆粒，将豆粒吃成空洞，使豆粒重量损失达 37%，并影响发芽和品质，降低出粉率。籽粒被害率高的达 40%。

豌豆象是一种小甲虫，体长 4.5 ~ 5mm，近椭圆形，黑色，周身密生黄褐色细毛。一般 1 年发生 1 代，以成虫在豆粒内、库房缝隙和包装物等处潜伏越冬，翌年豌豆开花结荚期间，越冬成虫迁入豌豆田，采食花粉和花蜜，在温度 22 ~ 25℃、空气相对湿度 60% ~ 80% 的环境下，成虫活动最盛。成虫产卵在豆荚上，卵期 6 ~ 7 天，孵化后，幼虫侵入豆荚，蛀食豆粒。幼虫不断地在豆粒中取食，经 3 次蜕皮后，豆粒中心被蛀空，并咬成一个圆形羽化孔，在豆粒中化蛹。幼虫期平均约 37 天，蛹期平均约 8 天，成虫羽化后潜伏于豆粒内不食不动，稍有震动则咬破羽化孔的豆皮，飞离豆粒。越冬后再迁到田间，产卵于豆荚上。成虫寿命一般 330 天。为了消灭豌豆象，必须在豌豆收获后 15 天内完成种子处理，杀死幼虫，防止成虫羽化蔓延。

防治方法：种子处理和田间防治。种子处理常用方法有 3 种：①豌豆脱粒晒干后，集中在仓库内用氯化铝或磷化铝密封熏蒸，气温在 20℃ 以上时需熏 3 天，气温低于 20℃ 时应熏蒸 4 ~ 5 天。氯化铝用量每立方米 30 ~ 40g，磷化铝参考用量为每立方米 9 ~ 12g。熏蒸完毕后打开门窗通风，两周内残毒就能散尽。如果种子数量不很多，可按每 $1m^3$ 用磷化铝 12g，将药放入豌豆堆内，然后用塑料布包严密，3 天后打开塑料布通风即可。②用囤贮放豆种，每囤不少于 500kg。当豌豆种子收获后，选择晴热天气将种子暴晒 1 ~ 2 天，种子含水量降至13%以下时趁热装在囤内，利用高温密闭15～20天，杀死豆粒内的幼虫。③开水烫种。用篮子盛种在沸水中浸泡20～30秒取出，立即在冷水中浸3～5秒，摊开晒干后贮藏。田间防治方法：在豌豆盛花期喷50%马拉硫磷乳油或90%晶体敌百虫各1 000倍液，也可用40%二嗪农乳油1 500倍液或2.5%敌杀死乳油5 000倍液。

4. 豌豆小卷蛾

在我国属于新发现的豌豆害虫，分布在青海、甘肃一带，青海省一般年份豆粒被害率达10%，个别地区可高达50%。

据青海省农林科学院研究，豌豆小卷蛾成虫体长5.6～6mm，体灰褐色，带金属光泽。卵灰白色，椭圆形，扁平，长0.6～0.9mm，宽0.4～0.5mm。初孵幼虫无色，头与前胸背板黑色，老熟幼虫橙黄色。蛹6.5～7mm，初化蛹时呈杏黄色，后渐变为黄褐色，土茧椭圆形，长8mm。

豌豆小卷蛾在青海1年发生1代，以老熟幼虫结茧越冬，翌年5月下旬离开越冬茧爬至地表重新作茧，在土内化蛹，6月下旬羽化，7月中旬产卵于豌豆植株上部托叶的正反面，下旬孵出幼虫，初孵幼虫经豆荚表面侵入豆荚之内为害豆粒。蛀食后的豆粒，一般百粒重降低20%～35%，发芽率降低75%。8月中下旬幼虫老熟，开始离荚入土越冬，直至翌年5月再化蛹。其寄主植物在青海只看到豌豆，国外记载也可为害巢菜、篱草藤和山黎豆。

防治方法：在幼虫入侵初期喷洒500倍辛硫磷乳剂，施药1次，早中熟品种，可避开虫害。

5. 豌豆线虫

为害豌豆和其他豆类作物的线虫有20余种。线虫对豌豆的为害有4个方面：①直接侵入造成的损伤。②和土壤病原菌共同造成根腐和萎蔫。③线虫作为媒介物传播病毒。④影响根瘤菌固氮。

豌豆线虫为个体小、无节的圆形蠕虫。长度小于2mm，直径0.1mm，要用放大镜才能看到。有的种类在根上产生虫瘿，线虫的卵孵化出幼虫，经4次蜕皮逐渐长大成为雌成虫，并和雄虫交尾而产卵。从卵到卵的循环快则3周，慢则1年。雌虫产卵于根附近的土壤里，许多线虫都以卵和幼虫生存于土壤中。

受线虫为害后，植株矮小，早衰，分枝增多，根系生长差，根量少，次生根少，根上出现坏死斑，有时坏死斑合并成不规则坏死区，坏死斑内可见到虫瘿。但发现上述症状不一定就是线虫为害，确诊方法是检查受侵根系和土壤是否有线虫。

防治方法：合理轮作，与不感染线虫的作物实行 3~5 年轮作，用杀虫药剂处理土壤。

6. 小地老虎、豆荚螟、豆芫菁和夜蛾

（1）小地老虎。春季产卵及幼虫初孵化时期整地除草，消灭初龄幼虫；用糖 6 份、醋 3 份、酒 1 份、水 10 份，配成糖醋液诱杀成虫；在幼虫 3 龄前喷洒 1 000 倍敌百虫液。

（2）豆荚螟。用黑光灯诱杀成虫；定期用 90% 敌百虫或 50% 敌敌畏乳油 800~1 000 倍液喷洒。

（3）豆芫菁。冬耕和合理轮作，消灭越冬幼虫；成虫发生时用2.5% 敌百虫粉剂，每亩 1.5~2kg 或 90% 敌百虫 800~1 000 倍液喷洒。

（4）夜蛾。幼虫 1~2 龄期喷洒 90% 敌百虫 800~1 000倍液，或用 80% 敌敌畏乳油 1 500 倍液，或用 50% 辛硫磷乳油 2 500倍液。

第七章　绿　豆

大同市绿豆种植历史悠久，是一种既可作粮食、蔬菜，又可作饲料、绿肥，还可作药用和食品加工原料的一年生豆科植物。

一、起源与分布

学名：Ligng Ladiata

别名：植豆、吉豆、文豆

绿豆在大同市种植分布很广，由于受地理位置和气候的影响，主要集中在大同县、广灵、阳高等县区，是传统的杂粮杂豆。品种以当地的农家品种"英格绿"为主，人们习惯称为小绿豆。

二、生物学特性

绿豆是豆科蝶形花亚科菜豆族豇豆属植物中的一个栽培种。一年生草本植物，植株直立型。植株由根、茎、叶、花、荚果和种子等各部分器官组成。

绿豆的根系为主根系，主根垂直向下，分布在地表下 8~10cm 处。主根上着生侧根，向四周水平生长，延伸 20~30cm，然后向下生长，入土深度超过主根。次生根较短，侧根梢部根毛发育良好。绿豆80%的根系集中分布在 20cm、30cm 土层内。

绿豆根系有2种类型：①中生植物类型。主根不发达，由许多侧根形成浅根系，多为生长在冲积土上蔓生型品种。②旱生植物类型。主根深入土壤，侧根向斜下方伸展，多为生育期长短不同的直立型或半蔓生型品种。

绿豆根瘤较多着生于主根上部，体型大，数量多，是内部汁液为

160

鲜红色的有效性根瘤；在主根及支根下部，结瘤不多，体型小，内部汁液为棕色的中间型根瘤；分散在下部支根或须根上，则是内部汁液为灰色或青色的无效型根瘤。幼苗长出第一片复叶时，根瘤开始形成，还不能固氮，与绿豆是寄生关系；开花后，根瘤与绿豆形成共生关系；到开花盛期，根瘤菌的固氮能力最强，是供给绿豆植株氮素营养最多的时期。

绿豆株高，主茎长度 30cm、150cm，一般为 40~80cm。主茎上有 1~5 个分枝，主茎与分枝上均有节，节上着生 1 片复叶，节数 10~15 个，上部节间长，下部节间短。绿豆的叶一般长 5~10cm，宽 2.5cm。7.5cm。种子绿色，有时黄褐色。生育期大约 90 天。

三、经济价值及用途

绿豆营养丰富，用途广泛，民间称之为"养人、养地、养畜禽"的作物。同时，因其具有清热、解毒的药理作用，又是医食同源的豆类，被誉为粮食中的"绿色珍珠"，既是日常饮食佳品，又是糕点、饮料、酿酒、制粉的主要原料，还是药材。绿豆广泛地应用于食品、酿造工业、医药工业等。

1. 营养价值

绿豆是高蛋白、低脂肪、中淀粉的食医兼用豆类作物，是人们理想的营养保健食品。据报道，绿豆蛋白质含量一般为 22%~26%，有的品种高达 28%~29%，是小麦面粉的 2.3 倍，小米的 2.7 倍，玉米的 3 倍，大米的 3.2 倍，甘薯面的 4.5 倍。绿豆蛋白质结构成分，球蛋白含量最高，占总蛋白的 53.3%，清蛋白占 15.3%，谷蛋白占 13.7%，醇溶蛋白占 1%。蛋白质的组成成分决定蛋白质的功能与性质，对加工产品质量也起着重要作用，在食品加工中发挥着不同功能。如球蛋白具有良好的溶解性和乳化性，清蛋白具有发泡、凝聚性，谷蛋白具有黏弹性和发泡性等。绿豆蛋白以球蛋白为主，清蛋白次之，两者为功能蛋白，而小麦等谷类作物蛋白主要为谷蛋白和醇溶蛋白及少量清蛋白和球蛋白，两者在蛋白组合上可以互补。

绿豆蛋白质为全价蛋白质，其中含有人体必需的 8 种氨基酸，含量在 0.24% ~ 2%，是谷类的 2 ~ 5 倍，特别是人体第一限制性氨基酸——赖氨酸含量，比谷类高 2 ~ 3 倍，但绿豆蛋氨酸和胱氨酸含量偏低。豆类与谷类籽粒按比例混合食用，通过蛋白质的互补作用，可提高豆类蛋白营养质量。

绿豆籽粒中含淀粉 50% 左右，仅次于谷类，其中直链淀粉占 29%，支链淀粉占 71%。绿豆中纤维素含量较高，一般为 3% ~ 4%，而谷类只有 1% ~ 2%，水产和畜禽类则不含纤维素。绿豆脂肪含量较低，一般在 1% 以下，主要是软脂酸、亚油酸和亚麻酸。绿豆还富含维生素、矿物质等营养元素。其中维生素是鸡肉的 17.5 倍；维生素 B_2 是谷类的 2 ~ 4 倍，且高于猪肉、牛肉、鸡肉、鱼；钙是谷类的 4 倍，是鸡肉的 7 倍；铁是鸡肉的 4 倍；磷是谷类及猪肉、鸡肉、鱼、鸡蛋的 2 倍。

2. 食用

绿豆可直接食用。长期以来，绿豆作为主粮的一种搭配，绿豆稀饭早晚食用，老少皆宜。绿豆汤更是防暑和高温作业者的优良降暑饮料，不仅降温清暑，还有清热解毒的功效，在环保、航空、航海、高温及有毒作业场所被广泛应用。绿豆适口性好，易消化，加工技术简便，绿豆面条、绿豆方便面、绿豆沙、绿豆糕、各色绿豆点心等，都是物美价廉的风味小吃。绿豆奶、绿豆饮料（冰棒、雪糕等）更是大众的消夏食品。

用绿豆制作淀粉，再加工成粉丝、粉皮、凉粉等人们所喜爱的食品。大同市的绿豆粉丝，细如白发，具有入水即软、久煮不化、爽滑可口、柔韧耐嚼等特点，出口几十个国家，在国际市场上被誉为"粉丝之王"。绿豆粉皮薄如绵纸，是国内外市场的俏品。

绿豆还是酿造名酒的好原料，山西的"绿豆烧"酒质香醇，独具风味，深受国内外消费者欢迎。

绿豆芽，营养丰富，味美可口，维生素 C 含量较高。绿豆芽的营养价值高于芦笋、蘑菇，一年四季均可生产，既是新鲜蔬菜，又可冷冻或制成罐头，在保证新鲜蔬菜的周年供应中起着重要作用。绿豆芽除在中国及亚洲一些国家和地区作为传统蔬菜外，也已成为欧美许多国家极为重要的一种优质蔬菜。

3. 药用

绿豆的药理及药用价值，在《本草纲目》《中药大辞典》《食物营养与人体健康》等古今医学书籍中都有详细介绍。

绿豆属清热解毒类药物，具有消炎杀菌、促进吞噬功能等药理作用。在其子实和水煎液中含有生物碱、香豆素、植物甾醇等生理活性物质，对人类和动物的生理代谢活动具有重要的促进作用。绿豆衣中含有 0.05% 左右的单宁物质，能凝固微生物原生质，故有抗菌、保护创面和局部止血作用。单宁具有收敛性，能与重金属结合生成沉淀，进而起到解毒作用。

中医学认为绿豆、豆皮、豆芽、豆叶及花均可入药。绿豆内服具有清热解毒、消暑利水、抗炎消肿、保肝明目、止泻痢、润皮肤、降低血压和血液中胆固醇、防止动脉粥样硬化等功效；外用可治疗创伤、烧伤、疮疖痈疽等症。它广泛应用于肝炎、胃炎、尿毒症及乙醇、药物和重金属中毒病人的临床治疗中。现代医学认为，绿豆芽有意想不到的医药价值，在绿豆芽菜的叶绿素中，含有较强的抗癌物质。因此，在美国、日本等国家掀起了"豆芽热"，使绿豆芽成为许多家庭和餐馆、饮食店的必备食品。

4. 饲用

绿豆的籽粒、茎叶、荚壳等均可作为畜禽的优质饲料。绿豆植株蛋白质含量高于玉米茎秆 3～4 倍，茎叶柔软，适口性好，消化率高，饲喂奶牛效果极好。将绿豆茎叶及荚皮粉碎，发酵后再拌精料喂猪，猪爱吃，易消化，生长快。用打场后的绿豆秸秆喂牛、羊、家兔效果都较好。

绿豆比其他饲料作物适应性广、抗逆性强、生长快，在田边地角、短期休闲地、林果隙地都能种植。

5. 出口

近几年来，随着我市绿豆生产基地的建设和发展，绿豆的出口量逐年增加，截至 2004 年年底全市共出口绿豆 13 500t，主要销往国内及美国、日本及欧洲等地。大同县的绿豆及绿豆粉丝更是久负盛名，其经济价值不断提高，已成为广大农民致富的主要作物之一。

四、绿豆高产栽培技术

（一）播前准备

1. 选地

绿豆对土壤要求不严格，除下湿盐碱地外，各种类型土壤均可种植。一般要求土层深厚，地势较平坦，肥力较高的沙壤土为宜，水旱地均可。不宜以大白菜为前茬。

2. 整地

绿豆是双子叶顶生作物，子叶较大，顶土能力弱。如土壤板结或坷垃较多，部分幼苗不能出土，常造成缺苗断垄。同时，绿豆主根较浅，侧根很多。因此，播前要进行精细整地，耕翻深度20cm左右，耕后耙磨整平，蓄水保墒。

3. 施肥

结合深耕一次施足底肥，施肥原则是"少施氮肥，多施磷肥，补施钾肥"。一般亩施农家肥1 500kg以上，磷二铵10～20kg。

4. 种子处理

绿豆播种前要进行选种，选出籽粒饱满的可育籽粒做种子，进行晒种。绿豆种子约有10%的硬实，俗称石绿豆，其皮粗色暗、组织结实、吸水弱，不易发芽，可采用低温冷冻处理和机械（或新砖）摩擦破皮，并浸种一夜促进发芽。为防治根腐病，可用25%多菌灵拌种，用量为种子重量的0.2%～0.5%。

（二）播种

1. 播期

根据气候情况而定，原则是：在避免遭受霜冻危害的情况下适当早播。大同市一般在4月末至5月上中旬播种。

2. 播前

大同市多采用人工点播或用耧条播。行距 25～30cm，播种量为每穴 3～4 粒，采用耧具条播的，每亩用种量为 1.5～2.5kg。播种深度 4～6cm，土壤墒情差时可浇水播种（指旱播）。

3. 防虫

可用辛硫磷拌种或用毒米防治地下害虫。

（三）田间管理

1. 间苗和定苗

绿豆的播种量一般大于所需苗数，因此，应早间苗，适时定苗，使绿豆田间植株分布均匀，从而有利于田间通风透光和土地、空间、养分、水分的利用。在幼苗出齐，植株 2 片叶时间苗，3 片叶时定苗。间苗是要去除弱苗、病苗、丛聚苗。定苗是要根据株型定密度，蔓生的类型宜稀，直立型宜密。旱地宜稀，水浇地宜密。一般每亩留苗 2 万～3 万株。

2. 中耕除草

要及时清除田间杂草，出苗至开花期需要中耕 3～4 次，中耕深度先深后浅为宜。

3. 灌水与排涝

绿豆比较耐旱，但对水分反应敏感。苗期需水少些，花期前后需水增加。在有条件的地区花荚期灌水可以促单株荚数计单荚粒数；在没有灌溉条件的地区，可适当调节播种期，使绿豆花荚期赶在雨季。绿豆不耐涝，如苗期水分过多，会使根病加重，引起烂根死苗；花期遇连阴雨天，落花落荚严重，地面积水 2～3 天会造成死亡，应注意排涝。

4. 适时收获

当绿豆田 2/3 果荚变为黑褐色时，一次收获，待晾干后碾打。

第三篇　蔬菜作物

第一章　黄　瓜

一、黄瓜优良品种介绍

1. 国农 11 号

该品种是由中国农业大学农学与生物技术学院蔬菜系黄瓜遗传育种课题组选育。其植株长势旺盛，春季栽培株高可达 3m 以上，中晚熟，主蔓第一雌花着生在第 5~6 节、雌花节率 30% 左右。主蔓结瓜为主，叶色深绿。果皮深绿、有光泽；瓜条长 35cm，刺较密、瘤显著，整齐一致。高抗霜霉病、白粉病、枯萎病，适宜各地春、秋露地栽培。春季栽培播种至初收 65 天左右，亩产可达 5 500kg 以上。

2. 国农 21 号

该品种是由中国农业大学农学与生物技术学院蔬菜系黄瓜遗传育种课题组选育。植株长势强，主蔓结瓜为主。早熟，春季栽培主蔓第一雌花着生在第四节前后、雌花节率 30% 左右。瓜条长棒形，长 32~35cm，单瓜重 200g 左右。果肉浅绿色、心腔小，品质优良。耐低温、耐弱光性好，单性结实能力强，抗枯萎病、霜霉病、白粉病，适宜春、秋塑料大棚栽培。春大棚栽培播种至采收 70 天左右，亩产 6 000kg 以上；夏秋季播种至采收 45 天左右。

3. 国农 22 号

该品种是由中国农业大学农学与生物技术学院蔬菜系黄瓜遗传育种课题组选育。其植株长势强，叶片绿色。早熟，春大棚栽培主蔓第一雌花着生在第四节前后，主蔓结瓜为主，瓜码密，单性结实能力强，瓜条生长速度快，化瓜少，早熟性好。瓜条长棒状，深绿色，刺瘤中等，白刺；腰瓜长 35cm 左右，单瓜重 200g 左右。耐低温、耐弱光能力强，适应范围广，抗霜霉病、白粉病、枯萎病能力强，适宜华北各地日光温室冬春茬及越冬茬、塑料大棚春提前栽培。

4. 国农 31 号

该品种是由中国农业大学农学与生物技术学院蔬菜系黄瓜遗传育种课题组选育。其植株长势旺盛、持续结瓜能力强。主蔓结瓜为主，第一雌花着生在第四节前后、雌花节率 30% 左右。早熟性好，单性结实能力强。瓜条长棒状，腰瓜长 35cm 左右，单瓜重 250g 左右。耐低温、耐弱光、耐高湿，抗枯萎病、霜霉病、白粉病，适宜华北各地日光温室越冬及春早熟栽培、塑料大棚春早熟栽培。春季播种至采收约 70 天；日光温室越冬栽培采收期可长达 180 天，亩产量可达 15 000kg。

5. 津春 4 号

该品种是由天津市农业科学院黄瓜研究所育成的一代杂种。植株长势强，株高 2 ~ 2.4m，分枝多，主蔓结瓜为主，并有回头瓜。瓜条长 30cm 左右，单瓜重约 200g，腔心小于瓜粗的 1/2，瓜把约为瓜长的 1/7。抗病能力强，亩产 5 500kg。适宜我国各地进行露地栽培。苗期管理注意"促""控"结合，定植后注意及时缓苗，亩保苗 3 200 株左右，当瓜秧结瓜后，下部容易出现分枝，10 节以下分枝以全部打掉为宜。中上部出现分枝后，每一分枝留 1 个瓜，见瓜后留 1 ~ 2 片叶打顶。栽培期间，注意防止疯秧徒长和及时防蚜虫。

6. 津春 3 号

该品种是由天津市农业科学院黄瓜研究所育成。瓜长棒形，瓜长 30cm 左右，瓜把长 4cm 左右，单瓜重约 200g。早熟，播种至开始采收约 50 天。耐低温、弱光能力强，抗霜霉病和白粉病。亩产一般 5 000kg 以上。适宜我国各地日光温室越冬茬栽培，宜采用高畦地膜覆盖栽培形式，亩栽 3 500 株。结瓜盛期加强肥水管理，及时采收。采用嫁接技术，则更能发挥其耐低温、弱光性能，达到高产稳产的栽培效果。

7. 津春 2 号

该品种是由天津市农业科学院黄瓜研究所育成。植株长势中等，株型紧凑，株高 1.5~1.8m，结瓜后能自封顶。单性结实能力强，以主蔓结瓜为主，单性结实能力强、瓜码密，一般 3~4 节开始结瓜，以后每隔 1~2 节结 1 瓜，成瓜速度快。瓜长 30cm 左右，单瓜重 200~300g。早熟，耐低温弱光能力强，较抗霜霉病、白粉病和枯萎病。亩产一般在 5 000kg 以上。适宜我国各地大、中、小棚及日光温室春早熟栽培，苗龄 35~40 天，育苗期间注意控温不控水。定植时，保护地内土壤温度应稳定在 12℃ 以上，夜间最低气温在 5℃ 以上，定植后不宜蹲苗。由于分枝性弱，且结瓜后自封顶，不用掐尖打蔓，并可适当密植，亩栽 4 000 株。

8. 津杂 2 号

该品种是由天津市农业科学院黄瓜研究所选育。株高 190cm 左右，瓜长 31cm 左右，单株瓜数 12~14 个，单瓜重 195~210g。早熟品种，全生育期 160 天左右，较抗霜霉病和枯萎病。果实可溶性糖含量 2.36%，粗蛋白 0.94%，每 100g 维生素含量 16.8mg。中等肥力条件下一般亩产 7 000kg 左右。保苗 3 600~3 800 株；苗期不控水，定植后切忌蹲苗，肥水及时供应。适宜设施栽培。

9. 津杂 4 号

该品种是由天津市农业科学院黄瓜研究所育成。植株长势强，分枝性强，主、侧蔓结瓜。第一雌花着生在 3~4 节。瓜长棒形，深绿色。平均瓜长 33.3cm，瓜把长 5.0cm，横径 3.4cm，单瓜重约 200g。瓜肉质脆、清香，品质佳。播种到始收约 68 天。苗期人工接种鉴定，高抗霜霉病和白粉病，抗枯萎病和炭疽病，亩产 5 000kg 以上。该品种适宜我国北方各地露地及大棚春早熟栽培。

10. 津优 1 号

该品种是由天津市农业科学院黄瓜研究所选育。植株生长势强，叶片深绿色。侧蔓较少，主蔓结瓜为主，第一雌花着生在第三至第四节，雌花节率 80% 左右。瓜条长棒形，瓜长 36cm，单瓜重 200g 左右。瓜把短，皮色深绿，有光泽。耐低温和弱光性能好，高抗霜霉病，抗枯萎病和白粉病，丰产性和稳产性好。早熟，播种至采收 60~70 天，春季塑料大棚栽培采收期 70~90 天，亩产 5 800~

6 300kg。适宜我国北方各地春、秋塑料大棚栽培。苗龄 30～35 天，亩栽苗 3 500株。采收中后期加大水肥量，并进行叶面喷肥。

11. 津优 2 号

该品种是由天津市农业科学院黄瓜研究所选育。植株生长势较强，主蔓结瓜为主，瓜码密，几乎节节有瓜，回头瓜多，生长速度快。瓜条长棒状，长 34cm 左右，单瓜重 200g，瓜把短 4～5cm。耐低温弱光，高抗霜霉病、白粉病和枯萎病。早熟，播种至始收 60～70 天，采收期 80～100 天，亩产 5 500kg 左右。适宜我国北方各地日光温室栽培。适期播种，苗龄 35～40 天，亩栽苗 3 500株。

12. 津新密刺

该品种是由天津市农业科学院蔬菜研究所选育。植株长势中等偏强，株型紧凑，冬春茬第一雌花着生在第四至第六节，雌雄花同节混生。瓜码密，结成性好，正身瓜和回头瓜交互生长。瓜条棒状、顺直、匀称，瓜把细短 4～5cm，瓜长 30cm 左右。耐低温、弱光，抗枯萎病、霜霉病，嫁接时与黑籽南瓜亲和力强。早熟，亩产 5 000kg 左右。适宜我国北方各地日光温室及塑料大棚冬春栽培。嫁接育苗，苗龄 40 天左右。亩栽 3 500～4 000株。采瓜期加强肥水管理，并适当增补二氧化碳和叶面肥。

13. 碧春

该品种是由北京市农林科学院蔬菜研究中心选育。植株长势强。主蔓结瓜为主，侧蔓也有结瓜能力。第一雌花着生在第二至第三叶节，以后隔 1～2 节再生雌花。瓜长 30～35cm，横径 3～3.5cm，单瓜重 150～200g。较抗霜霉病、白粉病和枯萎病，对角斑病，炭疽病也有一定的抵抗能力。亩产 6 000kg 左右。适宜保护地及露地春季早熟栽培。苗龄一般 35～45 天，定植后蹲苗期不宜过长。腰瓜期注意加强肥水管理并及时采收。

14. 秋棚 1 号

该品种是由中国农业大学园艺学院蔬菜系育成。植株长势强，分枝能力中等。第一雌花着生在第五至第八叶节，雌花节率 30%，结果性能好，可多条瓜同时生长。瓜长棒形，长 30～35cm，单瓜重

300～400g。亩产 3 000kg 以上。适宜全国各地温室及塑料大棚秋延后栽培。采用地膜覆盖栽培，亩栽 3 000～3 500株。

15. 鲁黄瓜 4 号

该品种是由山东省农业科学院蔬菜研究所育成。植株生长健壮，主蔓结瓜为主。瓜条长 35cm，把长 6cm，横径 3.2cm，单瓜重约 300g。早熟性好。亩产 7 000kg 左右。适宜华东、华北及东北地区冬春季温室及塑料大棚春早熟栽培。

16. 鲁黄瓜 5 号

该品种是由山东省济南市农业科学研究所育成。植株生长健壮，节间短，成株高 1.4～1.6cm。主蔓结瓜，第一雌花着生在第 3 节，雌花节率 50%～86%，成瓜速度快。瓜条顺直，瓜长 24cm，横径 3～4cm，瓜把长 2～4cm。瓜色中绿，有鲜嫩光泽，瘤小刺密，味甜脆，品质优。早熟性好，结瓜集中，前期产量比长春密刺增加 72.8%。抗霜霉病和细菌性角斑病能力较强。亩产 3 000kg 左右。适宜华北各地作塑料大棚春早熟栽培。苗期耐低温，育苗时防止温度过高和湿度过大，适宜苗龄 35～40 天。宜密植，亩保苗 6 500株。定植后，不宜大蹲苗。

17. 鲁黄瓜 11 号

该品种是由山东省济南市农业科学研究育成。属华北类型黄瓜。茎略细，主蔓结瓜，回头瓜多，主蔓第一雌花平均在 3 叶节，雌花节率 70% 左右。瓜条直，长 30～35cm、横径 3.5～4cm。对枯萎病和叶部病害抗性强，但不抗细菌性角斑病。早熟，亩产一般在 4 500～5 000kg。适宜华北各地作冬春季保护地栽培。栽培密度每亩 3 300～3 500株。

18. 济南国刺

该品种是由山东省济南市农业科学研究所选育。植株生长旺盛，成株高 2.6m。主蔓结瓜为主。瓜长 30cm 左右，横径 3～4cm，瓜把长 3～5cm。早熟，耐低温，耐寡日照。抗霜霉病、灰霉病、白粉病和枯萎病，不抗疫病和细菌性角斑病。亩产 3 500～4 500kg。适宜保护地春早熟栽培。亩栽 4 000～4 500株。瓜码过密时，要适当疏瓜，一般每 3 节留 2 瓜即可，并适当增加追肥次数和配合叶面追肥。

19. 晋黄瓜 1 号

该品种是由山西省农业科学院蔬菜研究所选育。植株长势强，瓜码密，坐瓜率高。瓜条棍棒状，皮色油绿，刺白瘤密，瓜把短，商品性好，综合抗病性强。该品种为中早熟露地春黄瓜，亩产 4 500 ~ 5 000kg。适宜山西省及其气候条件相似地区春露地栽培，亩栽 3 500 株。

20. 景研 1 号

该品种是由黑龙江省景丰良种开发有限公司育成。植株生长旺盛，侧枝少，第一雌花着生在第二至第三节，其他节位连续着生雌花、无雄花，坐果率高。瓜色深绿，条直、白刺，刺多瘤少。瓜长 30cm、横径 3.5 ~ 4cm，肉厚 1.4cm，单瓜重 200g。抗霜霉病和枯萎病。亩产 5 500 ~ 6 000kg。适宜黑龙江省各地保护地或露地栽培。

二、日光温室黄瓜栽培技术

（一）日光温室春茬黄瓜栽培技术

1. 适应范围

春茬黄瓜 2 月初播种育苗，3 月中旬定植，4 月中旬开始收获上市。也可根据需求和管理水平提前播种，种植春茬黄瓜，于 12 月下旬育苗，2 月上旬定植，3 月上旬收获。力争提高黄瓜前期产量，上市时间又避开塑料大棚黄瓜收获高峰，以增加收入。

2. 选择品种

选择对低温和弱光耐力强、植株长势旺、雌花节位低、瓜码密、比较抗病的品种，主要有津春 3 号、津春 2 号以及津优 2 号。

3. 适时播种

春茬黄瓜 2 月初播种。为了抗病增产，春茬黄瓜进行嫁接育苗更好。

4. 培育壮苗

（1）育苗场所选择。多用日光温室育苗，在日光温室定植。温室内选光照充足、土壤温度高且变化小的中间地段做苗床。

（2）温室、床土消毒。种植过黄瓜和新建的日光温室都要进行消毒。育苗前，每栋日光温室（0.5 亩）用 1kg 锯末、0.5kg 硫黄、1.5kg 百菌清点燃密闭熏烟 24 小时。床土每平方米用 50% 多菌灵 8～10g，先将农药与适量细土混拌均匀，然后将药土的 1/3 撒入床土，其余 2/3 的药土盖在播下的种子上，然后再覆土。

（3）种子消毒。包衣种子不进行消毒，催芽后即可直接播种。

（4）播种方法。地温要求保持 18℃ 以上的晴天播种。育苗畦施足马粪做底肥，整平畦后，先浇底水，水量不宜太多，水渗下后，畦面撒药土，按 $10cm^2$ 的方块中央点播出了芽尖种子一粒，先覆药土成小堆，苗床上扣小棚。

（5）苗期管理。出苗前不放风，床内温度白天 28～30℃，夜间保持 18℃ 以上。待出苗 80% 左右时，揭去棚膜，夜间控制在 15℃ 左右，持续 7 天，即可出现真叶。

出苗后，晴天通风 4～5 小时，阴雨天也得保持 0.5 小时以上，严禁苗床湿度过大。白天 23～28℃，夜间 15～20℃，保持昼夜温差 10℃ 左右，地温 15℃ 以上。一般情况下，苗期不再浇水，使苗床见干见湿，如确需洒水，洒水后覆盖细土。

真叶展出后，7～10 天喷洒 1 次防病农药，1 片真叶展开时进行分苗。

幼苗生长后期，叶面喷洒 2‰ 的磷酸二氢钾，以促进幼苗生长，定植前加强低温锻炼，提高其抗寒性。

5. 定植

（1）定植期。春黄瓜 3 月中旬。

（2）定植地要深翻 2 次，每栋日光温室施腐熟沤制的有机肥 3 000～5 000kg，磷酸二铵 50kg。

（3）做南北走向小高畦，上宽 45～50cm，下宽 70～75cm，畦高 10～15cm，也可做平畦栽培，铺地膜。

（4）晴天上午定植，株距 25～30cm，及时浇稳苗水。

6. 定植后管理

（1）苗期正值寒冷季节，特别要注意防寒保温。缓苗后，实行变温管理，白天控制在 25～32℃，午后 20～25℃。温度 15℃时放下苫，夜间前半夜保持 15℃以上，后半夜 11～13℃，进入 2 月下旬，室温上升到 28℃左右时通风，下午 25℃时关闭通风口，室温降至 18～20℃盖草苫，确保次日清晨维持 10℃以上。3 月中旬以后，外界气温逐渐上升，8:00 左右可短时间通风后关闭通风口，温度上升至 28℃以上通风，保持室温 30℃左右，傍晚 20℃时关闭通风口。以后当外界中午 30℃以上气温，室温又超过 35℃时，可扒底缝通风，16:00～17:00 关闭，外界最低温 14℃左右时，顶部和底部可昼夜通风。

（2）缓苗期浇 1 次缓苗水，幼苗扎根开始生长浇水，并进行搭架或拉吊绳。结瓜期，每隔 10 天浇 1 次水，随着气温升高每隔 6～7 天浇 1 次水，浇水宜在晴天进行。1 次清水，1 次肥水，追肥前期以人粪尿为主，后期追尿素、磷酸二铵等化肥。底肥不足时，生长后期，叶面可喷洒 3‰～5‰的磷酸二氢钾和 3‰尿素的混合液，以防止植株早衰，延长结瓜期。

（二）日光温室冬茬黄瓜栽培技术

1. 适应范围

冬茬黄瓜是秋末冬初种植的黄瓜，幼苗在晚秋末渡过，开花结果到了严寒冬季。

2. 改进温室结构

在保持日光温室现有采光、保温性能的优化结构基础上，通过后屋顶加厚，采光面双覆盖，以减少热量散失，保证黄瓜需要的适宜温度。

3. 选用品种

选择抗病能力强、耐地温弱光的津春 3 号或津春 2 号。

4. 适时播种

于9月上旬播种，采用嫁接育苗，先播接穗，3~5天后种黑籽南瓜。

5. 培育壮苗

（1）温室、苗床消毒。每栋日光温室用0.5kg硫黄、1.5kg百菌清和1kg锯末点燃密闭熏烟24小时。苗床每平方米用40%福尔马林30ml，稀释60~100倍液喷洒，用塑料薄膜将床土盖严，闷4~5天后，除去覆盖物，耙松，2周后播种。也可用多菌灵可实性粉剂进行土壤消毒。

（2）种子消毒。种子精选后，在晴天晒种4~6小时，用25%多菌灵250倍液浸种1小时，捞出后55℃恒温水浸种2~4小时，25℃恒温催芽20~30小时，种子出牙后即可播种。

（3）选择晴天播种，播前提温和加温，地温保持18℃以上，播后扣小棚。

（4）幼苗出土要求高温，幼苗生长和蹲苗要降低温度，加大昼夜温差，定植前加强地温锻炼，以提高抗寒性。播后，白天气温20~32℃，地温25℃，幼苗出土后，白天23~28℃，夜间15~20℃，保持昼夜温差10℃以上，地温20~22℃。嫁接后，白天28℃左右，夜间适当降低，以17~20℃为宜，3天后逐渐降温，白天22~25℃，夜间10~15℃，地温13℃以上。

真叶展出后，7~8天喷1次杀毒矾、乙膦铝药液，以防病害。幼苗生长后期，可用2‰的磷酸二氢钾进行叶面喷肥。

（5）壮苗标准是：营养钵分苗，株高10~13cm，茎粗0.6~0.7cm，3叶1心，叶色深绿，叶片肥厚，子叶完整，根系发达，苗龄30~40天。

6. 定植

（1）定植期。10月中旬。

（2）定植地要深翻并施足底肥，亩施6 000~10 000kg优质有机肥，深翻40cm。

（3）做大小行距分别为70cm和40cm的高畦，畦高10~15cm，

2 个小畦之间的沟底 15~20cm，要求沟底平整。

（4）定植时，苗要轻拿轻放，株距 26~33cm，嫁接接口离开地面，定植时，要把弱苗淘汰掉。

7. 定植后管理

（1）定植后 3 天开始中耕，浅锄背，深锄沟，5~6 天后再中耕 1 次，切断地表毛根，使根系下扎，然后再覆盖地膜，以提高缓苗期的温度，保持 15℃以上的地温促进缓苗。初花期以促根控秧为主，严格控制水分，不干旱不浇水，加大昼夜温差，实行变温管理，白天超过 30℃时放风，降低 20℃时关闭通风口，室温降到 15℃时放草苫子，夜间保持 13~15℃，早晨在 8~10℃时揭苫子。

（2）进入冬季以保温、防寒为中心，外界温度降低到零下 15~20℃时，只能在中午短时间内通风，白天室温温度 25~30℃，晚上加草苫及保温被，保持夜间前半夜 15~20℃。后半夜 13~15℃，不低于 8℃。

（3）开始少量摘瓜，在膜下进行浇水，每隔 10~15 天浇 1 次水，每次浇水后，中午短时间放风排湿。为避免浇水后降低地温而发生沤根，应尽量减少浇水次数，并把浇水安排在晴天中午进行，要浇事先贮存的 25℃左右的温水。

2 月中旬至 3 月外界气温逐渐升高，此时为节瓜盛期，5~6 天浇 1 次水，以后 4~5 天 1 次，并加大通风，每浇 1 次水就要追 1 次肥，多施用氮、磷、钾速效化肥，节瓜前期浇第二次水时，每亩追施尿素、磷酸二铵各 15kg，以后各 10kg 左右。

（4）进入生长后期，叶片可喷洒 0.3%~0.5% 磷酸二氢钾和 30% 尿素的混合液，以防止植株早衰，延长结瓜期。

（5）冬茬黄瓜进入节瓜盛期，可打去植株下部老叶，使其功能叶片维持在 13~15 片，并可将空蔓盘落地面，使植株高度控制在 2m 左右，以延长节瓜部位，并使叶片受光良好，增强光合作用。

三、病虫害防治

（一）黄瓜霜霉病

该病老百姓叫跑马干，也有称黑毛或瘟病的。发病部位主要是叶片，幼苗子叶染病开始出现不均匀褪绿，逐渐枯黄。成株开始在中下部叶片出现水渍状斑点，扩展后因受叶脉限制而成为多角形病斑，黄绿色或黄褐色，潮湿时叶背病斑上产生紫黑色霉层，大棚中栽培黄瓜很多人是到这个阶段才发现有霜霉病，因为，病叶已很明显，实际上已很严重了，再下去就是病斑连片，干枯，最后留下顶端几片绿叶。此病同时为害南瓜、苦瓜、甜瓜和冬瓜等，要防止传染。

发病条件主要是棚内高温，在有水滴或水膜的情况下，病原菌孢子才会萌发侵入叶片。发病适温是 16 ~ 24℃，低于 15℃或高于30℃，发病很少。栽培上可通过放风，覆盖地膜，挂无纺布二道幕，用粉尘剂或烟雾剂施药熏蒸等防治。若病害已相当严重，药剂难以奏效，很多人使用高温闷杀方法也可以减轻症状。选一晴天中午，密闭大棚要求45℃高温保持 2 小时，然后缓慢开始降温至正常温度，此法不仅可以控制霜霉病蔓延，还可以兼治白粉病、炭疽病和不少虫害。但在闷杀前一天必须浇足水，温度要严格控制，随时检查，不能过高，以防损害瓜秧，棚内温度主要是指瓜秧生长处，这点要引起注意，而且在闷杀处理后要加强肥水管理。

（二）黄瓜枯萎病

该病也是蔓割病。温室、大棚受害严重。典型症状是萎蔫。幼苗发病，子叶萎蔫而死，层猝倒状。开花结果后发病最重，叶片自下而上逐渐萎蔫，有时在早晚还能恢复，几天后枯死。潮湿时茎部半边纵裂，病斑表面发生粉红色霉层，切开茎基部可见维管束变褐，黄瓜、甜瓜、西瓜普遍发生。连茬地发病率高，大水漫灌的发病多，土壤pH 值 4.0 ~ 6.0 最易发病。发病温度为 8 ~ 34℃，气温在 20 ~ 25℃，相对湿度90%以上时蔓延很快。

对枯萎病行之有效的办法是嫁接换根。因此，为保证这茬黄瓜能够取得成功，最好也进行嫁接育苗，不进行嫁接的不应定植大棚，这种病原菌可在土壤中存活 5~6 年。

(三) 黄瓜白粉病

该病主要为害黄瓜叶片，也危及叶柄和茎部。俗称白毛。发病初期叶片正面或背面发生白粉状霉点，以后整个叶片布满粉状物，且上面有黑色小颗粒，叶片枯黄，严重时，植株枯死。

该病由单丝壳白粉菌侵染引起，我国北方病菌是以闭囊壳在病残体上越冬，南方则以菌丝或分生孢子周年寄生在黄瓜等寄主上，靠气流或雨水传播。温度在 16~24℃，湿度又大，植株太密，光照不足时最流行。

防治白粉病主要是通风降湿。药剂防治一定要确保黄瓜的卫生品质不受影响。发病初期可用 15% 粉锈宁可湿性粉剂 1 000 倍液喷雾，稍重时可用 25% 粉锈宁可湿性粉剂 1 500 倍液，也可用农抗"120"150 倍液或 50% 硫黄悬浮剂 300 倍液喷雾。不同药剂可交替使用，7~10 天 1 次，连喷 3~4 次即可见效。注意在黄瓜采收前 10 天停止用药

(四) 黄瓜灰霉病

该病在大棚中常有发生。主要危及花和幼瓜，同时，为害番茄、茄子、辣椒、韭菜、西葫芦等。病原菌多由开败的花侵入而使花朵腐烂，并有一层灰霉。幼果感染常由脐部沿瓜条向上扩展，呈水渍状软腐，也长一层灰霉。

灰霉病由葡萄孢菌侵染，借气流、雨水传播，低温高湿光线不足时染病较重，温度在 20℃、空气相对湿度 94% 以上时，灰霉病易流行。但在 4~30℃均可发病。

发病初期可用 50% 速克灵可湿性粉剂 800 倍液喷雾，7 天 1 次，连喷 2~3 次。如不见效，也要停止用药，采用及时摘去病花，集中深埋病果、病叶的方法。避免大水漫灌，注意通风，棚内最好采用滴灌，轻浇勤浇。

（五）黄瓜黑星病

黄瓜黑星病是近年来大棚中流行的一种毁灭性病害，俗称疮痂病。尤以北方较重，是我国国内植物检疫对象，同时，为害南瓜、西葫芦、甜瓜、西瓜等。

黑星病由瓜疮痂枝孢真菌侵染，通过土壤和种子传播，当温度在20～22℃，空气相对湿度在90%以上时发病较重。从幼苗到成株均可发生，叶片发病初期产生近圆形黄白色病斑，直径约1.5mm，后期病斑穿孔成星纹状边缘。叶柄和茎蔓病斑梭形或长条形，纵裂，琥珀色胶粒溢出，有灰霉层。瓜条病斑暗绿色，凹陷，后期龟裂，潮湿时形成黑霉，植株生长点受害，病株矮小，畸形。

防治办法是严格检疫，禁止病区的种子和苗木进入非病区，长春密刺和津研系列黄瓜经抗病性鉴定，抗病性弱。山东宁阳刺瓜、长春叶三较为抗黑星病，如必须用药剂防治，可用50%多菌灵可湿性粉剂以种子量的0.3%拌种，拌种后当天播种。发病初期可用50%多菌灵可湿性粉剂400～500倍液喷施，7天1次，连喷3～4次后停止用药。

（六）黄瓜炭疽病

该病南方普遍发生，北方在设施栽培中较重。整个生育期均可发生。幼苗子叶边缘出现褐色半圆形病斑，幼茎基部缢缩，幼苗猝倒。成株叶片受害先是水浸状小斑，后扩张成红褐色大圆斑，潮湿时叶面有粉红色小点，后变成黑色。瓜条上病斑先是水浸状，后凹陷成黑褐色，潮湿时有粉红色黏状物。

温度在24℃左右，湿度在90%以上时极易流行。此病由葫芦科刺盘孢属真菌侵染引起，其病原菌在温度低于10℃或高于30℃生长受阻，相对湿度在54%以下时受到明显抑制。防治方法，主要是调节湿度，注意通风。温度管理尽量不要忽高忽低，病叶病株发现后应深埋或烧毁。发病初期可以打药，用50%多菌灵可湿性粉剂500倍液喷雾，也可用其药液浸种1小时杀灭种子内外病菌。其他如百菌清可湿性粉剂500倍液喷施等均有效，7天1次，连喷3～4次后停止用药。

（七）黄瓜病毒病

该病是黄瓜常见病害。同时，为害西葫芦、南瓜、甜瓜、番茄、辣椒、萝卜、白菜、芹菜等。许多宿根性杂草都是越冬寄主，种子和瓜蚜、桃蚜等是媒介昆虫，汁液接触，农事操作都可染病。高温干旱、肥水不足时病害较重。叶片主要特征是出现花叶、浓绿和浅绿相间的病叶，瓜条有瘤状物或畸形果。

防治方法主要是清洁田园，减少毒源，选用抗病品种，当前栽培上使用的一些品种，如长春密刺、北京大刺、津杂 4 号、中农 5 号等均较抗病。发病初期可用 20% 病毒 A 可湿性粉剂 500 倍液，也可用 1.5% 植病灵乳油 800 倍液或高锰酸钾 1 000 倍液防治，7 天 1 次，连喷 3 ~ 4 次。

（八）温室白粉虱

该病俗名小白蛾。北方温室大棚中普遍发生。成虫和若虫都是群居在叶背面吸食汁液，使被害叶片褪绿变黄枯死，且大量分泌蜜液污染叶片果实，还可以传染毒病。十字花科、茄科、葫芦科蔬菜均有发生。在温室中 1 ~ 2 年可发生 10 几代，既可两性繁殖，也可孤雌生殖。成虫体长 1 ~ 1.5mm，淡黄色，翅面覆盖白蜡粉，翅端半圆状遮盖住整个腹部。4 龄若虫称伪蛹，体长 0.7 ~ 0.8mm。成虫对黄色有较强的趋性。白粉虱原先很少，近十几年为害严重。应避免和番茄、菜豆等混栽，也可以在黄油漆上涂些 10 号机油诱杀，油漆可涂在硬纸板上，机油可 10 天重新涂刷 1 次。黄瓜生长前期也可以用 25% 扑虱灵可湿性粉剂 1 000 倍液喷雾防治，但采摘期要停止用药。

（九）瓜蚜

瓜蚜又称棉蚜、油汗、蜜虫等。一年内能繁殖 20 ~ 30 代，北方较重，华北一年发生 10 多代。同时，为害茄科、十字花科、豆科等蔬菜。要注意清洁田园，最好培育"无虫苗"。发现后要及时喷药。一般用 10% 蚜虱净可湿性粉剂 2 000 倍液或 0.5% 阿维菌素 1 500 ~ 2 000 倍液喷雾，黄瓜采摘期停止用药。

第二章　茄　子

一、优良品种介绍

1. 丰研 2 号

该品种是由北京市丰台区农业技术推广中心选育。株高 75cm 左右，开展度 65cm，植株直立，叶稀，适宜密植。果实扁圆形，外皮黑紫有光泽。果肉致密、品质好。单果重 500g，早熟，亩产 4 000kg。适宜北方各地保护地栽培。叶量稀，宜密植。塑料大棚栽培，苗栽 2 900～3 400 株。开花时用生长素蘸花，促果实膨大。

2. 94 - 1

该品种是由山东省济南市农业科学研究所育成。植株生长势较强，株型紧凑，茎及叶脉黑紫色，叶片狭长，分布稀。始花节位 6～7 叶节，每隔 1～2 叶有 1 花序，每花序 1～3 朵。果实长椭圆形，长 18～22cm、横径 6～8cm，平均单果重 300～400g。果柄、萼片及果皮黑紫色，油亮光滑，无青头顶，种子少，果肉致密，品质极佳。耐低温弱光。早熟，亩产 5 000kg 以上。该品种可作为保护地专用品种在大、中、小拱棚、日光温室中推广应用。

3. 茄杂 2 号

该品种是由河北省农林科学院蔬菜花卉研究所育成。株高 80cm 左右，茎直立，且分枝多。叶片绿紫色，果实圆形，果皮紫红色，果面光滑。果肉细嫩，软硬适中，味甜，种子少，品质上等。平均单果重 550g，连续坐果能力强。抗逆性较强，较抗寒，抗黄萎病，耐绵疫病。早熟，定植到始收 47 天，亩产 4 000kg。适宜华北各地露地或保护地栽培。

4. 黔茄 1 号

该品种是由从贵阳团茄自然变异后代中系选育成。植株长势强，株高 82cm，开展度 50cm×52cm，株型较紧凑，主茎第 10 叶节现蕾。果实圆形，果面有浅纵沟，果皮鲜紫色，单果重 191～245g。果肉白色、细嫩、致密，品质优良。中早熟，定植到收获约 70 天。抗褐纹病和绵疫病。亩产 3 000～4 000kg。适宜全国各地栽培。定植密度 2 200～2 600 株/亩。

5. 龙杂茄 2 号

该品种是由黑龙江省农业科学院园艺研究所育成。植株长势强，株高 65～68cm、株幅 64～68cm，始花节位第七至第八叶节。果实长棒形，果顶稍尖，皮紫黑色，有光泽。果长 25cm，横径 4.5～6.0cm，单果重 100～150g。果肉绿白色，细嫩、松软，品质优。早熟，播种到始收 100 天左右。较抗黄萎病。亩产 3 000～4 000kg。适宜保护地或露地地膜覆盖早熟栽培。宜密植，行距 60～70cm，株距 25～30cm，或每穴双株，穴距 40cm。苗龄 80 天左右。

6. 凉茄 1 号

该品种是由甘肃省武威市农业科学研究所选配的一代杂种。植株长势强，无限分枝生长，株高 100～120cm，茎粗 1.7cm，叶片卵圆形，深绿色，始花节位在主蔓第五至第七叶节，单生花，部分表现复花序。果实长棒形，果长 34cm，紫黑色，果面光滑、亮泽，单果重 128g，果肉细嫩，风味好。早熟，生育期 90 天左右，亩产 3 500kg 左右。适宜保护地早熟栽培。株行距（30～35）cm×（40～50）cm，亩栽 5 000 株。

7. 蒙茄 3 号

该品种是由内蒙古自治区包头市农业科学研究所育成。单果重 400g 左右，果肉松紧适中，商品性很好，果形为卵形，果皮鲜紫色，光泽度强，综合抗性强。早熟，丰产性好，亩产 4 000kg 左右。适宜我国华北种植。苗龄 70～75 天，苗栽 3 200 株。

二、茄子栽培管理技术

（一）品种选择

保护地栽培的茄子品种，应具有耐低温、耐弱光照、抗病、高产、商品性好等特点，同时，要根据市场需求，选择适销对路品种。如有的地方喜欢圆茄，有的地方喜欢长茄，有的地方喜欢紫皮，有的地方喜欢绿皮，要根据销路选择。

（二）育苗

1. 茬口选择

如果是大棚春提早栽培，一般于 11 月下旬至 12 月上中旬育苗，3 月中、下旬或 4 月上旬定植。供应期可从 4 月下旬至 7 月下旬。温室越冬栽培一般 7 月中、下旬至 8 月中、下旬育苗，到 10 月上旬至 11 月上旬定植，供应期从 12 月开始到翌年 6 月下旬至 7 月下旬。

2. 种子处理

为防止茄子黄萎病、枯萎病和褐纹病等病害的种子带菌，提高种子的发芽整齐度，播种前一定要搞好种子处理，方法是：一是晒种，晒种可促进种子后熟，提高发芽的整齐度，一般浸种之前，先进行晒种 1～2 天。二是种子消毒，可用 0.1% 的高锰酸钾溶液浸泡 10～15 分钟；或用 0.1% 多菌灵溶液浸泡 30 分钟，浸泡后捞出要反复冲洗。三是温汤浸种，将进过消毒的种子，用 55℃ 的温水浸泡 10 分钟，浸种时注意不断搅拌，使种子受热均匀，当水温降至 30℃ 时，即停止搅拌，继续浸泡 8～10 小时，然后将种子捞到清水中反复搓，洗去种皮上的黏液。四是催芽，将浸好的种子捞出放在湿纱布中，放置在 28～30℃ 的条件下进行催芽。在催芽期间每天用清水将种子清洗 1～2 次，一般 4～5 天即可出芽。当有 50% 的种子胚根外露时，即可播种。

3. 苗床准备和营养土配制、消毒

根据栽培茬口选择阳畦育苗或温室育苗。营养土配制于番茄基本相同，为防治病虫害发生，床土需消毒处理。方法是：每立方米的营养土加入 50% 多菌灵 60~80g，然后与营养土充分混匀，以消除营养土中的病虫为害。

4. 播种

播种之前苗床要浇足底水，营养土要充分湿透，一般在出苗或分苗之前不再浇水，浇水可在播种的前一天进行。茄子一般采取撒播，为播种均匀可将种子掺些湿土撒播。播后覆土 1~1.2cm，其上覆盖地膜。播种后床温白天保持 25~28℃，夜间在 16~20℃。一般在 5~6 天可出齐苗。

5. 苗期管理

齐苗后可适当降低苗床温度，白天 25℃ 以上开始通风，夜间可降至 15℃，以防幼苗徒长。当两片子叶展开后，对拥挤的苗子可进行间苗，间苗时注意去掉弱苗和病苗，间苗距离以 25cm 为宜。如苗床有裂缝出现，可向苗床撒 0.5cm 厚的细湿土。当幼苗长出 2~3 片真叶时，白天床温要降至 23~25℃，苗床通风可适当增大，为分苗做准备。

分苗一般在 3 叶期进行。分苗的目的是为了扩大单株的营养面积，改善苗子的通风透光条件，促进苗子健壮。早春和越冬茬茄子分苗，可用阳畦或温室，营养土配制于育苗相同，分苗床营养土可比播种床厚些，一般在 13~15cm，分苗前 2~3 天，苗床内要浇一遍水，以利起苗，减少伤根。

分苗后要立即采取保温增温措施，此时白天保持 28~30℃。夜间在 16~20℃。如白天温度过高时，可适当遮阴，缓苗之前一般不要通风，使苗床保持较高的湿度。当幼苗心叶开始生长时，应逐渐加大通风，适当降低温度，尤其是夜温，以防徒长，一般白天温度控制在 25~30℃，夜间控制在 15~18℃。

为消除土壤板结和保墒，促进根系发育，缓苗后应及时进行中耕。定植之前，要进行低温炼苗 2~3 天后，即可准备定植。

茄子壮苗标准：株高 16~20cm，主茎叶 6~10 片，叶片肥厚，茎粗 0.6~0.8cm，节间短，开始现蕾，根系发达，无病虫为害。

（三）定 植

1. 定植前的准备工作

主要是整地施肥，一般亩施腐熟有机肥 1 万 kg，三元复合肥 50~60kg，硫酸钾 30~40kg。结合深翻（25~28cm）施入土壤，按照计划行距起垄。早熟品种垄宽 60cm，株距 30cm，亩栽 4 000 株左右；中晚熟品种，株型高大，垄宽 70~80cm，亩栽 2 500~3 000 株为宜。其次就是要提早扣棚提温，因茄子生长发育需较高的温度，越冬茬和早春茬栽培时，棚内 10cm 地温要控制在 12~15℃以上。因此，要求定植前 10~15 天扣棚提温，并浇水造墒，然后施肥整地。

2. 定植

定植应选择晴天进行，按计划密度在垄上开穴，穴施水，当水渗透下一半时，将带土的茄苗放入穴中，水渗下后封掩。定植后，将垄面整修，再覆盖地膜，地膜按膜下苗的位置打孔，把茄苗引出膜外，再将膜拉紧盖严，用土封住膜孔。

3. 定植后的管理

定植后的缓苗期 10~15 天内可使棚温保持在 28~32℃，以提高棚内地温，此期一般不通风，以利保温保湿。夜间温度保持在 15~20℃，不要低于 12℃。定植的壮苗，一般 13~15 天，门茄即可开花。开花授粉到门茄瞪眼期，一般需 8~12 天。从门茄开花到商品采收期需 24 天左右，这一时期为结果期。这段时期主要是促进植株稳长健壮，搭好高产骨架，提高坐果率，防止落花落果。栽培措施主要是：一是加强棚温调控，白天保持 26~30℃，若超过 32℃可适当通风换气。夜间要加强保温，加盖草苫，棚温保持在 16~20℃，不能低于 12℃。如果白天温度高于 35℃或低于 17℃，都会引起落花或畸形果。二是整枝和肥水管理，一般早熟品种多采用三杈留枝，中晚熟品种，采用两杈留枝。一次分枝以下抽发的侧枝，由于结果晚、近地面，又影响通风透光，易发病，要及时打掉。在肥水管理上，门茄瞪眼期以前，尽量不浇水，多中耕保墒。瞪眼期后，要加强肥水管理，浇水宜选晴天上午进行，以免降低地温，同时，结合浇水施入尿素 10 ~ 15kg，硫酸钾 15kg。三是提高坐果率，目前应用最多的是2，4 - D，使用浓度为 20 ~ 30mg/kg。在此范围内，气温高时浓度可低些，反之则高些。

门茄采收后，茄子进入结果高峰期，此时茄子生长量大，不仅要求充足的肥水，更要求充足的光照和适宜的温度。在管理上，一是温度调控，白天保持 25 ~ 30℃，夜间 15 ~ 20℃ 为宜，昼夜温差在 10℃ 左右为宜。二是尽可能多采光。在此期间，注意早揭草苫争取每天有较长的光照时间，要经常擦拭薄膜上的灰尘，以提高透光率。尽量减少棚膜上的水滴，可通过使用无滴膜、膜下灌水、灌后及时排湿等措施降低棚内湿度，改善光照条件。三是加强肥水管理。盛果期也是茄子需要肥水最多的时期，为加快茄果膨大速度，提高产量，必须加强肥水供应。进入盛果期后，每 8 ~ 10 天浇水 1 次，结合浇水冲肥。除三元复合肥、磷酸二铵、尿素和硫酸钾外。也可亩追人粪尿 800 ~ 1 000kg，有机肥和无机肥配合施用。茄子结果期，不宜施过多的磷肥，否则会导致果皮变硬老化，影响品质。四是整枝摘老叶。盛果期，植株封垄，田间郁蔽，为加强内部通风，要及时摘除植株下部的老叶。因老叶已经失去光合能力，易染病，影响群体内部通风透光。摘除的老叶要带出棚外，烧掉或深埋。门茄以下如有侧枝出现也要及时抹去。

4. 茄子的采收

茄子采收太早影响产量，过晚品质下降，还会影响后面茄果的生长发育，降低产量。适宜的采收期要观察萼片于果实相接处的浅色环带，环带明显，表面茄果还在生长中，环带狭窄或不明显，说明茄果生长已缓慢，应及时采收。门茄可适当早收，采收时宜用剪刀或刀，齐果柄割断，以免果柄在储运中将果皮划破。

（四）保护地茄子多年栽培

在温室栽培，可以一年多收，连续栽培 2 ~ 3 年，不仅节约成本，减少用工，而且可以获得高产高效的种植效果。

1. 第一次修剪与剪后管理

温室越冬茬茄子，盛果期后，随着夏季的到来，不仅结果减少，品质下降，而且经济效益也大幅度下降。因此，8 月中旬、下旬可进行第一次整枝修剪，修剪的方法是从对茄以上 10cm 处，将侧枝全部剪掉，剪口距地面 30～35cm，如气温过高可适当拖后。剪后伤口可用农用链霉素 1g 加 80 万单位的青霉素一支，加 75% 的百菌清可湿性粉剂 30g，加水 25～30ml，调成糊状，涂于伤口，防止感染。

剪枝结束后，结合起垄，每亩施复合肥 100～120kg，垄高 15cm。然后浇一次小水。剪枝后腋芽很快形成侧枝，8～10 天开始定枝，每株按不同方向均匀选留 3～4 个侧枝。定植后再过 7～8 天开始现蕾。有 50% 的植株见果后，要肥水齐攻，第一次追肥可亩施三元复合肥、尿素 30～40kg，以后每 8～10 天浇 1 次水，隔一水追 1 次肥。寒露后开始上膜，转入越冬前的栽培管理。

2. 第二次修剪与管理

第一次剪枝后，霜降前后茄子即可大量上市，于大雪之前 5～6 天，可将茄果全部采收完。在大雪前后进行第二次剪枝。剪口较第一次修剪矮 5cm，剪后将剪口涂药。

剪枝后，在大行内开沟追施有机肥 200kg，小行内要进行深中耕，但不要伤根和碰伤主干。温室温度，白天控制在 25～28℃，夜间保持在 12℃ 以上。此期采取中耕保持地面松暄，升温保根保墒，并注意防治病虫。

翌年立春后，选晴天上午在小行内浇 1 次水，结合浇水亩施三元复合肥 30～40kg。随着天气转暖，侧枝不断生长，每株选留 3～4 个侧枝，第一花芽以下的侧枝全部去掉，以后转入正常管理。

以后的修剪可如同前两次修剪，周而复始。

3. 应注意的问题

多年生茄子在栽培过程中，一定要注意加强病虫害的防治，以保持植株的健壮生长。多年生茄子一般前 2 年效益好，第三年效益下降，主要是根系老化，枝干木质化程度高，发枝较弱，再是病株逐渐增加，产量降低。因此，一般栽培 2 年为宜。

三、病虫害防治

（一）猝倒病

猝倒病是茄子苗期重要病害，常因育苗期温度和湿度不适宜，栽培管理粗放引起，严重时幼苗成片倒伏死亡，秧苗感染发病时，茎基部出现黄褐色病斑，病部组织腐烂干枯而凹陷，产生缢缩。水渍症状自下而上继续延展。子叶尚未凋萎，幼苗即倒伏于地，然后萎蔫失水，进而干枯呈线状。随病情逐渐向外蔓延扩展，最后引起成片幼苗摔倒。在病情基数较高的地块，常常幼苗在出土前或刚刚抽出胚芽即受侵染，呈水渍状腐烂，引起烂种、烂芽。当湿度大时，病菌表体及附近地表会长出白色棉絮状菌丝。

病菌借助土壤、雨水、灌溉水、农具传播，也可通过种子传播。土壤含水量大，空气潮湿，适宜病菌的生长，播种过密，漫水灌溉，保温、放风不当，秧苗徒长、受冻等。此外，在地势低洼、排水不良及施用未腐熟堆肥的地块育苗，也容易发病。药剂防治可在发病初期用75%百菌清800倍液，或用50%多菌灵可湿性粉剂600倍液．一般每7天1次，连续进行2次。采收前15天停止用药。

（二）立枯病

立枯病是茄子苗期常见病害，多发生于育苗的中后期，严重时可成片死苗。成株期也可发生立枯病。立枯病病菌寄主范围极广，除为害茄子外，还为害辣椒、番茄、马铃薯、黄瓜、菜豆等。发病时幼苗茎基部产生暗褐色的长圆形或椭圆形凹陷病斑。发病初期病苗白天出现萎蔫，晚上至翌晨恢复正常。当病斑继续扩大绕茎1周时，幼苗茎基部收缩干枯，植株死亡。潮湿时茎基部出现淡褐色蛛丝状霉菌丝。立枯病病菌，枯死后立而不倒，这是与猝倒病不同的重要特征。另外，立枯病病部菌丝不明显。

该病原菌以菌丝体或菌核在土壤里或随病株残体越冬，通过雨水、灌溉水、粪肥、农具进行传播和蔓延。条件适宜时直接侵入幼苗体内，发生病害。病菌适宜生长温度为 18～28℃，高温、高湿环境有利于病菌生长繁殖。一般苗床温度高、湿度过大、通风不良、阴雨天气等环境条件或播种过密、幼苗徒长，均易引起立枯病的发生和蔓延。发病初期可以喷洒 20% 甲基立枯灵乳油 1 200 倍液，或喷洒 36% 甲基硫菌灵悬浮剂 500 倍液，或喷洒 15% 恶霉灵水剂 400 倍液，一般每 7 天 1 次，连续喷洒 2～3 次。采收前 15 天停止用药。

（三）黄萎病

茄子黄萎病又称凋萎病，俗称半边疯、黑心病等，是茄子的重要病害。发病时一般减产 20%～30%，严重时损失可达 40% 左右。一般在成株坐果后开始表现症状，从下而上或从一边向全株发展。初期叶片的叶缘及叶脉间变黄，以后发展到半叶或整个叶片变黄。早期病叶晴天高温时呈萎蔫状，早晚可恢复，以后叶片变黄褐色萎蔫下垂至脱落。茄子黄萎病为全株性病害，剖开植株的根、茎、分枝及叶柄可以看到维管束变褐色。缓慢发病而没有死亡的植株还能结果，但果实明显变小，质地变硬，剖开后可见果心呈黑褐色。

病菌以菌丝或厚垣孢子随病残体在土壤中越冬，由寄主根部伤口或幼根表皮及根毛侵入，随植株体内液流向地上部的茎、枝、叶、果实扩展，引起发病。带菌土壤、未腐熟的农家肥、水流和移苗等，是病菌在田间传播的主要方式；病菌也可以菌丝体和分生孢子在种子上越冬，种子带菌是远距离传播的重要途径。可与非茄科蔬菜间隔 4 年以上轮作，或与葱蒜类短期轮作，与水稻隔年轮作。发病初期进行药剂灌根，可用 50% 多菌灵可湿性粉剂 500 倍液，每株灌药液 0.5L，7 天左右灌 1 次，连灌 2～3 次。采收前 20 天停止用药。

（四）绵疫病

茄子绵疫病俗称掉蛋、烂茄和水烂，是茄子生育期较普遍的病害。发病在近地面处的嫩茎上出现水渍状缢缩，引起植株摔倒，失水后干枯死亡。成株期主要为害果实，位于植株下部的果实先发病。最初果面上产生水渍状的褐色凹陷圆斑，在潮湿条件下果实表面生出白色絮状霉层，腐烂后脱落。叶片发病生出大型污绿色病斑，后变淡褐色，略有轮纹。茎部受害产生水渍状暗绿色病斑，病斑环绕茎部后发生缢缩，其上部枝叶逐渐萎蔫干枯。湿度大时茎、叶病部生长稀疏的白霉。

病菌主要以卵孢子随病残体在土壤中越冬，翌年卵孢子借雨水或灌溉水溅到茄子植株下部的果实、茎和叶上进行初侵染，以后借雨水、灌溉水等传播蔓延为害。病菌发育最适温度30℃，要求湿度85%～95%，因此，高温高湿是此病流行的条件。保护地栽培偏施氮肥、种植密度过大、排湿降温不及时等，促进发病。防治时即应避免连作或与番茄、辣椒接茬。重病地与非茄科蔬菜实行4年以上轮作。并要增施底肥，适时追肥，多施磷钾肥，提高植株抗病力。

（五）茶黄螨

茶黄螨食性杂，寄主广，虫体甚小，肉眼不易看见。集居在植物的幼嫩部位刺吸汁液。以致嫩叶、嫩茎、花蕾、幼苗不能正常生长。受害叶片增厚僵硬，叶背面呈油渍状，渐变黄褐色，叶缘向下卷曲、皱缩。受害的嫩茎变黄褐色，扭曲畸形，植株矮小丛生，以致干枯秃顶，落花落果。果柄和果皮变褐，果实生长停滞变硬，失去商品价值。

茶黄螨借风雨传播，也能爬行为害。有强烈的趋嫩性，所以，又称嫩叶螨。卵和幼虫对湿度要求较高，气温达16～23℃，相对湿度80%～90%时为害严重，防治时及早清除田间及其周围的杂草和枯枝落叶，减少虫源。发现虫害时及时用药，可选用75%克螨特乳剂1 500倍液，或用25%灭螨猛可湿性粉剂1 000～1 500倍液。重点喷植株上部的嫩叶背面、嫩茎、花器和幼果。每隔10～14天喷1次，连续喷3次。采收前10天停止用药。

（六）茄黄斑螟

茄黄斑螟又称茄螟，主要分布于中南和西南地区，是茄子、马铃薯、豆类等的重要害虫。茄黄斑螟的幼虫主要为害茄子的花蕾、花蕊及子房，或蛀食嫩茎、嫩梢和果实，引起落花、落果和枯梢。秋天果实受害严重，多时每果蛀虫3～5头，雨水灌入蛀孔后会造成果实腐烂。

茄黄斑螟以幼虫越冬，5 月开始为害，7—9 月是为害盛期。成虫白天隐藏，夜间出来活动，但无明显的趋光性。雌虫将卵散产于茄子中上部的嫩叶背面。初孵化幼虫很快钻入叶柄、嫩茎和花蕾，以后多次转移为害。夏季老熟幼虫在茄子植株的中上部缀合叶片中化蛹；秋季在枯枝落叶、杂草和土缝里化蛹。防治时要清除虫源。摘除带卵的叶片和缀合化蛹的叶片、钻蛀幼虫的嫩茎和果实，集中烧毁。拉秧后清洁田园，将残枝落叶深埋或销毁。3 龄以下幼虫采取喷药防治，可喷 21% 杀灭毙 3 000 倍液，或喷 10% 菊马乳油 1 500 倍液，或喷 20% 杀灭菊酯乳油 2 000 倍液，几种药剂交替使用，每隔 7 天喷 1 次，连喷 2~3 次。茄子采收前 15 天停止用药。

第三章　西葫芦

一、主要优良品种

1. 花叶西葫芦

该品种在北方地区普遍种植。植株茎蔓较短，直立，分枝较少，株型紧凑，适于密植。叶片掌状深裂，狭长，近叶脉处有灰白色花斑。主蔓第五至第六节处着生第一雌花，单株结瓜 3 ~ 5 个。瓜长椭圆形，瓜皮深绿色，具有黄绿色不规则条纹，瓜肉绿白色，肉质致密，纤维少，品质好。单瓜重 1.5 ~ 2.5kg。亩产 4 000kg 以上，从播种到收获 50 ~ 60 天。收获期 2 个月左右。较耐热、耐旱、抗寒，易感病毒病。

2. 早青一代

该品种是由山西农业科学院育成的一代杂交种。结瓜性能好，瓜码密，早熟。播后 45 天可采收嫩瓜，一般第五节开始结瓜，单瓜重 1 ~ 1.5kg。如果采收 250g 以上的嫩瓜，单株可收 7 ~ 8 个。瓜长圆筒形，嫩瓜皮浅绿色，老瓜黄绿色。叶柄和茎蔓均短，蔓长 30 ~ 40cm，适于密植。较适于保护地栽培，亩产 4 000kg 以上。本品种有先开雌花的习性，在保护地中栽培，需用 2, 4 - D 等蘸花。

3. 黑美丽

黑美丽是近年由荷兰引进的西葫芦早熟品种。在低温弱光条件下植株生长势较强，植株开展度 70 ~ 80cm，主蔓第五至第七节结瓜，以后基本每节有瓜，坐瓜后生长迅速，宜采收嫩瓜，平均嫩瓜重 200g 左右。瓜皮墨绿色，呈长棒状，上下粗细一致，品质好，丰产性强。每株可采收嫩瓜 10 余个，收老瓜 2 个，单瓜重 1.5 ~ 2kg。适于冬春季保护地栽培和春季露地早熟栽培。亩产 4 000kg 左右。

4. 长蔓西葫芦

长蔓西葫芦是河北省地方品种。植株匍匐生长，茎蔓 2.5m 左右，分枝性中等。叶为三角形，浅裂，绿色，叶背多茸毛。主蔓第九节以后开始结瓜，单株结瓜 2～3 个。瓜为圆筒形，中部稍细。瓜皮白色，表面微显棱，单瓜重 1.5kg 左右，果肉厚，细嫩味甜，品质佳。中熟，从播种到收获 60～70 天。耐热，不耐旱，抗病性强。亩产 3 000～4 000kg。

5. 绿皮西葫芦

绿皮西葫芦是江西省地方品种。植株蔓长 3m，粗 2.2cm。叶心脏形，深绿色，叶缘有不规则锯齿。第一雌花着生于主蔓第四至第六节。瓜长椭圆形，表皮光滑，绿白色，有棱 6 条。一般单瓜重 2～3kg。嫩瓜质脆、味淡，生长期 100 天左右，亩产 2 000kg 以上。

6. 无种皮西葫芦

该品种是由甘肃省武威园艺试验场育成。种子无种皮，是以种子供食用的专用品种。植株蔓生，蔓长 1.6m，第一雌花着生于第七至第九节，以后隔 1～3 节再出现 1 朵雌花。瓜圆柱形，嫩瓜可以做菜用。老熟瓜皮橘黄色，单瓜重 4～5kg。每 100kg 种瓜能采 1.5kg 种子。种子灰绿色，无种皮，千粒重 185g。种子炒食不用吐壳，也可直接做糕点。

7. 金皮西葫芦

该品种是近几年来从韩国、以色列等引进的杂种一代。也称香蕉西葫芦。果实长棒形，嫩果金黄色，肉厚，心腔小，以食用幼嫩果为宜。大多作特菜栽培。

二、西葫芦栽培技术

西葫芦适应性强，节瓜早，时较早熟的蔬菜。因其根系发育和开花结果要求的温度低，管理简单，产量高，效益好，现已成为晋北地区日光温室的主栽蔬菜品种。

（一）茬口安排

晋北日光温室种植西葫芦主要有秋延后、越冬、早春三茬。秋延后西葫芦，可根据市场需求结合气候特点于 8 月中旬播种育苗，9 月中旬定植，10 月中旬开始收获。越冬茬西葫芦于 10 月上旬播种育苗，11 月上旬定植，12 月下旬开始收获。早春茬西葫芦可于 12 月下旬播种育苗，翌年 2 月上旬定植，3 月下旬开始收获。

（二）品种选择

晋北属高纬度地区，昼夜温差大、冬春季光照时间短是日光温室三茬西葫芦生长期均存在的气候特点，因此，应选用耐寒、耐弱光、抗病的优质西葫芦品种。

（三）培育壮苗

1. 浸种催芽

将种子用冷水浸泡后放到 50 ~ 55℃ 的温水种烫种，并不断搅拌，保持 20 分钟左右，待水自然冷却后在浸种 4 ~ 5 小时，用 10% 磷酸三钠溶液浸种 20 ~ 30 分钟或用 1% 高锰酸钾浸种 30 分钟，用清水冲洗干净，包裹在干净、持水充分的湿布或毛巾里，放到催芽器皿中，在 25℃ 左右条件下催芽 24 小时，当种子充分吸水膨胀、开始萌动时播种。

2. 苗床准备

取肥沃的园田土 6 份，充分发酵腐熟的马粪或堆肥 4 份，1m³ 混合土加入磷酸二铵 2 ~ 3kg，捣碎，充分混合搅匀，过筛，即配成营养土。将营养土装入 8cm×10cm 或 10cm×10cm 的营养钵内，选择温度、光照、排水等条件均适宜西葫芦育苗的地块，建造宽 1.2m 深 10cm 的平畦育苗床，将营养钵排放整齐，待播。

3. 播种

播种选晴天上午进行。先将营养钵灌透水，水渗后每钵播 1 ~ 2 粒经催芽处理的种子，播后覆 1.5 ~ 2.0cm 细潮土，床面盖好地膜，高温天气应做好遮阴处理。每亩播 2 500 穴左右，为防治小苗戴帽出土，在种子顶土时可覆厚 0. 2cm 左右的细潮土，防治形成高脚苗。

（四）苗期管理

西葫芦出苗后应适当降低温度，以防苗子徒长，白天保持 20 ~ 25℃，夜间 10 ~ 15℃。从子叶展开到第一片真叶出现时，宜降低夜间温度，保持白天 20℃，夜间 10℃，以促进雌花分化。定植前 10 天要加大通风量，降温炼苗，夜间温度保持在 5 ~ 8℃。由于西葫芦极易徒长，且根系较大，因此，在苗期要严格控制浇水次数，若确需浇水，可选晴天上午用喷壶喷洒补水。

（五）定植

1. 定植前的准备

西葫芦结瓜期较长，需肥量大，在定植前 20 天，每亩应施充分腐熟沤制的优质有机肥 6 000kg 左右，每亩再加入磷酸铵 40kg 左右混匀撒施，深翻耙平。晋北日光温室冬春茬一般实行宽窄行种植。即宽行 100cm，窄行 60cm，秋延后等行距种植．行距 60cm，按种植行距起 15 ~ 20cm 的垄，定植前 15 ~ 20 天，每亩用 45% 的百菌清烟剂 1kg 熏棚消毒。

2. 定植

选晴天下午或阴天定植。将茎粗壮，节间短，叶色浓绿、有光泽，叶柄较短，根系完整，株型紧凑，3 叶 1 心，苗龄 30 天左右的壮苗在定植垄上宽窄行按 45cm 左右的株距三角形定植，等株距按 50cm 的株距，行株交叉定植，亩定植 2 000 株左右。定后浇透定植水，促进缓苗。

（六）定植后管理

1. 温度管理

定植后以白天缓苗为主，以利前期产量形成，白天保持 25 ~ 30℃，夜间 15 ~ 18℃，缓苗期适当降温，白天保持 20 ~ 25℃，超过

25℃，应及时放风，温度降到 20℃，左右时关闭风口，夜间保持15℃左右。

2. 水肥管理

西葫芦定植后，可视苗生长状况，及时浇 1 次缓苗水，结合浇水，每亩追施尿素 10kg，促进植株生长。浇过缓苗水后适当蹲苗，瓜长到 10cm 左右的时开始浇水追肥，以后根据采瓜量及秧苗生长势适时浇水施肥，既要防止水大肥足造成秧苗疯长，又要防止因缺水而导致果实生长缓慢，影响产量和品质。

3. 整枝吊蔓

西葫芦长势较强，叶片肥大，瓜蔓伸长快，前期侧枝也较多，为促进瓜的生长，改善西葫芦通风、透水性，要及时打掉侧枝、卷须。

4. 人工授粉

日光温室西葫芦冬春茬和秋延后生产后期气温偏低，花芽分化受阻，雌雄花比例失调，昆虫少，雌花授粉困难，容易造成化瓜现象所以必须进行人工授粉。人工授粉一般选晴天上午 9:00～10:00进行，方法时将雄花摘下，在雌花柱头上轻轻涂抹均匀，每朵雄花可授 2～3 朵雌花。晴天温室内温度高，花粉量大，否则花粉少。叶可用 25～30mg/L 的 2，4－D 涂抹雌花的花梗和柱头，以达到授粉目的。

（七）采收

日光温室自栽培西葫芦以采收嫩瓜为主。待瓜长至 0.15～0.25kg 时即可采摘。采摘应及时，否则，易导致品质下降，效益降低。

三、病虫害防治

（一）病毒病

（1）选用抗病品种，如长蔓西葫芦等。采种时选留无病植株和种瓜。播种前进行种子消毒，可用 10% 磷酸三钠溶液浸种 15～20

分钟。

（2）加强田间管理，培育壮苗。春季栽培要适期早定植，加强中耕，提高地温，促使早缓苗、早封垄，避开蚜虫及高温等发病盛期。结瓜期要合理浇水追肥，防止植株早衰。田间操作过程中要避免人为传毒，接触过病株的手要用肥皂水等洗净。

（3）要实行 3～5 年的轮作，及时除草，发现病株要立即拔除烧毁。

（4）及时防治蚜虫和温室白粉虱。蚜虫迁飞期时在田间连续灭蚜 4 次，其防病效果可达 40% 以上，育苗及栽培田也可用银灰色薄膜驱蚜。

（二）白粉病

（1）选用抗病品种，如站秧、花叶西葫芦等。育苗期间注意通风，保持苗床温、湿度相对稳定。栽培田要注意选择地势高燥、通风、排水良好的地块。施肥要用氮磷钾复合肥，避免过多地使用氮肥，防止徒长。田间发病后要及时摘除病叶烧埋。保护地栽培时，密度要合理，注意通风，降低空气湿度。

（2）药剂防治。可用 50% 多菌灵可湿性粉剂 500 倍液，或用50% 硫黄悬浮剂 250 倍液，在发病初期进行叶面喷施，每 7 天喷 1次，连续喷 2～3 次。喷药应注意早喷，均匀喷施，并要注意不同药剂交替使用。保护地栽培时也可用硫黄粉或百菌清烟剂熏蒸，每亩用硫黄粉 1.5kg、锯末 3kg，分别放在几个小盆内，放置温室不同地点，傍晚将保护地密闭后熏蒸一夜 0.45% 的百菌清用量是每亩 0.25kg。

（三）灰霉病

（1）加强田间管理。保护地内可采用高垄、地膜覆盖栽培，效果较好。生长前期及发病后，应适当控制浇水量，并加强通风，降低空气湿度，减少棚顶滴水。发病后也可在中午间棚，将棚室温度提高至 33～34℃，并保持 2 小时，这样可阻止病原菌形成孢子体。另外，要及时摘除病叶、花、瓜，异地处理。

（2）正确使用药剂防治。发病初期可用 50% 甲基托布津可湿性粉剂 500 倍液等进行喷洒，每 7 天喷 1 次，连续喷 3～4 次，采收前 10 天停止喷药。保护地栽培为解决喷药液后空气湿度增加的矛盾，可以采用烟剂或粉尘剂防治。即用 45% 百菌清烟剂每亩 0.25kg，于傍晚后闭棚熏蒸一夜。烟剂或粉尘剂一般每 10 天用药 1 次，连续或与其他药剂交替使用 2～3 次。这些药剂的预防效果一般要好于治疗效果。所以，对灰霉病应以预防为主，一旦发病则应逐渐加大用药量，为防止产生抗药性，最好交替使用药剂或复配药剂使用。

（四）瓜蚜

（1）生态防治。要及时清理田间及保护地内的杂草和枯枝败叶，并防止幼苗带蚜。

（2）药剂防治。瓜蚜发生初期应及时喷药，采用药剂有 40% 氰戊菊酯乳油 6 000 倍液，或用 50% 马拉硫磷乳油 1 000 倍液，或用 70% 灭蚜松可湿性粉剂 1 000 倍液，或用 2.5% 天王星乳油 3 000 倍液等。喷药时应注意对准叶背及生长点，并将药液尽可能喷到瓜蚜体上。由于瓜蚜对农药易产生耐药性，因此，不宜长期单独使用一种药剂，应多种药剂交替使用效果较好。如瓜蚜发生在采收期，则应杜绝用药剂防治。

（五）白粉虱

（1）温室内在定植前应尽可能将枯枝败叶及杂草清理出去，消灭室内虫源；在通风口可用尼龙网密封，控制外来虫源。

（2）由于白粉虱对黄色敏感，有很强的趋性，故可在温室内设置黄板诱杀成虫。

（3）药剂防治。为害初期可用 10% 扑虱灵乳油 1 000 倍液，或用 25% 灭螨猛乳油 1 000 倍液进行喷雾。保护地也可用敌敌畏 0.4～0.5kg 拌入锯末点火熏杀。多种药剂交替使用可有效防止白粉虱产生抗药性。采收期必须停止用药。

第四章　苦　瓜

一、主栽优良品种

苦瓜又称凉瓜、金荔枝等。果实具有特殊的苦味。苦瓜可凉拌、熟食、做汤、泡菜等。有消暑去热，清心明目的保健作用。

1. 89-1

该品种是由湖南省农业科学院蔬菜研究所选育的一代杂种。植株生长势旺盛，分枝力强，主、侧蔓均能结瓜。第一雌花着生在主蔓第五至第八叶节，雌花多，可连续结瓜。瓜纺锤形，长 35~40cm，横径 5~6cm，单瓜重 0.3~0.5kg。肉质白色、脆嫩，苦味适中。早熟。春播始收期为 70 天，全生育期 150 天左右；夏秋播种的始收期为 42 天，全生育期 100 天左右。耐热，较耐寒，较耐阴雨天气，中抗白粉病、枯萎病。亩产 2 500kg 左右。适宜长江流域及华南地区栽培，在北方可用作保护地栽培。

2. 夏雷苦瓜

该品种是由华南农业大学园艺系育成。植株生长势旺，分枝多，主侧蔓均可结果。果实长圆筒形，长约 18cm，横径 5cm，外皮翠绿色，有光泽，瓜条上有粗大而密的瘤状突起。一般单瓜重 200g 左右。中熟、耐热、耐涝，抗枯萎病，适于夏秋季栽培。

3. 翠绿 1 号

该品种是由广东省农业科学院经济作物研究所育成。果实圆锥形，长 15cm，肩宽 9cm 左右，果实深绿，单果重 400g 左右。植株长势旺，结果早，结果力强，早熟、丰产，适于保护地和露地栽培。

二、苦瓜栽培技术

(一) 品种选择

品种选择上主要考虑生育期的长短，一般选择在 10 叶节前后发生雌花的品种。

(二) 育苗方法及苗期管理

1. 播种期

苦瓜从播种至采收需 85～100 天，利用温室栽培，为使其在春节前后能够大量上市，适宜播期应在 8 月下旬到 9 月上旬。

2. 种子处理

苦瓜种皮较坚硬，需进行浸种催芽。浸种可用 60～70℃的水浸种 10～15 分钟，浸种时注意不断搅动，当水温降至 35℃时，再继续浸泡 12～15 小时，然后将种子搓洗净后，用湿纱布包好，放在 32～35℃条件下进行催芽，催芽时每天用清水冲洗 1～2 次，4～5 天种子即可发芽，当 60% 种子露白，即可播种。

3. 育苗方式

采用小拱棚育苗加营养钵育苗 8 月下旬大同市气温高，宜采用小拱棚育苗，苗床上支拱条，其上加盖薄膜，四周设防虫网，苗床内摆放营养钵。营养土的配制：无病园土 6 份，腐熟有机肥 4 份，都要过筛。每立方米营养土中加入硫酸钾 0.5kg，三元复合肥 1kg，50% 多菌灵 60～80g。营养土要充分混匀后装入营养钵，浇足水，将催芽后的种子每钵播种 1 粒，覆土 1～1.2cm。

4. 苗期管理

(1) 温度。出苗前白天保持在 30～35℃，一般 5～7 天出苗，出苗后白天 25～30℃，夜间 15～18℃为宜。白天超过 30℃可适当放风，夜间低于 15℃加盖草苫。

(2) 水分。当营养钵土表干燥时，即可喷水或浇小水，一般 7～

8 天浇 1 次。

（3）病虫防治。为防治苗期病害，出苗后可喷施 72% 的普利克水剂 400 倍液，对于蚜虫、白粉虱可喷 10% 的吡虫啉 1 000 倍液或 25% 扑虱灵 2 000 倍液进行防治。

（4）培育壮苗。当苗子 3～4 片叶时，可喷矮壮素 200～300 mg/kg，另外，苗期可喷 2～3 次喷施宝或磷酸二氢钾。

（三）定植和定植后的管理

1. 定植前的准备

施足底肥，深翻改土，尽量不连作。一般亩施腐熟有机肥 5 000kg，氮、磷、钾三元复合肥 50～60kg，钾肥 30～40kg，深翻 25～30cm。

2. 种植方式及密度

温室苦瓜的种植方式一般采取 80cm 等行距起垄栽培，也可采取小高畦栽培。起垄栽培，垄高 15cm，株距 40～50cm，每亩栽植 2 000 株左右。定植时垄顶开穴，穴施水，如底墒不足垄沟灌水造墒。另外，苦瓜也可与番茄、辣椒、黄瓜进行间作。苦瓜一行，番茄或辣椒 4 行，或苦瓜 2 行，番茄、辣椒 4～6 行，或苦瓜一行，黄瓜 3 行。这样不仅更能充分利于光热、土地资源，而且能获得较高的经济效益。苦瓜定植后进行地膜覆盖，打孔将苗引出膜外。地膜覆盖可提高地温，减少水分蒸发，降低棚内湿度，减少病害发生。

3. 定植后到结瓜前的管理

主要目标是促根壮苗，为高产奠定基础。

（1）松土除草。疏松土壤，提高土壤的透气性，促根下扎。

（2）肥水管理。结瓜之前只要墒情好，苗子长势旺一般不浇水。但有的土壤保水能力差，苗子长势弱，应进行适当的肥水管理，浇水量不宜过大，结合浇水每亩冲施三元复合肥 10～15kg。

（3）整枝吊蔓。当主蔓长到 30～40cm 时，用塑料绳将主蔓吊起，同时，将主蔓下部抽发的侧枝卷须及时去掉，减少营养消耗。

4. 结瓜后的管理

结瓜后，肥水需求大大增加，同时也需要适宜的，光照条件，才能获得高的产量，为此，需采取以下措施：

（1）肥水管理。结瓜后一般 10～15 天浇 1 次水，每隔一水冲 1 次肥，追肥可用三元复合肥或尿素加钾肥，也可用腐熟有机肥，化肥亩用量 20～25kg，有机肥亩用量 500～800kg。越冬期浇水周期可适当延长，进入 4 月后，气温、地温迅速回升，浇水周期缩短，每 8～10 天浇 1 次，加大浇水量，但不能积水。

（2）温度管理。结果期的温度，白天一般控制在 25～30℃，高于 32℃可适当放风，夜间一般保持在 15～18℃，最低不低于 12℃。

（3）整枝。苦瓜的枝叶繁茂，分枝力强，加强整枝，对棚室密植栽培尤其重要。具体方法是：首先保持主蔓生长，当主蔓出现第一朵雌花后，在其下相邻部位选留 2～3 个侧枝，与主蔓一起吊蔓上架，其他下部侧枝要及时去掉，其后在发生的侧枝，有瓜即留枝，定瓜后留一片叶打顶，无瓜则将整个分枝从基部剪掉。这样做能控制过剩的营养生长，改善通风透光，增加前期产量。各级分枝上如出现两朵雌花，可去掉第一朵雌花，留第二朵雌花结瓜，一般第二朵雌花结的瓜大，品质好。

（4）人工授粉。苦瓜的温室栽培，在没有昆虫传粉的情况下，需进行人工授粉。授粉一般在上午 9:00～10:00进行，摘取新开放的雄花，去掉花冠，与正在开放的雌花进行对花授粉。也可用毛笔蘸取雄花的花粉，给正在开放的雌花柱头轻轻涂抹，进行授粉，以保证其正常结瓜。

5. 适时采收

苦瓜从开花到采收，一般夏秋季节需 8～12 天，在越冬期需 13～15 天。采收的标准是，瓜已充分长成，表面瘤状突起饱满而有光泽，采收时用剪刀将果柄一起剪下。采收过早，不仅食之味不好，而且产量低。但采收过晚，不仅货架期短，且苦瓜顶端易开裂，露出红色瓜瓤，失去商品价值。

三、苦瓜病害防治

(一) 苦瓜白粉病

其发病多在湿度大的时候，因此，要注意雨后及时排水，并适当摘除植株基部病残叶。发病初期可用50%甲基托布津稀释1 000倍液；或用75%百菌清600~800倍液喷洒，每隔5~7天喷1次，可连续喷3~4次。注意采收期前10天停止用药。

(二) 炭疽病

该病在温度24℃，相对湿度为80%时容易发生。地势低洼、排水不良、偏施氮肥、连作、种植密度过大均易引发，苦瓜的叶、果均能感病。应在发病时及时摘除病残叶，并用50%甲基托布津800~1 000倍液；或用75%百菌清可湿性粉剂600倍液；或用50%多菌灵500~600倍液喷洒植株病部，每隔5~7天喷洒1次为好，根据病情喷2~4次。采收前10天停止用药。

第五章 油 菜

一、优良品种介绍

1. 矮抗青

该品种是由上海市农业科学院园艺研究所育成。株型紧凑,株高24cm、开展度30cm,叶椭圆形,绿色,叶面平滑,叶脉细;叶柄浅绿色,基部宽8cm,厚1.2~1.6cm。矮箕、束腰、拧心,菜头大,横径10cm左右,单株重0.6kg左右。纤维少,味鲜美,品质佳,商品性好。晚熟,生长期70天左右。耐寒、耐肥,不耐热,抗病毒病、耐霜霉病。亩产4 000~5 000kg。适宜全国各地露地或保护地秋、冬季栽培。

2. 冬常青

该品种是由上海市农业科学院园艺研究所育成。植株矮箕直立型,生长整齐。叶片椭圆形,绿色,叶面平滑,叶柄绿色,扁平,肉质肥厚。单株重0.4~0.5kg,品质优良,冬季栽培生长期100天以上。耐寒性强,抗病毒病,耐霜霉病,亩产2 000~2 500kg。适宜全国各地栽培。苗龄30天左右。株行距均为13cm。

3. 夏冬青

该品种是由上海市农业科学院园艺研究所育成。植株较矮,叶片较大,矮箕直立,叶片阔椭圆形,叶面平滑;叶柄淡绿色,扁平、宽而厚,肉质厚。高抗病毒病、霜霉病和白斑病,同时,对高温、低温均有较强抗性,适应范围广,能作鸡毛菜、厚地菜及秋冬青菜栽培。品质优良,丰产性好,亩产2 200~3 500kg。适宜全国各地栽培。

4. 小叶青

该品种是由上海市农业科学院园艺研究所育成。株型紧凑，开展度 30cm、株高 20cm。叶片阔椭圆形。绿色、拧心、束腰，单株重 375g。前期生长速度快，拧心早，可较早形成产量，品质佳。高抗病毒病、霜霉病和黑斑病，抗逆性强。亩产 2 000 ~ 2 400kg。适宜长江中下游各地早秋及秋、冬季栽培。

5. 天秀

最新育成的青梗菜新品种。株型紧凑、不束腰，叶柄和叶片颜色深绿，光泽度好，品质细嫩、口味甜脆。生长快速，夏季种植 30 天内可收获，耐热、耐涝性好。可全年播种，尤其适宜在夏天种植。

6. 青欣

该品种株型美面，基部肥大，束腰性好。叶色亮绿，叶柄宽厚光滑。耐寒，耐热，耐湿了品质柔嫩，纤维少，商品性佳。

7. 寒青

该品种耐寒性好，不易抽薹，颜色深绿，株型紧凑，商品性状好，品质佳，生长快，平均单株重 80g，适宜北方地区冷季种植。

8. 翠美

该品种耐热青梗菜品种，植株生长直立。浅绿叶片，叶片绿且光泽度好。束腰好，商品性好，适应性强。

9. 天美青梗菜

天美青梗菜是矮脚种，早熟、耐热，叶片厚、叶数多、叶片绿，叶柄基部肥大，株型美观，抗病性强，耐雨性好，适应性广。

10. 欧美 303 青梗菜

欧美 303 青梗菜是优秀的杂交一代青梗菜新品种，该品种株型直立，株型美观，头大束腰，叶片平滑紧凑，叶色深绿，叶柄绿色，叶片卵圆形，纤维少，口感好，品质上佳，耐寒性好，生长速度快，适应性广。

11. 早生华京青梗菜

该品种可以周年栽培、容易栽培的丰产品种。生长旺盛的早熟种，耐热、耐寒、耐雨性皆强。整齐良好，叶柄宽幅，基部肥大多肉优美。

二、油菜栽培技术

（一）品种选择

选适于保护地栽培的优良品种。油菜可直播，也可育苗移栽。

（二）育苗

1. 浸种催芽

用 20 ~ 30℃温水浸泡 2 ~ 3 小时，沥干水后在 15 ~ 20℃环境下催芽，24 小时可出齐，也可干籽直播。

2. 播种

播种床按每平方米施优质农家肥 10kg，磷酸二氢钾 50g，翻耙后搂平稍踩实灌底水。每平方米播种子 15 ~ 20g，覆土 1cm 左右。

3. 播后管理

气温在 20 ~ 25℃时 3 ~ 4 天出苗，出苗后温度白天在 15 ~ 20℃，夜间 10℃幼苗拉十字时进行第一次间苗，2 片真叶时第二次间苗，苗距 3cm^2，防止幼苗过密徒长。苗期不旱不浇，旱时浇小水。播后 30 ~ 40 天，苗 3 ~ 4 片叶时可定植。定植前 6 ~ 7 天降温炼苗。

（三）定植

定植地亩施优质农家肥 5 000kg，磷酸二铵 20 ~ 30kg，把地耙平，开沟定植，也可穴栽，株距 10cm，行距 18 ~ 20cm，亩栽苗 2.5 万株左右。为使幼苗容易成活，在傍晚或阴天进行。幼苗要随用随起，不用隔夜苗。定植后立即浇水，3 ~ 5 天后浇缓苗水。

（四）生长期管理

（1）缓苗后，地表稍干时，进行第一次中耕，深度 1cm 左右，加强土壤通气性和提高地温，促进根系生长。

（2）定植后 10 天左右，幼苗进入生长高峰期，进行第二次中耕，保持土壤湿度，延缓浇水。

（3）夜温不低于8℃，地温不低于13℃。

（4）定植后 15 天左右，浇足水同时，亩施硝铵 20kg，以后直至收获一直保持土壤湿润。

（五）收获

定植后 35～45 天即可收获。

三、病虫害防治

（一）油菜霜霉病

霜霉病是油菜生产中比较普遍的一种病害，尤其在低温高湿的保护地生产中最易发生。苗期、成株期均可发生。叶片初病呈边缘不明晰的褪绿斑点，扩大后呈黄褐色多角形斑，病斑背面有白霉层。严重时病斑扩大连片，叶片变黄干枯。

防治措施

1. 种子消毒

播种前用 75% 百菌清可湿性粉剂，或 25% 瑞毒霉可湿性粉剂，以种子量 0.3% 拌种。

2. 药剂防治

可选用 40% 乙膦铝可湿性粉剂 200 倍液，或用 72% 普力克水剂 600～800 倍液，或用 64% 杀毒矾可湿性粉剂 500 倍液交替使用，每隔 6～7 天 1 次，连喷 2～3 次。

3. 培育壮苗，提高抗病性

合理掌握用种量，防止密度过大。注意通风排湿、降低湿度，控制发病条件。

（二）油菜黑斑病

黑斑病为害叶片、叶柄，和花梗。叶片染病后，初生近圆形褪绿斑，后渐扩大，边缘浓绿色至暗褐色的圆形病斑。发病严重时，病斑汇合成大的斑块，致使叶片枯死。叶柄上的病斑呈长梭形，暗褐色条状凹陷。

防治措施

（1）施足基肥，增施磷、钾肥，培育健壮植株，提高自身抗病性。

（2）发现病株可用64%杀毒矾可湿性粉剂400~500倍液，或用75%百菌清可湿性粉剂500~600倍液，每7天喷1次，连喷2~3次。

（三）蚜虫

蚜虫繁殖快、蔓延迅速，必须及时防治。一般采用化学药剂防治。蚜虫多着生在心叶及叶背皱缩处，药剂难以喷到，所以，喷药时要细致周到。药剂可选用2.5%溴氰菊酯乳油2 000~3 000倍液喷雾或10%吡虫啉可湿性粉剂1 000~2 000倍液防治。

第六章　芹　菜

一、芹菜优良品种

1. 北京芹 2 号

北京芹 2 号北京丰台区花乡科丰园艺育种场从国外引进的西芹品种中，经多代单株选择育成。植株生长速度快，健壮整齐，无分蘖，株高 70 ~ 90cm，叶片肥大，叶柄长、实心、厚实，质地脆嫩、纤维少，品质好。单株重 0.5 ~ 0.6kg。保护地种植表现为耐低温、耐弱光、抗病毒病。适宜我国华北、东北、西北等地作保护地栽培。采用高畦播种育苗，株行距为 20cm 见方。

2. 翠丰芹菜

该品种为植株直立，生长势强，叶片整齐而不碎，叶片、叶柄联络成一整体。耐寒、耐热，丰产，品质好，味浓，脆嫩。适宜我国北京、山西等省市栽培。

3. 夏芹

该品种是由中国农业科学院蔬菜花卉研究所育成。植株生长势强，株高 88cm，绿色，实心，表面光滑，组织充实，质地脆嫩。单株重 600 ~ 700g。抗病毒病和早疫病，抗逆性强，耐寒、耐热，生长中后期有少数分蘖发生。定植到收获 90 ~ 100 天，一般亩产 6 000kg，高者可达 8 000kg。适宜北京、河北、山西、内蒙古等省市区露地或保护地栽培。

4. 文图拉西芹

该品种是由北京市特种蔬菜种苗公司从美国引进。植株高大，生长旺盛，无分蘖。株高 80cm 左右，叶片大，叶色绿。叶柄绿白色，实心、有光泽，腹沟浅而平，基部宽 4cm，长 30cm，饱和紧凑，品质脆嫩。单株重 750g。抗枯萎病，对缺硼症抗性较强。定植到收获 80 天左右，亩产 6 000～8 000kg。适宜我国北方各地大棚或改良阳畦作秋季栽培。

5. 津南冬芹

该品种属于黄绿色品种类型，羽状复叶，小叶较大，绿色，叶片锯齿较大。根系发达，生长速度快。单株重 0.6kg，株高 90cm 左右。叶柄长 60cm，黄绿色、实心，横切面半圆形，较光滑，品质鲜嫩。耐寒性强，植株冻倒后随温度升高可逐渐恢复生长。适温下，叶柄实心率 95% 以上。分枝少，抽薹晚，采收时间长，对斑枯病和病毒病抗性较强。适宜我国各地冬季日光温室栽培。

二、芹菜栽培技术

（一）芹菜的生物学特性

1. 温度条件

种子发芽适温为 15～20℃。高于 25℃明显降低发芽率加长发芽时间，高于 30℃几乎不发芽，苗期 5～6 片时可耐 30℃以上的高温，也可耐 54℃的低温。植株营养生长盛期为 15～20℃，高于 25℃生长不良纤维增多，品质下降。

2. 光照条件

芹菜属于低温长日照植物，对光照要求中等。弱光有利于叶柄的伸长，强光利于叶柄的加粗生长。

3. 水分要求

芹菜属浅根系吸水力弱，所以，对水分要求严格，种子小、覆土薄，播种后就应经常保持苗床湿润，一旦缺水就易"回芽"，但又不能积水。因根分布在土壤浅层，所以，只有经常灌水才能满足生长需求。

4. 芹菜对土壤营养条件的要求

芹菜根系分布浅，适宜种植在保肥、保水力强的富含有机质的土壤或偏黏土壤中，芹菜属喜氮蔬菜，缺氮时分化的叶数明显减少，但又不能浓度过高，叶片易倒伏，且收获延迟；磷酸也不宜过多，易使叶伸长变得细长，吃起来有筋多的感觉，品质下降；钾浓度过高时，可抑制叶柄的加长生长，变得粗而重，叶片、叶柄上有光泽，纤维少，成为上品。因此，在生长中后期应增加钾肥的使用。另外，芹菜对微量元素硼特别敏感，缺硼会使叶柄劈裂，还会出现心腐病，发育明显受阻，在干燥、氮多钾多情况下，植株吸硼困难。钙过多或不足也会发生心腐病，如果施用氮钾过多，也会阻碍钙的吸收。补充微量元素，可通过多施有机肥和叶面喷肥的方法来解决。

（二）日光温室芹菜栽培技术

无论越冬还是秋冬茬栽培，一般都在初霜期前 70～80 天开始播种育苗，苗龄 50～60 天开始定植，初霜到来之后，大约在日平均气温 10℃开始扣膜转入日光温室生产。定植 60 天左右植株长成，可视情况开始采收。越冬一大茬栽培时，1 个月左右掰收 1 次，第二年春末夏初刨收。秋冬茬栽培时，可根据下茬作物定植需要，一次性刨收或掰收几次后再刨收。

1. 品种选择

温室栽培芹菜宜选用耐寒品种，尤其高纬度和高寒地区更须如此。芹菜分实心和空心两种。实心芹虽生长慢，纤维多，品质相对较差些，但植株高大，叶片少，叶柄宽大而充实，叶柄、叶片深绿色，芹菜味浓，产量高，抗病性好，更适于日光温室栽培。目前，属于这一类型的适用品种有津南实芹，开封玻璃脆，意大利冬芹等。空心芹在一些地方很受欢迎，适于日光温室栽培的有菊花大叶等。

2. 育苗

（1）苗床准备。日光温室芹菜一般是在夏季 6—7 月育苗，苗床宜选在地势高、易排水的地块。苗床宽 1～1.2m，苗床面积应为实栽面积的 1/15。苗床应有遮光、防雨设备，最理想的是用遮阳网，条件不具备时，可用土办法，有的是在两畦埂间密摆玉米秸为畦面遮阴，出苗后再间隔着逐渐撤除。还有的是在夏玉米的大行间育苗，利于玉米植株自然遮光和挡雨。

苗床按每平方米施用细碎农家肥 5kg、磷酸二氢钾 50g，翻耙后搂平踩实。

（2）浸种催芽。芹菜一般采用干籽播种，但夏季播种育苗，宜采取催芽播种。浸种时把经过精选的种子用 15～20℃ 的清水浸泡 24 小时，用清水淘洗几遍后控水，拌入相当于种子重量 5 倍的细沙，装入盆或袋内，在 15～18℃ 的环境下催芽，每天翻 1～2 遍。沙子保持湿润，5～7 天可出芽。

（3）播种。苗床浇足底水，待水渗完撒细土找平床面。将种子均匀撒布床面，然后覆盖 1cm 厚的细沙。如用细土覆盖，一般厚 0.5cm 厚即可。每平方米播量为干籽 2g 左右，每亩温室需用种子 80g 左右。

（4）播后管理。播种后随即覆盖遮光防雨物。出苗后逐渐减少遮阴，延长见光时间。苗床要经常洒些水，苗大后可灌畦，幼苗长有 4～5 片叶时须适当控水。出苗后还要疏间苗，使苗距达到 1.5～2.0cm，结合间苗拔除杂草。发现蚜虫及时防治。

苗龄 50～60 天，5～6 片真叶可定植。

3. 定植

（1）施肥整地。在温室内定植地段，按每亩施用优质农家肥 5 000kg，磷肥 50kg，碳铵 25kg 作基肥。耕翻耙耱后，在中柱前按 1～1.2m 做成南北向畦。中柱北侧可做成东西向畦。

（2）栽苗。起苗后苗床浇透水，连根起苗，把苗按大、小分级，分畦栽植。栽苗时，在畦内按 10cm 行距开南北向沟，按穴定植。穴距 10cm 时，每穴栽 2～3 株，穴距 7cm 时，穴栽 1～2 株。栽时要掌握深浅适宜，以"浅不露根，深不淤心"为度。

（3）定植后的管理。

①缓苗期管理：浇定植水后 1～2 天再浇 1 次缓苗水。待发现心叶变绿，新根发出，则要细致锄松土保墒，促进根系发育，防止外叶徒长。

②缓苗后的管理：

第一，温度管理、霜冻前覆盖棚膜，但初期温度尚高，应注意放风降温，以后随温度下降再逐渐减少放风，并根据天气加盖草帘，纸被等防寒设施。此期间白天宜保持20℃左右，超过25℃放风，严冬季节提高到30℃放风，夜间5～10℃，一般争取不使夜温低于50℃。

第二，水肥管理。苗高15cm左右，接近封垄时开始追肥浇水。每亩用硝酸铵15～20kg，以后3～5天浇1次水。第一次追肥后15～20天再追第二次肥，亩施硝铵15～20kg，以后随天气转冷，放风量减少可适当减少浇水。

（4）采收及采收后的管理。定植后60多天即可达到收获标准。采收1个月进行1次。每株1次采收2～3个大叶，切不要太狠，否则，恢复生长缓慢。采收后还必须采取相应的管理措施。

①变温管理：收后要在原来温度管理的基础上提高5～8℃，一是可以促进伤口愈合，避免病菌侵染；二是以气温促地湿，促进根系再生，增加吸收能力。提温管理可持续7～10天，然后转入常温管理，以保持芹菜健壮生长。

②适期浇水：采收后7～10天，即提温管理阶段不浇水，以利伤口愈合。从高温转入常温管理后要浇1次水。以后每10～15天浇1次水。

③增施肥料：采收后浇第一次水时，亩用硝铵20～25kg，随水追肥。同时，可用20～30mg 7kg赤霉素加100～150倍的白糖和300倍的尿素叶面喷肥。

④喷药防治：采收后造成伤口，宜喷药减少病原菌侵染。

三、病虫害防治

芹菜斑枯病（叶枯病）叶片病斑呈圆形油浸状，淡褐色，边缘较明显，严重时叶片干枯。叶柄和茎上病斑呈长圆形，稍凹陷，病斑表面长有小黑点。防治方法：用55℃温水浸种10分钟。发病初期喷洒0.5%～1%，150～200倍波尔多液，75%百菌清600～800倍液或50%代森胺800～1000倍液。每6～7天喷1次，连喷3～4次。几种药交替使用，效果更好。还可用45%百菌清烟剂熏烟，每次200g。

芹菜软腐病在保护地栽培发病较重。在25～30℃的高温、潮湿环境中易发病。主要为害叶柄基部和茎。初为水浸状小斑，后迅速发展为纺锤形或不规则形，稍凹陷，浅褐色。后期腐烂成糊状，具恶臭，干燥后变黑褐色。防治方法：发病初期喷洒72%农用链霉素可溶性粉剂或新植霉素3 000～4 000倍液。隔7～10天1次，连续2～3次，喷到颈部。

蚜虫在芹菜的整个生育期都可造成为害。可用2.5%溴氰菊酯乳油2 000～3 000倍液喷雾或10%吡虫啉可湿性粉剂1 000～2 000倍液喷雾。

第七章 冬 瓜

一、主栽优良品种

1. 一串铃冬瓜

一串铃冬瓜为北京地区农家品种。植株生长势中等，叶片较小，掌状，深绿色。花单性或雌雄同花，通常在主蔓上第三至第五叶节发生第一朵雌花，以后间隔 1～3 节又连续出现雌花。结果多，果实多为近圆形到扁圆形，一般高 18～20cm，横径 18～24cm，肉厚 3～4cm，单果重 1～2kg，果实成熟时表皮青绿色并被有白色蜡粉，以采收嫩果供食为主，肉质白色，纤维少，水分多，品质中上。本品种适宜于保护地或露地早熟栽培。

2. 大车头冬瓜

大车头冬瓜为北京地区农家品种。植株生长势强，叶大，掌状，深绿色，以主蔓结瓜为主，第一朵雌花着生于主蔓第 15～20 叶节，以后每隔 2～3 叶节再发生 1 雌花。花果较少，果型为近圆形或扁圆形，脐部及梗洼处稍凹陷，一般果长 24～26cm，横径 30～35cm，果皮灰绿色，成熟时被有白色蜡粉，并有稀疏针状刺毛，肉厚 4.5cm 左右，果肉白色，致密，纤维少，品质较佳，一般单果重 5～10kg。

3. 青皮冬瓜

青皮冬瓜为福建省福州市郊区农家品种。植株蔓生，生长势中等，叶掌状，五角形，绿色，主蔓上第十五叶节发生第一朵雌花。果实为长圆柱形，略呈三角状，一般果长 78cm 左右，横径约 26cm，果皮黄绿色并具深绿色花斑，平滑，蜡粉少，被有稀疏刺毛及白色茸毛。果肉较厚，肉质致密，含水分少，味淡，品质中等。除熟食外，还适于加工制干或糖渍。一般单果重 13kg 左右。

4. 尤头冬瓜

尤头冬瓜为北京地区农家品种，以平谷县一带栽培较多。植株蔓生，生长势强，叶片肥大浓绿，耐热性强。第一朵雌花发生在主蔓第十五至第二十五叶节，以后每隔 3～4 叶节再着生第二、第三、第四朵雌花，果型大，每株留 1 个瓜。果型为长圆柱形，老熟时果上被有白色蜡粉，一般单果重 10～15kg，最大者可达 40～50kg。

5. 大青皮冬瓜

大青皮冬瓜为广东省广州市郊区农家品种。植株蔓生，生长势强，叶掌状，肥大，浓绿色，主蔓结瓜，在第二十三至第三十五叶节结果为宜，第一朵雌花发生在第十八至第二十二叶节，以后每隔 4～5 叶节再着生 1 雌花，有时连续发生 2 朵雌花。果实为长圆柱形，顶部钝圆，一般长 40～60cm，横径 20～28cm，果肉厚 5～6cm，皮青绿色，无蜡粉，果肉白色，肉质较致密，含水较多，味清淡，柔滑。较抗疫病，易得日烧病。一般单果重 10～20kg，大的可达 50kg。

二、冬瓜栽培技术

保护地冬瓜包括地膜覆盖栽培、塑料薄膜拱棚（大、中、小）覆盖栽培、温室栽培等。高品质栽培一般以露地栽培为主。露地栽培冬瓜投入的成本也低。

冬瓜栽培要严格实行 5 年以上的轮作制度。

（一）种子处理

冬瓜种子发芽年限仅一年。为了促进种子发芽，防治病害，增强瓜苗的抗逆性和提高冬瓜品质，播种前要进行种子处理，可选用晒种、温汤浸种、热水烫种、药剂消毒、催芽等系列方法。

1. 晒种

晒种是为了使低温下保存的冬瓜种于逐渐适应浸种时温度，防止温差过大损伤种子，并促使种子后熟，提高发芽率，增加发芽势。具体做法是，将要浸种的冬瓜种子放在18℃左右的温度下十几个小时，在日光下照晒几个小时更好。

2. 温汤浸种

选用优良品种，要求籽粒饱满，纯净，放入洁净的盆中，慢慢倒入50~55℃的温水，水量为种子量的5~6倍，浸种时要不断搅拌，并随时补热水保持55℃，经过10分钟后停止搅拌，浸泡20分钟捞出。浸泡种子过程中应控洗1~2次以去掉种皮上的黏液，有利于种子吸水和呼吸。

3. 热水烫种

该方法风险性较大，技术要求高，应谨慎采用。方法有两种，一种是将种子放入洁净的盆中注入凉水将种子刚淹没后，再徐徐注入开水，边注边搅拌至水温至70~85℃时停止注水，继续搅拌1~2分钟后，再注入凉水，使水温降到30℃，停止搅拌，再继续浸种；另一种是将种子放入洁净的盆中，迅速倒入80℃左右的热水，要刚淹没种子为好，同时，快速搅拌5秒钟左右，再快速倒入凉水使水温降到50℃，继续搅拌至不烫手时，再接着浸泡至种皮吸涨为止。

4. 药剂消毒

药剂浸种要掌握好药液浓度和消毒时间，先把种子在清水中浸泡5~6小时，然后浸入药液中，按规定时间消毒，捞出后立即用清水冲洗种子。药液可选用40%福尔马林药浸种30分钟，或用2%~4%漂白粉溶液浸种30~60分钟，或用25%瑞毒霉可湿性粉剂800倍液浸种2小时。

5. 催芽

具体做法是在浸种后，将种子捞出用清水淘洗2~3遍，稍加晾晒，然后用湿纱布包好放入温室内或火炕上，每隔4~5小时上下翻动1遍，一般冬瓜需在30℃左右催芽5~6天，即可播种。

（二）精心育苗

育苗冬瓜，播种时要选"冷尾暖头"的温暖晴天，特别是在阳畦育苗一定要选在天气晴朗时播种，这样可提高床温，出苗快。

　　苗期温度管理一般要掌握好"三高三低"。"三高"就是在冬瓜齐苗前温度要高一些，移苗后秧苗未成活时温度要高一些，刚蹲苗几天内温度要高一些。"三低"就是在冬瓜齐苗之后床温稍低一些，移苗成活后床温稍低一些，定植前7天左右床温稍低一些。苗期苗床土温至少应保持在10℃左右，最好在20～25℃。种子发芽时昼夜温度可控制在25～30℃，齐苗至炼苗前，气温白天保持在25～30℃，夜间随苗生长逐渐降低，2片叶前是20～25℃，2～4片叶时是20℃，4片叶以后，夜温降到15℃。苗床温度可通过开关玻璃窗或揭盖草帘等覆盖物来调节。

　　苗期湿度管理要掌握"宁干勿湿"的原则。幼苗生长期间，如果中午阳光强烈有倒苗现象，则掘土观察，苗床上有湿气，不要浇水；如土壤确实干燥，可少量浇与床温相近的温水。

（三）定植

　　冬瓜露地栽培定植前要提早深耕晒垡，并要精细整地，整平耙细。冬瓜地应选择地势高燥、地面平整、便于排灌的土地，并要有较深厚疏松的土层和排水良好的地块，防止积水引发枯萎病和烂根。

　　冬瓜生长期长，对肥料需求量大，要多施基肥，定植前每亩可施腐熟的厩肥2 000kg以及过磷酸钙25kg，可促使冬瓜优质早熟。冬瓜定植时间因各地气候、栽培方式和品种不同而异。华北地区大型冬瓜立架栽培，一般行距为70～80cm，株距为50～60cm，每亩亩数1 300～2 000株；小型冬瓜立架栽培的行距较大型的为小，株距为33～50cm，每亩苗数2 600～4 000株。地冬瓜的行距为1.7～2.0m，每亩苗数为500～800株。南方一般是穴栽，每穴3～5株，每亩最多栽800～1 000株。

（四）定植后的管理

　　冬瓜定植后地温尚低，缓苗较慢，缓苗后生长也不迅速。定植后5～6天要进行第一次中耕除草，以后在施肥或灌水前后进行。中耕时靠近根际处要浅耕，中耕和蹲苗同时进行，待冬瓜植株表现叶色浓绿，茎蔓粗壮时，即可结束中耕蹲苗。中耕时要注意除草，避免杂草争夺养分。

冬瓜对肥水反应比较敏感，搞不好对品质影响极大。蹲苗结束后可于冬瓜植株间开穴追肥，每亩可施腐熟的人粪尿 500kg 或氮磷钾复合肥 20kg，施肥后要及时浇水，促进抽蔓。在雌花开放前后，应控制浇水，以免生长过旺落瓜。坐果后，可追施人粪尿或硫铵，以促进果实迅速长大。一般在结果前的追肥量约占全部追肥量的 30% ~ 40%，结果期占 60% ~ 70% 结果期的施肥一般都在结果前期和中期。

在追肥浇水的同时，注意土壤湿度不要过大，否则，易引起烂瓜和枯萎病、疫病的发生。冬瓜在大雨过后一定要排水，果实接近成熟时要严格控制浇水。冬瓜在生长过程中应及时进行压蔓、摘心、打杈和定瓜等工作，调整营养生长和生殖生长之间的关系，扩大根系吸收面积，促进开花结果。

冬瓜在搭架栽培时，可将基部没有雌花的茎蔓绕架杆或架的外侧盘曲压入土中，使龙头接近架杆的基部，以使上架。地冬瓜一般多在瓜坐住以后，在瓜的前后各压一道，待摘心后再压一道。在压蔓时，切勿将着生雌花的茎节和顶端生长部分以及叶片压入土中，南方雨水较多，压蔓时只用土块压在蔓上即可。及时做好压蔓工作，藤茎分布均匀，瓜田通风透光好，有利植株生长。

冬瓜一般在主蔓长到 13 ~ 16 片叶时开始摘心，这样可将坐瓜的位置控制在 9 ~ 12 节位。冬瓜每个叶腋都可以出现侧芽，并能长成侧枝，应及时抹掉，只留瓜旁的一个侧枝即可。冬瓜摘心打杈不宜过度，尽量少摘心，多留叶。

冬瓜从第一个雌花开始，以后每隔几节还能陆续着生雌花，可根据品种确定留果数。一般早熟品种每株留豆 1 ~ 2 个果实即可。冬瓜有时会发生落花、落果现象，因此，每株应先保留 2 ~ 3 个幼果，待幼果长至 0.25kg 左右时再择优去劣。一般多留取第二或第三个幼果。

三、病虫害防治

（一）冬瓜枯萎病

（1）选择地势高、排水好的地块栽植，重病区要实行至少 3~5 年的轮作倒茬。

（2）种子要从无病株上采种，并进行种子消毒，可在 40% 福尔马林 100 倍液中浸种 30 分钟或用 50% 多菌灵 500 倍液浸种 1 小时，也可用温汤浸种。

（3）基肥必须是充分腐熟的，不宜在高温季节使用粪稀。发病期间可少浇水或暂停浇水，但地不过干，保持见干见湿为好。

（4）发现病株后及时拔除，带出田外处理，可烧毁或深埋。

（5）发病前期可采用 50% 多菌灵 500~800 倍液喷洒植株，如无效果则应停止用药，不可连续喷药。

（二）冬瓜蔓枯病

（1）采取 2~3 年轮作，并选择排水良好的地块栽培。要从无病瓜上采种。

（2）可用 65% 代森锌 500~600 倍液，或用铜皂液 600~800 倍液等喷施植株茎叶，每隔 4~5 天喷药 1 次，喷药不仅要喷到叶上，也要喷到蔓上。采收前 10 天停止用药。

冬瓜植株有时也会有瓜蚜和温室白粉虱为害，防治方法可参照黄瓜部分。

第八章　丝　瓜

一、丝瓜优良品种

丝瓜又名天丝瓜、布瓜等。在丝瓜属中作为蔬菜栽培的，按瓜条的形态可分为普通丝瓜和棱角丝瓜，在植物学分类上它们是不同的种。有棱丝瓜在华南地区栽培较多，而其他地区以栽培普通丝瓜为主。普通丝瓜可根据瓜条的长度和粗度分为短粗丝瓜和细长丝瓜。短粗丝瓜一般属于早熟品种。瓜条较短粗，一般长 30cm 左右，粗 6 ~ 9cm。按瓜表面形状又可分为具皱纹突起的品种（如肉丝瓜）以及皮光滑的较细长品种（如棒槌丝瓜、香丝瓜）等。北方保护地栽培宜选短粗种丝瓜品种。细长种丝瓜一般瓜长达 100 ~ 200cm，横径 3 ~ 6cm，大多为晚熟品种。

1. 蛇形丝瓜

蛇形丝瓜为瓜蔓生长很旺，主蔓第七至第八节开始着生第一雌花，以后几乎每节均着生雌花。叶片宽大，深绿色，瓜条特长，形似蛇状，一般果可长达 1 ~ 1.6m，瓜条上部细长（粗 3 ~ 4cm），下部较粗大（4 ~ 5cm）瓜皮绿色，粗糙，有皱缩和纵纹，瓜肉绿白色，果肉厚而柔嫩，纤维少，种子较少，品质较好。其中，又有木把和铁把 2 种，木把即瓜柄部肥嫩可食，品质较好。晚熟，耐热，耐湿。抗病性强，抗旱力强，产量较高。较适于春夏季露地栽培。

2. 白玉霜

白玉霜为武汉市地方品种。近年来，北方等地区引种较多。植株生长势旺，分枝力强，叶色浓绿，第十至第十五节着生第一雌花，侧蔓第一至第二节即着生雌花。嫩果瓜长 60cm，直径 4 ~ 5cm，瓜条呈长圆柱形，外皮淡绿色，两端皮质粗硬，具纵纹，中部密布白色霜状皱纹。肉乳白色，肉质肥嫩，纤维少，耐老，品质好。单瓜重 500g 左右。耐涝、耐热，但耐旱力较差，较适于春夏季露地栽培。亩产 5 000kg 左右。

3. 肉丝瓜

肉丝瓜为湖南省地方品种。植株生长势旺，分枝力强，叶色浓绿。主蔓 20 节左右着生第一雌花，嫩果瓜长 35cm 左右，直径 7cm 左右，瓜条呈圆筒形，头尾略粗，花痕大而突出，外皮绿色，粗糙，被有蜡质，有 10 条深绿色纵条纹。单瓜重 250～500g。肉质肥嫩，纤维少，品质好。耐湿，耐肥，不耐干旱，适应性较广。

4. 五叶子

五叶子为成都市地方品种。植株蔓生，分枝力中等，叶掌状深裂。第一雌花着生于主蔓第十节左右。瓜长棍棒形，长约 20cm，横径 3cm。外皮绿色，光滑，具有明显的深绿色条纹。肉质细嫩，白色，品质好。单瓜重约 100g 抗病、耐热、耐涝。

5. 八桂丝瓜

八桂丝瓜为广东地方品种。主蔓 6～7 节着生第一雌花，侧蔓也能较早结瓜。叶色浓绿，叶片为掌状七角形，叶面平滑无茸毛，叶缘缺刻浅。瓜条为长棒形，基部细，先端较粗，瓜皮绿色，皮质较硬，无茸毛，有明显的棱角 8～10 条。瓜肉白色，肉质柔嫩多汁，有清香味，品质好。耐热、耐湿性强，耐寒性差，适于夏秋季节栽培。

6. 青皮绿瓜

青皮绿瓜又名绿豆青、绉纱皮等，为棱角丝瓜。蔓长 500cm，分枝力强。叶青绿色。主蔓 9～16 节着生第一雌花。瓜长棒形，青绿色或黄绿色，具棱 11 条左右。肉白色单瓜重 250～500g。皮薄肉厚，品质优良。

7. 乌耳丝瓜

乌耳丝瓜为广州市地区品种，又名乌皮丝瓜。叶浓绿色，主蔓的 8～12 节着生第一雌花。瓜长棒形，一般长 40cm，直径 4cm 左右。

瓜皮浓绿色，具 10 棱，棱边深绿色。肉白色。单瓜重 250g 左右。皮稍薄，皱纹较少，较耐贮运，品质优良。

二、丝瓜主要栽培技术

丝瓜是连续开花、连续结果采收的蔬菜，所以，大多数地区均安排在无霜期内进行一年一作栽培。

（一）播种育苗

丝瓜可采取提前育苗，终霜后立即定植的方法栽培。由于种植的密度不同，丝瓜的用种量有很大的区别，育苗移植的一般每亩需丝瓜种子 250g 左右。而华南等地区采用棚架栽培（如平棚架、半圆形隧道式棚架），株行距很大，每亩用种量较少。播种前也应进行种子消毒、浸种催芽，处理方法及苗床准备、播种、苗期管理等均可参考黄瓜等的育苗方法。浸种的时间一般为 8～10 小时，催芽 2～3 天即可出芽播种。由于种子较大，播种时覆土应达到 1.5cm 左右。

丝瓜的苗龄以 40 天左右为宜。当幼苗生长出 3～4 片真叶时即可定植。丝瓜根系发达，为减少移植时对根系的损伤和有利于及时恢复生长，丝瓜育苗最好采用营养钵等护根育苗的方法。

（二）整地与定植

施足基肥是丝瓜优质高产的关键。定植前要深翻地，施足基肥，每亩施有机肥 5 000kg 以上。由于丝瓜的株行距较大（特别是南方的棚架式栽培），所以，基肥以开沟条施或穴施效果最好。定植地块排水要良好。定植前先整地做畦。北方地区由于适宜生长的时期有限，相对栽培的密度较大，一般畦宽 150cm 左右，每畦栽苗 2 行，定植的株距 30～50cm，每亩栽 2 000 多棵。南方适于丝瓜生长的时期相对较长，常采用棚架栽培方式，行距 2～3m，株距 30～100cm，采用高畦栽培，每亩栽 600 株左右。定植时幼苗一定要带有完整的土坨，以保护根系，有利于缓苗，定植完成时要及时浇定根水，以后再根据土壤墒情和天气情况浇缓苗水。

（三）及时中耕天草

浇过缓苗水后，幼苗新叶开始发生，但此时还未搭架，幼苗又小，应及时进行第一次中耕松土，以增加土壤的透气性，提高地温，减少土壤水分的损失，促进缓苗。并同时能消灭杂草。间作套种的地块，前茬作物收完时的中耕更为重要。以后可根据土壤表面板结和杂草的生长情况进行第二次和第三次中耕。第一次中耕以不伤幼苗根系和不松动幼苗基部为原则。第二次中耕时要将每架行间的土适当地向两边培于植株根部，使之由平畦变成瓦垄畦，促进不定根的发生，扩大植株吸收营养的面积，增强丝瓜的吸收能力。当植株长大，枝叶爬满架后，地面被遮阴，不宜再中耕，此时，如有杂草应进行拔除。早春丝瓜刚定植时，气温较低，应适当控制浇水，加强中耕等管理，以利于地温提高和丝瓜根系的生长。

（四）搭架

在第二次深中耕后要及时搭架。北方等较密植的可搭"人"字架、花架等；一般生长势弱、蔓较短的早熟品种，且当地适宜生长的季节较短的，以搭"人"字架或花架为宜。在丝瓜茎蔓上架之前，要注意随时摘除侧芽，并进行人工引蔓；引蔓时可根据植株的生长情况，结合"之"字形引蔓，使不同植株的茎蔓分布均匀，生长点处于同一水平。要及时绑蔓固定茎蔓。当植株茎蔓爬到架的上部后，特别是棚架栽培，就不再进行绑蔓和引蔓。棚架一定要搭得坚固，以防操作和刮风时塌棚。

为了提高丝瓜的产量和质量，要及时整枝打杈，及时摘除过多的和无效的侧蔓，使养分集中供应给正常发育的花、果，以改善田间通风透光。整枝打杈也要与植株定植的密度、架式和管理水平及栽培习惯结合起来，一般可把主蔓上（在爬到架上部之前）的侧蔓（或在第一朵雌花出现以前）基本摘除。当茎蔓爬到架上部后，如果是主蔓结瓜品种，还要坚持摘除侧蔓，一般主侧蔓均能结瓜的品种不再摘除侧蔓，但要把茎蔓过密处的侧枝、弱枝、严重重叠的或染病的侧蔓摘除。也可以在强壮的侧蔓上留1~2条瓜后摘心。

（五）肥水管理

丝瓜虽然较耐贫瘠的土壤，但在肥水充足的条件下，生长健壮，根深叶茂，花果多，瓜条粗直。所以，栽培丝瓜除施足基肥外，在定植时浇定根水时可掺入稀薄的人粪尿，以促进缓苗生长。以后浇缓苗水等浇水时均可进行追肥。由于丝瓜对高浓度的肥料也能忍受，肥料充足时也不易发生徒长，所以，丝瓜在整个生长过程中营养生长与生殖生长的矛盾不像架果类那样突出。丝瓜的整个栽培过程中，其追肥次数和追肥量应比其他瓜类多。

如果施肥不及时，易发生脱肥现象，造成雌花黄萎、脱落，正在生长发育的果实会出现细颈、弯腰、大头或大肚、尖尾巴等各种畸形果，产量降低产品质下降。实际栽培中，每收获 1～2 次瓜，就必须追 1 次肥，每次每亩可追肥硫酸铵 15kg 或尿素 8kg，或硝酸铵 10kg，也可施入氮磷钾复合肥料 10kg。施肥时最好埋入土中（复合肥必须埋入土壤中），在离植株根约 12cm 处挖 10cm 左右深的穴，埋入肥料，施肥后应进行浇水。在雨季大雨后更要注意加强追肥。丝瓜还可结合打药等进行叶面施肥，如喷施 0.4 的尿素溶液等。

（六）采收

一般丝瓜从定植到开始采收需 50～60 天。从雌花开放到采收嫩瓜需 7～10 天，温度高时瓜条发育速度加快（8 天左右即可采收），而温度低时瓜条发育速度相对慢（开花后 10 天以上才能采收）棱角丝瓜更易老化，一般采收期比普通丝瓜要短 1～2 天，否则，品质变劣。如北京地区在 4 月下旬定植的丝瓜，到 6 月中下旬就可开始采收，7—8 月为盛期，9 月中旬后生长缓慢，可考虑拉秧。丝瓜以嫩瓜供食用，所以，采收宜早不宜迟，否则，采收过晚，瓜条内部纤维迅速增加，种子变硬，影响食用品质。具体的采收标准因不同的品种而不同。在肥水不足时，果实易老，应适当早采收；而肥水充足时，可适当推迟采收。一般当果实发育 7～10 天，果梗变光滑，瓜皮颜色变为深绿色，果面茸毛减少，用手触果皮有柔软感，即可采收。

三、丝瓜的病虫害防治

　　丝瓜的抗病虫能力较强，在正常情况下病虫害发生较少。在天气干旱、生长不良，管理不当时，也会发生蚜虫、美洲斑潜蝇、白粉虱、白粉病等病虫害。其防治方法可参考黄瓜等的病虫害防治方法。但丝瓜容易产生药害，所以，要特别注意药剂的使用浓度，以低浓度较安全可靠，并且一定要避免在高温、强光、大风条件下喷洒农药。

第九章　生菜栽培技术

生菜又名叶用莴苣，可分为 3 种类型。一是结球型，又分脆叶、绵叶 2 种；二是散叶不结球型，分绿、紫 2 种；三是直立生长类型。

一、对环境条件的要求

（一）温度

生菜喜冷凉气候，种子发芽的适宜温为 15~20℃，幼苗耐低温能力强，12~13℃时生长健壮，叶球生长适温 16~18℃，温度过高会导致结球生菜叶球松散，提前抽离。

（二）光照

生菜属长日照植物，喜欢充足的阳光，忌荫蔽。

（三）水分

生菜叶片组织脆嫩，叶面积大，含水量高，整个生长期要求有充足的水分供给。但中后期灌水不能过量及干旱后不宜浇灌大水，以免叶球开裂和腐烂。

（四）土壤

生菜以肥沃、排水良好的沙壤土和轻黏壤土最适宜，pH 值 6.5左右的微酸性土壤适宜生芽生长。

（五）肥料

生菜主要靠细根吸收养分，喜肥沃土壤。生菜以叶片为主要食用部位，要求充足的氮肥供应，配合磷、钾肥，结球期应补充钾肥。补充钙肥可防止叶球干烧心和腐烂。应选择早熟、优质、丰产，适应性强，植株生长健壮的品种。如美国结球生菜、散生香港玻璃生菜等。

二、栽培技术

（一）育苗

（1）播种。9月中下旬开始育苗，亩播种量散叶生菜为30～35g，结球生菜为20～25g育苗床土要求细碎、平整。播前要浇足底水，水渗后撒播种子，覆过筛土1～1.5cm厚，保持白天20～25℃，夜间15～18℃；大部分出苗后降低温度，保持白天18～20℃，夜间12～14℃；当幼苗2～3片真叶时即可分苗。

（2）分苗。按株行距6～8cm，先开深3cm的小沟，顺沟浇水，水渗后按株行距摆苗，扶直覆土，填平小沟，5～6片真叶时定植。

（二）定植

（1）施肥整地一般亩施腐熟农家肥1 500～2 000kg，氮、磷、钾复合肥10～15kg施肥后翻地，肥土混匀，整地作畦，平畦栽培。

（2）种植密度散叶生菜株行距17～18cm，结球生菜株行距25～35cm。

（3）定植方法定植前1～2天苗床浇足水，栽苗以土坨与地面持平为宜。

（三）栽培管理

（1）结球前保持16～20℃，结球期控制在17～18℃；地温15～20℃为宜。超过25℃不易形成叶球，或因叶球内温度过高，引起心叶坏死腐烂。

（2）浇水施肥。定植后保持土壤见干见湿，结合浇水中耕松土。在8～9叶期以及结球生菜开始包心期，结合浇水，追施速效氮肥1次，亩追施硝铵8～10kg。结球后期应适当控制浇水，以免引起软腐。

（3）采收定植后50天左右即可采收上市，可根据市场需求多次采收。结球生菜叶球成熟后应及时采收，以免造成裂球，降低商品性。

（四）病虫害防治

（1）虫害主要是蚜虫。可用10%蚍虫啉可湿性粉剂，1 000 ~ 2 000倍液防治。

（2）主要病害有霜霉病、灰霉病和软腐病等。应避免连作，不要种植过密及浇水过多，加强通风排湿，发现中心病株应及时挖掉，清除枯叶集中烧毁。发病初期及时喷药防治。霜霉病可用40%乙膦铝可湿性粉剂200 ~ 500 倍液，或用58%甲霜灵锰锌可湿性粉剂500倍液，或用75%百菌清600 倍液喷洒。注意喷洒叶背面，隔7 ~ 10天喷1次，连续喷2 ~ 3次。灰霉病可喷洒50%多菌灵可湿性粉剂600 ~ 700 倍液，或用50%速克灵可湿性粉剂2 000倍液，7 ~ 10 天喷1次，连续防治3 ~ 4次。软腐病可用72%农用链霉素可溶性粉剂3 000 ~ 4 000倍液，或用新植霉素4 000倍液，隔10天喷1次，连续2 ~ 3次。同时，要注意清洁田园，把病株病叶收拾干净，带出田外深埋。要注意通风、排湿，降低空间湿度，减少发病条件。

第十章　日光温室番木瓜栽培技术

大同市南郊区口泉乡杨家窑村，大同市福龙生物科技合作有限责任公司农业观光园，利用高科技智能连栋加温温室从 2009 年开始，引进番木瓜进行种植，2010 年试验成功，喜获丰收，2011 年继续扩大推广面积试验种植番木瓜，目前，长势良好，受到了当地农民和市领导的重视。

番木瓜为蔷薇科植物贴梗海棠，木瓜的成熟果实。性味归经为酸温，人脾肝经。落叶灌木或小乔木，高可达 7m，无枝刺；梨果长椭圆体形，长 10～15cm，深黄色，具光泽，果肉木技，味微酸、涩，有芳香，具短果梗。花期 4 月，果期 9—10 月。

番木瓜以成熟的果实入药，性酸、涩、温，内含皂苷、黄酮、苹果酸、酒石酸、枸橼酸及维生素 C 等多种成分，能舒筋活络、和胃化湿，主治风湿、关节疼痛、腰腿酸痛以及吐泻腹痛、四肢抽搐等病。我国以番木瓜为原料光制的药酒种类很多，用于舒筋活络、强身健骨效果极佳，是很好的大众化保健饮品。

一、生长特性

番木瓜耐旱性瘠，喜温暖湿润气候，对土壤要求不严，在山区适应性强，适于坡地栽培，以比较肥沃、湿润而排水良好的沙壤土或夹少土栽植较好。在年平均气温 8～20℃，年降水量在 300～1 500mm，pH 值 6.2～7.8 值地区均可生长，以降水量 600～1 000mm 为最好。常被选为优良的退耕还林树种。栽培木瓜应选温暖向阳、肥沃湿润、疏松沥水的山脚坡地种植最好。我国南方较温暖的地区和北方日光温室均可栽种。番木瓜为两年生枝条成花，2～3 年的粗壮短枝结果率较高。虽开花枝多，但常落花落果。

番木瓜的根系集中分布在 10～40cm 的土层中，以 15～35cm 深的土层分布最多。早春土温 5℃ 时开始活动，木瓜幼龄期生长旺盛，当气温达到 13～15℃ 时，开始萌动，萌发芽率高，成枝力强。木瓜开花从 3 月下旬开始，全树花期 15～20 天，9 月下旬到 10 月上旬为果实成熟期，果实从开花到成熟需要 180～200 天。

二、设施选择

在北方种植番木瓜，设施栽培，设施应选择在保温性好的塑料日光温室，日光温室要求空间较大，顶高 3.5m，跨度 8m 以上。保温效果，冬季最冷月温室达到 8℃ 以上，冬季连续几天阴天下雪需采取加温措施。番木瓜在一般的土壤上均可种植，但在排水良好、肥沃、疏松的中性沙壤土或壤土上产量高、品质好。

三、品种选择

在温室栽培品种要求矮秆品种，要求瓜型美、糖分高、耐贮运、抗病性强、丰产性好的品种。以鲜食为主的果个小型品种为好，如台湾 1 号，平均单果重 750g。

四、繁殖方法

主要分株繁殖、也可用扦插和种子繁殖。

（一）分株繁殖

木瓜根入土浅，分蘖能力强，每年从根部可长出许多幼株。于 3 月前变老株周围萌生的幼株带根刨出。较小的可先栽入育苗池，经 1～2 年培育，再出圃定植；大者可直接定植。此法开花结果早，方法简单，成活率高。

（二）扦插繁殖

扦插繁殖在 2—3 月木瓜枝条萌动前，剪取健壮充实的 1 年生枝条，截成 20cm 插条，按株行距 10cm×15cm 斜插在苗床内，斜插入苗床中，覆盖遮阳网后经常喷水保湿。待长新根后移至苗圃地中，移栽到育苗地里继续培养 1~2 年定植。

（三）种子繁殖

秋播或春播。秋播于 10 月下旬，木瓜种子成熟时，摘下果实，取出种子，于 11 月按株行距 15cm×20cm 开穴，穴深 6cm，每穴播种 2~3 粒，盖细土 3cm。春播于 3 月上旬至下旬，先将种子置温水浸泡 2 天后捞出，放在盆内，用湿布盖上，在温暖处放 24 小时，按上法播种。秋播者第二年春出苗，春播者 4 月下旬至 5 月上旬出苗，当苗木长到一定高度时，进行苗木嫁接，嫁接方法常见有插皮接、劈接、丁字形芽接、带木质嵌芽接 4 种，嫁接的接穗应选已结果，无严重病虫害，生长健壮的优良品种树作母树，从母树上选取生长充实，芽体饱满的一年生发育枝或当年并仍在生长的新枝，长 30cm 以上，用指甲掐皮易离皮的树枝，采穗可结合冬春季修剪进行。苗木嫁接后应加强剪砧、除萌以及水、肥、土、病虫防治等工作。苗高 1m 左右时即可出圃定植。每穴栽苗 1~2 株，覆土压实、浇水、栽树时间以春季为好。

五、定植管理

幼苗长至 20cm 即可定植。大同地区一般可在 3 月上、中旬定植。由于番木瓜的树冠大，一般可采用宽行密植，株行距 1.8m×1.8m 定植要挖深穴，一般穴的直径为 60cm，深 40cm。定植时，剥除营养钵时尽量不要弄散钵土，以免伤根，最后淋定根水并盖膜。由于番木瓜在温室内生长迅速，为了减少今后的修剪次数，定植后需有意识将小苗朝一侧侧卧，并用专用拉钩压住主干，插入土中，随着番木瓜的生长，定期更换拉钩；最终使番木瓜形成先侧卧后直立的生长态势。

六、合理施肥浇水

番木瓜施肥分基肥和追肥两种。基肥一般在果实采收后进行，基肥以有机肥料为主，占全年施肥量的70%左右，施氮量占全年施氮量的2/3，追肥多在花芽分化前这一时期进行。土壤施肥具体方法为：沿行挖深40~50cm，宽40~60cm的施肥沟，将表土与基肥拌匀后，施在根群主要分布层的深度，每株施入圈肥或土杂肥各5kg左右，或施入人粪尿10kg左右，复合肥0.1~0.2kg，最后将底土填入施肥沟的表层即可。

木瓜追肥又分土壤施肥、根外追肥2种，具体如下。

（1）2月下旬至3月上旬，0.5%~0.1%尿素喷淋树体施氮。

（2）5月中旬，每隔10天1次，以氮肥为主，适当增施磷钾肥，开花前，连喷2~3次0.3%硼酸，加0.3%的尿素液，每株施3g硼砂。

（3）6月每10~15天施1次，以氮肥为主，适当增施磷钾肥，每株施100g左右。并喷布250~300g尿素液1次。

（4）7—8月每月1次，每次施150~200株复合肥。

（5）10月中下旬，每株施50~100g复合肥，并喷施30~50g尿素液。木瓜的施肥应与排灌水工作相结合，特别是在谢花后半个月和春梢迅速生长期内，田间持水量宜维持在60%~80%。

七、花期人工辅助授粉

选取质量优良的授粉品种，从健壮树上采摘含苞待放的铃铛花，取出花药，用10kg水，0.5kg白糖，30g尿素，10g硼砂，20g花粉，配成花粉的500倍液进行人工喷雾辅助授粉。

八、病虫害防治

番木瓜苗期为害最大的病害是疫病、猝倒病、炭疽病、白粉病等，应以防为主，定期喷水杀菌药，可用瑞毒霉锰锌、托布津和多菌灵等。定植后主要是花叶病毒病、炭疽、白粉病及叶斑病为害，花叶病的主要传播媒介是蚜虫，及时喷杀。番木瓜虫害大同地区主要是蚜虫，可用10%吡虫啉（一遍净）或抗蚜威。喷药浓度不宜过浓，因番木瓜很容易受药害为害。桃蛀螟：以幼虫蛀食果实。防治方法：冬季清洁田园，幼虫初孵期用2.5%敌杀死3 000位液喷雾。红蜘蛛：对红蜘蛛可用2 000倍液进行防治。

第十一章 菠菜越冬栽培技术

菠菜中富含大量营养，是人们喜爱的菜种之一。据统计：每100g鲜菠菜中含蛋白质1.8g，脂肪0.2g，还含有钙、磷、铁、胡萝卜素、维生素等。菠菜生长积温为10～20℃，能长期耐0℃以下低温，但是不耐热，25℃以上生长不良，遇长日照就抽薹开花。冬季播种，由于生长期处于短日照下，当年不抽薹，可以长成较大的植株。越冬菠菜是早春的主要蔬菜，不但产量高，供应上市早，而且收益大。

一、栽培品种

选择适宜的栽培品种，以耐寒晚熟品种为最好，例如，青岛菠菜、日本超能菠菜、尖叶菠菜、荷兰菠菜K4等都可用于本地栽培品种的选择。

二、栽培时间

菠菜栽培时间根据型号大小略有差异，对于大菠菜栽培可选择圆粒或者是刺粒的品种，播种时间控制在9月下旬到10月上旬，待翌年2月下旬到3月这个空当可收获；对于小菠菜栽培可选择刺粒品种，播种时间控制在10月下旬至11月上旬，待翌年4月中、上旬可收获，一定要保证在冬前长出2～3片叶，否则，会影响过冬。对于中菠菜栽培可选择刺粒品种，播种时间控制在10月中、下旬，待翌年3月中旬到4月上旬可收获。

三、播　种

1. 整地施肥

从菠菜的生物学特性来看，菠菜根系较为发达，可延伸至1m喜欢沙性、富含有机质的土壤，土壤pH值小于5.5会影响其发芽，导致死亡。越冬菠菜生长期比较长，要求基肥要施足，保证菠菜有较好的长势准备过冬。在前茬作物收获之后，可用3 000～4 000kg/亩经过充分腐熟的有机肥做基肥，施肥结合整地进行，要求深耕耙平做垄。越冬后菠菜，会因为生长肥料供应不足，出现先期抽薹现象的出现，由此一定要选择丰产、耐寒、冬性强的品种，每亩地用量在4～5kg。

2. 种子处理

考虑到菠菜种子发芽较慢，播种之前可做浸种处理。可用温水或者是使用氧化氢水溶液浸种。温水浸种12小时，捞出后即可播种。氧化氢水溶液浸种，要根据气温有所调整。首先，氧化氢和水按照1：（4～5）的比例调配，制成氧化氢水溶液。其次，调配好之后一边倾倒种子，一边搅拌，保证种子能够充分吸收水分。最后，根据气温调整浸种时间，气温在20～30℃时，可浸种1～1.5小时；气温在30℃以上时，可浸种30～50分钟；气温低于20℃时，可浸种100～120分钟。

在浸种过程中，有如下几项问题值得注意。

第一，使用氧化氢水溶液浸种的种子，要在阳光下晒4～6小时，并及时剔除杂物和瘪粒；

第二，浸种催芽之后，要立即进行播种；

第三，播种期要保证土壤湿润，播种后覆1～1.5cm的厚土，或者是使用稻草覆盖2～3天，出苗后立即除去覆盖物。

3. 种子催芽

种子经氧化氢水溶液浸润捞出之后，立即用清水进行冲洗，3～4次为适宜，清洗干净后盛于容器内，然后用湿布覆盖发芽。如果种子成熟度好的话，1周左右的时间可达到85%的发芽率，播种后3天左右的时间可出齐苗。

4. 播种方法

播种时间会影响到来年产量、收获时间以及越冬的能力。通常情况下，越冬前菠菜长至4~5片真叶时，可安全过冬。长至2~3片真叶时，可借助有机肥覆盖过冬。但是，此种情况下，越冬存在一定的风险，一定要加强管理，尤其是浇好防冻水。

播种方法可采用条播或者是撒播，播种后覆土厚度控制在1cm左右。对于墒情较差的，可在畦内划浅沟，播撒种子之后耙平畦面，踩实后浇水。

四、田间管理

1. 越冬前管理

出苗后，根据幼苗生长情况，适时进行间苗。在1~2片真叶期，要适当浇水，保证土壤湿润2~3片真叶期，间苗1次，苗距控制在3~5cm，3~4片真叶期，适时中耕，加以控水，促进幼苗根系发育。越冬前，幼苗枯黄可施10~15kg/亩的硫酸铵，结合浇水，促进幼苗生长。如果有蚜虫病情况出现的，要立即进行药物防治。

2. 越冬期管理

此期重点是预防冷旱伤害，在封冻前浇1次冻水。施肥不足的，可结合浇水冲施尿水。浇封冻水必须做到"一定、二适"。"一定"就是根据土壤含水量多少决定浇不浇封冻水：绝对含水量砂壤土在低于15%，壤土低于17%，黏土低于20%时应浇封冻水。"二适"就是适时和适量浇水：适宜浇封冻水的时间是白天土壤耕层能化冻，夜间有上冻的时候；适量浇水就是指封冻水量不能过大或者是过小，一般似接上底墒为宜。

覆盖防寒。北方地区严寒期绝对低温对菜苗安全越冬非常不利，因此，应覆盖防寒物，确保幼苗安全越冬。覆盖一般可在亦耕层土壤全部结冻后进行。用富含有机质并经打碎捣细的农家肥料覆盖效果好，亩撒 1 000kg 左右。

越冬期间，可选晴暖天气，在菠菜上的霜冻融化后泼施鲜尿，亩施 1 000 ~ 2 000kg，有明显增产效果。

3. 返青旺长期管理

翌春土壤解冻后，菠菜开始返青生长，要浇返青水，水量宜小不宜大，但盐碱地菠菜可适当大浇，防止返盐。沙壤土温度回升快，返青水可适当早浇。返青后要注意防治蚜虫。

菠菜开始进入旺盛生长期，应供给充足的肥水，才能丰产。此期要保持土壤湿润，不宜干旱。应抓紧追肥，浇水，促叶丛生长，延迟抽薹。一般亩施尿素 10 ~ 15kg，并随之浇水。肥水充足，菠菜生长快，很快即可收获。

4. 采收

菠菜是一种多次采收的绿叶菜，采收技术直接影响采收的次数和产量，要求"细收勤挑，间挑均匀"，每次采收时要挑大留下，间密留稀，使留下的菠菜行距均匀，稀密适当，以利充分发棵，生长一致，延长供应期。

第十二章　大白菜常见病害防治技术

一、大白菜干烧心

1. 发病规律

施肥不当是导致大的白菜干烧心问题出现的主要原因。常年施用化学肥料，尤其是在偏重氮肥，而忽视有机肥及其他肥料使用的前提下，土壤理化性质会发生根本性的变化，导致土壤板结、渗透性差，从而影响白菜根部对水分和其他养分的吸收，导致干烧心疾病出现。在雨水偏少、浇水不及时的情况下，这种疾病更为常见。此外，有研究报道，土壤中缺乏有效锰元素也是此病存在的重要原因之一。

2. 干烧心防治办法

（1）改良土壤。土壤改良要从其理化性质上进行，可选择充分腐熟的厩肥或者是底肥做基肥。如果在基肥施加中加入适量的磷肥，对于白菜的生长会更加有力。追肥可用尿素代替硫酸铵，防病效果会更好。

（2）农业防病。播种时，浇足底水，缩短蹲苗期，特别是在出苗期要做到小水勤浇，三水齐苗，避免土壤板结，出现忽干忽湿的现象，这样可有效提高幼苗的疾病抵抗能力。

（3）农药防治。干烧心疾病防治可用喷洒型大白菜干烧心防治丰或者是拌种型大白菜干烧心防治丰。用喷洒型大白菜干烧心防治丰，每亩地可用 0.45kg 混合兑水 50kg，防治效果较好。拌种型大白菜干烧心防治丰，可先取种子加水湿润，加入 30g 细土拌匀，然后用 225g 药物拌种，可有效减轻发病概率。

（4）及时补锰。大白菜生长过程中需要大量的锰元素，在大白菜苗期、莲座期、包心期，可用浓度为 0.7% 的硫酸锰兑水 50kg 进行喷施，防治效果较好。

二、大白菜白斑病

1. 发病规律

病菌附着在种子表皮上或随病株残体在地表越冬。次年气候条件适宜时，病原菌便随风、雨传播，从叶片气孔侵入。一般在大白菜包心初期发病，10 月上中旬多雨潮湿，适于病菌繁殖、蔓延，发病重。地势低洼、田间管理粗放、植株生长瘦弱，病情会加剧。

2. 防治办法

（1）农业防治办法。第一，有目的地选择抗病品种。第二，加强施肥管理，合理使用氮肥、磷肥、钾肥、锌肥，提高植株的抗疾病能力。第三，加强田间管理，建议采用起垄栽培，及时排灌，避免积水。第四，有条件的地区，可考虑每 3 年以上就轮作 1 次。

（2）农药防治办法。一旦有病症出现，合理使用农药进行防治。常用的药剂有多菌灵可湿粉剂（浓度为 25%，使用剂量为 400～500 倍液）、甲基托布津可湿粉剂（使用浓度为 50%，使用剂量为 500 倍液）、百菌清可湿粉剂（使用浓度为 75%，使用剂量为 600 倍液）用药力求科学合理，方法得当，药液中可加入适量的磷酸二氢钾或者是过磷酸钙，对于提高白菜的抗疾病能力较强。

三、大白菜黑斑病

1. 发病规律

黑斑病病菌可以菌丝体和分生孢子在病叶及种子上过冬，往往带菌的冬贮菜经过窖藏都可以成为春季的初侵染源。发病后病菌借风、雨水进行传播，病菌由大白菜气孔或表皮直接侵入而引起发病，气温在 20℃ 以下，田间湿度大时，适于黑斑病的发生与发展。该病尚可为害油菜、甘蓝、小白菜等多种十字花科蔬菜。

2. 防治办法

（1）合理处理种子。第一，以无病种子留作种用，或者是播种前及时进行消毒处理。第二，播种前可首先用55℃的温水进行浸种，0.5小时后捞出晾干播种。第三，也可用拌种剂福美双可湿粉剂进行拌种，预防效果较好。

（2）农业防治办法。对于常年有黑斑病史的种植区，要根据地方种植特点有针对性地选择栽培品种。此外，施足底肥，追施磷肥、钾肥、锌肥，对于提高株体抗疾病能力较好。

（3）农药防治办法。田间管理，注意留意有无黑斑病出现。

一旦发现，要立即喷施杀菌剂。常用的杀菌剂有乙膦铝可湿粉剂（使用浓度为40%，使用剂量为300倍液）、百菌可湿粉剂（使用浓度为75%，使用剂量为500倍液）、克菌丹可湿粉剂（使用浓度为40%，使用剂量为400倍液）、杀毒矾可湿粉剂（使用浓度为64%，使用剂量为500倍液）。药剂使用过程中，最好能够加入浓度为0.2%的磷酸二氢钾或者是过磷酸钙，对于抗疾病效果较好。

四、大白菜软腐病

1. 发病规律

病原细菌常随病叶落在土壤中或随病株在菜窖内越冬，翌年带病株种植田间或施用病叶、烂菜帮沤制腐熟的厩肥就成为田间发病的初侵染来源。病菌通过流水或昆虫从寄主的各种伤口，包括虫口和自然孔口侵入。管理不善，土壤干旱后突浇大水以及害虫为害猖獗的地块，发病严重。

2. 防治办法

（1）加强栽培管理。建议采用起垄栽培的方法，及时排灌，改育苗栽培为直播，可有效减少伤口。

（2）合理轮作。对于病重严重的栽培地，可选择与禾本科作物或者是与葱、蒜类蔬菜进行轮作。

（3）及时防治虫害。可用浓度为90%的晶体敌百虫800～1 000

倍液灌根或者是喷雾处理。

（4）及时药剂防治。染病初期可使用浓度为72%的农用链霉素或者是新植霉素可溶粉剂3 000~4 000倍液进行防治。

（5）土壤消毒。及时拔出染病株，可在病穴内撒入适量的生石灰进行消毒处理。

菜行距均匀、疏密适当，充分发挥生长优势，延长供应期。

第十三章　郑早60大白菜无公害配套栽培技术

大白菜在大同地区种植历史悠久，随着经济的发展，人们对大白菜常年需求，2008年大同地区引进了郑早60大白菜。2008—2010年连续3年在大同市南郊区水泊寺乡，马军营乡，口泉乡小南头村、房子村等十几个村引种，推广了大白菜优良新品种—郑早60。经过试验、示范、推广，郑早60新品种试验成功。该品种的主要特征是品种特性稳定，抗病，抗逆性较强，播期时限宽松，产量高，效益好。试验结果表明，平均亩产毛菜9 261kg，净菜8 544kg，每千克售价0.8元，亩收入6 835.2元，亩纯收入5 735.2元，深受广大农民欢迎。

一、郑早60大白菜新品种简介

1. 特征特性

生育期55～60天，外叶碧绿，叶面茸毛少，植株生长势强，株型半直立，适宜密植，株高32cm，开展度65cm。叶球呈断圆柱形，球叶嫩白，球高26cm，球径17cm，商品性状好，码放齐整，适宜长途运输，丰产稳产，单球净重3.2kg，亩产净菜6 000kg左右。品质柔嫩，口感好，食用风味佳。高抗病毒病和软腐病，抗霜霉应性广。

2. 栽培季节

经过小南头、房子村2008—2010年耐热、早熟、多茬次的播种期试验，初步探索出郑早60主要栽培方式和栽培季节为：早夏栽培：5月上中旬育苗或直播。夏季栽培：7月上中旬播种，9月上中旬采收，供应淡季市场，尽量使结球期避开高温多雨季节或利用丘陵山地阴坡进行夏季栽培，播种期根据海拔高低可适当调整。早秋栽培：7月下旬至8月上旬播种，9月下旬至10月中旬采收，供应国庆、中秋双节市场。特别适用大同地区在头茬种植早熟马铃薯、小日元、豆角、小葱、西葫芦、5月鲜地豆收获后栽培。

二、无公害配套栽培技术

1. 选好茬口，清除前茬残枝烂叶

大白菜虽然对土壤的要求不是十分严格，但是由于大白菜根系较浅，吸收能力较弱，发叶速度快而生长量大，蒸腾水量多，宜肥沃、疏松、保水、裸肥的中性或微酸性粉沙壤土、壤土和轻黏壤土。要求良好的排、灌条件。前茬以葱、蒜、韭菜为最好，其次是瓜和豆类作物，不要在苗子白、萝卜、油菜的前茬地里再种大白菜。在整地前，要把前茬留下的枝、叶、根子清理出去。

2. 施足基肥，精细整地

底肥适用原则：以腐熟的有机肥为主，其他肥料为辅；以多元复合肥为主，单元素肥料为辅；提倡使用专用肥和生物肥。通常亩施腐熟的有机肥 4 000～5 000kg，磷酸二铵 30～40kg、硫酸钾 30～40kg 或三元素复合肥 80kg。有条件的地方可以测土施肥，保持土壤肥力平衡。施肥后，耕翻，耙平，起垄，做畦。

3. 适期播种

适期播种是秋季大白菜高产优质关键措施之一，我国各地都有比较严格的宜播期，自北向南从7月依次推迟至9月。中国北方多用垄作或平畦栽培；南方为高畦栽培。垄作和高畦便于排水和保持土壤疏松，植株根群发达，能减轻软腐病为害。采用直播或育苗移栽。直播方法简便、省工，但播期要求严格，苗期遇不良气候则较难控制。育苗移栽节约苗期占地，苗期管理方便，又利于前茬作物的延后生长，但移栽费工，须精细管理促使秧苗成活。不论哪种方式，都要注意提高播种质量并加强苗期管理，防旱、排涝、及时间苗，减轻或控制病毒病等病害的发生和蔓延。掌握好播种时间，对大白菜稳产和高产至关重要。

4. 间苗、定苗、及时中耕除草

（1）间苗时间的安排。第一次间苗在下种后 7 ~ 8 天进行，以后每各 8 ~ 10 天间 1 次苗，一般情况间苗 3 次。苗子的距离以相互间不影响采光为准，第一次间苗苗距 3 ~ 5cm，第二次间苗苗距 6 ~ 9cm，第三次间苗苗距 10cm。每次间苗的田间操作步骤是：第一步：间苗和除草，第二步打药（看虫害情况），第三步是锄地。

（2）定苗一般在下种后 30 天左右进行。间苗和定苗时要留符合品种特征的壮苗，拔除病苗、杂苗、弱苗。肥水充足的地块留苗要稀一些，肥水差的地块留苗要密些。

（3）苗期田间管理的有关措施。①出齐苗后，根据虫害情况，低浓度喷施杀虫药 2 ~ 3 次。②根据土壤，幼苗和天气情况浇水 1 ~ 2 次。③及时间苗、除草、锄地。④根据天气情况、虫害轻重以及苗子的大小适时定苗。

5. 合理密植

合理密植是提高大白菜产量和商品质量的重要措施。种植密度因品种、地力和气候条件而异。合理密植的指标是植株所占的营养面积约等于或稍小于莲座叶丛垂直投影的分布面积为宜。同一个品种，气候条件适宜、肥水条件好，密度可稍小；反之，密度宜稍大些。植株田间布局的方式也影响大白菜的生长。为便于田间操作，一般是行距略大于株距。

6. 田间肥水管理技术

郑早 60 属于早熟大白菜类型，由于其生育期短，整个生育期肥水管理一促到底。施肥一般以基肥为主，追施速效碳酸氢铵 20 ~ 30kg/亩或 10kg/亩。追施占总施肥量的 1/3，分 3 ~ 4 次施用，重点施肥期在莲座末期至结球初期。可追施充分腐熟的人粪尿 1 000kg/亩，草木灰 50 ~ 100kg/亩；追施速效碳酸氢铵 20 ~ 30kg 亩或尿素 10kg/亩。

施肥中应注意以下几个问题。

（1）人粪尿要充分发酵腐熟，追肥后要浇清水冲洗。

（2）禁止使用硝态氮肥，如需施用，每亩地用量应控制在25kg以下；化肥必须与有机肥配合施用，其比例为2：1，最后一次追施化肥的时间应在收获前30天。

（3）化肥要深施、早施。深施可以避免肥料挥发，提高氮素利用率；早施则利于植株早发快长，延长肥效。施肥时铵态氮施于6cm以下土层，尿素则应施于10cm以下土层。

（4）应配施生物氮肥，增施磷钾肥。配施生物氮肥可有效地解决使用化学肥料带来的土壤板结现象；磷钾肥对增强蔬菜抗逆性有着很明显的作用。

（5）根据栽培条件灵活施肥。在不同的条件下硝酸盐含量也有差异，一般在高温强光下硝酸盐积累少，在低温弱光下硝酸盐易大量积累。在施肥过程中应考虑栽培季节和气候条件等。

（6）禁止使用有害城市垃圾和污泥，收获阶段不许用粪水肥追肥。

每生产1 000kg大白菜，需要吸收氮1.5～2.3kg，磷0.7～0.9kg，钾2.0～3.5kg，氮磷钾吸收量的比率大致为2：1：30对氮磷钾的吸收数量苗期较少，莲座期较多，结球期最多。从苗期到莲座期占总吸收量的20%～30%，结球期占70%～80%。幼苗期吸收氮多，钾次之，磷最少；莲坐期、结球期则吸收钾最多，但次之，磷最少。在生长期间，施氮肥数量过多，会使叶片含水量增加，含糖量降低，品质下降，为满足大白菜生长对营养元素的需求，应根据目标产量计算吸肥量、土壤肥力、肥料种类及肥料利用率等，进行综合分析后确定合理的施肥指标。

大白菜叶片多，叶面角质层薄，水分蒸腾量很大。在营养生长时期，土壤水分以维持田间水量的80%～90%为宜，低于70%时，对产量和品质均发生不良影响。当长期在95%以上高湿条件下，病害重或贮藏时发热易脱帮，空气相对湿度以65%～80%为宜。过高、过低均对生长、结球不利。发芽期和幼苗期蓄水量较少，但种子发芽出土须有充足水分；幼苗期根系弱而浅，天气干旱应及时浇水，保持地面湿润，以利幼苗吸收水分，防止地表温度过高灼伤根系。莲坐期需水较多，掌握地面见干见湿，对莲坐叶生长既促又控。结球期需水量最多，应适时浇水。结球后期则需控制浇水，以利贮藏。

7. 病虫害防治技术

（1）防治原则。贯彻"预防为主，综合防治"的植保方针，根据有害生物综合治理（IPM）的基本原则，采用以抗（耐）病虫品种为主、以栽培防治为重点、生物（生态）防治与物理、化学防治相结合的综合防治措施。

（2）防治方法。

①农业防治：

a. 中耕除草　实行翻耕、轮作、倒茬，加强中耕除草，清洁园田以减少病菌、虫源数量，减少侵染源。

b. 播前翻地　大白菜田要在播种前翻地 2.1～2.4cm，晒垡 15～20 天，并要保证播种期间的适宜墒情。

c. 提倡小畦种植，便于管理。

d. 种子消毒　防止霜霉病、黑斑病可用种子量的 0.4%～50% 福美双或 75% 百菌清拌种；也可用 25% 瑞毒霉按种子量的 0.3% 拌种；防止软腐病可用菜丰宁或专用种衣剂拌种。

e. 适时间苗和定苗　大白菜要掌握"三水齐苗、五水定苗"之原则，气候干旱病毒病重的年份适当晚间、晚定；在涝年晚播或霜霉病严重地块应提早进行。

f. 成株期的栽培管理　及时中耕松土可促进根系发育，干旱年份浅中耕可保墒，涝年深中耕可促进水分蒸发，提高地温，利于发根提高抗病性，但注意避免伤根。

②生物（生物制剂）防治：

a. 防治菜青虫、小菜蛾、甜菜夜蛾　可采用 BT 乳剂、虫螨克、七公雷等。

b. 防治韭菜蛆　可用虫螨克。

③物理防治：在大白菜田可采用银灰膜避蚜或黄皿（柱）诱蚜防治方法。

④化学防治：加强田间病虫害的调查，掌握病虫害发生动态，适时进行药剂防治。所选药剂注意混用或交替使用，以减少病虫抗药性，同时注意施药的安全间隔期，严禁使用高毒、高残留农药。

（3）大白菜主要病害。病毒病、霜霉病、软腐病、黑腐病、黑斑病、干烧心、斑枯病、灰霉病等。

①常见病害推荐使用农药：

a. 防治霜霉病　　可选用58%甲霜灵锰锌可湿性粉剂500倍液、69%安克锰锌可湿性粉剂600～800倍液、72%克霜氰可湿性粉剂500～700倍液、72.2%普力克水剂800倍液等喷雾。

b. 防止黑腐病、黑斑病、灰霉病　　可选用70%甲基托布津500～600倍液、80%炭疽福美可湿性粉剂800倍液等。

c. 防治软腐病等细菌性病害　　可选用72%农用链霉素可溶性粉剂40 000倍液，或用77%可杀得可湿性微粒粉剂400倍液、新植霉素40 000倍液。

②常用杀菌剂的安全间隔时间：

75%百菌清可湿性粉剂在上市前7天使用；

77%可杀得可湿性粉剂安全间隔期3～5天；

50%扑海因可湿性粉剂安全间隔期4～7天；

70%甲基托布津可湿性粉剂安全间隔期5～7天；

50%农利灵可湿性粉剂安全间隔期4～5天；

50%加瑞、58%瑞毒霉锰锌可湿性粉剂安全间隔期2～3天；

64%杀毒矾可湿性粉剂安全间隔期3～4天。

（4）大白菜主要虫害。蚜虫、菜青虫、小菜蛾、地蛆、甜菜夜蛾等。

①常见虫害推荐使用农药：

a. 防止蚜虫　　可用50%辟蚜雾（抗蚜威）可湿性粉剂2 000～3 000倍液、25%快杀灵1 000倍液等；

b. 防治菜青虫、小菜蛾　　可选用10%氯氰菊酯乳油和2.5%溴氯菊酯100～1 500倍液等菊酯类农药；

c. 防治地蛆和地下害虫　　可选用75%辛硫磷乳油500倍液、48%乐斯本1 500倍液灌根；

d. 防治甜菜夜蛾　　可用52.25%农地乐乳油1 000～1 500倍液。且在傍晚施药效果最佳。

②常用的杀虫剂安全间隔时间：

10%氯氰菊酯乳油安全间隔期 2～5 天；

2.5%溴氯菊酯 2 天；

2.5%功夫乳油 7 天；

5%来福灵乳油 3 天；

5%抗蚜威可湿性粉剂 6 天；

8%爱福厂乳油 7 天；

10%快杀敌乳油 7 天；

40.7%乐斯本乳油；

20%灭扫利乳油 3 天；

20%氰戊菊酯乳油安全间隔日 5 天；

35%优杀硫磷 7 天；

20%甲氰菊酯乳油安全间隔期 3 天；

10%马扑立克乳油安全间隔期 9 天；

25%喹硫磷乳油安全间隔期 6 天；

50%抗蚜威可湿粉剂安全间隔期 6 天；

5%多来宝可湿性粉剂安全间隔期 7 天。

8. 收获

大白菜在 10℃以下生长缓慢，5℃以下生长停止，短时间 0～2℃受冻尚可恢复，长时间 –5～–4℃受冻后则不能恢复，应在受冻温度来临前及时收获。

9. 穴盘育苗技术

每亩使用 228 孔蔬菜育苗盘（30cm × 50cm）20～25 个，育苗 4 500～5 500 株，占地 3～4m²，比传统育苗方式节省面积 80%，省工 30～50%，用种量 25～30g，节省种子 50%左右。且操作便利，育出的苗整齐一致。育苗基质的配制：草炭 + 蛭石 = 2∶1，一亩基质总量 0.06～0.07m³，加人多菌灵 6～7g 或百菌清 12～15g。混合均匀后，装盘，干籽人工播种，播后浇足透水。苗子长到 2 叶 1 心时，开始浇氮磷钾复合营养液，浓度 0.2%～0.3%早春 2～3 天浇 1 次，夏天 1 天浇 1 次。苗龄 25～30 天，3～4 片真叶时就可以定植了。

10. 防虫网覆盖技术的应用

目前，防虫网覆盖是大白菜生产常用的一项技术。大白菜越夏生产应用防虫网技术的优点：一是防虫，对菜青虫的防效 96%，对小菜蛾的防效 94%，对蚜虫的防效 90% 以上。二是防病毒病，由于防虫网有效地切断了虫害（尤其是蚜虫），这样就切断了病毒病传播的途径。三是调节田间小气候，选用筛目 25 个/m³ 的白色尼龙防虫网，遮光率是 8% 左右，网内气温晴天中午比露地高 10℃，早晚相差不大，10cm 地温中午网内比露地低 1~3℃，早晚则高 1~2℃，相对湿度比露地高 5%，有利于大白菜的生长。四是保护了生态环境，提高了产值，由于覆盖了防虫网，减少了农药的使用次数，从而减轻了环境的污染，而且生产出的产品优质、安全、单价高。

11. 遮阳网覆盖技术的应用

目前，在夏季大白菜栽培中非常实用的一项新技术，根据不同地区光照强度，选择不同密度的遮阳网进行田间棚架遮阳，一般遮阳网透光率 40%~50%，根据当天的天气情况，采取灵活的方式，可不上网，阴天不遮网，生长中后期根据实际情况，可以全部撤去遮阳网。

第十四章 春大白菜生产实用技术

大白菜在春季栽培可选择在 2 月的下旬进行育苗, 3 月的下旬开始拱棚定植, 到了 5 月下旬开始采收。春季栽培大白菜, 尤其是到了生长中后期, 此时温度回升, 病虫害增多, 非常不利于大白菜的生长, 相对来说栽培难度比较大。

一、无公害春大白菜栽培技术

1. 培育壮苗

(1) 早春育苗气温比较低, 可以借用温室进行育苗。

(2) 选择苗床地。苗床地以地势较高、靠近水源, 前茬非十字花科栽培的地段最好, 一般每定植 1 亩大白菜, 需要 30m² 面积的育苗床。

(3) 配制营养土。将 4 份充分腐熟的圈肥混合于 6 份无病虫害史的园土, 于每立方加入 1kg 氮磷钾复合肥, 调配好的营养土混合均匀之后经过筛处理铺于苗床之上, 厚度控制在 10cm 为适宜。如果是采用营养钵进行育苗, 可将调配好的营养土装入营养钵内, 并均匀摆放于苗床中。

(4) 合理播种。播种前浇透苗床, 出现水下渗迹象时开始播种, 每平方米播种面积要播种 1~2g, 播种结束后覆盖 1cm 的细土, 覆盖地膜可起到很好的保温保湿效果。采用营养钵进行育苗的, 也要待到水下渗时才能进行点播, 每钵内播种 2~3 粒, 覆土盖膜。

(5) 苗期管理。春季育苗, 苗床地温和气温分别控制在 12℃ 和 15℃ 似上。播种之后, 进行间苗。时间选在在中午温度高时为最好, 第一次间苗待到幼苗 2 片真叶时, 间苗后间距控制在 3~4cm 为适宜。第二次间苗待到幼苗 3~4 片真叶时, 间苗后间距控制在 10cm

左右。待到幼苗生长到 5 ~ 6 片真叶时，便可进行定植。

2. 定植

定植前要整地，深耕同时每亩要播施 5 000 kg 的腐熟有机肥、30 kg 的氮磷钾复合肥。同时，加入 3.5 ~ 4 kg 浓度为 2.5% 的敌百虫粉或者是 10 ~ 15 kg 的辛硫磷毒土，随土翻入。深耕之后，可起宽 50 ~ 60 cm、高 15 cm 的垄地。

整地施肥之后，要适期定植。定植气温控制在 15℃ 以上为最好，定植前两周要进行扣棚烤地，便于提升地温。定植期选择在苗龄 30 天、5 ~ 6 片真叶时为最好，定植时间于晴天上午进行，可采用点水稳苗的方法。每亩地可定植 2 500 株左右，株间距为 50 cm，栽培之后立即进行灌水。定植后 1 周左右的时间，可在浇缓苗水 1 次。

3. 田间管理

（1）水肥管理。春夏季大白菜生长期短，结球迅速，水肥管理以肥水齐攻，一促到底为原则进行。定植缓苗后结合灌水，每亩追施尿素或硫酸铵 5 ~ 7 kg；进入莲坐期，每亩可随水追施尿素 10 kg；结球期，随水追施硫酸铵 15 kg，硫酸钾 15 kg，同时用 0.1% 的磷酸二氢钾进行叶面喷肥 2 ~ 3 次。结球初期每 5 ~ 6 天浇 1 次水；结球中后期每 4 ~ 5 天浇 1 次，隔 1 水追 1 次肥，促进结球。收获前 7 ~ 10 天停止浇水，以利收获贮藏。浇水量以渗湿垄背为准，切忌大水漫灌，雨水较多时注意排除积水。

（2）中耕除草。采取由浅到深的方式从缓苗后到莲坐期中耕除草 2 ~ 3 次。

（3）采收。春季栽培，收获季节温度高，湿度大，生长快，叶球生长过度易腐烂，故应及时采收。

二、病虫害综合防治

1. 防治原则

病虫害防治本着"预防为主，综合防治"的原则，可综合农业防治、物理防治、生物防治、化学防治各种方法。根据地方病虫害灾情预报，及时防治，将为害程度控制在最低限度范围内，实现安全生产的最终目的。

2. 防治方法

（1）农业防治办法。第一，要保证优良的栽培品种。第二，采用科学合理的耕作制度。例如，合理间作，可与大蒜、大葱等进行；合理施肥，有机肥必须腐熟，配合氮磷钾化学肥料进行；注意田间雨后排水，控制田间湿度等。

（2）物理防治办法。物理防治可用黄板诱杀蚜虫，具体方法是用长 10～20cm 木板或硬纸板涂成黄色，上抹一层机油，钉在 1m 长的木条上，制成捕虫板，每亩插 20～30 块于菜田中。也可用银灰膜避蚜。

（3）生物防治办法。可采用人工培育释放病虫害天敌寄生蜂、捕食螨等。

（4）化学防治。科学使用化学用药，严禁使用高毒、高残留、高生物富集性的农药。

认准病虫害的种类，有针对性地使用农药；掌握病虫害的发生规律，在最佳防治期及时防治；严格掌握农药的使用剂量和方法，科学合理地混配农药，注意不同作用机理的农药交替使用，以延缓或避免病虫害产生抗药性；使用雾化程度良好的喷药机械，做到细致均匀喷药；收听天气预报，选择打药时间，提高药效。

三、结 论

综上所述，春大白菜无公害栽培，要从培育壮苗、合理定植、加强田间管理几个方面进行。此外，做好病虫防治工作也尤为重要，病虫害防治本着"预防为主，综合防治"的原则，综合农业、物理、生物、化学等各种防治方法。根据地方病虫害灾情预报，及时防治，将为害程度控制在最低限度范围内，实现安全生产的最终目的。

第十五章　塑料大棚西瓜高效栽培技术

　　利用塑料大棚进行西瓜一年两熟栽培，实现集约种植多茬栽培，提高经济效益。大同市西韩岭乡北村2008年塑料大棚小面积试种西瓜的基础上，2009年进行了较大面积的生产示范，示范面积达到300亩。2010年推广到东王庄、西王庄村示范面积达到1 000亩，经过3年推广，早春茬西瓜栽培每公顷产量6.0万 kg，收入18.0万元。夏延后栽培茬西瓜每公顷产量6.0万 kg，收入17.0万元。取得了较好的经济效益。现将其栽培技术介绍如下。

一、品种选择

1. 小兰

　　小兰系中国台湾农友种苗公司培育，是特小凤西瓜品种的改良种。极早熟，植株开花至果实成熟20～22天。果实圆形至高圆形，果皮淡绿色，有墨绿色条带。果肉晶黄色，肉质细嫩，可溶性固形物含量11%～13%果皮薄，较易裂果，种子少，结果力强。该品种目前为国内主栽品种。

2. 红小玉

　　红小玉系湖南省瓜类研究所育成的一代杂交新品种。生长势较强，可以连接结果，果形稍大，单瓜重2.0～2.5kg，每株可结果3～5个。果实圆形，果皮浅绿色，有深绿色条带，外观漂亮，皮薄。果肉红色，肉质细嫩，无渣，种子少，可溶性固形物含量13%左右。结果期稍长，自雌花开放至果实成熟33～35天。该产品1999年在北京市大兴县第12届西瓜节上获奖新品种奖，2002年通过国家审定。

3. 黄小玉 H

黄小玉 H 系湖南省瓜类研究所选育的一代杂交种。果实高圆形，单瓜重 2kg 左右，果皮薄，厚度仅为 3mm，不易裂果。果肉金黄色略深，可溶性固形物含量 12%～13%，纤维少，少籽。抗病性强，易坐果。极早熟，果实从开花到成熟 26 天左右。该品种 2002 年 2 月通过国家审定。

4. 小玉红无籽

小玉红无籽系湖南省瓜类研究所选育的小果型无籽西瓜新品种。该品种早熟，生长势中等，抗病耐湿。果实圆形，单瓜重 1.5～2.0kg，果皮青绿覆细条带，果皮极薄。果肉可溶性固形物含量 13%，品质佳，无籽性好。该品种 2002 年 2 月通过国家审定。

5. 小天使

小天使系安徽丰乐农业科学技术研究院选育的西瓜新品种。植株开花至果实成熟 24 天，全生育期 80 天。植株长势稳健，易坐果。果实椭圆形，果皮鲜绿色覆盖绿色细条带，外观美丽又光泽。单株坐果 3～4 个，平均瓜重 1.5kg 果肉红色，肉质脆嫩，爽口多汁，可溶性固形物含量为 13%，中边梯度小。皮薄，但耐贮运。

6. 秀丽

秀丽系安徽省农业科学院园艺所育成的一代杂交种。植株生长强健，从雌花开放到果实成熟 24～26 天。果实椭圆形，单瓜重 2.0～2.5kg，果皮鲜绿色覆有深绿色细条带，果形周正，果皮厚 2～3mm，薄面韧，耐贮运性好。果肉深粉红色，肉质细嫩，可溶性固形物含量为 13%，中边梯度小，风味佳。抗病性强，易坐果，适于保护地早熟栽培。

7. 黑美人

黑美人系中国台湾农友种苗公司育成的杂交一代种。该品种生长健壮、抗病、耐湿，夏季栽培表现突出。极早熟，主蔓 6～7 节出现第一雌花，雌花着生密，夏秋季开花至果实成熟需 20～22 天。果实长椭圆形，果皮黑色有不明显条带，单瓜重 2kg 左右，果皮韧，耐贮运。果肉鲜红色，可溶性固形物含量12%，最高可达14%，梯度小。

8. 金福

金福系湖南省瓜类研究所最新育成的小型西瓜新品种。该品种植株生长势中等偏强，耐湿性和抗逆性强，对炭疽病和疫病有较强的抗性，耐低温性好，栽培适应性广，温室大棚栽培可实行一年三茬。果实高球形，单瓜重2kg左右，果皮黄色上覆浓黄色细条带，皮薄，仅3mm，果肉桃红，质脆味甜，口感风味好，可溶性固形物含量12%左右，品质优。坐果性好，一株可坐多果，连续坐果性好。

9. 春兰

春兰系合肥丰乐种业瓜类研究所选育的一代杂交种。主蔓第六节左右出现第一雌花，雌花间隔5～7节。全生育期90天，开花至果实成熟27天左右。果实圆球形，绿皮覆墨绿细齿条，外形美观，皮厚0.14cm，较韧，耐贮运。果肉黄色质细，脆嫩多汁，中心可溶性固形物含量12%，风味佳。平均单瓜重2～2.5kg植株长势稳健，极易坐果，较耐弱光、低温，适于大棚、温室特早熟栽培，也适于延秋栽培。栽培上应注意重施农家肥，少施氮肥，并保持肥水的均衡供应。

10. 京秀

京秀系国家蔬菜工程技术研究中心选育的一代杂交种。全生育期85～90天，雌花开放至果实成熟26～28天。果实短椭圆形，果皮绿色覆深绿色窄条带，外形美观。果肉红色，质地脆嫩，少籽，口感好，中心可溶性固形物含量13%，中边梯度小。植株长势一般，易坐果，单株可坐果3～4个，平均单果重1.5～2.0kg。适于各地温室、大棚早熟栽培。

11. 佳人

佳人系黑龙江省宁安市红域西瓜种子公司由台湾引进的一代杂交种。植株开花至果实成熟20～22天，极早熟。坐果性能好，单株结瓜5～6个。果皮淡绿色，由深绿色窄条纹，单瓜重2kg，果肉红色、籽少，可溶性固形物含量11%～13%。

12. 礼品3号

礼品3号系四川种都种业有限公司选育的杂交一代种。该品种果实发育期 25 天左右，坐瓜整齐，单瓜重 1.5～2.0kg。果实圆球形，果皮淡黄色覆有橘黄色窄条带，皮韧，耐贮运。果肉大红，汁水丰富，脆甜沙爽，籽少，口感好，可溶性固形物含量 12%～13%。

13. 砧木品种

砧木品种为选择与西瓜亲和力强、抗逆性强、商品性好的日本木王，瓠瓜、青研砧木等。

二、茬口安排

1. 早春茬

1 月 20 日至 2 月 4 日，2 月下旬至 3 月上旬定植，6 月下旬采收，主要供应初夏西瓜市场。

2. 秋延后茬

6 月中旬育苗，7 月中旬定植，9 月中下旬采收，主要供应中秋、国庆节市场。

三、育　苗

1. 苗床准备

床土选用未种过蔬菜的肥沃耕作土和优质腐熟农家肥，过筛后按 7∶3 比例混匀。将配制好的营养土均匀铺于苗床上厚度为 10cm，或装入 10cm×10cm 的营养钵中备用。苗床准备好后，40% 甲醛溶液 100 倍液喷洒苗床，用棚膜闷盖 3 天后揭膜备用。

2. 种子处理

（1）消毒处理。将种子放入 55℃ 温水中浸泡 15 分钟预防真菌病害，然后用清水浸泡 3～4 小时。再用 10% 磷酸三钠溶液浸泡 20 分钟捞出洗净，以预防病毒病。

（2）浸种催芽。将经过消毒处理的种子用清水浸泡 6～8 小时后捞出洗净，在 25～30℃ 条件下催芽。

3. 播种

（1）播种期。根据茬口安排及时播种。

（2）播种量。每亩西瓜用种量 100~150g。

（3）播种方法。待催芽种子有 80% 以上露白时即可播种，播种前将苗床浇透水，待水下渗后将种子均匀播入苗床，之后覆盖 1cm 厚的营养土，最后覆盖地膜保湿。

4. 苗期管理

（1）嫁接前的管理。出苗前，白天温度保持在 28~30℃，夜间温度保持在 15~20℃，保持土壤湿润。出苗后及时揭开地膜，并适当降温，白天温度保持在 25℃左右，夜间温度保持在 15~17℃。

（2）嫁接。接穗 2 叶 1 心，嫁接时用草帘遮阴，空气相对湿度保持在 80%~90%。

（3）嫁接后管理。全天全部遮光，不通风温度控制在 26%~28%，夜间温度控制在 20~22℃，相对湿度在 95% 以上；3 天后，早、晚揭帘可见散射光，白天温度保持在 22~28℃，夜间温度保持在 14~18℃，早晚开始通风排湿，并逐渐加大通风量；7 天后白天温度控制在 22~23℃，夜间 13~16℃，10 天后试断根。定植前 1 周左右降低苗床温度和湿度，增强抗逆性，以利于定之后缓苗。

四、定 植

1. 整地施肥

定植前深翻土壤，每公顷施入优质农家肥 120~150kg，磷酸二氢铵 300kg，硫酸钾 225kg，生物有机肥 750kg。

2. 做畦消毒

地整平后做南北走向宽 1.3m、高 15cm 的畦，宽行 80cm，窄行 50cm，畦中间留 15cm 宽的暗水沟，并用 50% 多菌灵可湿性粉剂 500 倍液喷洒畦面进行土壤消毒，然后用 1.4m 宽的地膜全膜覆盖。

3. 适时定植

当嫁接苗龄 40 天左右，幼苗 3 叶 1 心时按株距 50cm 的规格挖穴浇水定植。

五、定植后的管理

1. 温度

定植后温度白天控制在 25 ~ 32℃，夜间 18 ~ 20℃，早晨不低于 8℃。

2. 浇水追肥

定植 3 ~ 4 天后选晴天上午浇透水，以利缓苗。待幼瓜坐稳约拳头大小时浇水，并随水每公顷追施磷酸二氢铵 225kg，硫酸钾 150kg。

3. 授粉留瓜

西瓜是雌雄同株，异花授粉作物。在日光温室栽培中，小型西瓜开花较早，一般进入 3 月，即陆续有雄花和雌花开放。此期尚无蜜蜂等传粉昆虫活动，即使有昆虫活动，因薄膜阻隔，昆虫也不易入内。因此，必须进行人工辅助授粉。

（1）人工授粉。人工授粉需在每天上午 6：00 ~ 10：00 进行。如遇阴雨天可适当延迟。人工授粉主要有两种形式：一种是将当天开放的肥大、健壮、多粉的雄花采下，用一毛笔将花粉采集于干燥的器皿中再用毛笔蘸取花粉，轻轻涂至瓜节位的雌花柱头上；另一种是将当天开放的健壮、多粉的雄花采下，将花冠朝花柄方向翻转，使雄花朝前突出，用手提住花柄及花冠，向雌花柱头上轻轻涂抹均匀即可。据观察，第一种方法易坐果，但较费工；第二种方法简便，生产上多用此法。另外，进行规模化生产时，为了减少授粉用工，可在温室内适量放养蜜蜂进行传粉。

在授粉时不管采用哪种方法，都要有足够的花粉，并在雌花柱头上涂抹均匀。如果涂抹不匀，会使无粉一侧不能正常授粉，果实发育受阻，易形成"偏头""歪把"等畸形果。西瓜开花后 90 分钟以内雌花柱头上和雄花花粉生理活动最旺盛，是人工授粉的最佳时期，此外，花的生命力随开放时间延长逐渐衰弱，使胚珠受精的能力降低。因此，授粉时要抓紧时间，以上午 9：00 以前完成为好。

授粉期间，每天要逐行、逐棵、逐蔓仔细查找。首先看主蔓坐瓜节位或结果蔓坐瓜节位有无雌花开放，如果该节位雌花发育不良，不宜使其坐瓜。可选侧蔓子房（幼果）丰满、肥大、花柄粗壮的雌花授粉。在生产中，往往有些植株雄花开放后，即使进行过人工授粉也不能坐瓜。其主要原因是：一是肥水施用不当，营养生长与生殖生长失调西瓜生育前期肥水不足，植株营养体瘦小，雄花花柄细，子房小，发育不良，坐瓜能力差，即使受精也极易落掉。这种情况应在幼苗期加强管理培育壮苗，定植后要使瓜秧健壮生长，使器官分化、发育良好。在雄花孕蕾间阶段，肥水过多，尤其是速效氮肥过多，引起瓜秧徒长，造成雌花发育不良。特别是雌花开放前 4～5 天，子房发育快，此时，如果茎叶徒长不受控制，则子房瘦小，开花后虽经受粉，终因茎叶争夺养分能力较强而使幼瓜得不到足够的养分，造成"饥饿性流产"尤其在坐瓜节位较低的情况下，发生较多，因此，在生产中应采取先促后控的肥水管理措施。一般在雌花开放前 5～7 天不进行浇水、施肥、以控制茎叶生长。如果一旦徒长，可实行局部断根或在雌花节前端的茎上插入小竹签或将茎扭曲捏扁，去掉过多的营养枝，以减少养分的分散和消耗。二是环境条件不适，授粉不良开花坐瓜果期间如遇持续阴雨、低温天气或干旱、高温，均可使授粉、受精过程受阻。尤其是空气湿度低，会严重降低花粉粒的发芽。试验表明，开花授粉期如果空气湿度从 95% 降到 50% 时，则花粉的萌发率从 92% 降至 18.3%。另外，幼瓜在发育过程中，受到低温、病虫、肥料等的伤害及其他机械损伤等，都会造成幼瓜发育障碍而导致落果。因此，在开花坐果阶段，应尽量创造适宜的温、湿度条件，并采取相应的护花、护果措施，以保证坐果和果实的良好发育。

（2）留瓜。日光温室小型西瓜种植密度高，一般每亩 2 000～2 300 株，生产上大多采用一株西瓜留双蔓只保留 1 果，余者全部摘除，也有的地区采用三蔓整枝留 2 果。要保证小型西瓜的早熟、优质、丰产，必须选择恰当的坐瓜节位和好的雌花留瓜。生产上一般都在主蔓上留瓜。因为，主蔓发育较早，生长也较健壮，因而主蔓比侧蔓上结的瓜个大、品质优。只有当主蔓因伤残不易坐瓜时才在侧蔓上留瓜。温室西瓜及其他早熟栽培形式，通常不选留第一朵雌花坐瓜。

由于育苗移栽缓苗过程中往往影响主蔓第一雌花的发育，加之第一雌花开放时，植株营养体较小，因此，叶片制造的营养物质也少，会使果实个小，产量低，而且易发成畸形、皮厚、空心等，使品质下降。当然，早熟栽培也不能留节位过高的瓜。以免影响成熟期和以后的二次坐瓜。生产上尽量选留第二雌花留瓜。如果坐不住时，则选第三雌花留瓜。因为第二、第三雌花发育时，叶片已较多，营养面积较大，花器官发育良好，所以，果实发育正常，品质好，成熟也早。

留瓜除注意瓜节位外，还要观察幼瓜的发育情况。发育好的幼瓜，果柄较粗壮，外形周正（符合本品种的形态特征），颜色鲜明而有光泽，退毛前茸毛密布。这是幼瓜发育良好的特征。当西瓜植株主蔓没有留瓜条件时，也可在侧蔓选留。选留标准与主蔓相同。

三蔓整枝留 2 果时，其中，二条蔓为结果蔓，一条为营养蔓，在每条结果蔓上均选第二、第三雌花留瓜，二条蔓留瓜节位要相近，便于管理和统一收获。

（3）标记坐瓜日期。在西瓜日光温室栽培及其他早熟栽培中，能否准确判别西瓜的成熟日期，是一项非常重要的工作，它不仅关系到所采瓜的质量，而且直接影响到经济收入，所以瓜农都非常重视。他们多数采取在雌花授粉时进行标记的方法，表明瓜的发育天数，按照发育天数便可知道其生熟程度。标记时一般是在坐瓜部位的瓜蔓上挂上写明授粉时间的小纸牌或塑料牌，也可用不同颜色的细布条或毛线作为标记。

六、采 收

日光温室西瓜从播种到采收需 90～110 天。果实成熟与否，可以果实发育天数、卷须、果实的形态变化和听声音判断。果实附近卷须枯萎，果柄茸毛大部分消失，蒂部内凹，果面条纹散开，清晰可见，果粉退去，果皮光滑发亮即为熟瓜。采收最好在早晚进行，以保持西瓜的口感。

第十六章 露地青椒栽培技术

青椒根系浅而弱，分布范围小，喜湿不耐旱，但土壤过湿缺氧时又易使根系生长不良，严重时，变褐死亡，致使叶片和花果脱落，甚至成片死亡；青椒不耐强光，曝晒时生长受抑，易染病害；青椒生长期间，植株营养不良，遭遇高温或低温、干旱或雨涝，施用未腐熟的肥料，都会抑制根系生长和损伤根系，导致落叶落花和落果，各种病虫害也是落叶的主要原因。因此，必须采取相应措施，创造一个适于青椒生长又不利于病虫害的生态环境，这是促进青椒高产稳产的重要栽培技术基础。据此，根据多年的生产实践和总结农民群众的经验教训，提出大同地区露地青椒栽培技术。

一、露地青椒栽培的主要技术

一是培育无病、适龄壮苗；二是实行轮作倒茬；三是做高畦铺地膜；四是早定植，合理密植，尽早实现封垄；五是对不铺地膜要围土堆，加强护根；六是多次浅中耕，浇水以少、勤为宜，坚决避免大水漫灌；七是多施农家肥，增施钾磷肥；八是早摘门椒，促秧促果；九是病虫害以防为主，及早防治。

1. 选用优良品种

根据市场需求种植中椒 4 号、中椒 5 号、中椒 7 号等品种，以及引进种植京甜 3 号、欧卡、朝研 11 号、超太空园椒等青椒。尖椒可种植京辣 4 号、海丰 23、环球 200、赤峰特大牛椒、保加利亚尖椒等。

不仅品种要优，更重要的是购买优质种子，以保证生产用种的纯度和质量。

2. 培育壮苗

（1）适期播种育苗。3月20日左右播种，一般掌握60~70天苗龄。

（2）育苗设施。育苗畦建在避风向阳、排灌方便的地块，田间育苗还要在东西延长的育亩畦北侧竖立风障，即用成捆的玉米、高粱秆密排在沟内，填土踏实或用竹竿夹旧塑料薄膜做成。育一亩地的青椒凡不分苗的要求秧畦8~10m²，做畦后覆盖小棚，并要提前做好，播前10~15天扣棚，畦温地温提高后，要求育苗床下10cm地温不低于15℃，浇好底水，水层不低于6cm，水渗后再播种。播后畦面上覆盖地膜，及时覆盖小棚，以保温保湿，当有60%左右出苗时，立即去掉地膜。

（3）种子消毒浸种催芽。播前在强阳光下晒种2~3天，然后进行浸种催芽，种子浸种催芽有以下两个办法，可选择其中的一个。

一是种子凉水淘洗后，用千分之一的甲醛（福尔马林）溶液浸种10~20分钟，清水冲洗，待种子晾干后，不催芽直接播种，或者用纱布包种子，放在28~30℃的温度下催芽，种子破口有了小白点时立即播种。

二是在50~55℃温水中浸种10分钟，最好是恒温，并不断搅动，然后催芽，办法同上。

（4）改善育苗条件。多年进行育苗的床土要换土，可用玉米地肥土做床土。育苗床土要施足腐熟沤制并过筛的底粪，底肥以牛马粪为宜，每10m²育苗畦施150kg，必须和底土掺合均匀，育苗期不能用碳铵。整平做畦，床土要进行消毒，方法是，将过筛的床土每立方米均匀拌入25%多菌灵200g，床上先撒3cm厚的底土，下种后用剩下的药土盖顶，也可每平方米用50%多菌灵8~10g，加细土10~15kg拌成药土，1/3播种时垫底，2/3盖种。有的农民在育苗畦上堆放玉米秸秆点燃，部分草木灰与床土翻在一起，有的农民用汽车（拖拉机）的喷灯点燃后，仔细烧床土，这种土壤高温消毒方法供参考。

一般于中午前下种，播种后及时覆盖小棚，外加盖草袋、麻袋等覆盖物，以保温防风。

（5）播后管理。种子发芽出土时期的温度要高，这样发芽才能整齐，白天 25~30℃，夜间 18~20℃ 为宜，一般晴天中午地温达到 25~28℃ 时，有 10 天即可出齐苗，子叶展开后，白天 23~26℃，夜间 17~18℃。

要注意提高育苗畦的地温，并排放棚内湿气，在正常情况下，一般不浇水，避免发生沤根。

（6）及时间苗。当苗子 1~2 片真叶时进行，保证秧苗有 3cm×3cm 的营养面积，以确保秧苗在畦子里全株见光和定植时带土坨或泥土栽苗。

（7）叶面喷肥。发现苗子叶片发黄，用千分之一（0.1%）的磷酸二氢钾的水溶液喷洒叶片，注意正面背面均要喷到，每 7 天 1 次，共 3 次，叶面喷肥应于傍晚进行。

（8）苗期病虫害防治。防虫以防治蚜虫为主，可选用 50% 辟蚜雾、20% 灭扫利、10% 蚜虱净、2.5% 一遍净、10% 吡虫啉，其中，一种按规定的浓度稀释后，喷洒叶子正面及背面。防治蚜虫要从幼苗出土到定植结果，直到拉秧不能中断，这样控制住蚜虫为害，就可控制住病毒病。

苗期的病害主要是立枯病、猝倒病，发现病株及时拔除。出苗后可以交替喷淋 72.2% 普立克水剂 800 倍液，75% 百菌清 600 倍液，64.4% 杀毒矾 800 倍液等，连防 2~3 次。

（9）切坨囤苗。定植前一周切坨，切成 3cm 见方的土坨，密集堆放、扣棚，以防失水。如果土坨干时，用喷壶洒水，严禁灌水，以避免破坏土坨。青椒的壮苗标准是，中、晚熟品种 10~11 叶，叶色深绿，叶片肥大，茎秆粗壮，根系发达，无病害。

3. 田间管理技术

（1）定植前管理。要严格选地，轮作倒茬，可提倡粮菜轮作，忌连作，与西红柿、土豆等实行 3 年以上轮作，定植地要提前 10 天整地，以充分晒土提高地温。要精心平日整地，严格做到地平土细。凡是覆盖地膜的，都以做小高畦为宜，小高畦南北向，畦高 5~8cm，畦面宽 60~70cm，畦沟 40cm，要求畦面要平。高畦要求 7~10m 长，不宜太长，太长了易积水发病。

每亩至少施充分腐熟的农家肥 5 000kg 以上。在底肥沤制时每亩掺入 50kg 左右的磷二铵或过磷酸钙以及 20kg 硫酸钾，经堆积发酵后做底肥，底肥量足，就可以减少追肥。底肥集中施在高畦上，也不宜施的过深。有条件的都要用 48％ 的氟乐灵乳油除草剂喷洒畦面，每亩 100～150g，加水 50kg，喷洒后要及时混土 5～7cm 深。

（2）定植。10cm 的地温稳定在 12～15℃，气温稳定在 5℃ 以上即可定植，定植要在晴天进行。具体定植时间在 5 月 20 日左右进行。

定植株数太少，叶面积不足，不但影响光能的充分利用，而且叶面遮阴不良，夏天裸晒在烈日下，地温过高，对青椒根系发育不利，因此，要保证密度，促进早封垄。中国农业科学院蔬菜研究所的专家建议，种植中椒 4 号，畦宽 100cm，每畦栽 2 行，穴距 27～30cm，每亩 4 000 穴左右。也可覆盖 60cm 或 70cm 地膜，每畦栽二行，栽单株，株距 40cm 为宜。定植时要浅栽，这样有利于前期壮秧，以埋住土坨为宜，根系避开温度变化剧烈的表土，有利于高温期的抗病，定植后浇水，7～8 天后复水，及时浅中耕松土。

地面覆盖的定植后要及时用土封窝。

（3）定植至结果的管理。结果前的管理，应注意促根促秧，适当蹲苗，浇水以控为主，促控结合，水量不宜太大，于晴天上午进行。定植到门椒采收前，地温偏低，根系生长弱，宜勤中耕，轻浇水，提高地温，促进缓苗和幼苗生长。浇缓苗水后中耕两次，能多中耕几次更好。对不覆盖地膜应掌握在封垄前进行培土，培土可以促使根系向下伸展，避开温度剧烈变化的表土层，并可以提高植株的抗倒伏能力，是一项丰产抗病的重要措施。

门椒坐住后，对第一果下主茎上的侧枝应都摘除，以后不再整枝。为了预防病害发生，于 6 月中旬即喷施辣椒植病灵，视情况进行 2～3 次。

（4）结果后的管理。此期管理应以促果促秧为目的，当门椒（第一个果）呈枣大时进行浇水，并随水施追肥，一般每隔 10～12 天浇 1 次水，浇水要均匀，绝不允许大水漫灌，否则，极容易造成"三落"。浇水宜在 10:00前、17:00后进行，切忌中午高温时浇水。暴雨后要及时排水，以避免长时间泡根；雷阵雨后，要及时浇水，以防

"热扑"死秧，每次浇水都要同时追肥尽量多施入粪尿，少施化肥，盛果期每7~10天喷1次磷酸二氢钾效果更好。

采收以早晨8:00~10:00进行为宜，以避免损失秧苗。要及时采收门椒，以减轻植株负担，也有利防止"三落"。

4. 病虫害防治

病虫害防治应采用综合防治技术，首先是把上述栽培管理环节一环扣一环做好，最大限度控制病虫以减少为害，达到以无公害生产为目标的优质高产高效。尤其要做好田间检查，初期发现病株、病叶，及时除去，消灭中心病株。

5. 与玉米隔畦间作

每6行青椒播种一行玉米，既可用玉米植株遮阴，减弱炎夏光照强度，减轻高温为害，还可减少蚜虫传毒的机会。

二、塑料大棚青椒栽培技术

塑料大棚是蔬菜春提前、秋延后的一种主要设施栽培生产形式，种植青椒可以为初夏和晚秋淡季提供较多产量青椒，以适应当地市场和外地市场的需求。

大棚一般以1亩为1栋，结构主要有两种，一种是固定式钢筋骨架大棚，跨度10m，长66m，顶高2.4m，水泥预制墩做基座，与棚架焊接固定。这种棚优点是棚内无柱，便于操作管理，空间大，采光好，保温性能好，坚固耐用；一次性投资大。另一种是水泥立柱竹木骨架拱圆形大棚，跨度10~12m，棚内4~6排水泥柱支撑，木料横梁，竹木弓形搭架，铅丝捆绑固定。其优点是造价较低，但因立柱林立，不便于操作，竹木材料因腐蚀易破损，使用时间短。大棚主要热源是太阳辐射热，棚外无覆盖物，棚内温度随外界气候变化而改变，也受薄膜特性的影响。

（一）塑料大棚的优点

（1）全面受光，光照时间长，透光良好。

（2）热能散发慢，保温性能好。

（3）防雨、抗风雪能力强。

（4）架设简便，成本较低。

（二）大棚青椒栽培技术

1. 早播种，育壮苗

温室播种，每间温室施入腐熟的马粪 15kg，并掺入过磷酸钙 1kg，尿素 0.3kg，翻倒两次，做畦，浇足底水，于 1 月下旬至 2 月上旬播种，出苗前白天保持 30～35℃，夜间 18～25℃，20 天出苗，出苗后 20 天（3～4 片真叶）分苗，分苗后保持较高的温度，一般白天 25～30℃，夜间 15～20℃。

2. 施足底肥

4 月上旬扣棚，结合翻地每亩施农家肥 5 000kg，4 月中旬按株行距 33cm×33cm 定植，栽单株。

3. 水肥管理

定植后连续中耕 3 次，开花前浇 1 次水，并追施氮素化肥 10～15kg，中耕，直到门椒有红枣大时浇一水，每亩追肥 20kg，之后再浅中耕，以后每隔 15 天左右追 1 次人粪尿。

4. 加强通风

缓苗前注意保温，缓苗后开始通风，门椒坐果前保持白天 25～32℃，夜间尽量保温，白天外界气温 12℃以上时，就要进行通风，夜间气温 10℃以上时，昼夜通风。

5. 植株调整

植株普遍开花时，可打掉门椒以下的侧枝，并隔行整枝，一行只留双干或单干，打掉二次分枝中的弱枝，经过整枝的青椒，果实采收后及时拔掉，未整枝的植株即成 66cm 的行距，以便通风透光，提高后期产量。

6. 培土防倒伏

门椒坐果时，结合最后一次中耕，围土培堆，促使植被生不定根，防止倒伏。

7. 防治病虫害

及时防治地下害虫和防病害。

三、"三落" 萎蔫死秧烂果发生原因与综合防治

近年来，大同市青椒生产得到快速发展，除露地大面积种植外，塑料大棚栽培面积逐年在增加。

青椒生产中，"三落"（落叶、落花、落果）、萎蔫死秧、烂果，每年都有不同程度的发生，有的年份大面积严重发生时，导致低产或较大幅度减产，严重制约青椒生产的发展和效益的提高。

如何防治"三落"、萎蔫死秧、烂果，实现青椒稳产高产，保持青椒生产健康持续发展，是农民群众十分关心的问题。

通过田间观察、实地调查，并学习外地防治经验做法和向专家请教，现就"三落"、萎蔫死秧、烂果原因和综合防治方法提出以下看法和意见，供参考。

（一）青椒"三落"的原因与症状

"三落"在青椒整个生育期内均可发生，原因有生理和病理为害2种。

1. 生理原因

生理原因是指受气候影响和栽培管理不当引起发生的"三落"。

青椒定植后，低温春雨，阴天多，光照不足，致使根系受伤，生长势弱，进入开花结果期，高温干旱或阴天过多光照不足或暴雨涝渍，土壤水分过多空气减少，引起根系呼吸恶化，或久雨暴晴，地面蒸发量大，根系吸收能力弱，导致水分失调，由于抑制根系生长或损伤根系，或不能正常开花授粉受精，致使叶片脱落后落花落果。

有机肥质次量少，又未腐熟，氮肥不足或过多，磷肥不足，三要素比例失调，造成营养不良，或整地不平，大水漫浸，排水不良，田间积水，这是气候正常情况下，栽培管理不当引起"三落"的主要

原因。

2. 病害原因

（1）病毒病引起。青椒得了病毒病后，叶片上产生明显的黄绿相间的花斑，叶片卷曲皱缩，植株矮小，叶片小而丛生，叶柄及茎上产生褐色条斑，发展严重时植株出现秃顶现象，造成"三落"。

（2）炭疽病引起。发生炭疽病后，叶片上先出现水浸状褪绿斑点，逐渐扩大并稍凹陷，中央呈灰白色或灰褐色，并着生轮纹状小黑点，病叶也易脱落。

（3）疮痂病引起。幼苗期子叶生银白色小斑点，水浸状，后变为暗色凹陷病斑，幼苗发病常引起全部落叶，植株死亡。成株叶片初呈水浸状黄绿色小斑点，边缘暗褐色且稍隆起，中部颜色较淡，稍凹陷，病斑常连在一起，受害重的叶会变黄、破裂最后脱落。

（4）虫害引起。植株受红蜘蛛为害，叶片初生灰白色小点，后叶片变成灰白色，严重时，全叶干枯脱落。

（二）青椒夏季萎蔫死秧的原因与症状

萎蔫死秧主要是由病害和热雨以及田间持续积水造成。高温多雨、干旱也会造成"三落"后萎蔫死秧。

1. 枯萎病引起

开花结果期间植株生长缓慢，下部叶片变黄，逐渐向上发展，中午叶片萎蔫，夜间恢复，反复数日后，全株萎蔫枯死。破开茎秆可见木质部变褐色，潮湿时，病部常产生白色霉状物。有时半株发病，半株健全，在病情急剧发展时，则全株萎蔫。

2. 茎基腐病引起

从大苗开始发生，定植后发生严重。在茎部近地面处发生病斑，初呈暗褐色，后绕茎基部发展，致皮层腐烂，叶片变黄，果实膨大期，因营养水分供应不足而逐渐萎蔫枯死。

3. 根腐病引起

在发病期，近地的茎上病斑呈水浸状，稍凹陷，后腐烂，主侧根全部腐朽死亡。茎基部和根部皮层变褐色，湿朽死亡。茎基部和根部皮层变褐色，湿腐状，皮层易剥离露出褐色木质部。该病为害根部，不向上发展，植株多倒伏而死。

4. 疫病引起

成株期根茎基部发病多，病斑初期为暗绿色水浸状斑点，后变黑褐色，绕茎1周后溢缩，上部叶片迅速萎蔫枯死，初期根系不腐烂，病斑多在地面以上并溢缩。

5. 青枯病引起

发病初期仅个别枝条叶片萎蔫，叶色变淡，白天萎蔫，早晚恢复，2~3天后全株绿色萎蔫。病茎外表无明显症状，纵切茎部可见维管束变褐色，横切用手挤压可见乳白色液体溢出。

6. 根线虫病引起

由于线虫寄生、侵染，引起根系腐烂，植株上部得不到充足水分，白天植株萎蔫。

7. 沤根或烧根引起

积水时间过长，根系缺氧，叶片萎蔫，重者沤根枯死。

施肥过多，浇水不足，发生烧根，主侧根呈锈色，植株因吸水不足，导致叶片萎蔫，继而死亡。

（三）青椒烂果原因与症状

病害是引起青椒烂果的主要原因。

1. 疫病

果实发病多从蒂部开始，病斑水渍状向果面发展，似水浸状，灰绿色，后变灰色软腐，潮湿天气表面长出稀疏白色霉层。病果干缩不脱落。

2. 炭疽病

果实上发病先产生水浸状黄褐色斑，扩大后呈圆形或不规则斑，凹陷，中部灰白色或灰褐色，上轮生小黑斑点，潮湿时病斑表面长出橙红色黏稠物，干燥时，病斑干缩呈膜易破裂，炭疽病主要为害果实。

3. 软腐病

多于近果柄处发生，在萼筒周围生很小的水浸状暗绿色病斑，迅速扩展，整个果实变白绿色，软腐，果实内部组织腐烂，病果呈一个大水泡状。果实破裂后，内部液体流出，仅存破缩的表皮。病果多数脱落，少数留在枝头干枯或僵果。

4. 灰霉病

果实发病多从果蒂处开始，果皮变成灰白色，呈水浸状软腐，病斑很快扩展半果或全果，并密布灰白色或灰褐色霉层。

5. 菌核病

果实是从脐部果面开始染病，向蒂部扩展，果实先变褐色，有时有浅褐色同心轮纹，病斑处长出白色菌丝，继而果实部分或全部组织褐色腐烂，在果实表面和内室腔中形成大量散生或聚生的黑色菌核。

6. 日烧病

日烧病属生理病害。高温天气，果实受阳光直射，发生大片脱色变白，病斑与周围健部组织界限明显，病斑变干后呈革质状变薄，湿度大时则常因田间病菌侵袭而使果实腐烂。

7. 脐腐病

脐腐病属生理病害。果实脐部初期暗绿色水浸状病斑，迅速扩大，皱缩、凹陷，变褐，常因寄生其他病菌而变黑或腐烂。

（四）综合防治

青椒的"三落"、萎蔫死秧、烂果的主要原因，是灾害性气候和栽培管理不当所引起的病害为害。

青椒根系浅而弱，分布范围小，喜湿不耐旱，但土壤过湿缺氧时又易使根系生长不良，严重时，变褐死亡，致使叶片和花果脱落，甚至成片死亡；青椒不耐强光，暴晒时生长受抑，易染病害；青椒生长期间，植株营养不良，遭受高温或低温，干旱或雨涝，施用未腐熟肥料，都会抑制根系生长或损伤根系，导致落叶、落花、落果，病害严重时，必然造成萎蔫死秧或烂果。

因此，根据大同市的气候特点和青椒的生物学特性，采取相应措施，创造一个适于青椒生长又不利于病虫害的生态环境，这是防治"三落"、萎蔫死秧、烂果的栽培技术基础，主要措施如下。

（1）实行轮作倒茬，忌连作。

（2）选用优良品种，培育无病、适令壮苗。

（3）严格选地，做到排灌方便，田间不积水。

（4）做高畦、铺地膜。

（5）早定植，合理密植，尽早实现封垄。

（6）多次浅中耕，浇水以少勤为宜，坚决避免大水漫灌，暴雨后及时排水，以免长时间的泡根，雷阵雨后及时浇水，以防"热扑"死秧。

（7）多施腐熟发酵的农家肥，增放磷、钾肥。

（8）与玉米等高秆作物隔畦间作。

首先把上述栽培管理环节一环扣一环做好，最大限度抗御灾害性气候和减少病虫为害，这是丰产抗病的重要前提。

进一步扩大设施栽培是必要的，也是可行的关键措施。这是因为，大同市春季温度低，包括气温和地温，而设施栽培可以改善小气候条件，提高气温，地温，适时早栽青椒，可促进根系发育，加速地上部生长，高温前封垄，避免或减轻因地面裸露，强光曝晒的为害，就可以减轻病害，成为有效的早熟、高产、多收的栽培措施。

设施栽培包括大中棚，简易移动大棚，而小棚短期覆盖，技术简单，又可因地取材，成本低，效益好，建议推广应用。病虫害防治要贯彻"预防为主，综合防治"的植保方针，应采用综合防治技术，通过栽培管理搞好生态防治的同时，尤其要做好田间检查，及时发现消灭中心病株，发病后及时打药防治，应用新农药、新制剂和生物农药，控制病虫发生，以确保青椒的正常生长。设施栽培的要推广施用烟雾剂、粉尘剂农药。

辣椒植病灵对防治炭疽病、疫病有特效，于结果初期和发病初期开始使用，效果明显，建议推广之。适合椒病害的农药防治青椒的三落（落叶、落花、落果）、萎蔫死秧烂果发生的重要原因，是灾害性气候和栽培管理不当引起的病害为害。

四、防治青椒病害的农药种类

应用农药控制病害发生，以确保青椒的正常生长，现将主要病害防治用的农药介绍如下。

（一）青椒疫病

（1）40%疫霉灵200倍液。

（2）25%甲霜灵800倍。

（3）33%霜疫净800～1 000倍。

（4）50%甲霜锰锌500倍。

（5）75%百菌清600倍。

（6）72.2%普力克水剂600～800倍。

（7）64%杀毒矾500倍。

（8）50%扑海因1 000倍。

（9）72%杜邦克露700倍。

（10）70%代森锰锌500倍。

（11）40%乙膦铝200倍。

（12）200～400倍的波尔多液。

（二）青椒病毒病

（1）20%病毒A500倍。

（2）1.5%植病灵乳剂100倍。

（3）抗毒剂1号200～300倍。

（4）NS－83增抗剂100倍。

（5）病毒灵500倍。

（6）20%病毒速杀500倍。

（三）青椒疮痂病

（1）60%DTM500倍。

（2）77%可杀得500倍。

（3）30％DT 400～500 倍。

（4）72％农用硫酸链霉素 800 倍。

（四）青椒炭疽病

（1）75％百菌清 600 倍。

（2）80％代森锰锌 500 倍。

（3）80％炭疽福 800 倍。

（4）80％壮生 500 倍。

（5）70％代森锰锌 500 倍。

（6）70％甲基托布津 500～600 倍。

（7）50％多菌灵 500 倍。

（五）青椒枯萎病

（1）50％多菌灵 500 倍。

（2）50％甲基托布津 500 倍。

（3）77％可杀得 600 倍。

（4）50％DT 杀菌剂 400 倍，用药液灌根。

（六）青椒茎基腐病

（1）50％多菌灵 500 倍。

（2）75％百菌清 600 倍。

（3）77％可杀得 1 200 倍。

（七）青椒根腐病

（1）50％乙膦铝 500 倍。

（2）30％ DT 500 倍。

（3）72％克露 600 倍。

（4）50％多菌灵 500 倍。

（5）70％甲基托布津 700 倍，喷茎基部。

（八）青椒青枯病

（1）12%绿乳铜1 000倍。

（2）农用链霉素400倍。

（3）77%可杀得500倍，用药液灌根。

（九）青椒软腐病

（1）72%农用链霉素4 000倍。

（2）50%杀菌剂500倍。

（3）77%可杀得500倍。

（十）青椒灰霉病

（1）50%速可灵1 500～2 000倍。

（2）50%多菌灵500倍。

（3）70%代森锰锌500倍。

（4）70%甲基托布津1 000倍。

（5）75%百菌清500倍。

（十一）青椒菌核病

（1）70%甲基托布津500倍。

（2）40%菌核净1 000倍。

（3）50%速克灵1 500倍。

（4）50%朴海因1 000倍。

（5）20%甲基立枯磷1 000倍。

（十二）根结线虫病

（1）辛硫磷1 000倍。

（2）阿维菌素2 000倍，药液灌根。

温棚种植青椒发生病害最好选用烟雾剂，如疫病可用百菌清、杀毒矾烟雾剂，灰霉病可用速克灵烟雾剂。

第十七章　番　茄

大同地区属温带大陆性气候；全年阳光充足，多晴朗天气，雨量少，空气干燥，适宜番茄生长，由于高温期不长，番茄容易越夏，光合作用旺盛，有利番茄高产。

一、番茄栽培的主要技术

（一）轮作倒茬

轮作倒茬是番茄高产的关键之一。由于为害番茄的早疫病、青枯病等都可以由土壤传播，因此，必须坚持轮作倒茬，不能连作，要隔3年以上，同时，凡上年种过茄子、青椒等茄科作物的土地，下茬不要种番茄。

（二）培育壮苗

1. 播种时间

露地定植的番茄于3月下旬播种育苗，一般掌握55~60天苗龄。

2. 种子浸种催芽

播前对种子消毒可以防病害，方法是，用2‰的磷酸三钠浸种20分钟，也可将种子泡在55℃温水中，并不断搅拌，水温下降至20~30℃时，再浸泡3~6小时，使种子吸足水分，然后捞出种子，清水冲洗。待种子晾干后，无论药剂处理或温水浸种，都要进行催芽，即用纱布包种子，放在25~30℃温度下催芽，注意淘洗，种子吐白尖即可播种。一般在25~30℃温度下，48小时即可达到播种标准。

3. 改善育苗条件

育苗床土要求肥沃、疏松、湿润、无病菌。多做塑料小棚，要在播种前 10 天左右做棚。施肥以腐熟沤制的马粪、羊粪为主，有利于提高地温，注意清除病残枝叶和换土，一般 $5m^2$ 的苗床可育 1 亩的秧苗，秧苗营养面积大，可以增加产量，提早成熟。

具体操作过程是，翻晒畦土，施肥，整平畦，进行土地消毒，每平方苗床需 25% 多菌灵 12g，与 12kg 过筛的细土拌成药土，将畦子浇透水，水渗后，用 1/3 药土铺底，播种后用 2/3 药土盖顶，顶土 1~1.5cm 厚为宜，苗床上面覆塑料底膜，待苗一出土就揭去。

苗期温度管理，要掌握好三高三低，即白天高、晚上低；晴天高、阴天低；出苗前、分苗后高、出苗后、分苗前和定植前低。要避免温度高、湿度大而使秧苗徒长，一般要求，苗期白天 20~25℃，夜间 12~15℃，定植前锻炼，白天 15~20℃，夜间 5~10℃。

4. 及时分苗

分苗对番茄产量影响很大，因为，经过分苗可以为秧苗提供适宜的营养面积，促进侧根的发育，增加吸收根的总数量，根系分布比较集中，定植后缓苗快，花芽形成的多，开花早，对提高产量有显著作用。

小苗出土后，要覆一次土，以补缝保摘，防止小苗戴帽出土。长出 1~2 片真叶，（播种后的 1 个月）进行分苗移栽，把小苗分在施足肥料的苗床内，方法是按 7~8cm 开沟，再按 7~8cm 栽苗，成四方形，起苗时要尽量多带土，栽好后要浇 1 次水，分苗后要立即覆盖塑料薄膜或小拱棚，如果中午阳光太强，要用草袋子遮阴，注意防寒保温，3 天左右即可长出新根，新叶开始长出。

成苗阶段，白天保持 20~25℃，夜间 10~14℃，一定要防止夜间温度过高，否则，秧苗生长衰弱，第一花节位高，白天达 30℃ 时，注意放风排湿降温，连阴雨天也要揭去草袋。

5. 秧苗标准要求

培育适龄的健壮苗是早熟和高产的重要基础。壮苗的直观标准是，株矮、茎粗、节间短、叶片厚，叶色深绿并现花蕾，即根系发育好，侧根数量多，茎秆粗壮，深绿带紫色，苗高不超过 20cm，节间短，具有 8~9 片真叶，叶片厚色较深。

6. 囤苗（也叫座秧子）

定植前 7~10 天先在苗床浇 1 次透水，待水渗后按 6cm 见方带土起苗，密集堆放在苗床内，扣棚 1~2 天以防失水，逐步降温炼苗，准备定植。

囤苗炼苗的目的是保证秧苗健壮，并在定植后适应低温环境，这样可以促进根系生长，增强根系发育，以防止徒长，增强抗性。苗期用药，做到带药定植。一般在定植前喷洒 70% 代森锰锌可湿性粉剂 500 倍液。

（三）定 植

种植番茄的地，以沙壤土为最好，要施足底肥，每亩要求施 5 000kg 以上充分腐熟沤制的农家肥，同时，施过磷酸钙 20~30kg，加草木灰 50kg 更好，和农家肥混合发酵后施入。

底肥施足，前期发苗早，秧苗生长快，既长茎叶又促开花结果，是早熟高产的关键。底肥要求各种肥料合理配合，氮、磷、钾比例为 1：1：2。氮肥促进茎叶生长及结果生长需要，尤其是生长初期，氮肥是很重要的。磷肥不仅可以增加产量，同时可促进果实成熟。钾肥可延迟植株衰老，延长结果期，增加后期产量，增施钾肥对果实形状和色泽有利。

整地做畦，可以做成 1m 宽的平畦，每畦栽两行，也可采用高畦覆盖地膜，起垄做高畦，垄高 10cm，下宽 70cm，上宽 50cm，覆盖地膜，在高畦两侧各栽 1 行，株距 43~50cm。

定植时间是 5 月中、下旬（小满）霜冻结束后，要适期早栽，栽时多带土，减少伤根，适当深栽，促生不定根，争取栽后有 2~3 天晴天，以利发根缓苗，保证第一穗正常结果。

（四）田间管理

番茄田间管理的原则是，苗期以促为主，促控结合，培养壮苗。结果前期，以控为主，控促结合，防止徒长和形成畸形花果，结果后期，以促为主，促中有控，防止后期早衰。

1. 中耕浇水

定植后4~5天，平畦畦面发白即浇缓苗水，水量要适当，畦面稍干时，中耕1~2次，结合中耕，根部培土。尤其是早栽的，因地温低，栽后可浅中耕1次，1周后浇缓苗水，再深中耕。

前期要适量浇水，当第一穗果长到核桃大时，每7~8天浇1次水，结果盛期，要保持土壤均匀湿润状况，一般6~7天浇1次水。

地膜覆盖的，不进行中耕，定植前每亩喷施氟乐灵100~150g以防草，浇水次数和水量比平畦减少，浇水采用沟浇。进入高温期的浇水时间，以早晚为宜，以利护根防病。

2. 追肥

番茄植株高大，产量高，对肥料要求也多，因此，在施足底肥的前提下（尤其是地膜覆盖的底肥更要施足），还必须有追肥措施，以保证养分的充足。追肥有3个关键时期，一是定植后到坐果前，要追促秧肥；二是第一穗果坐果后，要追催果肥；三是进入采收盛期要追施防衰肥。追肥以随水追施为主，腐熟人粪尿和速效化肥相结合，采果盛期要做到不浇空水。

追肥不能只施氮肥，要配合磷肥、钾肥，必要时叶片喷施2‰或3‰的磷酸二氢钾，在果实生长期效果很好。

3. 植株调整

插架、绑蔓：当番茄长到33cm时就要插架，同时，绑蔓，以后每穗果下绑一次，果穗要朝架外。

整枝、打杈、摘心：晚熟品种只留一个头（主秆），侧枝要长到4~7cm或10cm时摘除，于晴天中午进行，以利伤口愈合。过早打杈不好，因为侧枝（腋芽）生长能刺激根的生长。最上一个果穗留2~3片叶子后将顶端打掉，以保持秧蔓生长整齐。

二、番茄病虫害综合防治

（一）侵染性病害

1. 猝倒病、立枯病

为害症状。

猝倒病：幼苗出土子叶展开，茎基部呈水浸状，随后变黄，缢缩凹陷，不等子叶萎蔫，幼苗即可猝倒。也有的幼苗突然弯倒或贴伏地面，此病发展较快。低温，高湿，通风和光照不足发病重。

立枯病：幼苗从出土到定植前均可发病，以中后期较重，初期茎基部产生暗褐色病斑，白天萎蔫，夜间恢复，当病斑绕茎 1 周时，表皮干缩，最后枯死，但植株仍然直立不倒。

综合防治技术。

（1）育苗畦选在地势高、排水良好、土壤疏松肥沃的地块，并选用无病床土。

（2）床土进行消毒，方法是：30% 苗菌敌或 35% 立枯净或 50% 多菌灵每平方米 8 ~ 10g，加细土 10 ~ 15kg 拌成药土，或用 25% 甲霜灵可湿粉剂 9g，加上 70% 代森锰锌可湿性粉剂 1g 加细土 4 ~ 5kg 拌匀，用 1/3 药土播种时垫底，2/3 盖种。

（3）播前种子进行消毒，55℃ 温水浸种 10 分钟，或用种子量 0.4% 的 50% 福美双，或种子量 0.3% 的 65% 代森锰锌进行拌种。

（4）播种前浇足底水，播种均匀，不宜过密。

（5）苗期控制好温度，使苗子多受光，注意通风，降低温度，防止徒长，及时拔除病株。

（6）发病初期可喷淋以下药剂，间隔 7 ~ 10 天，联防 2 ~ 3 次。

猝倒病：

①72.2% 普力克水剂 800 倍液加 50% 福美双可湿性粉剂 800 倍液；

②75% 百菌清 600 倍液；

③72% 克露 600 倍液；

④64%杀毒矾600倍液；

立枯病：

①70%代森锌可湿性粉剂500倍液；

②20%甲基立枯磷（利克菌）乳油1 200倍液；

③75%百菌清600倍液。

2. 番茄晚疫病

为害症状：多从下部叶子开始，叶片尖端或边缘不规则水浸状病斑，由暗绿色变褐色，病斑不规则，潮湿时病斑扩展快；外缘有一圈白色霉状物。茎上病斑黑褐色，引起植株萎蔫，果实上病斑，多在青果果柄处呈灰绿色水浸状硬斑块，后变深褐色，潮湿时长出稀疏白霉，果实坚硬迅速腐烂。

地势低洼，排水不良，至田间湿度大易诱发此病。多雨年份为害较重。

综合防治技术。

（1）选用抗病品种。

（2）实行3年以上轮作，高畦种植。

（3）及时拔除中心病株。

（4）严格控制生态条件，禁忌大水漫灌，防止温棚高湿条件出现。

（5）增施有机肥，忌偏施氮肥，地膜覆盖栽培，及时整枝打杈，雨季及时排水，合理密植。

（6）药剂防治，发现中心病株立即喷药，可交替使用其中的一种。

①72.2%普力克水剂800倍液；

②64%杀毒矾可湿性粉剂500倍液；

③72%霜脲锰锌500倍液；

④40%疫霉灵可湿性粉剂200倍液；

⑤25%瑞毒霉可湿性粉剂800～1 000倍液；

⑥75%百菌清可湿性粉剂500倍液；

⑦70%代森锰锌400～500倍液。

每5～7天喷1次，连续喷3～4次，叶子正背面特别是中下部和果实均匀喷到。

温棚可用烟雾剂：45%百菌清或95%杀毒矾烟剂每亩每次200~250g。

可用粉尘剂：5%百菌清粉剂每亩每次1kg。

3. 番茄病毒病

为害症状：苗期至成株期均可发病，有3种类型。

花叶型：叶绿色深浅不匀，略皱缩，影响产量不大。

蕨叶型：植株矮缩，上部叶呈线状，中下部卷起，严重时呈管状，不开花结果，影响产量大。

条斑型：茎秆中部产生褐色下陷条斑，以致病株枯黄死，果实大多畸形腐烂。

栽培粗放，高温干旱，施用氮肥过量，植株长势衰弱，土壤瘠薄板结，排水通风不良发病重。

综合防治技术。

（1）选用抗病品种，定植地实行2年以上轮作。

（2）种子在10%磷酸三钠水溶液中浸种20~30分钟，清水冲洗干净后播种。也可用植病灵1 000倍液浸种10分钟后播种。

（3）培育壮苗，适时早定植，不要过分蹲苗，防止"老化苗"。

（4）早期防治蚜虫，尤其是高温干旱季节。

（5）与玉米间作，高温期及时浇水降温。

（6）注意田间卫生，清除病残体，拔除病株，带出田间销毁。

（7）发病初期喷打以下农药。

①40%菌毒清300~400倍液；

②1.5%植病灵乳剂1 000倍液；

③20%病毒A可湿性粉剂500倍液；

④抗毒剂1号200~300倍液。

另外，在定植前后各喷1次NS-83增抗剂100倍液，有诱导番茄耐病和增产的作用，也称免疫防病。

4. 番茄早疫病

为害症状：苗期、成株均可发病。

叶片受害呈深褐色圆形至椭圆形小斑点，后发展为不断扩展的轮纹斑，边缘多具浅绿色或黄晕环，中部现同心轮纹，潮湿时轮纹表面生灰黑色霉状物，由下向上蔓延。

茎多在分枝处生褐色至深褐色不规则圆形或椭圆形病斑，稍凹陷。

青果是在花萼处生褐色或黑色斑，凹陷，后期果实开裂，病部较硬，密生黑色霉层。

综合防治技术。

（1）选用抗病品种，播前种子用50℃温水浸种20分钟，捞出后投冷水中冷却3~4小时或用1%硫酸铜液浸种10分钟，洗净后播种。

（2）与非茄科蔬菜实行3年以上的轮作。

（3）高畦栽种，施足底肥，增施磷钾肥，合理密植，雨后排水，及时摘除病叶病果，清洁田园。

（4）药剂防治。露地发病前尚未看见病斑喷打以下一种农药。

①50%扑海因可湿性粉剂1 000~1 500倍液；

②75%百菌清可湿性粉剂600倍液；

③64%杀毒矾可湿性粉剂500倍液；

④58%甲霜灵锰锌可湿性粉剂500倍液；

⑤70%安泰生可湿性粉剂500倍液；

⑥80%壮生可湿性粉剂500倍液。

番茄基部发病，除喷淋上述杀菌剂外，可用50%扑海因可湿性粉剂150~200倍液涂抹病部。

温棚可用百菌清或杀毒矾烟雾剂、粉尘剂。

5. 番茄叶霉病

为害症状：其为害是设施栽培番茄的主要病害之一。主要为害叶片，也可为害茎、花，果实。

叶片受害初期，正面出现淡黄色或黄绿色病斑，潮湿时，病斑上长出灰色或灰紫色至黑色霉层。由下部老叶开始发病，逐渐向上蔓延，严重时全株叶片卷曲干枯，引起花器凋萎和幼果脱落。

果实发病时多围绕蒂部形成黑色硬斑，稍凹陷。连阴雨天，通风不良，湿度大，光照不足，发病迅速。

综合防治技术。

（1）选用抗病品种。

（2）种子用55℃温水浸种30分钟，晾干播种。

（3）进行3年轮作，栽前保护地进行消毒。

（4）注意通风排湿，控制浇水，增施磷钾肥，适当密植。

（5）施足腐熟有机肥做底肥，浇透底水，合理密植，及时清除病残体。

（6）发病初期，可用以下农药：45％百菌清烟雾剂熏烟，每亩每次250~300g；或5％百菌清粉尘剂，每亩每次1 000g。

也可用以下农药喷雾防治。

①50％多硫悬浮剂700~800倍液；

②50％甲基托布津可湿性粉剂800倍液；

③50％扑海因可湿性粉剂1 500~2 000倍液；

④50％多菌灵可湿性粉剂800~1 000倍液；

⑤75％百菌清可湿性粉剂600~800倍液。

6. 番茄溃疡病

为害症状：幼苗及结果期均可发生。

初发生时下部叶片萎凋下垂，叶子卷缩似缺水状，有时一侧或部分小叶萎凋，其余叶子正常。一株的某一枝枯萎后，整株即枯萎，后期茎秆上出现狭长条形斑，有时有白色菌脓溢出，茎内髓部发黑变空。

果实受害后，皱缩畸形，种子不能成熟，果实上有白色圆形稍凹陷病斑，后变为褐色，中央部分可见小点病斑周缘呈白色晕圈，似"鸟眼状"。

温暖潮湿，结露持续时间长，暴雨多，发病重。

综合防治技术。

（1）加强种子检疫，严防传播蔓延。

（2）建立无病留种田，从无病株上采种。

（3）与非茄科作物实行2年以上轮作。

（4）选用抗病品种，50℃温水浸种30分钟。

（5）营养钵育苗。

（6）苗床用药剂消毒，40%福尔马林 30ml 加 3～4L 水喷洒床土，薄膜覆盖 5 天，去膜后 15 天下种。

（7）发现病株及时拔除深埋销毁，并喷施以下农药。

①77%可杀得可湿性微粒粉剂 500 倍液；

②30% DT 可湿性粉剂 500 倍液；

③60% DTM 可湿性粉剂 500 倍液；

④72%农用硫酸链霉素可溶性粉剂 4 000倍液。

7. 番茄青枯病

为害症状：株高一尺后，先是顶端叶片萎蔫下垂，随后下部叶片凋萎，中部最后凋萎，病株主茎表皮粗糙，纵切可见导管变褐，并有乳白色黏液渗出。

初期染病的植株早晨可恢复正常，不久病株即青枯死亡。

高温高湿是发病条件，连作，地势低洼，缺钾肥，根部损伤均有利于发病。

综合防治技术。

（1）实行 4 年以上轮作。

（2）选择无病地块育苗，高畦栽培，避免大水漫灌。

（3）及时拔除病株，用生石灰消毒。

（4）施入腐熟沤制肥料。

（5）发病初期用以下农药灌根，每株 0.3～0.5kg 药液，连续 2～3 次：

①70% DT 可湿性粉剂 500 倍液；

②70%农用硫酸链霉素可溶性粉剂 4 000倍液；

③77%可杀得可湿性微粒粉剂 400～500 倍液。

8. 番茄灰霉病

为害症状：为害叶、花、茎、果实，设施栽培发生多。

果实被害，果皮变为灰白色且软腐，后在果面、花萼及果柄上出现土灰色霉层。叶片被害，由叶尖开始呈"V"字形病斑，初为水渍状浅褐色，有深浅相间的轮纹，表面生少量灰霉，后叶片枯死。

综合防治技术。

（1）与其他蔬菜轮作 2～3 年。

（2）栽培防病。深耕，施足腐熟沤制的有机肥做底肥，增施磷、钾肥，合理密植，高畦地膜覆盖后定植，加强通风管理，膜下浇水宜在上午进行，雨后及时排水，发现病叶、病果及时摘除带出田外深埋或烧毁。

（3）第一穗果开花时，在 2.4 - D 稀释液中加入 0.1% 的 50% 速克灵可湿性粉剂进行沾花或涂抹，使花器着药。

（4）发病初期开始用药，5～7 天 1 次，连用 3～4 次。

①50% 速克灵可湿性粉剂 1 500 倍液；

②50% 扑海因可湿性粉剂 1 500 倍液；

③50% 甲基硫菌灵（甲基托布津）可湿性粉剂 500 倍液；

④1：0.5：200 倍波尔多液。

另外，结合使用 10% 速克灵烟剂或 45% 百菌清烟剂或 10% 腐霉利烟剂，每亩每次 250～300g 熏蒸。

9. 番茄枯萎病

为害症状：开花结果期开始发病。

发病初期仅植株下部叶片变黄，后萎蔫枯死，不脱落，由下向上发展，病症多出现在一侧，另一侧表现正常。根部变褐，维管束变黄褐色，潮湿时茎基部溢出粉红色霉状物。

土壤潮湿、连作、移栽中耕伤根多，植株生长弱发病多。

综合防治技术。

（1）实行 3～4 年的轮作。

（2）施用充分腐熟的有机肥。

（3）从无病地、无病株上采种，播前种子用 0.3%～0.5% 的 50% 多菌灵拌种，或用 0.1% 硫酸铜液浸种 5 分钟，洗净后催芽播种。

（4）选用抗病品种。

（5）发病初期灌根，隔 10 天再灌 1 次。

①50% 从多菌灵可湿性粉剂 500 倍液；

②70% 甲基硫菌灵（甲基托布津）可湿性粉剂 400 倍液；

③10%双效灵水剂 200 倍液。

10. 番茄茎基腐病

为害症状：主要为害定植后番茄的茎基或地下主侧根。病部初呈暗褐色至黑色，后绕茎基或根茎扩展，使皮层腐烂，留下木质部，地上部叶片变黄，后植株萎蔫枯死。

综合防治技术。

（1）选用抗病品种。

（2）与非茄科作物进行 2~3 年以上的轮作。

（3）育苗期加强苗床管理，培育壮苗。选无病土做苗床，播种时 50%立克菌可湿性粉剂 1 000 倍液浸种 10~15 分钟，播种覆土后，再在土表喷施立克菌 800 倍液。或用 40%立枯净可湿性粉剂每平方米 10g 药兑细土 15kg 消毒床土。

（4）定植时严格挑选无病植株移栽到大田。

（5）发病初期，喷洒立克菌 800 倍液或 50%甲基硫菌灵（甲基托布津）可湿性粉剂 400~500 倍液，视病情 5~7 天喷 1 次，连喷 2~3 次。对重病株可采用上述药剂灌根，或用立克菌、立枯净 80~100 倍液涂茎。同时，在病株的茎基部施用立枯净药土。

（二）　生理病害

1. 沤根

为害症状：幼苗出土后，长期不生新根，幼根外皮呈黄褐色或铁锈色，病菌感染后腐烂，地上部分叶色变淡或发黄，生长慢或停止生长，不生新叶，初期中部秧苗萎蔫，易被拔起，最后死亡。

发病条件：育苗畦地温低，持续时间长，浇水过多或遇连阴雨天，湿度大，光照不足易发病。

防治技术。

（1）整平育苗畦，严禁大水漫灌。

（2）苗期注意中耕松土，提高地温。

（3）控制好温度、湿度、光照，特别是阴天温度不能太低，地温应掌握在 12℃以上，湿度不宜过大。

2. 闪苗

为害症状：由于环境突然改变而造成的叶片凋萎干枯现象，整个苗期都可发生，尤其以定植前最严重。

发病条件：育苗期通风少，温度高，湿度大，幼苗生长柔嫩，如突然通风，外界温度较低，空气干燥，幼苗因突然失水而凋萎，就称"闪苗"。

预防措施：培育壮苗，经常注意通风，发现幼苗；凋萎，要立即把覆盖物盖好，并反复揭盖几次，幼苗逐渐适应外界气候后再揭开覆盖物。

3. 徒长苗和小老苗

育苗畦高温高湿，光照不足，苗子密挤易形成下胚轴过长的苗子称徒长苗，也称高脚苗，其中，温度是主导因素。

床土干旱低温或干旱高温，土壤贫瘠易形成小老苗，也叫僵化苗。

预防措施：通过施足底肥，合理调控温度、湿度和间苗等措施，以避免形成徒长苗和小老苗。当幼苗出土后，及时把气温降到生长最适温度，夜间维持生命活动的最低温度，就可防止下胚轴的过度伸长。

4. 脐腐病

为害症状：初期幼果脐部出现水浸状斑，逐渐扩大，至果实顶部凹陷，变褐，严重时扩展到半个果实，果肉干腐，表面皱缩凹陷，有时龟裂，果实一部分提早变红，病部在潮湿条件下腐烂，其上出现黑色霉状物。

发病条件：日照不足、低温、多肥、过湿、缺钙、地下水位高、土壤板结、水分供应失常易发病。长期土壤水分充足，而在植株生长旺盛时骤然缺水即可发病。特别是土壤干旱，叶片蒸发大量水分，使果实内和果脐部的水分突然失去，果实生长发育受阻，造成脐腐。生育期水分不均匀是发病的重要原因。

综合防治技术。

（1）选用抗病品种。

（2）注意轮作倒茬。

（3）选择保水力强、耕层深厚沙壤土种植，大棚、小棚地膜覆盖更好。

（4）均匀灌水，于清晨、傍晚进行，注意防止土壤突然干旱。

（5）结果后连续喷 2～3 次磷酸二氢钾。

（6）叶面喷施 1% 过磷酸钙或 0.1% 氯化钙，初花期开始，隔 15 天进行 1 次，连续进行 2 次。

5. 畸形果

为害症状：发育不均衡，心室数目过多，形成多心室畸形果，果实不圆、变形。

发病条件：花芽分化期间遇到低温是主要原因。在育苗期间，多肥、高湿、茎叶生长肥大就容易发生。出苗后 20 天左右遇 6～8℃ 以下低温影响，或高温时使用高浓度植物生长调节剂，并涂抹不均匀，易发生畸形果。土壤养分水分过多、植株长势过旺也易形成畸形果。

预防措施：苗期注意温度管理，防止夜间低温，控制植株长势，氮素和水分供应不要太多，忌偏施氮肥，改善营养条件，生长调节剂要按照温度不同使用适宜浓度。

6. 空洞果

为害症状：果实呈棱角形，果实表面有深的凹陷，果皮与果肉之间有空洞。

发病条件：开花遇低温，不能正常受精，花蕾期过早使用植物生长调节剂，土壤缺水，致使果肉和胎座不能充分发育，而形成空洞果。此外，氮肥施用过多，生长调节剂浓度过大，果实生长期间温度过高或过低，光照不足，初果期温度过高，后期营养跟不上，结果期浇水不当，也会出现空洞果。

预防措施：选择品种，开花期严格控制温光条件，加强水肥管理，合理使用植物生长调节剂，避免浓度过高或处理过早。

7. 裂果

为害症状：根据裂果形态可分为放射状裂果——以果蒂为中心向果肩延伸的放射状裂果；环状裂果——以果蒂为圆心，呈同圆心状裂开；条纹状裂果——不规则的侧面裂果和裂皮。

发病条件：在温度较高季节，果实发育后期，干湿条件变化剧烈，特别是长期干旱突遭降雨或浇水，易发生裂果。其原因是果实膨大时，由于果皮老化缺弹性，抵御不住来自果实内部较强的膨压，特别是在果实膨大初期，高温强光及土壤干燥时，果肩部表皮老化，此时，遇降水或大量浇水，果实迅速膨大，果皮破裂而发生裂果。

预防措施：选不易裂果的品种种植，加强栽培管理，增施底肥，确保水肥均匀供应，保持土壤水分稳定，加强排水措施，防止雨前土壤过干或雨后积水，尤其是干旱后避免浇大水，要均匀浇水，还要避免果实受强光直射。

8. 卷叶

为害症状：生长发育中后期（果实膨大期）植株长势旺，突然发生下部叶片上卷，严重时对上部叶片也卷曲，甚至卷成筒状，叶脉发生失绿现象，质地变脆。

发病条件：栽培环境发生变化，温湿度失去平衡，空气温度增高，土壤严重缺水或土壤湿度过大，或在强日照情况下，氮素过多，磷钾肥缺少，或过度的摘心和整枝易发生。因品种而异，有的品种呈卷叶状。

预防措施：定植缓苗后，要适当控制浇水，促进根系发生，增施腐熟优质农家肥，均衡供水，要避免过量施用氮肥，通过深耕、施有机肥，地膜覆盖等，避免土壤水分的急剧变化。最后一穗花序上留2~3片叶，增加光合作用，可减轻卷叶发生。

卷叶不是病毒病，但有病毒病的植株，容易引起卷叶。

9. 主茎异常肥大

为害症状：叶片极端繁茂，叶柄向下或扭曲，茎异常粗，是营养生长过旺的典型症状。

发生条件：水肥过足，氮肥过多，气温高，空气湿度大，日照不足的情况下易发生。

预防措施：育苗期水量要小，定植后要控制水量，适当控制氮肥，增施磷钾肥，利用植物生长调节剂处理，促进坐果。

10. 日烧（日灼病）

为害症状：初期果皮呈苍白色、革质状，后呈黄白色至褐色相间的斑块，果实向阳部干缩，变硬凹陷，表面呈漂白色，果肉变褐。后期常被病菌寄生腐烂，表面有黑色霉层。

发病条件：果实生长发育后期遇高温干旱或强日光照射，果实表面水分消耗量大而形成灼伤，此病发生在果实向阳果面。

预防措施：选择品种，增施有机肥，增加土壤保水力，使枝叶生长繁茂，果实不直接为太阳直射。

11. 药害

为害症状：叶片受害下弯、僵硬、细长，小叶不能展开，纵向皱缩，叶缘扭曲畸形，果实受害为乳状突起的畸形果或裂果。

发病条件：2，4 - D 使用浓度过高，或使用时药液滴落在幼嫩的枝叶上出现药害。

预防措施：要严格掌握 2，4 - D 使用方法和浓度，只能沾花，不能喷施：在 15～20℃ 气温下，使用浓度为百万分之十至百万分之十五，温度升高时使用浓度为百万分之六到百万分之八，1 朵花只能涂抹 1 次。据有关专家研究报告，在 15～30℃ 温度内，每升高 1℃ 温度，就相当于提高百万分之一的浓度。避免重复沾花，使用时不能洒滴在叶片和幼芽上。

（三）虫害

1. 蚜虫

为害特点：在嫩叶及生长点用口针刺吸汁液，使叶片生长慢、皱缩，不能伸长而死，严重时全株枯萎死亡。同时，蚜虫分泌蜜露可引起煤污病发生。

蚜虫是病毒病传染媒介，为害很大。

综治技术。

（1）清洁田园，清除残枝枯叶。

（2）银灰色地膜覆盖后可以避蚜。

（3）黄板诱杀。

（4）生物防治，天敌是瓢虫。

（5）药剂防治，可用以下农药。

①50%辟蚜雾可湿性粉剂 2 000 ~ 3 000 倍液；

②20%灭扫利乳油 2 000 倍液；

③20%康福多浓可溶剂每亩 10 ~ 20ml；

④10%蚜虱净可湿性粉剂 500 倍液；

⑤2.5% – 遍净可湿性粉剂 1 000 ~ 1 500倍液；

⑥10%吡虫啉可湿性粉剂 3 000 ~ 5 000 倍液。

保护地可用虫螨净烟剂，每亩每次 300 ~ 350g。

2. 棉铃虫

为害特点：主要为害花和果实，先食害嫩茎、叶、芽，2 龄后钻食果实，转果为害，造成果实腐烂脱落。

防治技术。

（1）每亩菜田放 10 多把杨树枝，诱杀成虫。

（2）及时打顶打杈，摘除虫果，适时除去下部老叶，改善通风状况。

（3）孵化盛期至幼虫 2 龄前，每隔 5 ~ 7 天喷 1 次农药，可用以下药剂。

①2.5%功夫乳油 5 000 倍液。

②10%菊马乳油 1 500 倍液；

③20%速灭杀丁 2 000 倍液；

④75%增效辛硫磷乳油 1 500 ~ 2 000倍液；

⑤40%菊杀乳油 3 000 倍液；

⑥2.5%天王星乳油 3 000 倍液；

3. 烟青虫

为害特点：以幼虫蛀食蕾、花、果，也食害嫩茎、叶、芽，果实被蛀引起腐烂，大量落果。

综治技术。

（1）秋耕冬灌减少越冬蛹。

（2）幼虫尚未蛀果为害，可喷打以下一种农药。

①50%辛硫磷乳油1 000倍液，于第一穗果鸡蛋大时喷打，每周一次；

②2.5%功夫乳油5 000倍液，连防3~4次；

③10%菊马乳油1 500倍液；

④2.5%天王星乳油3 000倍液。

第十八章 大同胡萝卜

一、起源分布

学名：胡萝卜。

别名：红萝卜、丁香萝卜、黄萝卜、金笋。

属性：伞形花科胡萝卜属2年生双子叶草本植物。

胡萝卜是北方冬季主要冬贮蔬菜之一，在大同市种植面积很大。长期以来，古城红萝卜作为大同市主要名优特产之一，种植面积越来越大，已成为大同市的一个地方品种。古城红萝卜产于阳高县古城镇，故而得名。

二、生物学特性

（一）特征及适应性

胡萝卜是2年生双子叶植物，根系很发达，为深根性蔬菜；播种45天主根就能深入70cm的土层，90天的根系则深达180cm。因此，进行土壤深耕，并在胡萝卜的全生长期内，维持土壤的疏松、肥沃和湿润状态，促进根系旺盛生长，是保证地上部叶面积扩大和肉质根肥大的首要条件。胡萝卜出苗后，第一对真叶很小，很快枯萎，以后的叶片存活期较长。叶为根出叶，叶柄较长，叶色浓绿，为三目羽状复叶，叶面积小，叶面上密生茸毛。这种具有抗旱特性的叶片结构，再配合强壮的根系，它的抗旱能力较萝卜和其他根系类为强。在蔬菜中也是抗旱能力较强的一种，故北方干旱地区多有种植。

胡萝卜第一年种下，第二年开始抽出花薹，除主薹外，还长出很多侧薹，它们最后变成花茎。每一花茎是由许多小的伞形花序组成的一个大的复伞形花序。一株上的小花数时在千朵以上。整株开花期约1个月。虫媒花，容易天然杂交。授粉后结成2个果实，成熟时分裂为二。果实外生有刺毛，容易黏结在一起，不易分开，造成播种困难，故播种前须搓去刺毛。种子的种皮为革质，透水性差。胚很小，出土能力差。由于开花先后和开花时的气候影响，往往部分种子无胚或胚发育不良，所以胡萝卜种子发芽率一般约在70%。播种前需做好发芽试验，以确定播种量。

（二）生长特性

胡萝卜的生长周期从种子播种到种子成熟须经过2年。第一年为营养生长期，长成肉质直根。在南方可露地越冬，北方则进行贮藏越冬，通过春化阶段。第二年春季定植，在长日照下通过光照阶段，而后抽薹开花，完成生殖生长阶段。它比萝卜的营养生长期要长，一般在90～140天。另外，胡萝卜需要在一定叶龄时才能通过春化阶段。

1. 营养生长期

发芽期：由播种到子叶展开，真叶露心，需10～15天。此时创造良好的发芽条件，是保证"苗齐、苗全"的必要措施。

幼苗期：由真叶露心到5～6叶，约经过25天。这个时期叶的光合作用和根系吸收能力还不强，生长比较缓慢，5～6天或更长时间才生长一片新叶，不过在23～25℃温度下生长较快，温度低则生长慢。苗期对于生长条件反应比较敏感，应随时保证有足够的营养面积和肥沃湿润的土壤条件。胡萝卜幼苗生长很慢，抗杂草能力又很差，因此，苗期及时清除杂草的危害是保证幼苗苗壮生长的关键。

叶生长盛期：又称莲坐期。是叶面积扩大，同化产物增多，肉质根开始缓慢生长的时期，所以又称为肉质根生长前期。这个时期一般为30天左右。生长盛期的叶片生长对于光照强度反应比较敏感。当展开叶数十片以后，下部叶片光照不良，就开始枯黄、落叶，从而影响肉质根的肥大，这个时期须注意地上部与地下部的平衡生长。肥水供给不宜过大，对地上部叶子的生长要保持"促而不过旺"。

肉质根生长期：约占整个营养生长期2/5的时间。肉质根的生长量开始超过茎叶的生长量；叶片继续生长，下部老叶不断死亡，所以叶片维持一定数目。这个时期主要是要保持最大的叶面积，以便加强光合作用，大量形成的产物向肉质根运输贮藏。营养元素与肉质根的肥大也有一定关系，若是氮吸收多而钾吸收少时，仅促进地上部生长，而延迟肉质根的肥大，尤其是在日照不良或高温情况下，地上部更易过旺生长，以至影响地下部的生长。

2. 生殖生长期

由营养生长过渡到生殖生长，需要经过冬季低温时期，通过春化阶段，到了第二年春夏季抽薹、开花与结果。胡萝卜需要在幼苗达到一定苗龄时，才能在低温下通过春化阶段。

3. 胡萝卜对外界条件的要求

胡萝卜原产中亚西亚较干燥的草原地区，为半耐寒性蔬菜。对温度的要求与萝卜相似，唯耐热性与耐寒性比萝卜稍强，可以比萝卜提早播种和延后收获。在 4~60℃ 时，种子就能萌动，但发芽较慢。发芽最适温度为 20~25℃，胡萝卜生长适宜温度为昼温 18~23℃，夜温 13~18℃，地温 18℃，温度过高和过低都对生长不利，在 3℃ 以下就停止生长。

胡萝卜为长日照植物，在长时间日照下通过光照阶段。一般属中等光照强度植物，光照不足会引起叶柄伸长，下部叶片营养不良而提早衰亡。

对土壤的要求与萝卜相似，在空隙大的沙质壤土和 pH 值 5~8 的土壤中生长良好。pH 值小于 5 时，则生长不良。胡萝卜根系较萝卜发达，根系分布深度可达 2~2.5m，宽度达 1~1.5m，能利用土壤低层的水分，为根菜类中耐旱性强的蔬菜。不过，为了获得高产和优质的产品，在干旱时仍须进行灌溉。一般土壤含水量应保持在 60%~80%。若生长前期水分过多，地上部生长过旺，使地上部比例增大，会影响以后的直根生长。

（三）栽培技术

由于胡萝卜根系发达，能利用土壤深层水分，叶子细裂，较耐旱，在光照充足，土壤深厚、肥沃，排水良好的沙壤土上生长较好。

1. 栽培季节

根据胡萝卜上述特点和对温度条件的要求，它在北方地区一般于5月中旬播种，也可根据萝卜生长期的长短，确定合适的播种期。种子发芽最低温度为4~8℃，一般平均气温7℃左右即可播种。春播时须选用抽薹晚、耐热性强、生长期短的品种，例如大同地区的古城胡萝卜。

2. 整地

胡萝卜的前作可以是早熟甘蓝、黄瓜、番茄和洋葱、大蒜等，此外，也可以和大田作物的小麦等进行轮作。对于土壤的要求须选用土层深厚、土质疏松、排水良好、富含有机质的沙质壤土或壤土，在这样的土壤中，胡萝卜肉质根颜色鲜嫩、侧根少、皮光滑、质脆。在黏性或排水不良、透水透气性差、土层浅的土壤中，产量低、外皮粗糙、色淡、根小。为了有利于播种和发芽整齐，除深耕促使土壤疏松外，表土还要细碎、平整。在作物收获后，立即深耕23.3~26.6cm，然后细耙2~3遍，整平，耱细进行晒土。胡萝卜幼苗生长缓慢，播种期又是天热多雨季节杂草生长旺盛影响幼苗生长。故播种7天左右进行化学除草，每亩用500g左右的扑草净，拌土后均匀施在地表，然后耙2~3次，用耱整平，使土壤疏松有利于种子发芽。施用未腐熟的肥或施肥不均，都会损伤主根而造成无根。基肥中可每亩掺用7.5~10kg速效性氮肥，有利于幼苗苗壮生长。

3. 播种

播种深度2cm，行距20cm左右，亩用种子量500g左右；北方无霜期较短，胡萝卜种子收获晚，不能供给当年夏播使用，故多用隔年种子播种，其发芽率降至65%左右。为了保证胡萝卜出苗整齐种全苗，首先注意种子质量和发芽率，播前搓去种子上的刺毛，其次应注意提高整地、作畦和播种质量，保持土壤湿润，创造适宜于种子发芽和出苗的条件。播种后覆土不宜过厚，并进行镇压，有利于幼苗出土。春播胡萝卜也可以和玉米间作。

4. 田间管理

间苗、中耕除草，不论条播或撒播，在幼苗期进行 2～3 次间苗，将过密的劣株及病株拔掉。首先在播种后浇第一水，隔 7～8 天浇第二水，以保证种子发芽和齐苗，以后以保持土壤湿润为宜。

2 片真叶时间苗，4～5 片真叶时定苗，株距 10cm 左右，每亩 2.6 万～2.7 万株；天旱时，每次间苗后浇小水，浇水和降水后中耕松土。幼苗 7～8 叶时，趁土壤湿润深锄蹲苗，促进主根下伸，适当控制水分，抑制叶子徒长。夏播胡萝卜正值高温雨季，杂草滋生很快，因此，应及时除草。当肉质根明显膨大时，是肉质根生长最快的时期，也是对水分要求最多的时期，此时应充分浇水，经常保持土壤湿润。

胡萝卜对于土壤中营养物质的吸收，生长前期吸收很慢，随着肉质根迅速生长，才大量吸收营养物质。胡萝卜对于新鲜厩肥和土壤中肥料溶液浓度过高都很敏感，使用新鲜厩肥或每次施肥量过大，都容易生长叉根。定苗后每亩追施尿素 10kg；封垄后根部迅速生长，对肥料需求量增加，应及时浇水追肥；于 8 月下旬再每亩追施尿素 15kg，以促进根部生长。

可根据市场需求提早上市。一般叶片停止生长，不发新叶，外叶变黄蔫即可陆续收获，即 10 月下旬开始收获，收获不宜过晚，以免肉质根受冻，不耐贮藏。

5. 采种

胡萝卜收获后进行田间株选。选择叶色正叶片少，没有倒伏；直根整齐，颜色鲜美，表皮光滑，没有分叉和裂口；无病虫害的植株。选好后，切去叶片留 8～10cm 叶柄。大同地区入窖贮藏，翌年土壤解冻后定植。选择没有腐烂和病虫害，顶芽生长苗壮的种株。胡萝卜为异花授粉作物，不同品种间容易杂交。不同品种采种地隔离 2 000m。定植的行株距 30～50cm。种株抽薹后，花茎较高，须设支柱及时培土，以防倒伏。胡萝卜主茎生长后，侧枝相继生长，花序为伞形花序，种子饱满和成熟一致，可以分次采收。为了提高种子的产量，须进行灌溉及施肥。一般从定植到种子成熟经过 120～140 天。

6. 生产关键技术

应选用丰产优质品种，注意种子发芽率，施用质量高的充分腐熟的基肥。适时播种，提高播种技术，保证苗齐、苗全。苗期加强中耕除草，防止草荒。定苗时合理密植。中期适当追肥，保墒蹲苗；后期灌水追肥，保叶促根，以提高产量和品质。

三、经济价值及用途

胡萝卜的营养价值很高，富含胡萝卜素及多种矿物质成分，是一种较为高级的滋补营养食品。据测定，黄色胡萝卜每100g鲜肉质根中含蛋白质0.6g、脂肪0.3g、碳水化合物7.6g、钙32mg、磷30mg、铁0.6mg、胡萝卜素3.6mg、维生素C 12mg；红色胡萝卜每100g鲜肉质根中含蛋白质0.6g、脂肪0.3g、碳水化合物8.3g、钙19mg、磷29mg、铁0.7mg、胡萝卜素1.35mg、维生素C 12mg。黄色胡萝卜所含胡萝卜素是黄瓜的30倍，是番茄的10倍。胡萝卜素在人体内可分解转化为维生素A，故把胡萝卜素称为维生素A质。维生素A又称视黄醇或抗干眼病维生素，对维持人体正常视觉，维护上皮组织的健康，增强免疫力，促进体蛋白的合成，加速婴幼儿生长发育等具重要的作用。古城胡萝卜具有品质脆嫩、色泽鲜红、肉质味美、内外一致、含糖量高等特点。经常食用胡萝卜，能够增强人体体质，对免疫力和抗寒能力有很大的提高。在古代，人们就发现胡萝卜有丰富的营养和医疗保健作用，《本草纲目》中记有"味甘、辛，微湿，无毒，主下补中，和胸膈肠胃，安五脏，令人健康"。常吃胡萝卜对软骨病、夜盲症、眼干燥症、皮肤角化及呼吸系统感染等病有较好的防治效果。胡萝卜含有大量的果胶物质，能与汞结合并将其排出体外，从而降低血液中的汞离子浓度。现代医学证明，胡萝卜能增加冠状动脉血流量，因此，具有降低血脂、降压、抗癌作用。

食用方法很多，可生食、熟食和腌渍，还可加工成果汁、果茶，是提炼胡萝卜素的原料。胡萝卜的营养价值、药用价值与胡萝卜的食用方法有很大关系。如生吃胡萝卜，其胡萝卜素有90%不能被吸收，如用油、肉等烹调可大幅度提高吸收率，这是因为胡萝卜素是一种脂溶性物质，只溶于脂肪或某些有机溶剂，而不溶于水。胡萝卜素对酸碱都不敏感，一般食品加工和烹调过程中不致被破坏，但对氧敏感，特别是在不隔空气的条件下长时间剧烈加热，如油炸、脱水等可使其严重破坏。

古城红萝卜产于阳高县古城镇，1994 年在示范效应、经济利益的驱动下，初步形成了以古城镇为中心的红萝卜种植区域。古城红萝卜因质量好深受厂家及外商的青睐，随着脱水蔬菜加工业的发展，脱水胡萝卜在市场上走俏，用古城红萝卜加工的脱水胡萝卜等产品，成为同类产品中的上等货，深受日本、韩国等商家的青睐。胡萝卜可以加工成胡萝卜汁，每天喝上一定数量的鲜胡萝卜汁，能改善整个机体的状况。胡萝卜汁能提高人的食欲和机体抗病能力。哺乳期的母亲每天多喝些胡萝卜汁，分泌出的奶汁质量要比不喝胡萝卜汁的母亲高很多。患有溃疡的人，饮用胡萝卜汁，可以显著减轻症状。胡萝卜汁对结膜炎也有一定的医疗功效，还可以保养整个视觉系统。

故在大面积栽培胡萝卜的地区，办胡萝卜加工厂，制作胡萝卜汁、胡萝卜粒、脱水胡萝卜，具有可观的经济效益和社会效益。

第十九章 天镇芫荽

一、起源与分布

学名：芫荽。

别名：香菜、胡荽。

属性：食用部分为嫩叶，有特殊的味道，是重要的香辛菜之一。

分布范围：芫荽原产于地中海及中亚地区，汉代由张骞出游西域时传入我国。据《天镇县志》记载，大同市天镇县芫荽在明清时代就有种植，主要集中在县城周围的城关、西园、东沙河、南河堡和谷前堡的平川地区。

二、生物学特性

（一）特征

复伞形花序，花瓣、雄蕊各5枚，每一花序有小花11～20个，外围花序小花多于内层花序。

（二）适应性

芫荽所需要的生活条件与芹菜相近，耐寒性比芹菜强，适宜在温和季节生长。

（三）生长特性

1. 栽培季节

主要栽培季节为春、秋两季。华北及西北部分地区春芫荽3—4

月播种，播后 60~70 天收获；夏芫荽 5—6 月播种，播后 40~60 天收获；半夏芫荽 7 月下旬到 8 月上旬播种，播后 60 天左右收获；秋冬芫荽 8 月下旬到 9 月上旬播种，当年秋季收获或露地越冬次年 4 月收获。东北及西北地区的西北部春芫荽 4 月 5 月播种，秋芫荽 7—8 月播种。

2. 栽培技术要点

芫荽果实为圆球状，内包两粒种子，播种前须将果实搓开以利出苗均匀。夏芫荽可和小白菜混播或在番茄架下套种，每亩用种量除秋冬芫荽为 1kg 外，其余茬次为 1.5kg，个别地区如内蒙古，为了加大小苗上市量而实行高度密植，播种量每亩高达 10~20kg。芫荽忌重茬地，重茬地会造成幼苗成片死亡。因此，采收幼苗多采取平畦撒播，长苗后根据出苗情况可间苗或不间苗。芫荽因生长期短，追肥要及时，苗高 2cm 左右时便开始追肥，但这时因苗小组织柔嫩，如施人粪尿容易烧心，可随浇水施速效性氮素化肥或撒施土粪或肥后浇水。

秋冬芫荽如苗较大当年冬季可挑大苗采收或贮藏后随时供应市场，但这种做法易使留下的苗根部受伤，土壤空隙多遇冬季严寒时易发生冻害，所以，准备露地越冬的还是单独种植较好。采收前半个月左右喷 20~25mg/L 赤霉素可使叶片伸长，分枝增多，产量提高。

三、经济价值及用途

芫荽适宜在高水肥园地种植，茎叶香气浓郁，主要用作调味；既能热炒，更适合凉拌，还有一定的药用价值。据测定，芫荽中含癸醛、挥发油、脂肪、维生素和多种氨基酸，胡萝卜素的含量在蔬菜中居首位，钙和铁的含量也高。

天镇县芫荽生产历史悠久，地理条件得天独厚，从自给自足到商品生产，久盛不衰，近年来在市场经济大潮的冲击下，流通渠道更加畅通，种植面积不断扩大，已远销北京、天津、张家口、大同、呼和浩特等地，成为当地农民脱贫富的一条有效途径。

天镇县芫荽的生产有 3 个明显的特点：一是品质好，香气浓，植株高大整齐，嫩脆可口，在晋北地区颇有名气。二是产量高，效益大，2002 年种植面积达 600hm^2，总产量达到 4 000万 kg，年加工脱水芫荽 250 万 kg，加工芫荽罐头 103 万 kg，外销 2 000万 kg，亩收入5 000 ~ 8 000元。三是交通条件好，运输方便，公路铁路四通八达。

四、生产现状及开发潜力

芫荽作为一种辅菜，在当地的销量是有限的，所以发展规模主要受外销规模的制约，而芫荽又有难以贮存的特点，大大影响了外销量。由于芫荽商品生产的时间较短，销售体系尚不健全，而腌制、脱水干制等也处于雏形阶段，因此，大大地影响了芫荽生产的发展。不过这些问题将随着市场经济发展逐渐得到解决，所以，天镇芫荽的开发潜力很大。

第四篇　经济作物

第一章 黄 花

一、起源与分布

黄花菜，俗称金针菜，学名萱草、谖草。属于百合科萱草属黄花菜种，是多年生草本植物，原产于亚洲和欧洲的温带地区。远在我国最早的《诗经·卫风·伯兮》中，曾有"焉得谖草，言树之背"的记载，由此可见，在 2 500 多年前的春秋战国时期，我国就开始种植黄花菜。最初引进我国作为观赏植物，作为蔬菜栽培始于明代。李时珍的《本草纲目》和许光启的《农政全书》对黄花的生长特性和用途都作了专门论述。清朝年间编写的一本《庄农杂学》童蒙读物，把黄花编入其中："庄农杂字，初学当先，金针木耳，豆角海带"。这些都说明我国是栽培黄花菜最早的国家。

大同黄花种植于明末清初，由内蒙古传入大同，距今也有 300 多年的栽培历史。从黄花的引入、开发和发展过程中，集中反映了物竞天择、适者生存的自然规律。由于大同市独特的地理、气候、土壤条件非常适宜黄花的生长、繁殖等，加上劳动人民长久的选育和栽培管理经验，300 多年来形成了苗大薹繁、肉厚角长、七蕊色黄、营养价值高的地方特色品种。黄花主要分布在大同县 10 个乡镇、130 多个村庄。南郊区、广灵县、阳高县均有种植。

二、生物学特性

（一）形态特征

1. 根

黄花为多年生宿根性植物。根系丛生发达，根群分布在 20~50cm 土层中，根从短缩根茎节处长出，分肉质根和纤细根两种。肉质根又可分为长条和块状 2 种。长条肉质根数量多、分布广，是组成根的主体，经 2~3 年衰之；块状肉质根，短而肥大，主要贮藏养分。初生的肉质根白色，秋季变为淡黄褐色，秋苗生长期间，肉质根发生大量的纤细根。

2. 茎

短缩根状茎，外皮黑褐色，肉白色，每年形成一节短缩茎，茎两端略细，中间稍凸，肉质根着生其上；随着短缩根茎的逐年向上发展，新的肉质根也不断上移，栽培上需培土。短缩根茎分蘖力强，其上着生叶丛，叶鞘抱合成扁阔状的假茎。

3. 叶

丛生排列两侧，每株基出叶 15~20 片，叶茎部互相紧密抱合，叶呈带形或剑形，绿色或淡绿色，叶色和长宽依品种而异。

4. 薹

花蕾每年 5—6 月从叶丛中抽出，每株抽一薹，薹高出叶丛 50~90cm，其顶端分生出 4~8 个花枝，并着生花蕾。花蕾呈黄色，少数褐黄色，尖端嘴部有淡黄、紫褐等色，紫褐色者加工后显黑色，商品性下降。花蕾长 10~12cm、粗 0.8~0.9cm 时应及时采收。

5. 花

聚伞花序，每个花薹着生 20~30 朵花，健壮植株多达 60 朵，花梗长 0.4~0.7cm，花筒长 2~3cm，花瓣黄色，雄蕊 6 枚，长 11~13cm，花在下午 17:00~19:00 开放。

6. 种子

开花后只有少数能结果，自开花至种子成熟需 45~60 天，蒴果，三棱形或倒卵形，成熟后暗褐色，从顶端裂开散出种子；每果有种子 10 余粒，种皮坚硬，吸水力较弱，成熟种子具有发芽力，可作繁殖用，千粒重 22g 左右。

（二）生育周期

成年黄花年生育过程分发棵期、抽薹期、结蕾期和休眠越冬期。

1. 发棵期

从幼叶出土到花薹开始显露，为发棵期。幼叶开始出土，腋芽萌发形成分蘖，长出 16~20 片叶。

2. 抽薹期

从花薹显露至开始采摘花蕾，约需 30 天。当长有 8~9 片叶时腋抽生花薹，显露花薹后生长加快。

3. 结蕾期

从开始采摘至全部采摘完毕，早熟种约 40 天，中熟种约 60 天，如肥水充足，气候适宜，蕾期延长。蕾期长，则产量高，反之，则低。

4. 休眠期

霜降后，地上部受冻枯死，以短缩根茎在土壤中越冬，翌年土壤温度 5℃以上时长出新苗。

（三）对环境条件的要求

1. 温度

黄花菜地上部不耐寒，遇霜枯死，地下部短缩根茎和根系能耐 -10℃左右的低温。在我国大部分地区，其地下部分能安全越冬。叶丛生长最低温度为 5℃，适温为 15~20℃，结蕾和开花期适温为 20~25℃。

2. 水分

肉质根含水较多，耐旱力较强；抽薹前，需水较少；抽薹期，需水量大；显蕾时肥水足，分枝多，花蕾也多，生长快，花期提早；花期干旱缺水，则使花蕾发育不正常而落蕾，若雨水过多，地下水位高或土壤积水，抑制根系生长，易引发病害。

3. 光照

黄花菜对光照强度的适应性很强，在阳光充足的地方，植株生长更盛。若盛花期光照充足，则花蕾多而肥大。若遇长期阴雨天，阳光不足，则易落蕾。

4. 土壤

对土壤要求不严，山地、山坡、平川均可种植，贫瘠地、酸性红壤土或微碱性土也能种植。但以土质疏松，土层深厚肥沃，有机质含量高，pH 值 6.5~7.5 的缓坡山地较好；地下水位过高的平地，水源枯竭的山地，易受明涝暗渍的低洼地不宜种植。

5. 肥料

黄花生长期长，生长量大，需肥量多。氮肥充足，植株生长健壮，叶面积大，叶色浓，光合能力强，同化产物多，产量高，质量好；氮肥缺少，发育不良，花薹矮小，产量低；氮肥过多，苗叶徒长，组织疏松，花芽分化延迟，易感染病虫害；磷肥足，根系发达，分蘖力强，利于从营养生长转入生殖生长，增强萌蕾能力，提高抗旱、抗寒和抗病能力，产量和品质佳；钾肥足，植株组织坚韧，生长健壮，抗性增加，抽薹整齐粗壮，花蕾发育肥大，增强萌蕾力，延长采摘期，提高产量和品质。

三、经济价值及用途

大同黄花是我国北方主要特色蔬菜作物之一，分布在山西北部地区的一个优良的黄花菜地方品种，也是山西省黄花菜生产中主栽品种，栽培面积占全省总面积的 80% 以上，种植历史悠久，分布地域广阔。尤其是大同县享有"黄花之乡"盛名，所产的黄花菜品质优良，色泽鲜黄，营养丰富，气味芳香，深受广大消费者欢迎，产品远销全国 30 多个大中城市及新加坡、泰国、日本、马来西亚等国家，是出口创汇的重要商品。

在用途上大同黄花有极高的营养价值。据分析，黄花菜营养成分（每 100g 含量）：水分，鲜品 82.3g，干品 11.8g；蛋白质，鲜品 2.9g，干品 14.1g；脂肪，鲜品 0.5g，干品 0.4g；碳水化合物，鲜品 11.6g，干品 60.1g；粗纤维，鲜品 1.5g，干品 6.7g；灰分，鲜品 1.2g，干品 6.9g；抗坏血酸，鲜品 33.0mg，干品 0.0mg；尼克酸，鲜品 1.1mg，干品 4.1mg；钙，鲜品 73.0mg，干品 463.0mg；磷，鲜品 69.0mg，干品 173.0mg；铁，鲜品 1.4mg，干品 16.5mg；胡萝卜素，鲜品 1.17mg，干品 3.44mg；核黄素，鲜品 0.13mg，干品 0.14mg；硫胺素，鲜品 0.19mg，干品 0.36mg。由此可见，黄花菜的营养成分比一般蔬菜高出好几倍，而且热量很高，因此，具有油性大，细嫩清口之特点。除此之外，黄花菜的叶、根、花具有清热、消炎、利尿、健胃、安神等医疗作用。《本草纲目》记载："萱草味甘而气微凉，能去湿利水，除热通淋，止渴消烦，开胸宽膈，令人心平气和，无有抑郁。"《分类草药性》记载："黄花可滋阴补神气，通女子血气，消肿，治小儿咳嗽。"故而唐朝诗人白居易曾赋有"杜康能解闷，萱草可忘忧"之诗章。由于黄花色泽鲜黄、干净无霉、油性较大、清香味美，它与香菇、木耳齐名，并列为素食珍品，深受广大消费者欢迎。

四、黄花菜高产栽培技术

（一）整地、施肥

1. 选地

黄花菜对土壤要求不严，水地、旱地、房前屋后，地埂、路边，沙壤土、黏土、壤土均可栽植，但以轻沙壤、水浇地较为理想。

2. 深翻整地

栽前要对土地进行深翻，深翻有利于根系生长，一般翻地深度

20～30cm，打破犁底层，然后搂平、打埂、修渠，作畦，畦宽 2～4m 为宜。

3. 施足底肥

结合深耕亩施优质农家肥 4 000kg，硝酸磷 40kg。

（二）栽植

1. 选壮苗

黄花苗一般从生长多年的老黄花地刨出 1/3 的老根或用切块分芽繁殖的秧苗作种苗，如用从母株挖出的秧苗，抖去泥土，并一株一株分开，剪去根茎下部 2～3 年的老根、朽根、病根，只保留 2～3 层新根，扒去褐色衣毛即可移栽。

2. 栽植时间

黄花菜除旺苗期、采摘期外，均可移栽。一般以春秋两季为好，春栽在清明前后，土壤解冻进行，秋季在大秋作物腾地后即可栽植。

3. 栽植形式

采取宽窄行栽植，每畦 2～4 行，宽行距 1.3m，窄行 0.7m，每亩留苗 3 500～4 000 株，栽后踩实，苗子露出地表 1cm，并浇水缓苗。

（1）单行单株法。5～7m，亩留苗 4 000 株。

（2）单行穴栽法。穴距 0.5m，每穴呈 0.2m 等边三角形，每角栽一株，每亩栽 1 400 穴，亩栽苗 4 200 株。

（3）单行双株法。穴距 0.4m，每穴栽 2 株，亩栽苗 3 500 株。

（4）适当浅栽，提早进入盛产期。黄花菜栽的深浅与盛产期迟早长短有密切的关系，秧苗栽得浅些，植株分蘖快，可提早 1～2 年进入盛产期，盛产期采摘年限可缩短 2～3 年，秧苗栽的深些，植株分蘖慢，盛产期可推迟 1～2 年，在黄花菜盛产期采摘时间可适当延长 2～3 年。

（三）田间管理

"三分耕，七分管"。加强田间管理，使幼龄黄花菜及早进入盛产期，壮龄黄花菜延长采摘年限，老龄黄花菜植株生长健壮，提高产量。

1. 中耕除草

早春土壤解冻后，春苗刚露出地面应进行第一次松土除草，提高地温，促进春苗早发、快长，以后浇水后，进行 1~2 次中耕，保持土壤疏松无杂草。

2. 科学追肥

黄花菜是一种喜肥作物，在施足氮肥的前提下，增施磷钾肥，促进根系发育，提高吸收能力，增强抗寒、抗旱，减少落蕾、改善品质、提高产量，亩产 50kg 干菜，需纯氮 5~6.5kg，五氧化二磷 3~4kg，氧化钾 4~5kg，氮、磷、钾比为 1:0.6:0.8。

（1）少施催苗肥，黄花菜出从苗到花薹抽出前，是分蘖长叶花薹积累养分，花芽开始分化的时期，此时养分足增加分蘖数，促进叶片生长，有利于花薹生长和花芽分化，如果养分不足，植株生长不好，抽薹少，薹上的花蕾也少，产量不高。一般壮苗少施，弱苗多施，亩施尿素 10~15kg。

（2）重施催苔肥，植株叶片出齐，花薹抽出 15~20cm，完全由营养生长转向生殖生长，需要大量的营养，结合中耕，浇水重施 1 次催苔肥，占追肥总用量的 50% 以上，一般亩追尿素 25kg 以上，促进花薹、花蕾发充，保证花薹抽的早、齐、匀，为早结蕾、多结蕾创造条件。

（3）巧施催蕾肥，花薹抽齐并长够高度时，结合浇水，每亩追尿素 10kg，补充抽薹、结蕾过程中消耗的养分，防止养分脱节，保持叶片青绿不退色，促进壮蕾，不断萌发新蕾，延长采摘期，提高单产。

（4）轻施保蕾肥，老龄黄花和密度较大的青壮龄黄花，由于水肥管理跟不上，出现落蕾现象，轻者 10%~20%，重者 40%~50%。为保证黄花菜采摘中后期蕾大花多，小蕾不落，采摘后每隔 1 周喷 1 次 500 倍液的磷酸二氢钾，喷 2~3 次。

3. 浇水

黄花菜是喜水作物，又较耐旱，避免积水，防止烂根。抽薹前需水不多，5月中旬开始抽薹，需水渐增，这时缺水抽薹慢，甚至不抽薹，采摘期需水最多时期，必须勤浇，抽薹前第一水必须浇足，促使花薹抽齐、抽薹后到采摘前4~7天浇一水，从采摘到终花期，必须保持土壤湿润。黄花菜采摘结束后浇一水，有利于养分积累，为来年高产奠定基础，入冬前应冬汇蓄墒。

4. 合理间作

新栽黄花菜前两年，苗又小，产量低，可在大行间种一些低秆作物，如豆、瓜、薯类等作物。

5. 割老叶

在寒露时，黄花菜叶子全部枯黄，要齐地割掉，并烧掉枯草、烂叶，减少来年病虫为害。

6. 深刨

3年以上的黄花地，秋季要进行深刨，深度20cm，结合深刨亩施有机肥4 000kg，硝酸磷40kg，钾肥15kg。深刨一是土壤疏松，有利于根的生长发育。

7. 客土围根

一般10年以上的黄花菜，由于缩短根向上延伸，大部分缩短根露在外面，影响根系的第二年生长，如果采取引洪水或从外面拉点肥土把根围住，有利于第二年黄花菜根系的生长发育，产量高，品质好。

8. 病虫防治

黄花菜病虫害主要有：地老虎、蚜虫、红蜘蛛、锈病，因此，黄花菜返青，用敌百虫、锌硫磷浇根防治地老虎，在夏季可喷氧化乐果20%，双甲脒杀螨剂溶液防治蚜虫、红蜘蛛。在采摘后易发生锈病可喷打代森锌防治。

（四）黄花菜的采摘

1. 采摘时间

黄花菜采摘期，在大同县从 6 月下旬开始到 8 月上旬结束，历时 50 多天。在采摘期每天采摘应在上午 5:00 ~ 10:00 时为宜。

2. 采摘方法

采摘时，用拇指和食指夹住花柄，从花蒂和薹梗连接处轻轻折断，边采摘边装在篓内。

3. 采摘的标准

适宜采摘的花蕾从外观上看大个饱满，质地松，花嘴欲裂未裂，色泽发黄，3 条接缝十分明显。

（五）黄花菜的加工

1. 蒸制

黄花菜采摘后，应及时进行蒸制。

（1）蒸房。由一口大铁锅和在灶台上建一间小房组成。房的侧面和顶棚封闭，一侧开门，房内用架杆分 3 ~ 4 层，每层摆 2 个筛，在房一侧上下各插入一支 0 ~ 100℃ 温度计，用煤做燃料。

（2）蒸制。先将鲜黄花放在筛里，每个筛放 5 ~ 6kg，厚度 12 ~ 15cm，要求中间略高。装好后，把筛放在蒸房里，关上门，灶生火。通过锅里的水产生热气，来提高蒸房的温度，当温度达到 70 ~ 75℃ 时，维持 3 ~ 5 分钟即熟。

（3）蒸制好的菜。花蕾上布满小水珠；由黄绿转为淡黄浅绿色，蓬松花堆下陷 1/3 ~ 1/2；摸花身发软，竖起花柄稍弯；搓花蕾有响声，里生外熟；干菜率 16% ~ 20%，5 ~ 6kg 鲜菜出 1kg 干菜。

2. 干燥

（1）阴凉休汗。蒸好的花蕾不要立即出筛，把筛放在阴凉通风处 1 ~ 2 小时，利用余热使表皮上的糖分收敛转化，熟度均匀，色泽美观。

（2）晒干。把准备好的苇席若干块，放在光线充足的地方，然后将凉过心的黄花菜均匀地摊在苇席上，每天翻动 1 ~ 2 次，一般两天即可晒干（晒好的菜用手握不发脆，松手后自然散开）。

3. 分级

（1）一等菜。色泽金黄，油性大，条子长粗壮均匀，少量裂嘴不超过 1cm。

（2）二等菜。色泽黄，油性中，条子粗壮均匀，少量裂嘴不超过 1.5cm。

（3）三等菜。色泽淡黄，油性少，条子细短，裂嘴多。

4. 包装

包装是黄花菜加工的最后一道工序，根据质量进行包装。首先将分好等级的黄花菜一根一根捋直，采取 100g、250g、350g、450g 包装，然后 10 袋成箱，以昊天牌发往各地销售。

五、黄花在大同市的生产现状和主要问题

大同黄花是在特定的自然生态环境条件下，经过劳动人民长期的选择和培育，逐渐形成的山西地方特色蔬菜品种之一。

目前，黄花已成为大同市发展特色农业的主要培育项目，种植面积达到了 2 666.67hm²（4 万亩）。但受传统观念的影响，黄花的生产、加工、销售等至今保持着较原始的模式，而导致的结果是产品价格徘徊不前，市场竞争力不大，附加值不高，优势不明显。一是随着人民生活水平的提高，特别是我国加入 WTO 后国内外市场对黄花的生产、质量、包装，主要是产品质量安全性提出了更高的要求。多年来，农民在肥料的使用上偏重化肥的投入，忽视了有机肥的使用，再加上化学农药的使用，使黄花或多或少含有化学残留物质，影响黄花菜产品质量，在市场上不同程度受到影响和经济损失。二是加工包装粗放落后。受加工能力的限制，黄花在采摘后要经过蒸煮、晒晾的过程，这一过程必须迅速及时，才能保证产品的质量。现在当地黄花加工依然停留在锅蒸、日晒、房顶铺的原始落后工艺上，不能说不是影

响其价格的主要因素。虽然这样做不会破坏黄花的营养成分，但也造成产品良莠不齐、工艺粗糙的结果。况且收获期正是雨季，一遇连阴雨，晾晒有困难，就会出现大量烂菜问题，造成极大的经济损失。三是销售上，至今大同黄花的销售大部分还是靠二道贩子，且多数销往湖南。由于受销售渠道单一、加工滞后、宣传乏力等因素的影响，大同黄花被随意地压价压级的现象已属普遍。如在大同以 8 元/kg 收购黄花，到了湖南客商手里，稍加处理，贴上人家的商标，改头换面的大同黄花就卖到了 30 元/kg。四是缺乏名牌产品。如湖南祁东一家经营黄花菜的企业，用标准的手段培育名牌产品，产品畅销日本、韩国市场，占到全国黄花菜出口总量的 75%。通过黄花菜精细加工和深度开发的农业产业化之路，现已发展成为一家统领全国 2 万 hm^2 黄花菜基地（包括大同部分县区），集种植、加工、销售和科研为一体的大型高新科技民营企业映武黄花集团。该公司每年收购、销售和出口的黄花分别占全国总量的 80%以上，并拥有"映武"和"黄花姑娘" 2 个品牌七大系列共计 32 个不同产品。所以，品牌就是金钱，很重要。

第二章 衡山黄芪

一、起源分布

黄芪为豆科植物黄芪属（黄芪）膜荚黄芪及内蒙古黄芪的根。为豆科多年生草本植物，分布于我国北方地区及半山区，主要产于黑龙江、内蒙古自治区（以下简称内蒙古）、吉林、甘肃、宁夏回族自治区、山西、河北、辽宁等省区。栽培黄芪有 2 种，即内蒙古黄芪和膜荚黄芪。恒山黄芪即内蒙古黄芪。

二、生物学形态特征

（一）形态特征

恒山黄芪即内蒙古黄芪（又称红蓝芪、白皮芪），为多年生草本，高 0.5～1.5m。根直而长，圆柱形，稍带木质，长 20～50cm，根头部 1.5～3cm，表面呈淡棕色至深棕色。茎直立，具分枝，被长柔毛。单数羽状复叶互生，叶柄基部有三角卵状形的托叶，叶轴被毛；小叶较多，25～37 片，其叶片短小而宽，并呈椭圆形。花冠黄色，花 5～15 朵，荚长不及 2cm，果无毛，花期 6—7 月，果期 7—9月。有显著网纹。

（二）适应性、生长特性

适应性强，南北各地均可栽培，以土层深厚、排水良好的沙质壤土及石灰质壤土生长较好。种子繁殖，北方春季 4—5 月或秋季 9—10 月播种，条播行距 33.3cm，开浅沟，深约 3.3cm，将种子均匀撒播沟内，覆土 1.7cm 左右，每亩播种量 1～1.5kg，播种后注意浇水保温，2～3 周出苗；秋播需至第二年春季出苗，出苗后，生育有 4～6 片叶时间苗，株距 13.2～19.8cm。若采用穴播，每穴播种 5～7 粒。生长期间可追肥 1～2 次；雨季注意排水以预防白粉病及根瘤病发生，如发现后则喷洒 30% 波美度石硫合剂防治。

黄芪喜凉爽气候，有较强的耐寒性；怕水涝，忌高温。幼苗期要求土壤湿润，成年植株在生长期喜干旱和充足的阳光。黄芪系深根性作物，要求土层深厚、土质疏松、透水透气性良好的水质土壤，以中性或微碱性为好。黄芪种子发芽率为 70%～80%，妥善存储 3～4 年也不会丧失发芽能力，在种子发芽和苗期管理上需注意，种子发芽不喜高温，14～15℃为发芽适温，种子发芽和苗期需充足水分。第一年植株为营养生长阶段，一般只生长茎叶；第二年植株才会开花结实，但种子成熟不整齐，作物采收年限长，粗放栽培的往往要栽培 8～9年才能采收。栽培管理精细则可缩短采收年限，一般在栽培后 3～5年采收，忌连作，前期作物以禾本科作物为好。

（三）采集加工

野生品种于秋季挖根，栽培品种于播种后 4～5 年春季萌芽或秋季落叶后采挖，除去茎苗及须根，晒干。

三、经济价值及用途

（一）产量、质量

（1）产量。一般栽培 3～5 年收获，每亩产成品 150～200kg。

（2）质量。合格品，无芦尖，无尾梢，无须根，无枯朽，无虫蛀及霉变。佳品，条粗，皱纹少，断面色白，质坚而绵，粉性足，味甘。

（二）黄芪富含的化学成分及药理作用

内蒙古黄芪即恒山黄芪根含 β 谷甾醇、亚油酸及亚麻酸。

（1）正常大白鼠饲以含黄芪粉末的食物 1 周后，测其耗氧量比服药前增加。

（2）能加强正常心脏收缩，对衰竭的心脏有强心作用。

（3）能使冠状血管和肾脏血管扩张，并使全身末梢血管扩张，皮肤血液循环畅通，使高血压患者血压下降。

（4）试验者在自己身上进行了利尿试验，证明黄芪有中等的利尿作用。

（5）黄芪磨成粉末加入饲料中给大白鼠喂服后有阻抑实验性肾炎的作用。

（6）黄芪对小白鼠有镇静作用，能够持续2小时。

（7）口服黄芪，可使血糖明显下降。

（8）对子宫具有兴奋收缩作用。

（9）抑菌试验。在体外对志贺氏痢疾杆菌、炭疽杆菌、甲型溶血性链球菌、乙型溶血性链球菌、白喉杆菌、假白喉杆菌、肺炎双球菌、金黄色葡萄球菌、柠檬色葡萄球菌、枯草杆菌等均有抑制作用。

可治愈体虚自汗、久泻、脱肛、子宫脱垂、慢性肾炎、体虚水肿、慢性溃疡、疮口久不愈合，用量3~5钱，大量可用50~100g。

性味功能即甘、微温，补气固表，托疮生肌；还可治失血体虚，脾胃虚弱以及气虚下陷引起的胃下垂、肾下垂，血小板减少性紫癜，脑血栓，白细胞减少症、贫血，乳汁缺乏，各种神经性皮炎等

四、黄芪栽培管理技术

1. 选地整地

黄芪喜凉爽，耐旱、寒怕热、怕水涝、忌高温。其主根向下垂直生长，宜选择排水良好，向阳，土质深厚的壤土为佳。播前结合整地亩施农肥3 000~4 000kg，磷肥25~30kg，耙糖平整后起垄，垄宽40~45cm，垄高15~20cm，行距40~45cm。

2. 种子处理

黄芪种皮坚硬，播后不易发芽，播前应进行种子处理。将种子浸

于 50℃ 温水中搅动，待水温下降后浸泡 24 小时，涝出洗净摊在湿毛巾上，再盖一块湿布催芽，待裂嘴出芽后播种。也可以种子中播入 2 倍的河沙搓揉，擦伤种皮，也能迅速发芽。用 70% ~80% 硫酸浸泡种子 3 ~5 分钟后，迅速置流水中冲洗，洗净种子后稍干即播种，发芽率达 90% 以上。

3. 适期播种

种子发芽适宜温度为 14 ~15℃，春播于 3—4 月，秋播于 10 月上中旬。条播，在垄面上开 1.5 ~2cm 浅沟 2 条，将种子均匀撒入沟里，覆土将种子盖严。随即在两垄沟的沟田灌水，保持土壤湿润。15 天即出苗。平畦种植也可以，但发病较多，根形不如垄栽的好。

生产上常用育苗移栽，将直播苗在春季，按 20cm×40cm 的株行距边起边栽，沟深 10 ~15cm，将苗顺放于沟内，播后覆土，亩用苗 1.5 万株左右。

4. 田间管理

间苗定苗。直播的苗高 5 ~7cm 应及时间苗定苗，株距 10 ~15cm。

中耕除草。出苗后及时中耕除草，并注意向土垄培土，使土垄保持原来的宽度，一般除草 2 ~3 次。

追肥。间苗定苗后即进行追肥，亩施人畜粪水 1 500kg 或尿素 5kg，施后浇水 1 次。6 月中下旬中耕除草后施堆肥 1 000kg，磷肥 30kg，硫酸铵 5kg，混合于垄上开浅沟施于其中，覆土浇水。

5. 病虫害防治

主要病害为白粉病，用 50% 甲基托布津 1 000 倍液喷防。紫纹羽病，为害根部，造成烂根，植株自上而下黄萎最后整株死亡。应拔除病株烧毁，病窝用石灰粉消毒。同时，应加强其他虫害防治。

6. 采收加工

播后一般 2 ~3 年收获。秋天 9~11 月或春天越冬萌芽前均可采收。因主根入土深，要仔细深挖，避免挖断主根或碰伤外皮。收后去净泥土，趁鲜切下芦头，晒至半干将根理直捆成把，再晒或烘干即成生黄芪。

五、黄芪在大同市的生产现状

在北岳恒山山区面积广大的差异性段块隆起的背阴山坡上，在山顶部第三纪准平原的剥蚀面上，生长着盛开黄白色小花的一簇簇黄芪，使祖国的这一大名山成为誉满全球的"黄芪之乡"。这里曾经刨出一棵大约生长了 30 年的"黄芪王"，顶端直径 9cm，芪身上部长 102cm、直径 6cm，芪身下部分出 3 根枝条，直径均在 2cm 左右。原芪身太长，人们没有全刨出来，只刨出 197cm 长的一部分，估计其全长应在 500cm 以上。

恒山黄芪性喜阴凉、干燥，生长于恒山山区海拔 1 700～2 400m 处，相对高低悬殊，雨水较少，气候凉爽，昼夜温差大，土壤疏松的阳坡、半阳坡的粗骨性沙壤土上。恒山黄芪条均顺直，皮光纤细，色泽黄亮，粉性大，空心小，为中国北芪之正宗，在国际市场上很受青睐。我国著名药物学家李时珍，在《本草纲目》中把黄芪列为上品，称其为补药之长。根入药，恒山黄芪富含蔗糖、葡萄糖、淀粉、黏液质、叶酸、甜菜碱、胆碱、树胶、纤维素以及多种氨基酸，不仅可以治疗多种疾病，还可以单独作为滋补品食用，当地群众用黄芪煮肉、泡酒。用黄芪煮肉可促其早熟、除去腥气增加营养，黄芪羊肉汤就是浑源一带款待贵客必不可少的佳肴。黄芪加工也有所发展，已制出北芪酒、北芪饮料、北芪菇、正北芪片等系列产品，并多次获奖。其中，正北芪片 1980 年获山西省优质奖，远销新加坡、印度尼西亚、马来西亚等 70 多个国家和地区；北芪饮料 1993 年获中国保健食品协会、抗衰老研究会"延龄杯"金奖。利用黄芪的下脚料和其他农作物的秸秆作培养苗，培育的食用菌平菇，称之为北芪菇，具有较多的药用价值。1950 年浑源县的黄芪产量已达到 22.5 万 kg。近几年来，位于恒山山区的浑源县部分乡镇，黄芪种植面积已达到 7 467 余 hm² (11.2 万余亩)，每年可为国家提供商品芪 800 多万 kg，为农民增加收入 1 600 多万元，给山区农民开辟了致富之路。

第三章 亚 麻

一、亚麻的类型及形态特征

1. 亚麻的类型

在生产实践中，根据用途不同，亚麻分为3种类型：纤用亚麻、油用亚麻和油纤兼用亚麻。

纤维用亚麻植株高大，一般在60~110cm，最高可达140cm以上，在一般生产条件下是单茎的，基部不分枝，茎细而均匀，其茎中纤维含量较高，一般在20%~30%，而且纤维品质好，长纤维比例高，由于主要利用其纤维，因此称为纤维亚麻。在密植时只结1~3个蒴果，种子较小，千粒重3.5~5.5g，育成品种的种子含有40%油脂，同样有很大的利用价值。纤维亚麻的原茎产量最高，但是种子产量最低。

油用亚麻植株比较矮小，一般在25~30cm，移植条件下茎的基部长有多个侧枝，较耐干旱；花序发达，蒴果大且数量多，单株最多可结蒴果100个以上。1 000粒种子重7g左右，含油率超过40%，是大豆的两倍。茎上纤维含量较低（小于20%），长度较短，木质化程度高，纤维粗硬、品质低劣不宜纺织。这种类型的原茎产量较低，种子产量很高，以油用为主，在我国西北、华北部分地区有栽培，也称胡麻。

兼用亚麻植株低于或接近纤维亚麻，密植条件下基部不分枝，茎中纤维含量低于或接近纤维亚麻。花序比纤维亚麻发达，种子千粒重介于纤用亚麻和油用亚麻之间，种子含油率同油用亚麻。我国华北、西北部分地区有栽培。

2. 纤维亚麻的形态特征

根：亚麻的根是直根系，主根入土可达 1m 以上。在主根上分生出一级侧根，一级侧根再依次分枝，侧根的长短同主根一样，取决于亚麻的品种或类型，并受土壤、气候等环境条件的影响。纤维亚麻的根系发育比其他类型的为弱，其一级侧根最稠密地排列在主根的上部，导致根系的大部分分布在耕层内。

茎：亚麻茎的外形是基部略粗向上渐细的显著伸长的圆柱体，一般茎高 60～120cm，茎粗 0.8～3mm。茎表绿色，成熟后呈黄色，表面光滑并附有蜡质。纤维亚麻在密植条件下，其基部不分枝，仅梢部有 3～5 个花序分枝。在稀植情况下或生长点受损伤时，在基部或上部也可形成分枝，但麻茎的工艺品质下降。纤维亚麻的茎分为总长度和工艺长度，总长度（株高）是指子叶痕到花序最上部的距离，工艺长度是指子叶痕到花序下部分枝的距离。茎的工艺长度部分是最有价值的，它能提供最珍贵的长纤维。株高和工艺长度是纤维亚麻的重要性状，株高越高，工艺长度越大，其原茎产量和长纤维产量越多。茎粗也是亚麻的重要性状，它是以工艺长度的中部直径为标准。根据茎的粗细，把亚麻分为细茎、中等茎和粗茎。较细的亚麻茎中纤维品质最好。

在显微镜下可以观察到亚麻茎的横截面是由表皮、皮层、韧皮部、形成层、木质部及髓等六部分组成。表皮是一层外侧显著加厚、并为角质层所覆盖的薄壁细胞组成。韧皮部与皮层相连，由初生韧皮部和次生韧皮部组成，前者中包含有纤维细胞，15～50 个纤维细胞聚成一个纤维束，20～40 个纤维束在茎截面上呈串珠状排列（茎中层）。形成层位于韧皮部与木质部之间，在亚麻生长过程中向外分化次生韧皮部，向内分化次生木质部。木质部的内侧即茎的中心部分是由薄壁细胞组成的髓部，茎成熟后薄壁细胞破裂形成中空的髓腔。据研究，亚麻茎的横截面上有 50% 左右的厚度为髓腔，35% 左右为木质部，其余 10%～20% 为韧皮部、表皮和皮层，其中，韧皮部中的纤维层占这三者厚度总和的一半，即茎横截面半径的 5%～10%。从茎的不同部位来看，纤维层的厚度以中部为大，这与纤维形成和发育以中部为优，纤维含量高，品质好是一致的。

　　叶：亚麻叶全缘，没有叶柄和托叶，下部 6~8 片叶互生，其他叶片依螺旋状着生于茎的外围。茎下部叶片较小，呈匙形，中部较大，呈纺锤形，上部细长，呈披针形或线形。一般叶长 1.5~3.0cm，叶宽 0.2~0.5cm。一株上着生叶片 50~120 枚，茎下部较多，中上部较少。纤维亚麻的叶片数比油用亚麻和兼用亚麻少。

　　花：亚麻是自花授粉作物。其花序是聚伞形花序，着生在茎的顶端。花呈漏斗状，颜色多为程度不同的蓝色，少数是白色、粉红色或紫色。每朵花有花萼、花瓣、雄蕊各 5 枚，雌蕊 1 枚 5 裂。子房 5 室，每室又由半隔膜分为两半，每室含有 2 枚胚珠，受精后发育成种子，亚麻在早晨开花，一般持续 3~4 小时。田间亚麻花期，一般是 1 周左右。在特殊情况下（如倒青），亚麻上部形成新的分枝，会出现第二次开花现象。

　　果实与种子：亚麻的果实为蒴果，圆球形而上部略尖。成熟时由绿变黄褐色。正常情况下，每个蒴果可发育成 10 个种子。花萼对种子的形成起重要的作用。每株蒴果数受品种类型和栽培条件的影响。纤维亚麻的蒴果数低于其他类型，株植条件下蒴果数增加。

　　亚麻的种子是扁圆形，尖端稍狭而弯，呈鸟喙形。多数种子的颜色为褐色，包括由浅褐到深褐的各种色泽，还有白色及淡黄色。种子表面平滑而有光泽，因此，种子的流动性很大。纤维亚麻种子的大小为：长度 3.2~4.8mm，宽度 1.5~2.8mm，厚度 0.5~1.2mm，种子的千粒重为 3.5~5.5g。收获过迟时，因高温或潮湿而易发生蒴果裂口和种子脱落现象，种子变黑并失去光泽。

　　成熟的亚麻种子由三部分组成：胚、胚乳和种皮，胚又分为胚根、胚轴、胚芽和较发达的子叶。胚乳在种皮的内侧，由 2~6 层细胞组成，内含丰富的营养物质，其中，以蛋白质和脂肪为主。种皮由 6 层的细胞组成，最外层细胞是无色的大细胞，外附角质层，内含黏性物质，当种子遇水或其他的液体时，便相互黏结成块，这一特点在种子处理时要注意。表层之下是两层细胞间隙很大的"圆细胞"，其内侧是一层坚硬且紧密的纤维细胞，再内一层是富含淀粉的薄壁"横细胞"，其长轴方向与上层纤维细胞垂直，最内层是内含褐色内容物的色素层细胞。

亚麻种子中含有 35% ~57% 的高品质脂肪，约 23% 的蛋白质、22% 的无氮浸出物，9% 左右的纤维素和灰分等。种子的脂肪含量及不饱和脂肪酸含量受品种类型和栽培环境条件影响，纤维亚麻种子不饱和脂肪酸含量高于油用亚麻，高纬度地区不饱和脂肪酸含量高于低纬度，成熟过程中遇高温或干旱，油分和不饱和脂肪酸含量均下降，其油分的品质下降。

二、亚麻对环境条件的要求

1. 亚麻对光照的要求

亚麻的光照阶段持续 15 ~28 天，晚熟品种时间长，在连续光照和提高温度（16 ~20℃）情况下，能很快通过。光照阶段结束于枞形末期。

亚麻是长日照作物，长日照情况下有利于纤维亚麻的生长，加速开花和成熟。日照长度试验显示，长日照促进纤维的伸长与扩大，增加了纤维细胞的直径，提高了纤维产量，短日照增加了细胞壁的厚度，降低了茎中纤维和纤维素的积累，促进其胞间层和初生壁中的木质化，纤维强度降低。

纤维亚麻要求较弱的光照强度，有云天数多最有利，但在开花以后，则以云雾较少，光照充足为宜，有利于合成大量的碳水化合物以促进纤维细胞的发育成熟，光照不足，会影响纤维细胞的增厚和成熟，麻茎易倒伏，产量低，品质差。遮光研究显示，过分的遮光处理严重影响亚麻的生长发育，麻茎变短变细，纤维数量减少，纤维细胞壁厚减少很多；适当降低光照强度促进了株高的生长，增加了茎的工艺长度，茎中木质素含量减少，出率麻有所提高，但是不利于纤维素的积累，而有利于半纤维素的积累，纤维束疏松，纤维细胞壁较薄。

在生产中，有可能通过调节亚麻的光照（播种的密度、行向等）对亚麻茎的解剖学构造施加一定的影响，形成最适宜的结构。

2. 亚麻对温度的要求

纤维用亚麻喜凉爽湿润的条件，其有效温度的下限为 5℃，适宜种植在生育期间积温达 1 400 ~ 2 200℃ 的地区。亚麻的春化阶段较短，因不同品种，其持续时间在温度 3 ~ 15℃ 时为 3 ~ 10 天。春化阶段，从种子萌动开始到出苗或出苗后几天结束。

亚麻种子发芽的最低温度为 1 ~ 3℃，且发芽速度随温度的升高而加快，最适温度为 25℃。亚麻播种以土温 7 ~ 8℃ 较为适宜。亚麻出苗后对低温的抵抗力较强，通常零下 1 ~ 3℃ 短暂微冻对幼苗影响不大，生育期间能忍耐 −8 ~ −6℃ 的短时低温。亚麻生育期间要求气温不高，昼夜温差小的温度环境。从出苗到开花的适宜温度为 11 ~ 18℃，气温超过 18 ~ 20℃，麻茎生长加速，纤维组织疏松，品质下降。开花后温度稍高，对纤维产品质量影响不大，且有利于种子成熟。

亚麻的根在 25℃ 条件下生长较快，5 天根长达 10 ~ 12cm，6 天后主根生长骤减，侧根开始生长，8 ~ 10 天后主根停止生长。在 7℃ 条件下，根部 10 天仅长了 3 ~ 4cm，22 天后根长 5.5cm。在开花期和成熟期遇干旱和 32℃ 左右的高温，将导致种子产量、含油率及油分品质的下降。

在苗期或枞形期对亚麻进行低温处理，可增加茎中的单纤维数量，单纤维细胞的直径更细，形状更接近于多角形，韧皮纤维束更致密，但成熟后茎秆中部和上部的解剖学构造没有影响。

在光照阶段的初期，麻茎中形成纤维的最适宜温度是 10 ~ 12℃，而在光照阶段的末尾是 12 ~ 15℃。孕蕾阶段温度稍高一些，但不要高于 18℃，纤维成熟期最适宜的昼夜平均温度是 20 ~ 25℃。纤维亚麻在生育期间平均温度以不超过 18℃ 为宜。如果超过 18 ~ 22℃，则麻茎生长迅速，纤维组织疏松，出麻率低，纤维品质差。但开花后温度略高，对纤维产量及品质影响不大，且有利于种子成熟，成熟后气候干旱，有利于亚麻收获、保管及沤麻后的干燥。

生育期气温不太高，上升缓慢，昼夜温差小的温度条件对纤维亚麻生长比较有利。比利时的布拉色尔和英国的马秦卡州是世界著名的优质亚麻产地，具有上述的温度条件，并且生育期月平均降水量60 ~ 80mm。因为，只有在温度低且变化小的条件下，茎的细胞才能够发育的均匀，这样的麻茎不仅产量高而且品质好。黑龙江省是我国纤维亚麻的主产区。在亚麻的生育期间总的积温和降水可以满足其生长发育的需要，但在 6 月气温上升快，雨量分布不均，经常存在春旱，对优质亚麻生产不利。

3. 亚麻对水分的要求

亚麻是一种喜水作物，其蒸腾系数为 400～430，在整个生育期内，水分不足或过剩均影响亚麻产量。现蕾开花期亚麻对土壤水分缺乏最为敏感。土壤水分降低到最大持水量的 40%，导致在不同生长期降低了茎中单纤维数量。相反，提高水分到 80%，则茎内形成大量的单纤维。亚麻茎中纤维细胞数目与纤维含量以土壤持水量的 50%～70% 较高；纤维细胞大小以土壤持水量的 70%～90% 较大；木质化细胞百分率则以土壤持水量 100% 时最低。

干旱条件下，麻茎下部茎中单纤维数量急剧下降，中、上部茎中纤维数量也有不同程度的降低，至成熟时其下部纤维木质化十分严重。根据茎的解剖学构造，最适宜的土壤含水量在亚麻生长的初期为 60%. 在快速生长期增加到 80%，开花以后再降到 60%。在上述条件下，单纤维沿着麻茎的分布比较一致，而且纤维层的厚度变化比较小。麻茎中木质部的发育比较小，而皮层和韧皮束较大。此外，纤维木质化的程度是很小的，特别是在茎的下部。这表明，为了形成优质纤维，在亚麻的快速生长期水分起着特殊的作用。

亚麻生育期高温干燥，则纤维发育不良，单纤维短，缺乏弹性，而在凉爽的湿润条件下，纤维长且柔软，富有弹性。但降雨过多或排水不良，易导致倒伏，推迟成熟，降低出麻率和纤维品质。

4. 亚麻对土壤的要求

纤维用亚麻根系发育要求耕层深厚、土质疏松保水保肥、排水好的土壤，黑土和黑钙土最好。这 2 种土壤，耕层深厚，团粒结构稳定，保水保肥力强。而草甸土尽管有机质含量高，但地下水位高，土质黏重；风沙土有机质含量少，保水保肥能力差，不利于亚麻生长。盐碱土地质黏重，含盐量 0.1%～0.2%，pH 值超过 8，也不利于亚麻生长。因为亚麻生长要求的土壤酸碱度 pH 值为 5～8.5，以中性到微酸性土壤最有利。

5. 亚麻对养分的要求

亚麻生长的好坏受环境影响很大，其中，养分的供应状况十分重要，养分也是人们调控亚麻生长的主要手段。纤维亚麻生育期短，根系纤细，吸肥力弱而集中。亚麻每形成100kg的干物质（指地上部的茎、叶及种子），需从土壤中吸收氮1.3～1.51kg，磷0.37～0.52kg，钾0.62～1.37kg。亚麻不仅需要氮、磷、钾，也需要铜、铁、硼、锌、钼、钠、氯等微量元素。缺少任意一种必需的元素，都会影响亚麻的正常生长发育。

氮素：氮是影响亚麻产量与质量的主要营养元素之一。适量施用氮肥，可促进茎叶旺盛生长，增加叶绿素含量，提高光能转化为化学能的效率，合成更多的碳水化合物，从而提高亚麻的产量和质量。缺氮时，植株生长矮小，茎细弱直立，叶片较小，收敛上举，叶片自下而上发黄，干枯脱落。根量与正常植株相比略少。由于缺N，老组织内的N素向幼嫩部分转移，因而茎基部的叶最先发黄脱落，缺氮素必然降低原茎产量和质量。但过多地施用氮肥，又无磷钾肥的配合时，会使麻茎加粗，叶片浓绿，生育期延长，引起贪青、倒伏，同样不利于亚麻的产量和质量的提高。在亚麻的生育期内，前期需氮较多，尤其以枞形期最多，约占全生育期的30%. 所以，氮肥应在前期施用，使亚麻发育良好。

磷素：亚麻虽是需磷较少的作物，但适量补充磷素营养，对促进根系发育有明显作用，能加快亚麻成熟，增加纤维和种子产量。亚麻需磷最多的时期是开花期，占全生育期的32.3%，其次是工艺成熟占27.3%。亚麻需磷规律是前期少，后期多。缺磷导致秆细弱，分枝较少、叶片小，收敛，叶色常呈暗绿至蓝绿，基部叶发黄、早落，其根的长度与侧根的数量均少于不缺磷的植株。缺磷不但影响纤维的产量和质量，而且也影响种子产量。研究表明，施用磷肥可以促进亚麻对氮磷钾的吸收，提高氮素利用率；施磷量与亚麻植株含磷量之间是正相关关系，与含钾量为负相关关系。施用磷肥并与适宜的氮钾配合，能促进韧皮部和木质部的发育，加速茎秆中纤维和多糖的积累，提高纤维的品质。

钾素：亚麻是需钾较多的作物，整个生育期均需钾。亚麻对钾素的吸收有两个高峰，即枞形期——快速生长期、开花后。施用钾肥可使植株提高抗病能力和抗倒伏性。亚麻植株含钾丰富时，植株下部含量高于上部；缺钾时则相反。缺钾植株生长受到抑制，分枝少，植株柔软。根量也明显小于对照，尤其侧根较短。叶往往从老叶尖端、边缘逐渐发黄干枯。严重缺钾，影响纤维质量，造成倒伏等现象。亚麻在快速生长期到现蕾期缺钾，会显著降低原茎产量和纤维品质，现蕾到开花期缺钾将显著降低种子产量。亚麻植株吸钾量依赖于施钾量、天气状况和土壤类型。施用硫酸钾可以最有效地促进亚麻生长和原茎及纤维产量。

钙素和镁素：缺钙的亚麻植株矮小，生长严重地受到抑制。顶端生长点和幼叶失绿、萎蔫以后茎尖死亡，叶尖枯死。根明显减弱，根尖分生组织细胞腐烂死亡，主根纤细，侧根数量少。短而纤细。施钙有增产作用，钙可促进植株体内蛋白质和可溶性氮含量的增加。但是钙素过多的导致纤维发脆，并降低种子产量。缺镁的植株生长细弱、叶片稀少、较小。叶略呈灰绿，整个植株叶片下垂，上部叶片失绿明显。分枝的症状与主茎相似。根系也明显受到抑制，尤其是侧根量很少。在缺镁的土壤上，使用镁肥可显著提高亚麻的纤维产量和种子产量。

微量元素：微量元素铜、锌、铁、钼、硼和锰等是亚麻生育不可缺少的，这些微量元素对亚麻的生育起着不可缺少的作用。此外，钠、氯等元素也对亚麻的生长产生影响。

铜是氧化还原酶的成分，具有调节氮素代谢、加强光合作用、提高呼吸强度、减少真菌和细菌性病害的功能。缺铜导致植株常发生弯曲，叶片常下垂，叶片有坏死的条纹或斑点，主根洁白、较长，但侧根数目较少。施铜可增加纤维和种子产量，并增加纤维强度，提高抗亚麻萎蔫病的能力。

亚麻对缺锌十分敏感，缺锌的植株稍矮、生长不正常，叶与茎垂直、叶片失绿叶色变浅，根系略短。缺锌导致亚麻叶片生长异常，其症状在第二代还可看到。锌可增强亚麻种子的发芽力和地上部的生长，增加叶片重量和叶绿素含量，对叶绿素 b 的作用超过对叶绿素 a 作用，促进细胞的分裂和伸长，从而提高纤维产量和品质。施锌还可降低枯萎病的发病率。

缺铁的植株发育异常，主要表现在新叶失绿发黄，叶片内卷，分枝上的叶片也明显变黄。土壤水分过多，通气不良，引起叶片失绿，铁含量也较低。主要是铁影响到麻株中叶绿素的含量，缺铁时影响叶片的光合作用，不利于产量的提高。根系与正常植株相比，虽根的总量略低，但在根的长度上明显超过正常株。

硼对促进亚麻碳氮代谢、根系发育、花粉形成、子房发育、种子成熟均有良好作用。缺硼的植株生长矮小，茎变粗而硬，植株略有弯曲，生长点处叶色变浅，生长点死亡，根系发育不良，侧根较少。缺硼时，亚麻器官中油脂和磷脂减少，抑制柱头细胞伸长，降低种子产量。每千克土壤含水溶性硼少于0.2mg，施用硼肥效果最大，硼素有利于亚麻单纤维的伸长生长，施硼能预防亚麻细菌性病害，增加亚麻纤维和种子产量，还可提高纤维品质。有报道，硼、铜和锌配合使用，增强了亚麻抗炭疽病和细菌病的能力。

锰可增加亚麻种子发芽力和叶片中叶绿素含量，提高种子产量及其油脂含量，锰与硼互作可显著减少短纤维的数量，增加长纤维的数量。缺锰的植株较矮，茎细弱。叶片小，后期常脱落。根系较弱，侧根数量较少。

钼对促进亚麻植株生长发育有一定的作用，缺钼植株矮小，叶片较小，叶色常失绿，根系明显缩短，降低原茎产量。在磷素不足情况下，缺钼使植株生长和根部发育减弱，有钼条件下，壮苗中氮、磷、钾、钙、镁、钠含量较低，而在缺钼条件下，上述各元素含量较高。这说明在土壤中含有一定数量可吸收的钼，可促进其他元素的有效利用。

施用钠可增加茎中纤维含量和提高纤维产量。在有一定钾素存在的情况下，亚麻植株内少量的钠可以代替大量的钾而不影响产量，两者可配合使用。钠对纤维结构有良好影响，能使纤维发育均匀，细胞壁加厚，但过量则纤维束断裂，纤维细胞变薄、变形。

氯也是亚麻所必有的微量元素之一，但是较多的氯对亚麻生长有不利影响，降低原茎产量。因此，不宜使用氯化钾等含氯的肥料。

三、纤维亚麻栽培技术

亚麻栽培是指从亚麻播种至收获的全过程，是在认识和掌握自然条件变化和亚麻的生物学特性及其对外界环境条件要求的基础上，制定和实施合理的农业技术措施，其目的是为使亚麻正常生长发育创造良好的外界条件，充分发挥良种的增产特性和效能，获得高产优质的原茎和纤维等。

1. 选好地块和茬口、合理轮作、整地保墒

（1）选地。根据亚麻根系发育的特点，亚麻要求土层深厚、土质肥沃、疏松、保水保肥、排水良好、没有杂草的中性土壤。因此，种植亚麻应选地势平坦的平川黑土地和排水良好的二洼地，二洼地由于地势低、土质肥沃，保水保肥能力强，在天气干旱的情况下，土壤含水量比岗地和山坡地多，农民说，这样的地块"担旱"，有利于春季防旱保苗。

亚麻不宜种在黄土岗地、山坡地，这样的地块干旱、瘠薄，影响产量。跑风地不宜种亚麻，因春季干旱多风，易造成缺苗断垄甚至毁种。土壤黏重和排水不良的涝洼地土壤含水分多，通透性差，春季地温回升慢，种亚麻出苗缓慢，同期播种，比排水良好的地块出苗晚3~5天，易发生苗期病害。由于地温低，冷浆，土壤微生物活动弱，使土壤养分释放的慢。出苗后也不发苗，麻苗发锈，农民称为老根苗麻茎长不起来。遇雨后，又徒长贪青倒伏，造成减产。沙土保水保肥力差，肥力低又不担旱，不宜种植亚麻。

（2）选茬。不同的前茬对亚麻的生产和产量、品质有很大的影响，种植亚麻最好选择玉米、大豆茬，其次是小麦茬，而高粱、谷子茬种亚麻产量低。玉米、大豆都是中耕作物，生育期间要进行精细管理。地板干净，种亚麻田间杂草少，收获原茎质量好。大豆和玉米茬又是"软茬"，土壤中残留的肥多，种麻产量高，但要注意磷、钾肥的配合使用，否则在雨水较多的年份，尤其是豆茬亚麻易造成贪青、倒伏，收获时茎色浓绿，虽然产量高，但原茎质量下降。小麦茬如能在收获后及时伏翻，消灭杂草，恢复地力，也是种麻的好前茬。高

梁、谷子茬口施有机肥少，地板硬，为"硬茬"，土壤肥力低，特别是谷茬杂草又多，种亚麻产量低，品质差。

（3）轮作。亚麻最忌重、迎茬，最好实行五年以上的轮作制度，否则易发生苗期病害而死苗，造成减产。亚麻苗期病害发病率，重茬在26.5%，迎茬或隔两年的为18%~20.6%，而实行5年以上只有15%。把亚麻生产纳入合理的轮作制中，不仅能连续获得高产稳产，而且由于亚麻生育期短、主根浅，只能吸收土壤中上层肥力，其他残茬作物也能吸收相应肥力而获得高产。亚麻收获后有利于耕翻晒茬，因而，对后茬作物有较好的增产效果。

（4）整地。由于亚麻是平播密植作物，种子小，覆土浅，种子发芽需水多，所以，提高整地质量，保住土壤墒情，是全苗的关键。

根据大同市气候条件，采用伏翻或秋翻整地，抗旱保墒效果好。来不及秋翻或伏翻的地块，可在春季土壤化冻5~10cm，土壤开始返浆时，顶浆整地，有利抗旱保墒。最好是翻耙连续作业，一次呵成。要求达到破碎土块，消灭明暗坷垃，疏松土壤，地面平整，特别是要添平机械翻地时留下的欠沟，创造上虚下实、透气、保水、保温良好的土壤条件，以便于亚麻的播种作业，又能为种子发芽出苗提供适宜的苗床。

在春旱多风的气候条件下，镇压对提高整地和播种质量，保住土壤墒情均有良好的作用。镇压时，可根据土壤水分状况，灵活掌握镇压的次数和程度。一般土壤疏松、墒情不好的岗地或沙土地，可多压、重压；墒情好的地块，可少压、轻压；春季雨水较多的年份或土壤温度过大的低洼地块则可不压，以防压后土层板结，影响出苗。

选用低洼地种植亚麻时，因土壤湿度过大，春天化冻慢，返浆期长，机械又下不去地，可等土壤煞浆后，随整地随播种。

2. 播种技术

（1）播前准备。

①种子准备：依据当地生态特点，选用适合的品种。纤维亚麻虽然单面积播种量大，但由于种子小田间保苗率低，因而应选用品种纯、发芽率大于95%、清洁率98%以上、没有霉变、籽粒饱满的种子作栽培用种。在黑土地，或者生产水平较高的地块宜选用耐肥水、

抗倒伏的品种。如黑亚 3 号、双亚 1 号、双亚 5 号；对于土壤质地较差、肥力较低的盐碱地区，最好选用耐盐碱的品种，如黑亚 4 号。为提高种子发芽率，促进种子后熟，可在播前晒种 4～5 天，为防止苗期病害，可用种子量 0.3% 的多菌灵或卫福进行拌种，做播种之前的消毒。

②播种工具的准备：为保证适期播种，提高播种质量，播前对播种机械进行安装调试。达到规定的标准。一是仔细检查全套机械的各部位，使其达到正常作业状态，以免因基本部件失灵而影响播种质量。二是调整开沟器的距离，使播种行距合乎要求并且均匀一致。做好田间实际播量的计算，并按要求进行块内试验或田间试验校正，调整好播量。

（2）播种期。亚麻是生育短期，需水较多的作物。在无灌溉条件下，掌握适期播种是发挥亚麻增产潜力的有效措施。短期播种主要依据自然降水规律和亚麻生长发育的特点及土壤状况来确定。

亚麻性喜冷凉，各个生育阶段要求的温度较低。因此，当土壤 7～7.5℃，土壤含水量不低于 20% 时，为亚麻的适宜播种期。一般情况下，适宜播种期为 4 月下旬至 5 月上旬。过早、过晚均会影响亚麻的产量。早播虽然出麻率高、纤维品质好，但在快速生长期时易遭"掐脖旱"麻茎长不起来，原茎产量低；晚播亚麻在快速生长期处于高温多雨，有利茎秆生长，但不利于纤维形成和积累，因而纤维产量低、品质差。因此，掌握适期播种对提高亚麻产量和纤维质量是十分重要的。

（3）播种方法。

①播种方式：目前看，生产中有 3 种播种方式。

行距 7.5cm 机械条播一次播 48 行，播幅宽 3.6m。开沟器后带有覆土环，并连接镇压器，使播种、覆土、镇压连续作业一次完成，防止土壤跑墒，有利于全苗。一台播种机一天能播种 $13.3～20hm^2$。

行距 15cm 条播，一次播 10 行，播幅 1.5m。可用小型拖拉机牵引，也可用畜力带动，一台播种机一天能播种 $2～3hm^2$。

播种机重复播播种机按 15cm 行距先播 1 次，第二次返回时，在第一次已播的行间再重复播 1 次，在同一播幅内重复播两次。这种播法比单条播要多 1 次往复，播种进度比单条播慢 1 倍。

②播种量和合理密植：亚麻单位面积产量是由单位面积有效成麻株数和单株生产力构成的。而单株面积的有效成麻株数又来源于单位面积的适宜播种量。可见，种植密度合理，必须播种量适宜。播量决定着密度。因此，必须因地制宜地掌握适宜播种密度，采用适当的播量和播种方法，来协调亚麻个体和群体之间的关系做到合理密植，保证在单位面积上有足够的苗数和较高的单株产量，以期达到高产稳产。亚麻的合理密度，应当看肥力基础，土壤，地势和生产力水平而定。根据山西省当前情况，应采取以下 3 种密植幅度、播种方法和播种量：对于土壤肥力较高、有施肥基础的平川地播量 112.5 ~ 120kg/hm²；要求保苗为 1 500 万 ~ 1 800万株/hm²，技术特别好的可达到 1 950 万 ~ 2 400万株/hm². 采取重复播种的方法，特点是出苗散，能充分体现群体的增产优势，但一定要做到技术熟练，严防并条：一般肥力的地块上，要求保苗数为 1 350 万 ~ 1 500万株/hm²，采用 7.5cm 条播，播量为 90 ~ 112.5kg/hm²；肥力较差的平川地，保苗株数要求 1 200 万 ~ 1 350万株/hm²，采用 7.5cm 行距或 15cm 行距播种，播量为 82.5 ~ 90kg/hm²。

③播种深度：为保证一次播种保全苗，播种深度要适宜。播种过深，出苗期长，若苗期病虫草害严重地块，易感染苗期病虫害，死苗严重；播种过浅，土壤含水量少，种子易落干或芽干。亚麻的适宜播种深度为 3 ~ 4cm。若土壤黏重，水分充足，春季雨水较多的年份，可浅播；若土壤干旱，墒情差，可深播，但不能超过 4cm。

播种时，要进行耙、耢、播、压相结合的联合作业，提高土壤蓄水能力，为亚麻种子发芽创造良好的土壤环境，减轻春旱对亚麻生产的威胁，有利于种子吸水发芽，提高田间出苗率。

3. 合理施肥

亚麻生育期只有 70 ~ 80 天，但仍需从土壤里摄取大量营养。所以认为亚麻生育期短，种麻当年可以不施肥是不对的，亚麻需肥早，需肥集中。氮肥在枞形期出现吸收高峰；磷、钾肥在快速生长期和开花期出现吸收高峰。

（1）亚麻需肥特征。亚麻每形成 100kg 的风干物（原茎和种子）

需要从土壤中平均吸收氮 $1.3 \sim 1.51kg$，磷 $0.37 \sim 0.52kg$，钾 $0.62 \sim 1.37kg$，钙 $0.57 \sim 0.92kg$。亚麻在枞形期吸收氮素量最多，到生育后期氮素吸收量逐渐递减。快速生长期吸收磷素最多，其次是开花期，再次是枞形期。钾素在枞形期、快速生长期和开花前吸收量均较高，以生育中、初期为最高。说明亚麻在生育初期对氮素要求最高，在中期需要磷素较多，初期和中期则需钾较多。

（2）亚麻施肥技术。

①重视有机肥的施用：最好是从前茬培养地力入手，使亚麻能利用大量残肥，满足早期生长的需要。前茬没有施肥基础或土壤肥力比较低的地块，可在秋翻前放入发好倒细的有机肥，耙好耢细。若秋翻来不及施肥，可在春播前扬施粪肥，随整地耙入土中，做到扬匀，随扬、随耙、随压连续作业。耙深不得超过 10cm，以防春旱跑墒。一般秋翻前或前茬施肥时，$30\ 000 \sim 37\ 500kg/hm^2$，播前施肥每亩为 $15\ 000 \sim 22\ 500kg/hm^2$。

②注重化肥的配合使用和深施：在有机肥的基础上，适当施用化肥，并注重氮、磷、钾的配合。做种肥混合施用效果要好于单施一种化肥。因各地气候条件和土壤类型不同，氮磷钾的配合比亦应不同。在轻盐碱土上，氮、磷、钾配合比为 $1:3:1$ 的高磷酸比；白浆土以 $2:1:1$ 高氮和 $1:1:2$ 的高钾配比；黑土以 $2:1:1$ 高氮比。另外，要结合土壤中速效氮、磷、钾的含量来选定合适的配比。在氮含量每 $100g$ 土低于 $8.5 \sim 11mg$ 时施氮有增产效果，大于 $14mg$ 则增产不明显；有效磷、钾低于 $1.5 \sim 3.0mg$ 和 $2.8 \sim 3.0mg$ 时，施磷、钾肥不但增产效果好，而且有提高纤维品质和防止倒伏的作用。化肥最好深施 $8cm$，使亚麻根系密集层 $10cm$ 左右处形成一个营养丰富的土壤环境，提高根系吸肥力。

③增施微肥：近些年来，国内外对微肥的研究越来越引起人们的重视，对微肥的施用日益广泛，它能经济有效地提高亚麻纤维产量和品质。据试验每公顷用 $1.5 \sim 22.5kg$ 硫酸锌做种肥，在不同类型的土壤上对亚麻产质量都有不同程度的提高。尤其在缺锌严重的地块，效果更明显。另外，在其他措施得当的条件下，锌与铜、硼配合施用对提高亚麻产量、改善品质效果更佳。

4. 合理灌溉

依据亚麻需水规律可知，亚麻在快速生长期到开花期耗水量最大。占全生育期总消耗水量的70%～80%，是亚麻需水的临界期。此阶段水分供应好坏是决定产量的关键。合理灌溉提高亚麻株高、工艺长度、保苗率，减少毛麻率，增加单株重，从而使亚麻原茎和纤维产量均有很大提高。在快速生长期，土壤含水量低于21%时，进行1～2次灌水为最好。

灌水方法，因当地条件而定。灌溉定额公式：

需水量（m^3/hm^2）=（田间持水量−土壤含水量）×10 000m^2

5. 及时除草、防治病虫害

（1）亚麻田除草。亚麻是平播密植作物，不能铲趟，在枞形期前可以通过除草松土，消灭田间杂草。亚麻枞形期是蹲苗扎根阶段，地上部生长缓慢，而杂草生长迅速，不及时除草，就会造成草欺苗及后期贪青倒伏，而收获时要草里挑苗，拔麻费工，造成减产。特别是春季雨水多的年份，草苗齐长，更应加强田间除草松土。一般除草松土1～2次，第一次在苗高6～9cm时进行；第二次在12～15cm时进行。而种子田生育后期拔一次大草，要拔净亚麻芥、菟丝子及毒麦等，促进种子成熟，提高种子纯度。

近几年化学除草应用越来越广泛，据测定由于实行化学除草，不但提高了产量，而且质量普遍比一般田提高一个等级，大大提高了劳动效率。一般在杂草长到3～4片叶，麻高12～15cm时，喷洒药剂。在单子叶杂草多而双子叶杂草少的地块，可单独施用拿捕净750～1 125ml/hm^2；在双子叶杂草多而单子叶杂草少的地块可单施二甲四氯750～1 125ml/hm^2；在单双子叶杂草混生地块这2种药剂混施，用量与单施剂量相同。

（2）亚麻病害的防治。亚麻常见的病害有立枯病、锈病、褐斑病、炭疽病及萎蔫病。其中，立枯病和炭疽病是造成麻田苗不全、不齐的主要原因。2种病害常年发病率在30%～40%，死苗率达10%左右，且常常并发，给亚麻生产造成巨大的损失。

防治的方法选用抗病品种，实行合理轮作，避免重迎茬，发现病株及时清除，彻底销毁，不在种亚麻的前茬地上沤制雨露麻；主要是药剂拌种，如炭疽福美、多菌灵、福美双等，用种子用量的0.3%.或用种衣剂拌种。

（3）亚麻虫害的防治。我国各亚麻产区，主要的亚麻虫害有草地螟、甘蓝夜蛾、白边地老虎、亚麻跳甲、蝼蛄等害虫。对这些害虫，在亚麻的综合农艺技术措施上，也要与病害同样予以重视，采取有效的防治措施，提高亚麻产质量。

防治方法：要及时铲除田间地埂杂草，并集中沤肥或销毁，及时进行预测预报，观察虫情，一旦发现及时进行药剂防治，草地螟可用75%的敌敌畏乳剂1 500倍液，每公顷用药量750～900kg，白边地老虎和蝼蛄可采用毒饵或糖蜜及灯光诱杀成虫。发现跳甲和黏虫为害，应及时喷洒敌杀死等药剂防治。

6. 适时收获、精细保管、细致脱粒

（1）收获。

①收获时期：亚麻收获时期对产量和纤维品质影响很大。收获过早，纤维柔软细长，但成熟度不够，出麻率低，纤维强度差，麻茎水分多，叶子也多，不便晾晒和保管；收获过晚麻茎易倒青和站干，麻茎没有分量，降低麻茎产值量，纤维木质化、变得粗硬脆弱，出麻率降低。只有适时收获，麻茎产量才高，纤维品质也好。亚麻最好在黄熟期收获，此期也称工艺成熟期。这时麻田达到3个1/3，即麻田有1/3蒴果变成黄褐色；麻茎有1/3变成淡黄色；麻茎下部有1/3叶子脱落。

但是，在阴雨多的天气，或者施氮肥过多的地块以及土壤水分多的低洼地，亚麻虽然成熟，也不易表现出工艺成熟的特征，麻茎常绿，叶子不变黄，不脱落，在这种特殊的情况下，唯有根据亚麻从出苗到成熟的天数（生育期）和麻桃的变化，确定亚麻的收获期，当麻桃变化，掌握准亚麻的工艺成熟期，做到适期收获。

②收获方法：

人工拔麻　当亚麻田达到成熟特征的标准时，就要组织好劳力，集中力量在1～2天拔完。做到三看三定，三净一齐。

三看三定：一看麻苗成熟度，定拔麻时间；二看面积大小，定劳

力多少；三看麻田整齐度，定是否分级拔。

三净一齐：一净是根据麻的高矮，分级拔净；二净是杂草要挑净；三净是根部泥土要摔净；一齐是指将根部墩齐。

拔麻要在早晨消露后进行，捆把时要用毛麻做绕，捆成 10cm 左右的麻把。麻绕位于根部 5～6cm 处。

机械拔麻 能缩短收获时间，减少田间损失，有利于降低生产成本，提高亚麻的产量。收获机械有从土壤中连根拔起，自动捆捆的拔麻机，还有完成拔麻、脱果、捆捆和铺放多种收获工序的亚麻联合收获机。拔麻机能从土壤中连根拔起亚麻，比手工提高工效 15～20 倍。拔出的亚麻能自动捆成捆，捆捆速度比手工高 3～5 倍。亚麻联合收获机与拔麻机基本相同，它包括分茎器、捆捆和铺麻装置，另外，增加了麻茎夹送器、疏麻机和蒴果腾出输送装置。它突出的特性是由一个机组完成拔麻、脱果、捆捆或铺放多种收获工序，比分别作业提高工效 2～2.5 倍。

(2) 保管。亚麻收获后，麻茎中含水分较多，为防止霉烂、

减少损失、必须进行田间晾晒保管和场内保管。田间晾晒保管的方法有 3 种。

①平铺晾晒：把捆好的麻把掰成扇形，就地晾晒。在亚麻晾晒初期，麻茎不怕雨浇，因麻茎中含有一定的水分，麻茎外表又有一层蜡质，雨水不易浸进，遇雨麻茎也不会变质。晾晒后期，遭雨后就要及时翻麻，抖掉雨水。否则，雨水浸入麻茎，就会变成黑褐色，降低麻茎的纤维品质。当麻茎晒到 6～7 成干时，运回场地保管。

②小圆垛晾晒：拔麻后如 1～3 天不下雨，将捆好的麻把就地堆成人字形码或圆形码晒。雨来之前再码成小圆垛。若天气变化无常，可随拔、随捆、随垛成小圆垛。每垛 80～100 把麻。圆垛底架要稳，上层麻茎的稍部要搭在下一层麻茎的分枝处，这样下雨不漏垛，麻茎不霉烂。

③场内保管：麻茎晒到 6～7 成干时，运回场内进行保管。经过一段时间后进行脱粒，也可随运随脱粒。场内保管方法有两种。一种是在场内垛成南北大垛，垛底用木方垫好，然后根向里，稍朝外一层一层地往上垛，每垛 4～5 层，再用麻把钩好垛心，以防倒垛。二种

在场内垛成圆垛，用50～60把麻立在地上，搭成底架，然后将麻根朝上，稍向下一层一层往上搭，最后垛成尖形垛。

不管采取哪种方法，垛顶都必须用草帘苫好，防止雨浇灌漏垛。在田间晾晒保管及场内保管期间，都必须设专人负责管理，要经常查看垛内情况，若发现有倒、漏、霉烂情况，要及时晾晒，以防霉烂造成损失。

（3）脱粒。亚麻脱粒，用人工在木板、木方上摔籽，严防在石头磙子上摔，以免把麻茎摔劈与折断。摔籽时要双手紧握麻把的根部，防止麻把散落，增加乱麻。籽粒要摔净。摔好的麻籽要随摔、随场、随入库保管，否则，因亚麻种子外面有一层胶层遭雨易胶成团，极易伤热霉烂，以致失去发芽能力。另外，在国外亚麻脱粒作业是靠自动化脱粒机实现的。亚麻专用脱粒机的构造包括夹送器、疏麻滚筒、搓种器、大筛、鼓风机、蒴果壳收集斗、清洁室、升运器等。人工捆的或机械捆的原茎经过脱粒机加工，可以疏落蒴果、搓掉蒴果皮，使脱出物分离并能除掉原茎中的乱麻，最后筛出便于保存的纯净的亚麻种子。

同时，脱粒后的麻茎，可按国家规定的原茎分级标准，打成30～35kg的大捆，及时送交亚麻原料厂，防止雨浇霉烂变质。雨露沤麻区，可直接运往沤麻场地，铺麻雨露。

四、油用亚麻栽培技术

亚麻为亚麻科亚麻属一年生草本植物。生产上亚麻分为几种不同类型，其中，以收子榨油为主要栽培目的的亚麻称为油用亚麻，俗称"胡麻"。

胡麻种子一般含油35%～42%。胡麻油富含不饱和脂肪酸，味道可口，干燥性强，不仅是人们喜食的食用油，而且广泛应用于油漆、印刷、制革等工业。榨油后的饼粕营养丰富，可作为畜、禽饲料。此外，油纤兼用的亚麻类型，除收子外，茎秆可剥取纤维，出麻率12%～15%。

胡麻起源于近东、地中海沿岸。全世界分布，其中，以亚洲和欧洲栽培面积最大，其次是美洲。种植胡麻面积最大的国家是印度。在我国，胡麻主要分布在西北和华北北部的干旱、半干旱地区，其中，以甘肃省、内蒙古自治区、山西省、河北省、宁夏回族自治区、新疆维吾尔自治区、陕西省、青海省种植较多。据统计，2000 年我国胡麻栽培面积为 49.787 万 hm^2，总产量 343 748t，平均单产 690kg/hm^2。

（一）形态特征与生物学特性

1. 形态特征

胡麻的根为直根系。主根细长，入土深度可达 1m 左右；侧根多而纤细，主要分布在 0~30cm 土层中。茎圆柱形，表面光滑，并有蜡粉。茎有上部分枝和下部分枝两种。下部分枝又称分茎。胡麻的叶互生，无叶柄和托叶，叶面有蜡粉。花序为伞形总状花序，着生于主茎及分枝的顶端。花有柄，有萼片、花瓣、雄蕊各 5 枚，雌蕊 1 枚，柱头 5 裂，子房 5 室。每室又被中隔膜分为 2 小室，每小室有胚珠 1 枚。花的颜色因品种不同而有蓝、白、红、黄等色。果实为球形蒴果，发育完全的蒴果应有 10 粒种子，一般 8 粒左右。在干燥的条件下，容易裂果、落粒。种子扁卵圆形，淡黄至棕褐色，千粒重 4~12g。种皮内含有果胶质，吸湿性强，应防止受潮，

防治病害时也不能用药水浸种，否则，种子易黏结成团，影响发芽，且不便于播种。

2. 生物学特性

（1）阶段发育。胡麻播种后，只要温度适宜，从种子开始萌动即进入春化阶段。一般在 1~4℃下，经过 10~15 天即可通过春化阶段。

胡麻是长日照作物。延长日照时间，提前现蕾。在每天 8 小时短日照下，胡麻分枝增多，枝叶茂盛，但不现蕾开花，只进行营养生长。

（2）生育时期。胡麻的生育期 80~130 天。其一生可分为苗期、现蕾期、开花期、子实期和成熟期。

①苗期：从种子萌发出苗至现蕾以前。苗期长达 20～40 天。此期地上部分生长缓慢，形似小枞树，因而也称枞形期。当幼苗长出 10～14 片真叶时，子叶节的腋芽开始形成分枝。分枝的多少取决于品种、水肥条件和种植密度。该期花芽也开始分化。胡麻的花芽分化可划分为未分化期、生长锥伸长期，花序分化期、花萼原基分化期、花瓣及雌雄蕊分化期、药隔分化期、四分体形成期等 7 个时期，其中，1～6 期主要都在此期内进行。一个植株上花芽分化按照先主茎、后分枝、先上部分枝后下部分枝的顺序进行。

②现蕾期：从现蕾至开花前。该期是胡麻营养生长和生殖生长的并进时期。茎秆迅速伸长，花芽继续分化，进入四分体形成期。进入现蕾期后，植株生长发育加速，对水分和养分的要求迫切。在现蕾前及时浇水追肥并进行中耕，能促进花芽分化和麻茎生长，有利于有效分枝增加和形成较多的蒴果，获得较高的产量。

③开花期：胡麻现蕾后 5～15 天开花。花期一般 15～25 天。开花顺序与花芽分化顺序一样，由内向外，自上而下开放。胡麻属于自花授粉作物。该期要求晴朗的天气，对土壤水分要求仍然迫切。

④籽实期：从终花到成熟以前。该期是胡麻果实、种子发育和油分积累的重要时期。种子千粒重和油分积累的规律表现为在种子发育的最初 10 天内增长速度较慢，第十一至第三十天增长速度最快，30 天以后增长速度又逐渐减慢。

⑤成熟期：胡麻从开花末期到成熟需 40～50 天。达到成熟期的标志为麻茎由绿色变为褐色，茎秆下部和中部叶片大多脱落，上部叶片已枯萎，蒴果呈黄褐色，种子成熟变硬，千粒重和油分含量达到品种固有标准。

3. 对环境条件的要求

胡麻种子发芽的最低温度 1～3℃，但在地温 8～10℃时播种，才有利于正常发芽出苗，在 20～25℃下种子发芽最快。从播种到出苗一般需要 110～120℃的积温。幼苗期抗寒能力较强，尤其在 2～3 对真叶期能耐 -8～-6℃低温。生育期中不耐炎热，以较为温暖、晴天多、昼夜温差大的气候为宜。

胡麻播种后需吸收种子重量约 100% 的水分才能顺利发芽出苗。

生育期间要求土壤含水量应达到田间最大持水量的60%～80%，低于40%易受旱。子实期要求晴朗干燥的气候。胡麻根系发达，叶片较小，且有蜡质，抗旱性较强。

胡麻对土壤要求不严格，但以土层深厚、有机质含量高、排灌方便、保水保肥力强的砂壤土更有利于胡麻的生长发育。以微酸至微碱性较合适，胡麻有一定的耐盐能力，土壤含盐量在0.2%以下不影响生长。

（二）栽培技术

1. 播前准备及播种

（1）选地与整地。胡麻忌连作。连作易引起立枯病、萎蔫病等病害和菟丝子等杂草的为害而导致严重减产。种植胡麻应实行5年以上的轮作制。前作收获后，应尽早伏耕，耕深应达到25cm。雨季过后和春季适时耙糖，以创造良好的土壤条件。

（2）播种。当5cm土层地温达到5～9℃时，是胡麻的播种适期。在播种适期内早播有利于充分利用春季地墒，保证全苗，能使胡麻的光照阶段在较低的温度下缓慢通过，延长营养生长期，为生殖生长打好基础，提高产量和含油率。

胡麻植株和叶片都较小，是靠群体增产的作物之一。产量构成因素为单位面积收获株数，每株蒴果数，每果粒数和千粒重。单株产量则主要取决于每株蒴果数的多少。根据目前生产水平，山旱地一般每公顷播种量37.5～52.5kg，保苗225万～300万株；阴坡地每公顷播种量52.5～67.5kg。保苗375万～525万株；灌溉区每公顷播种量75～90kg，保苗525万～750万株。胡麻播种深度以2～3cm为宜。播种方法可采用窄行条播方法，行距15～20cm。

2. 需肥规律与施肥

胡麻耐瘠薄，但高产仍需要较多的肥料。一生对养分需求最多的时期是在现蕾至开花期。尤其在现蕾期吸收养分占全生育期养分吸收量的50%左右。胡麻生育期短，施肥应以基肥为主。基肥应施充分腐熟的有机肥30～45t/hm²，配合施磷肥（P_2O_5）60～75kg/hm²及一定的氮肥。基肥以在秋季深翻时施入为好。另外，播种时可用硫酸铵 $75kg/hm^2$ 或腐熟的饼肥作种肥，对促进壮苗效果显著。生育期追肥应在现蕾前进行。有条件的地方，结合第一次浇水，每公顷追施硝酸铵 $75 \sim 150kg$ 或尿素 75kg。

3. 需水规律与灌溉

胡麻苗期植株生长量小，比较耐旱，对水分需要量也少，仅占一生总耗水量的 8% 左右。现蕾至开花期，植株生长十分旺盛，耗水量占一生总耗水量的 62%，终花以后至成熟，耗水量占 30% 左右。

有条件的地方在胡麻播种前应进行冬灌或春灌。播种后幼苗未出土前不能浇蒙头水，否则，会降低地温、造成土壤板结，严重影响出苗。生育期中应灌好现蕾前后 2 次水。

4. 中耕除草与病虫害防治

土质黏重的地块播种后遇雨，要及时破除板结。胡麻苗期时间长，地上部分生长缓慢，而此期内杂草生长迅速。中耕要尽早进行。一般进行两次：第一次在苗高 $7 \sim 10cm$ 时，深度要浅，防止压苗；第二次在将现蕾时进行，深度可达 10cm，有利于根系发育。

胡麻病害主要有亚麻炭疽病、亚麻立枯病、亚麻枯萎病和亚麻锈病等。除合理轮作，选用抗病品种外，用多菌灵药剂拌种或生长期间喷雾可防治亚麻炭疽病；用 50% 福美双粉剂或 50% 多菌灵土壤消毒，用五氯硝基苯或甲基托布津拌种，可防治亚麻立枯病和枯萎病。主要虫害有草地螟、甘蓝夜蛾、地老虎、亚麻漏油虫和亚麻象甲等，应注意防治。

5. 收获

胡麻在黄熟期，当下部叶片脱落，上部叶片变黄，茎秆和 75% 的蒴果变黄、种子变硬时即可收获。收获过早，籽粒灌浆不足，青白粒多；收获过晚，植株干枯，养分倒流，形成黑粒，千粒重下降，而且蒴果易爆裂造成落粒，均影响产量和品质。黄熟期持续时间不长，应抓紧时机及时抢收。

第四章 向日葵

向日葵属于菊科向日葵属，学名叫向日葵，又叫朝阳花、太阳花、转日莲、葵花等。栽培种是一年生草本植物，由野生种向日葵的突变亚种进化而来。

一、向日葵的形态特征

1. 根

向日葵的根属于直根系，有主根和侧根之分，由主根、侧根、须根和根毛组成庞大的根系。发芽后首先长出 1 条胚根，逐渐生长成为主根，主根入土一般 1~2m，有的达 3m。主根在地下 20~30cm，深的一段较粗壮，其上生有侧根，侧根上生有须根，须根多少是根系发育好坏的标志。侧根和须根上生有稠密的根毛，根毛和土壤紧密接触，吸收土壤中的水分和养分。整个根系的 2/3 分布在 0~20cm 的土层中，1/3 分布在 20cm 以下，向日葵开花前 10 余天，在茎基部叶痕以下生出若干不定根，称为气生根或水根，一部分深入土中，增强对植株的支撑作用和吸收上层土壤水分，从而增加花期水分和养料的供应。

向日葵根系发达，吸收能力强，抗旱耐瘠。苗期根系生长比茎部快，当苗高 5cm 时，根系入土深度 14~30cm；当 3 对真叶时，苗高 20cm 左右，主根已长达 70~80cm。现蕾期根系伸长 1~3m，与地上部分快速生长相适应。花后根的生长速度逐渐减慢，到成熟时完全停止生长。

向日葵根系干重占整株重量的 20%~25%，根量大，比玉米多 1 倍以上，且入土深，能利用深层土壤养分，这是向日葵耐旱的主要原因。

2. 茎

向日葵的茎秆粗壮直立，表面粗糙，被覆刚毛。茎由表皮、木质部和海绵状髓构成。

幼茎因品种不同有绿色和紫色之分，根据这一特征，可在苗期进行去杂。向日葵有些品种具有分枝特性，有时在多肥水或主茎顶端被折断时，不分枝的品种有时也会出现分枝。主茎高度因品种和栽培条件变动较大，一般在 1.5～3.0m。

茎在出苗后一个月左右生长缓慢，14～16 叶后生长加快，在花盘生长前后生长最迅速，开花末期停止生长。

3. 叶

向日葵叶片分为子叶和真叶。子叶保存种子中的养分，供幼芽生长之用。出土后的子叶迅速变绿，进行光合作用，为根系和幼苗生长提供养分，当根入土需要真叶长出时，子叶逐渐脱落。子叶的健壮与否不仅影响出苗，而且还影响产量。

真叶由叶柄和叶片构成，叶柄和叶片几乎等长。叶片多呈心脏形，因品种不同而略有差异。叶缘有缺刻，叶面、叶背以及叶柄上都有短毛，叶面上格有一层蜡质，可减少水分蒸腾，防止病菌侵染。另外，叶片两面分布着无数气孔，主要是进行空气交换和水分蒸腾。当土壤湿度过大时，又可通过气孔排出大量水分。气孔还能接受空气中的水分和其中溶解的养分，为根外追肥提供了方便。

向日葵的叶数，因品种和栽培条件而异。早熟种一般 25～32 片，晚熟种一般 33～40 片；同一品种，由于栽培条件不同，叶数也不同。基部的 6～8 片叶，功能期在开花前，主要供给根部营养，中部叶片大，光合能力强，子实产量的 50% 来自中部叶片；上部叶片小，距花盘近，光合作用旺盛，可为子实产量提供 30% 的营养。

4. 花

向日葵的花为头状花序，着生在茎秆顶端，也叫花盘。花盘形状因品种而异，有凸起、凹下和平展 3 种类型。花盘外缘有 2～3 层苞叶。花盘上有两种花，即舌状花和管状花。舌状花着生在花盘的边缘，有 1～3 层，无花蕊，偶有单生的雄蕊，为浅黄、橙黄和紫红色，因品种而异。花冠长 6cm，宽 2cm。舌状花的作用是引诱昆虫帮助授粉。管状花在花盘上呈螺旋排列，为两性花，能结实。每朵花有 5 个雄蕊，一个雌蕊，柱头两裂，子房下位一室。开花时柱头从 5 枚环抱的雄蕊中伸出，授粉后结实。

每个花盘上管状花的数量，因品种和栽培水平不同而异，一般为 1 000 ~ 1 800 朵。油用种的花朵数多于食用种。管状花在花盘上由外向内逐层开放，整个花盘开花时间为 8 ~ 10 天。同一朵管状花的雄蕊先熟，雌蕊后熟，自交授粉率极低，0.36% ~ 1.43%。属于典型的异花授粉作物。

5. 果实

向日葵的果实为瘦果，习惯上称种子。由果皮、种皮、子叶和胚组成。多数油用型的皮壳的厚壁组织和木栓组织之间有一层硬皮层，有防止和减轻向日葵螟虫危害的作用。向日葵因品种不同，果实大小、形状、色泽均不同，同一花盘上的果实大小和形状也有差异，外圈果实粒大皮厚，盘心果实粒小皮薄，中部种子大小较一致，具有本品种的典型特征。

二、向日葵的类型

根据栽培向日葵的用途，可将向日葵分为食用、油用、兼用和观赏用等类型。

1. 食用向日葵

茎秆粗壮，植株高大，株高多在 2.5m 以上，一般不分枝。叶片、花盘较大。子实大，长 15 ~ 25mm，但不饱满，含油率低，种仁含油率为 30% ~ 50%，果壳厚而有棱，皮壳率高，为 40% ~ 60%。果皮为灰白色带黑褐色条纹，供炒食用。生育期较长，一般为 120 ~ 140 天。食用型品种一般抗锈病力较差，但比较耐叶斑病。

2. 油用向日葵

植株矮小，一般多在 1.5 ~ 2m，有的品种能分枝。叶片较小，花盘及瘦果均较小，瘦果仅 8 ~ 15mm，含油率高，种仁含油率为 50%

以上。核仁充满果腔,皮壳率低,为 20% ~30%,果皮为黑紫色。生育期较短,一般为 80~100 天。油用型品种一般抗锈病力较强,而抗叶斑病能力较差。

3. 兼用向日葵

生育性状和经济性状均介于食用型和油用型之间。因此,既可嗑食,也可以榨油,但两方面的用途都不突出。

4. 观赏用向日葵

植株较小,分枝多,花盘及瘦果均小。

三、向日葵生长发育对环境的要求

1. 向日葵生育时期的划分

根据向日葵的生育特性,将向日葵全生育期划分为出苗期、现蕾期、开花期和成熟期 4 个生育时期。

(1) 出苗期。当地温达到 8~10℃,种子即可发芽,首先长出胚根,然后子叶伸出地面。在适宜条件下,春播从播种到出苗需 12~16 天,夏播仅需 5~8 天。

由出苗到 3~4 对真叶时为叶形成阶段,决定向日葵一生叶片数量的多少;3~4 对真叶到 7~8 对真叶为花原基形成阶段,该阶段决定花盘中小花数,7~8 对真叶到现蕾为小花分化和雌、雄蕊形成期,这一时期与小花育性有关。

(2) 现蕾期。当植株出现 1cm 左右的花蕾时为现蕾期。春播从出苗到现蕾需要 35~50 天,夏播需 28~35 天。一般在现蕾前后,植株生育最快,需要消耗大量的水分及养分。

(3) 开花期。从现蕾到开花,春播品种均需 25~40 天,夏播需要 18~24 天。这一时期是向日葵生长最旺盛的时期。株高可增长一半以上,叶面积达到一生中最大值。对水分和营养物质的需求也最多。在栽培上必须加强管理,为旺盛生长的到来创造最适条件,从而为后期的高产优质打下基础。

(4) 成熟期。从开花到成熟,春播品种均需 35~55 天,夏播需

25～40 天，从开花到成熟期是决定结实率和子实产量的关键时期。成熟时需要天气晴朗，如雨水过多，空气湿度过大，会使病害加重。

2. 向日葵生长发育对环境条件的要求

（1）温度。向日葵是喜温作物，但有时很耐低温，早熟品种要求≥5℃积温 2 000～2 200℃，中熟品种 2 200～2 400℃，中晚熟品种 2 400～2 600℃，晚熟品种在 2 600℃以上。

向日葵种子在 2～4℃时开始萌动，4℃即能发芽，5℃时可以出苗，8～10℃就可满足正常发芽出苗的需要。幼苗耐寒力较强，可短时间忍受 –6℃的低温。但在 2 对真叶时，如果气温降到 5～6℃则停止生长。

向日葵正常开花授粉需要适宜的温度，日平均气温 20～25℃时开花授粉良好，高于 25℃则花粉发芽率降，授粉受阻，空秕率增高；若日平均气温降到 16℃以下，花器的生长发育受到抑制，花期延长。应根据当地气温变化情况调整播种期。

向日葵在成熟时如遇 –1℃的低温，叶片就要脱落，在生育期较短地区，应争取在气温降到 0℃之前收获，否则，遇早霜降低产量和品质。在开花到成熟如温度过高（超过 40℃），同时相对湿度达到 90%，则生长停止。

（2）水分。向日葵虽然抗旱能力较强，但因植株高大，叶大而多，需水较多，每形成一份干物质，需要 500 份左右的水分。向日葵在不同生育阶段对水分的要求也不同。种子发芽需要吸收风干种子重的 56% 左右的水分；出苗至现蕾需水量占全生育期总需水量的 19%；现蕾至开花需水量占 43%；开花至生理成熟需水量占 38%。其中，现蕾到开花结束虽然仅 26～28 天，耗水量却占总需水量的 50%，是耗水量最多的时期。种子成熟时虽然需水较少，但若缺水对产量和油分均有较大影响。

（3）光照。向日葵是喜光作物，它的幼苗、叶片和花盘都有强烈的向日性。光照充足有利于向日葵生长发育。生育前期光照充足可使幼苗健壮，防止陡长；生育中期光照充足可促进茎叶旺盛生长，花盘发育正常；生育后期充足的光照则有利于形成更多的光合产物，同时，也可使同化产物运转顺利，保证了籽粒饱满。

向日葵属于短日照作物。一般品种对日照反应不敏感。

（4）土壤。向日葵对土壤的适应性较广泛，在多种类型的土壤上都能种植。向日葵在 pH 值为 5～8.5 的土壤上均能生长良好，向日葵的耐酸性强于甜菜，而耐碱性又强于玉米。向日葵较耐盐碱，在含盐量 0.4% 以下的土壤上能生长结实。虽然如此，但在肥力较高的土壤上种植向日葵，对提高产量极为有利。

种植向日葵最适宜的土壤为壤土和沙壤土。这类土壤团粒结构良好，土层深厚，土质疏松，肥力较高，利于根系发育，能获得高产稳产。

四、向日葵高产栽培技术

1. 合理轮作

（1）向日葵不能重茬和迎茬。向日葵需要进行轮作，并且年限较长为好。

向日葵连作会使土壤养分过度消耗，地力难以恢复。还会加重土壤干旱，这是因为向日葵是耗水多的深根系作物，根系吸水能力强，向日葵一生总耗水量大，比玉米多 16%，比谷子多 51%。

向日葵连作会使病虫害蔓延加重，而且加重列当的为害。在有列当寄生和霜霉病严重地区，向日葵轮作周期应在 8 年以上，在向日葵灰霉病发生地区轮作周期应不少于 6～7 年，在菌核病、锈病、叶斑病发生地区，向日葵轮作周期应在 3 年以上。实行轮作，避免连作，是一项十分重要的增产措施。因此，要求在没有列当寄生地区，至少 5 年轮作 1 次，如有列当寄生，则一般要 8～10 年轮作 1 次。

（2）向日葵对前作的要求。向日葵适应能力很强，对前茬作物要求不严格。要选择不传播病虫和杂草的作物作为前作，不选择甜菜和多年生深根系牧草。禾谷类作物是向日葵的良好前作；因豆科作物易传播菌核病，在菌核病严重发生地区，向日葵不能选择豆科作物作为前茬，但从土壤肥力角度考虑，豆科作物也是向日葵的好前作。

（3）向日葵对后作的影响。对向日葵茬的评价众说纷纭，说法不一。一种看法认为向日葵根系发达，大量消耗地力，是"瘦茬"；

另一种看法认为向日葵有疏松土壤、保苗、发苗的作用，与玉米，茬相似，是较好的茬口，另外，认为向日葵茬近于杂交高粱茬，是中等茬口。

2. 土壤耕作

（1）耕翻。耕翻能加速释放土壤中有效养分，加深耕作层。

适宜的耕翻深度以 20～25cm 为宜，还要根据土质，因地制宜地确定。黑土、草甸土土层深厚，黏土土质黏重，盐碱土耕层紧实易返盐，这些土壤可适当深耕，粉沙壤土、沙质土、土层薄的山坡旱地都不宜深翻，秋翻比春翻增产效果明显。半干旱和春旱地区不宜进行春翻。

（2）深松。深松可使土壤只疏松，不打乱原土层，可减少土壤水分蒸发，保墒效果良好，深松深度 30～40cm 为宜，但有些国家深松达 50～60cm，增产效果显著，深松一般在秋季早熟期进行较好，一般 2～3 年松土 1 次。

（3）表土整地。包括耙地、耢地、镇压等，目的是为向日葵播种和出苗创造良好的种床和苗床，是保证播种质量，实现一次播种保全苗的重要条件。掌握适宜时期，保证作业质量，达到地碎、平整和干净，从而达到保墒的效果。秋季深耕后及时耙、耢、镇压，开春解冻之初顶凌耙地。

3. 合理施肥

向日葵在一生中需肥较多，不仅需要氮、磷、钾元素，而且也需要硫、硼、锰等微量元素。

（1）需肥特点。

①向日葵对氮、钾、磷的需求：向日葵对氧化钾的需要最多，氮次之，五氧化二磷较少。生产同样数量的向日葵子实，油用型比食用型需肥多一些。

向日葵体内的氮素一般只占 1%～3%，但是，作用较大。

氮肥充足时，向日葵叶大而鲜绿，叶片寿命延长，根系发育旺盛，植株健壮，花多，子实饱满，产量高。

向日葵在全生育期吸收的总氮量与干物质产量成正比，而且各个生育时期吸收氮素的比例基本相近。出苗至现蕾期吸收总氮量的 35%，现蕾至开花期为 32%，开花至成熟期是 33%。

向日葵各部位吸氮均以叶部吸氮最多，花盘次之，茎较少。叶和茎的氮素积累一直持续到灌浆期，而后下降并转移至花盘与子实，生理成熟时叶部含氮量达 10%，而花盘与子实则达到 40%~60%。

磷肥对向日葵生长发育非常重要。磷肥在生育前期影响根系，磷肥充足则根系发达，根量大，茎干重增加，花盘增大，花数多，提高结实率，使子实饱满，含油量增加。另外，磷肥充足时，向日葵植株的蒸腾系数可下降为 36% 左右，提高水分利用率，起到抗旱作用。

向日葵在各个生育阶段对磷素的吸收并不均衡。食用品种从出苗到现蕾期间吸收的磷素最多，占一生中吸磷总量的 46%，后期吸收的磷肥较少。所以，磷肥宜作为基肥施用，是在生育前期发挥肥效。实践证明，磷与氮肥混合施用，可大大提高利用效率。

钾素营养能增强向日葵茎叶的光合作用，促进碳水化合物的形成，加速糖分的转化和运转；使茎秆健壮。增强其抗倒伏、抗折茎、耐低温、抗病虫的能力，并可增加含油率。

向日葵在各个生育阶段对钾的吸收较均衡，出苗至现蕾吸收全钾含量的 40%，现蕾至开花期为 26%，开花至成熟期为 34%。

②微量元素：向日葵对微量元素的需要量虽然不大，但却必不可少。需硼较多，硼可促进花器发育，利于授粉，可提高结实率，可加速碳水化合物的运转和分配，还可提高含油率。缺硼将导致花粉发育不良，还可引起花盘畸形。锰参与向日葵光合作用、对油分形成有促进作用。缺硫将使蛋白质合成受阻，植株生长不良，叶色淡绿变黄。铜可改善向日葵体内蛋白质、碳水化合物的代谢，可提高子实含油率，在缺水条件下，铜对抗旱有一定作用。

（2）施肥时期和方法。

①基肥：以有机肥为主，配合施用化肥。一般亩施优质农家肥 1 500~2 000 kg，再施用一定数量的过磷酸钙。可撒施、条施或穴施。

②种肥：每亩施纯氮 2.5~4.5 kg，纯磷 1~2 kg，纯钾 7.5 kg 或草木灰 200 kg 左右。施用时必须与种子保持一定距离，不与种子

接触。

③追肥：可追施硝酸铵、硫酸铵和氯化钾。食用向日葵亩施40kg硫酸铵以4叶期或花期分2次施用或4叶期1次追肥为好；油用向日葵以现蕾期1次追肥效果最好，其次为4叶期1次追肥。

④叶面喷肥：向日葵花后喷施锰肥、钼肥和锌肥效果较好。花期或灌浆期喷施0.005%的锌、铜、锰和钼溶液，能提高子实含油率。用0.1%尿素溶液进行叶面喷肥有明显增产作用，向日葵开花时喷施1:3:3氮磷钾溶液，可大幅度增产，并可提高含油率。另外，用微肥拌种，效果良好。

4. 播种

（1）种子准备。

①选种：目前，向日葵品种混杂严重，除选高产优质品种外，还要选择纯度95%，净度95%以上，发芽率90%以上，含水量11%~15%，无菌核和列当种的种子作为播种材料，另外，要求籽粒饱满，千粒重高。

②种子处理：

晒种　在播种前选择晴朗天气，把种子摊开晾晒1~2天，能促进种子内酶的活动，增强生活力，有提高发芽率的作用。

浸种　向日葵在播种之前浸泡6小时，可以吸收其发芽所需水分的25%~30%，可以提早发芽和出苗。

药剂拌种　用高效内吸杀菌剂拌种，可防治向日葵霜霉病、菌核病等病害。用50%福美双或25%的瑞毒霉药剂，加水配制成0.1%浓度的药液，喷雾拌种，使种皮湿润均匀即播种，可防治霜霉病。用50%多菌灵悬浮剂加水稀释成0.6%浓度的药液，喷雾拌种可杀死附着在种子表面的小菌核和菌丝。

③计算播种量：确定播种量应根据每亩计划留苗数、种子千粒重和发芽率、田间损耗等。田间损耗率为计划株数的10%~20%。

（2）合理密植。向日葵密度大小，主要应根据当地的地势、土质、气候、品种、水肥供应等条件确定。

①品种：食用向日葵植株高大，叶片繁茂，生育期长，宜稀植。油用种植株低矮，叶片少而小，宜密植。

②土质和土壤肥力：在土质和施肥条件较好的情况下，向日葵种植密度应大些，反之，土质较差，土壤薄，施肥较少或不施肥情况下，密度应小些。

③水分：土壤水分充足时适宜密植，干旱地区种植密度应稀些。

食用型向日葵密度为 1 900 ~ 3 000株/亩；油用型 2 600 ~ 5 000株/亩；最佳密度为 2 300 ~ 3 200株/亩。

（3）播种方式。

①耕趟种：开沟后等距离点籽，踩好底格子，还要覆土、镇压连续作业。

②穴播：先合垄，后镇压，播时在垄台上刨埯点播，这是人工播种质量最好的方法。

③机械穴播和精密播种：用玉米、大豆等播种机就可以穴播向日葵，机播可以平播和垄上播。在土壤水分较好、种子发芽率较高情况下，可进行精密播种，一穴1粒，可避免间苗等环节。

播种时要踩底格子和播后镇压，这是重要的保墒措施。要求播在湿土上，还要掌握适宜的播种深度，一般 3 ~ 4cm，但旱地，粉沙壤土播深5cm 左右，沙质土可深达 5 ~ 7cm。

（4）适时播种。向日葵可以与小麦、亚麻、豌豆等同时播种，向日葵种子在2℃开始萌动。可适当早播。食用品种以 4 月 25 日至 5月 5 日播种为好；油用型品种，生育期短，播期应适当推迟，在保证霜前成熟的前提下，尽量晚播，躲过发病高峰期。油用品种播期一般在 5 月 5—15 日。由于山西省气温变化较大，因此，食用品种早播起点是气温稳定通过 5℃，油用种是气温稳定通过 10℃为适宜。

5. 加强田间管理

（1）查田补苗。当向日葵出苗时，按播种的先后顺序和出苗早晚依次检查各田块缺苗情况，根据缺苗程度，及时补栽。在 1 ~ 2 对真叶前进行较好，成活率高。

（2）定苗。向日葵一对真叶展开到第二对真叶展开时是定苗的适期，同时注意淘汰弱株，病株和混杂株，留大小一致生长健壮的幼苗。

（3）中耕除草。向日葵生育期间一般要进行 2 ~ 3 次中耕除草。

第一次在1~2对真叶期，结合间苗或定苗进行。要求除尽幼苗周围小草，除后及时趟地，深度8~10cm，不培土；第二次中耕在定苗一周后进行，不要求加深，但要培土；第三次中耕要在封垄前进行，要求高培土，还可以进行行间深松20~30cm。

（4）打杈。在田间生长过程中，向日葵时常会出现分枝，分枝的出现多在现蕾到开花期，分枝消耗大量水分、养分，使主花盘发育受到严重抑制和生理饥饿，使花盘直径大大减小，产量显著下降。一般打杈2~3次，通常在现蕾后10天左右打第一次，隔10天打第二次，再隔10天打第三次。

（5）打叶。就是打底叶，打掉基部10片叶子，可以减少病原，通风透光，降低空气湿度，减轻病虫害发生和为害，而使产量提高。打叶宜在花期进行。

（6）人工辅助授粉。在向日葵开花期间，如果蜜蜂数量很少或没有蜜蜂时，采用人工辅助授粉，可以提高结实率和增加产量。在向日葵生产中，人工授粉次数以2~3次为好。向日葵的柱头在开花后10天内有受精能力，花粉几乎天天都在散粉，一般当田间70%以上的植株开花后2~3天进行第一次授粉，以后隔3~4天授1次粉。每天授粉时间不能过早，必须在田间露水干了以后进行，如露水未干，花粉粘结成块，无法达到授粉目的。中午天气炎热，花粉生活力弱，授粉效果不好。一般8:00~12:00，15:00~18:00。

人工辅助授粉，一般采用2种方法，一种是粉扑子法，用纱布、棉花做成大粉扑，逐个轻轻接触花盘；另一种是花盘接触法，将邻近的2个花盘互相接触，再轻轻抖动。

（7）向日葵病虫草害防治。

①向日葵病虫害防治。

②寄生性杂草列当的防除：列当是寄生在向日葵根上的杂草，也是检疫性杂草，对向日葵危害极大，防治方法如下。

执行制度　严格执行检疫制度。

中耕除草　在向日葵花期除草1~2次，可除去浅层列当幼苗或切断深层列当幼苗。

实行轮作　提倡在列当为害区域实行8~10年的轮作制。

药剂防治　用二硝基苯酚，浓度为 0.2%。在列当苗大量出土时，喷洒在向日葵根部及附近地表，亩用药液 300L，喷后 10~15 天列当苗可全部被杀死。

（8）及时灌溉。现蕾到开花期如遇干旱，一定要灌水。灌后的地块应及时松土或中耕，破除板结。

6. 收获与贮藏

向日葵子实成熟后，应及时收获。收获过早，营养成分未充分转化，子实千粒重低，含水量高，含油量少，影响产质量；收获过晚，容易落粒，遭受危害，丰产不丰收。因此，向日葵必须适时收获。

要确定收获期，要兼顾种子含油量和含水量两方面，要在含油量最高，含水量较低时收获。向日葵生理成熟的标志是：花盘背面呈现柠檬黄色，茎部变黄，中、上部叶片开始退绿变黄。此时，种子含水量很高，在25%以上。在生理成熟后 3~5 天收获，可使花盘及种子干燥失水，收获时种子含水量在 15% 左右。

目前，向日葵收获主要是手工操作，用镰刀把花盘割下，运回。场院立即进行晾晒，定时翻动。待晾 2~3 天后，可用木棒敲打脱粒，也有用石磙滚压的。面积较大的地方可使用脱粒机。未脱净的再用木棒敲打。刚脱下的种子湿度较大，立即摊开晾晒，防止霉烂，当食用种含水量降到 10%~12%，油用种含水量降到 7% 时，才能安全贮藏。在贮藏期间，保持干燥低温，库房要有通风和降温设备。

第五篇　无公害绿色农业栽培技术

第一章 无公害绿色农业

一、什么是无公害食品

无公害食品是按照无公害食品生产的技术标准和要求生产的、符合通用卫生标准并经有关部门认定的安全食品，经认证合格获得认证证书并允许使用无公害农产品标志的未经加工或经初加工的食用农产品。严格来讲，无公害食品是普通食品都应当达到的一种基本要求。

二、什么是有机食品

有机食品是一种国际通称。是指按照一定方式生产和加工的，产品符合国际或国家有机食品要求和标准的，并通过国家认证机构认证的一切农副产品及其加工品，包括粮食、蔬菜、水果、奶制品、禽畜产品、蜂蜜、水产品、调料等。

三、什么是绿色食品

绿色食品是无污染的安全、优质、营养类食品的统称。从本质上讲，绿色食品是从普通食品向有机食品发展的一种过渡性产品。我国的绿色食品分为 A 级和 AA 级两种，其中，A 级绿色食品生产中允许限量使用化学合成生产资料，AA 级绿色食品则较为严格地要求在生产过程中不使用化学合成的肥料、农药、兽药、饲料添加剂、食品添加剂和其他有害于环境和健康的物质。按照农业部发布的行业标准，AA 级绿色食品等同于有机食品。

四、发展无公害绿色农业的意义

实施无公害绿色农业，就是把农业科学技术与良好的环境保护技术有机组合，建立具有环境保护和现代农业高科技特点的技术体系。农产品生产由普通农产品发展到无公害农产品，再发展到绿色食品或有机食品，已成为现代化农业发展的必然趋势。

1. 无公害绿色农业是农产品消费安全的有效保障

民以食为天，食以安为先。保障百姓吃上安全放心的农产品，是政府履行监管职责以维护最广大人民群众根本利益的根本要求，也是解决农产品质量安全问题的根本措施，对维护公众健康和公共安全具有十分重要的作用。

2. 无公害绿色农业是增强农业综合竞争力的迫切需要

发展无公害农产品、绿色农业是新时期促进农产品生产区域化布局、标准化管理、产业化经营、市场化发展的重要手段，也是实现农业比较优势和提高农业综合竞争力的重要途径。

3. 无公害绿色农业是增加农民收入的重要举措

适应市场需要，发展无公害农产品、绿色农业，促进优质优价，是实现农业生产性收入增加的有效措施。

4. 无公害绿色农业是推进农业增长方式转变的战略选择

工业反哺农业、城市支持农村给农业和农村经济带来新的发展机遇。发展无公害农产品、绿色农业，既是解决农产品质量安全问题的重要措施，也是推进农业优质化生产、专业化加工、市场化发展的有效途径，更是推动农业生产方式转变、促进农业综合生产能力提高和推进农业增长方式转变的战略选择。

五、我国无公害农业的发展现状

无公害农业是20世纪90年代在我国农业和农产品加工领域提出的一个全新概念。它是指在无污染区域内或已经消除污染的区域内，充分利用自然资源，最大限度限制外来污染物质进入农业生产系统，生产出无污染的安全、优质、营养类产品，同时，要求生产及加工过程不对环境造成危害。目前，国际上与我国无公害农产品相类似的产品有生态食品、自然食品和有机食品等。

我国是世界上第一个由政府部门倡导开发绿色食品的国家。1990年，中国农业部率先提出了绿色食品概念，继而又推出"中国绿色食品工程"，1992年11月5日，"中国绿色食品发展中心"宣告成立，1993年该中心正式加入了"有机农业运动国际联盟"，使绿色食品生产走向世界迈出了重要一步。几年来，中国绿色食品发展中心在全国设立委托管理机构40多个，分区域建立了相应的食品产品质量监测机构和绿色食品环境监测机构，形成了绿色食品管理和技术监督网络。在借鉴国际经验的基础上，1996年11月，国家工商行政管理局核准注册我国每一例产品质量证明商标——绿色食品标志，使绿色食品的管理纳入了法制化的轨道。目前已经开发的产品包括粮食、食用油、水果、蔬菜、畜禽产品、水产品、奶产品、酒类和饮料类等。产品开发覆盖全国绝大部分省区，对于促进各地优质农产品基地建设，产品深加工，农民增收以及区域农业可持续发展发挥了积极作用。

六、无公害蔬菜的生产要点

1. 做好充分的播前准备

（1）选用抗病虫、抗旱、耐热、抗逆性强、适应性强、商品性好，高产耐贮的品种，以达到高产优质的目的。播种或浸种催芽前，将种子晒2~3天，利用阳光杀灭附在种子上的病菌。

（2）选择土壤肥力较高，土层浓厚无污染且旱能浇、涝能排的地块，最好选择前茬为豆科作物的地块。

2. 田间管理要到位

（1）合理灌水。播后土壤应保持湿润，幼苗伸腰时要浇水1次，以利子叶伸直，扎稳苗。真叶长出后，根据天气情况再浇水1~2次，水量不宜过多，以免秧苗徒长。春播苗期较短，随着温度升高，浇水次数与浇水量要适当增加。秋播秧苗越冬前要结合施肥浇 1 次冻水，利于提高地温，春季返秋后浇水 1 次，但时间不宜过早，水量不宜过大，以巩固浇水而降低地温。

（2）做好间苗、锄草工作。分别在苗高 4～6cm 和 8～10cm 期间除病草、弱苗。间苗后，应适当控制浇水，防止秧苗倒伏。

（3）适时定植。比如，大葱定植时间一般在芒种（6 月上旬）到小暑（7 月上旬）之间。定植过晚，秧苗易徒长，栽后天气温热，不利于缓苗；定植越晚，葱白形成期越短，产量越低。

3. 合理施肥

（1）以施基肥为主，基肥以优质有机肥为主，并将基肥深翻入土。

（2）追肥为辅，结合灌水培土进行，促进肥料分解，以利根系吸收，追肥次数一般以 3～4 次为宜，少用叶面喷肥。

（3）尽量限制化肥的使用。

4. 科学防治病虫害

（1）禁止使用高毒、高残留和具有致畸、致癌、致突变的农药和迟发性致神经系统中毒的农药。

（2）掌握农药的使用操作规程，对症下药，提高农药使用效率。宜在病虫低龄期、抗药能力弱的时期施药。

（3）合理混用，交替使用农药，防止或延缓病虫抗药性的产生。既可达到良好的防治效果，又可以减少农药的使用量，降低蔬菜中农药的残留量。

（4）最后一次使用农药，必须达到农药安全使用间隔期所要求的天数，使蔬菜残留农药有效成分充分降解，以达到无公害标准。

（5）通过合理安排蔬菜茬口，粮菜、棉菜分区，可以明显减轻高毒农药对蔬菜作物的残留危害。

（6）合理轮作。包括间作、套作、倒茬等，可抑制病原菌新虫卵的大量积累，起到防治作用。

（7）深耕晒垄。通过对土壤的深翻、深耕，把病原菌和虫卵翻出土壤，利用酷夏和严寒使其不能越夏或过冬。

七、无公害绿色农产品的病虫害防治技术

1. 农药的选用

无公害种植中使用的农药应该是毒性小或无毒、易分解、高效、低残留、安全的农药。常用无公害农药包括生物源农药、矿物源农药和有机合成农药。

2. 对症下药

根据病虫害的特性选用合适的药剂种类和剂型。应当根据防治对象选择相应的农药品种，不能用一种杀虫剂防治所有的害虫、用一种杀菌剂防治所有的病害、用一种除草剂防治各种作物田间的杂草，更不能用除草剂来防病、治虫。

3. 适时用药

掌握防治的最佳时期，可以用少量的药剂达到较好的防治效果，害虫的习性和危害各不相同，其防治的适期也不完全一致，如烟青虫在幼虫 2 ~ 3 龄时防治效果好，而长大以后，抗药力增强，用药量必须增加，当烟青虫钻入果实内，很不易防治。如果用药过早，由于药剂的残效期有限，有可能先孵化的害虫已被杀死，而后孵化的害虫依然为害，就不得不进行第二次防治。

4. 适量施药

在施用农药时应根据防治对象和种类、生育期、发生量及环境条件来决定用药量。不同的虫龄和杂草叶龄对农药的敏感性有差异，防治低龄幼虫时需要的农药量少，反之则大。防治敏感的对象用药量少，防治有耐药性的对象用药量大，病、虫、草发生量大时，用药量大，反之用药量可少些。适合的农药使用量还受到环境的影响，为了取得相同的药效，土壤处理除草剂在土表干燥、有机质含量高土壤里的施用要比在湿润、有机质含量低的土壤里的施用量高。一般来说，喷施的药液量以叶片完全被药液湿润，药液又不下滴为好。在使用除草剂时，一定要严格按照使用说明书或标签上的要求来施用，不得任

意加大或降低用药量。

5. 合理混用药剂

各种农药各有优缺点，2 种以上农药混用，往往可以弥补缺点，发挥所长，起到增效作用或兼治两种以上害虫的作用。但混用时，应考虑两种药剂是否会发生反应，使用不当也会降低药效，产生药害。

6. 合理轮换用药

长期单一施用一种农药，容易引起病虫草产生抗药性，或杂草种类发生变化，使得农药的药效下降。合理轮换作用机制不同的药剂，可防止或延缓病虫草抗药性的产生和群落的改变，提高农药的使用效果。

7. 合理选择环境条件

施药效果与气候因素有关，一般应在无风或微风的天气施药，忌高温天气施药，以阴天或傍晚施药效果好。

8. 采用正确的施药方法

应根据不同农药的性质、防治对象和环境条件，选择合适的施药方法。如地下害虫，可用拌种或制成毒土进行穴施或条施；甲草胺只能用来进行土壤处理。主要的施药方法有喷粉法、颗粒撒施法、喷雾法、种苗处理法、熏蒸法等。喷粉法需用专门的器械喷洒药粉，此法药粉漂移散失较严重。种苗处理法主要用于防治种苗携带和土传的病，常用拌种法、浸种法、包衣等。熏蒸法要在密闭容器或空间进行，熏蒸后应将药剂排放或稀释到安全浓度后，人再进入。此外，还可采用灌根法、毒饵法、涂抹法等。保证施药质量，施药时力求均匀周到，叶片正反面均要着药，尤其像蚜虫、红蜘蛛等多寄生在叶片背面，施药不当，效果则不佳，更不要有漏行、漏株现象。

八、无公害蔬菜生产基地建立的条件

生产基地的选择是无公害蔬菜生产的关键环节，只有合格的生产基地，才有可能生产出符合无公害蔬菜质量安全标准的产品。无公害蔬菜生产基地要求周围不存在环境污染，地势平坦，土壤结构良好、质地疏松、有机质含量高、蓄水保肥能力强、地下水位低，排灌条件良好。无公害蔬菜生产基地土壤环境质量指标见表5-1。

表5-1　无公害蔬菜生产基地土壤环境质量指标（单位：mg/kg）

项目		指标	
	pH 值 < 6.5	pH 值 6.5 ~ 7.5	pH 值 > 7.5
总汞 ≤	0.3	0.5	
总砷 ≤	40	30	25
铅 ≤	100	150	150
镉 ≤	0.3	0.3	0.6
铬 ≤	150	200	250
六六六 ≤	0.5	0.5	0.5
滴滴滴 ≤	0.5	0.5	0.5

注：参考《中国农业标准汇编》

建立无公害蔬菜生产基地，必须切实防止环境污染。包括防止大气、水质、土壤污染，尤其要防止工业的"三废"（废水、废气和废液）的污染，防止城市生活污水、废弃物、污泥垃圾、粉尘和农药、化肥等方面的污染。同时，对酸雨的危害，也需有所预防。

选择的无公害蔬菜生产基地，通过检测，必须达到如下各项环境标准（表5-2至表5-6）。

表5-2　空气污染物三级标准浓度限值

污染物名称	浓度限值（mg/m³）			
	取值时间	一级标准	二级标准	三级标准
总悬浮微力	日平均	0.15	0.3	0.5
	任何一次	0.3	1	1.5
飘尘	日平均	0.05	0.15	0.25
	任何一次	0.15	0.5	0.7
	年日平均	0.02	0.06	0.1
二氧化硫	日平均	0.05	0.15	0.25
	任何一次	0.15	0.5	0.7

（续表）

污染物名称	浓度限值（mg/m³）			
	取值时间	一级标准	二级标准	三级标准
氮氧化物	日平均	0.05	0.1	0.15
	任何一次	0.1	0.15	0.3
一氧化碳	日平均	4	4	6
	任何一次	10	10	20
光化学氧化剂	1 小时平均	0.12	0.16	0.2

注：

1. "日平均"为任何一日的平均浓度不允许超过的限值

2. "任何一次"为任何一次采样测定不允许超过的浓度限值，不同污染物"任何一次"采样时间见有关规定

3. "年日平均"为任何一年的日平均浓度不许超过的限值

表 5－3　大气污染物浓度限制值

污染物	蔬菜敏感程度	生长季节平均浓度	日平均浓度	每次采样浓度	蔬菜种类
二氧化硫（mg/m³）	敏感蔬菜	0.05	0.15	0.50	黄瓜、南瓜、白菜、西葫芦、马铃薯
	中等敏感蔬菜	0.08	0.25	0.70	番茄、茄子、胡萝卜
	抗性蔬菜	0.12	0.30	0.80	甘蓝、蚕豆
氟化物（μg/m²·日）	敏感蔬菜	1.0	5.0		甘蓝、菜豆
	中等敏感蔬菜	2.0	10.0		芹菜、花椰菜、大豆、荠菜
	抗性蔬菜	4.5	15.0		茴香、番茄、茄子、青椒、马铃薯

注：参考《农业环境标准使用手册》

1. "生长季节平均浓度"为任何一个生长季节的日平均浓度不超过的限值

2. "日平均浓度"为任何一日的平均浓度不超过的限值

3. "每次采样浓度"为任何一次采样测定不许超过限值

表 5－4　土壤中农用城市垃圾控制标准

编号	参数	单位	限值
1	杂物	（%）	3
2	粒度	（mm）	12

（续表）

编号	参数	单位	限值
3	蛔虫卵死亡率	（%）	95～100
4	大肠菌值		0.1～0.01
5	总镉（以 Cd 计）	（mg/kg）	≤3
6	总汞（以 Hg 计）	（mg/kg）	≤5
7	总铅（以 Pb 计）	（mg/kg）	≤100
8	总铬及化合物（以 Cr 计）	（mg/kg）	≤300
9	总砷及化合物（以 As 计）	（mg/kg）	≤30
10	有机质（以 C 计）	（%）	≥10
11	总氮（以 N 计）	（%）	≥0.5
12	总磷（以 P_2O_5 计）	（%）	≥0.3
13	总钾（以 K_2O 计）	（%）	≥0.3

注：参考《农业环境标准实用手册》

表 5－5 农用污泥中污染物控制标准 （单位：mg/kg）

项目	最高允许含量	
	在酸性土上氢离子浓度＞316.3nmoL（pH 值＜6.5）	在中性与碱性土上氢离子浓度≤316.3nmoL（pH 值≥6.5）
镉及化合物（以 Cd 计）	5	20
汞及化合物（以 Hg 计）	5	15
铅及化合物（以 Pb 计）	300	1 000
铬及化合物（以 Cr 计）	600	1 000
砷及化合物（以 As 计）	75	75
硼及化合物（水溶性 B）	150	150
矿物油	3 000	3 000
铜及化合物（以 Cu 计）	250	500
锌及化合物（以 Zn 计）	500	1 000
镍及化合物（以 Ni 计）	100	200

表 5－6 农田灌溉水质标准

项目	一类	二类
水温	35℃	35℃
氢离子浓度（pH 值）	3 163～3.16nmol/L（5.5～8.5）	3 163～3.16nmol/L（5.5～8.5）

（续表）

项目	一类	二类
含盐量	≤1 000mg/L	≤1 500mg/L
氯化物	≤200mg/L	≤200mg/L
硫化物	≤1mg/L	≤1mg/L
汞及化合物	≤0.001mg/L	≤0.001mg/L
镉及化合物	≤0.002mg/L	≤0.005mg/L
锌及化合物	≤2.0mg/L	≤3.0mg/L
六价铬及化合物	≤0.1mg/L	≤0.5mg/L
铅及化合物	≤0.5mg/L	≤1.0mg/L
铜及化合物	≤1.0mg/L	≤1.0mg/L
硒及化合物	≤0.02mg/L	≤0.02mg/L
氟化物	≤2.0mg/L	≤3.0mg/L
挥发性酚	≤1.0mg/L	≤1.0mg/L
石油类	≤5.0mg/L	≤10.0mg/L
苯	≤2.5mg/L	2.5mg/L
丙烯醛	≤0.5mg/L	≤0.5mg/L
三氯乙醛	≤1.0mg/L	≤1.0mg/L
硼	≤1.0mg/L	≤1.0mg/L
大肠杆菌	≤1 000 个/L	≤1 000 个/L

九、生产无公害蔬菜应如何合理使用农药

正确使用农药，是无公害蔬菜生产的关键问题。目前，完全不用农药、植物激素和化肥，还难以做到，但必须严格控制使用，确保蔬菜体内有毒残留物质不超过国家规定标准。

（一）无公害蔬菜生产对农药使用的要求

一是坚持"预防为主，综合防治"的方针，以农业防治为基础，创造不利于病、虫、草害滋生和有利于天敌繁衍的环境条件，优先采用生物农药防治蔬菜病虫害。二是严格按照国家《农药安全使用标准》和《农药合理使用准则》使用农药。三是严禁使用国家明令禁

止使用的高毒、高残留化学农药。四是使用的农药应符合国家的"三证"（农药登记证、生产经营许可证或生产批准证、执行标准号）要求。五是推广使用高效、低毒、低残留农药。六是推广使用农用抗生素、微生物农药和植物性农药。七是根据蔬菜病虫发生的预测对症下药，因防治对象、农药性能以及抗药性程度不同而选择最合适的农药品种，提倡化学农药合理轮换、交替使用。

（二）严禁使用高毒高残留农药

在蔬菜生产中，使用化学农药防治病虫害的方法很多，但必须严格控制，禁止使用高毒高残留农药。例如，甲拌磷、乙拌磷、久效磷、对硫磷、甲基对硫磷、甲胺磷、氧化乐果、治螟磷、杀扑磷、水胺硫磷、磷铵、内吸磷、甲基异硫磷、DDT、六六六、林丹、艾氏剂、狄氏剂、五氯酚钠、硫丹、二溴乙烷、二溴氯丙烷、溴甲烷、克百威、丁硫克百威、丙硫克百威、涕灭威、杀虫剂、五氯硝基苯、苯菌灵、氟虫腈、除草醚、草枯醚、三氯杀螨醇、甲基胂酸锌、甲基砷酸铵、福美甲胂、福美胂、薯瘟锡、三苯基醋酸锡、三苯基氯化锡、氯化锡、氯化乙基汞、醋酸苯汞（赛力散）、敌枯双、氟化钙、氟化酸钠、氟乙酰胺、氟铝酸钠等，都必须严禁使用。

（三）推广使用安全可靠的低毒少残留农药

1. 蔬菜生长过程中允许使用防治各种病虫害的药剂

蔬菜生长过程中，允许使用防治病虫害的药剂剂型、用量及安全间隔期，见表5-7。

表5-7　蔬菜常用农药合理使用的剂量和安全期

中文通用名	剂型及含量	每亩每次制剂施用量或稀释倍数及施药方法	安全间隔期（天）	每季作物最多使用次数
阿维菌素	1.8%乳油	2 500倍液、喷雾	7	1
多沙霉素	2.5%悬浮剂	1 000倍液、喷雾	1	1
氯虫苯甲酰胺	5%悬浮剂	1 500倍液、喷雾		2
虫酰肼	20%悬浮剂	1 500~2 000倍液、喷雾	14	2

（续表）

中文通用名	剂型及含量	每亩每次制剂施用量或稀释倍数及施药方法	安全间隔期（天）	每季作物最多使用次数
茚虫威	15%悬浮剂	3 500倍液、喷雾	5	2
虫螨腈	10%悬浮剂	1 000倍液、喷雾	14	2
氟啶脲	5%乳油	2 000倍液、喷雾	10	1
灭蝇胺	50%可湿性粉剂	2 000~2 500倍液、喷雾	7	2
银纹夜蛾核型多角体病毒	10亿多角体/ml悬浮剂	800倍液、喷雾	3	2
甲氨基阿维菌素	1%乳油	2 500倍液、喷雾	7	
苯甲酸盐	23%微乳剂	3 000倍液、喷雾	7	2
苏云金杆菌	8 000μg/mg	600~800倍液、喷雾	7	3
苦参碱	0.36%水剂	500~800倍液、喷雾	2	2
虱螨脲	5%乳油	1 000倍液、喷雾	7	1
吡虫啉	10%可湿性粉剂	2 000倍液、喷雾	7	2
吡虫啉	70%水分散粒剂	7 000倍液、喷雾	7	2
啶虫脒	3%微乳剂	800倍液、喷雾	8	3
吡丙醚	10%乳油	800倍液、喷雾	7	2
吡蚜酮	25%可湿性粉剂	2 000倍液、喷雾	7	1
抗蚜威	5%可湿性粉剂	10~18g、喷雾	11	3
螺螨酯	24%悬浮剂	4 000~6 000倍液、喷雾	7~10	3
炔螨特	73%乳油	2 000~3 000倍液、喷雾	7	2
哒螨灵	15%乳油	2 500倍液、喷雾	7	2
高效氟氯氰菊酯	2.5%乳油	26.7~33.3ml、喷雾	7	2
氟氯氰菊酯	5.7%乳油	23.3~29.3ml、喷雾	7	2
氯氟氰菊酯	2.5%乳油	25~50ml、喷雾	7	3
顺式氯氰菊酯	10%乳油	5~10ml、喷雾	3	3
溴氰菊酯	2.5%乳油	20~40ml、喷雾	2	3
顺式氰戊菊酯	5%乳油	10~20ml、喷雾	3	3
醚菊酯	10%乳油	30~40ml、喷雾	10~14	3
甲氰菊酯	20%乳油	25~30ml、喷雾	3	3
氰戊菊酯	20%乳油	15~40ml、喷雾	12	3
灭多威	24%水溶性剂	83~100ml、喷雾	7	
灭多威	90%可湿性粉剂	15~20g、喷雾	7	1

（续表）

中文通用名	剂型及含量	每亩每次制剂施用量或稀释倍数及施药方法	安全间隔期（天）	每季作物最多使用次数
毒死蜱	48%乳油	50～75ml、喷雾	7	3
伏杀硫磷	35%乳油	130～190ml、喷雾	7	2
喹硫磷	25%乳油	60～100ml、喷雾	24	2
敌百虫	90%晶体	100g、喷雾	7	2
辛硫磷	50%乳油	15～100ml、喷雾	3	5
		50～100ml、浇根	17	1
四聚乙醛	6%颗粒剂	400～544g、撒施	7	2
百菌清	75%可湿性粉剂	100～120ml、喷雾	7	3
	45%烟剂	110～180ml、烟熏	3	4
醚菌酯	50%悬浮剂	2 000 倍液	10～14	3
乙嘧酚	25%悬浮剂	800 倍液	7	2
苯醚甲环唑	10%乳油	1 500 倍液	7～10	2～3
氟硅唑	40%乳油	6 000～8 000 倍液、喷雾	7～10	2
吡唑醚菌酯	25%乳油	2 000 倍液、喷雾	7～14	3～4
霜脲·锰锌	72%可湿性粉剂	600 倍液、喷雾	7	3
甲霜·霜霉威	25%可湿性粉剂	1 500 倍液、喷雾	7	2
代森锰锌	80%可湿性粉剂	500～800 倍液、喷雾	15	2
	70%可湿性粉剂	500～700 倍液、喷雾	7	3
代森联	70%悬浮剂	500～600 倍液、喷雾	4	3
烯酰吗啉	30%悬浮剂	1 000 倍液	7	2
嘧霉胺	30%悬浮剂	1 000～2 000 倍液、喷雾	5	2
氢氧化铜	77%可湿性粉剂	500 倍液、灌根	5	3
腐霉利	50%可湿性粉剂	2 000 倍液、喷雾	3	1
氟菌唑	30%可湿性粉剂	2 000 倍液、喷雾	1	2
乙烯菌核利	50%可湿性粉剂	1 000 倍液、喷雾	5	2
精甲霜·锰锌	68%可湿性粉剂	600～800 倍液、喷雾	1	3
口恶霜·锰锌	64%可湿性粉剂	500 倍液、喷雾	3	3
多菌灵	50%可湿性粉剂	500～1 000 倍液、喷雾	5	2
咪鲜胺	45%乳油	3 000 倍液、喷雾	7	2
甲基硫菌灵	70%可湿性粉剂	1 000～1 200 倍液、喷雾	5	2
异菌脲	50%悬浮剂	1 000～1 200 倍液、喷雾	10	1

（续表）

中文通用名	剂型及含量	每亩每次制剂施用量或稀释倍数及施药方法	安全间隔期（天）	每季作物最多使用次数
三唑酮	15%乳油	1 500倍液、喷雾	7	2
噻菌铜	20%悬浮剂	600倍液、喷雾	10	3~4
宁南真菌	8%水剂	800~1 000倍液、喷雾	7~10	1~2
吗胍·乙酸铜	20%可湿性粉剂	800倍液、喷雾	7	4
二甲戊灵	33%乳油	100~150ml、土壤处理		1
异丙甲草胺	72%乳油	80~200ml、土壤处理		1
甲草胺	48%乳油	80~100ml、土壤处理		1
乙草胺	50%乳油	30~50ml、土壤处理		1
敌草胺	25%可湿性粉剂	80~100ml、喷雾		1
精喹禾灵	5%乳油	30~50ml、喷雾		1
精吡氟禾草灵	15%乳油	30~60ml、喷雾		1
	30%可湿性粉剂	200g、喷雾		1
草甘膦	10%水剂	500~750ml、喷雾		1
	41%水剂	150~200ml、喷雾		1
复硝酚钠	1.8%水剂	6 000~8 000ml、喷雾	7	2

注：参考《蔬菜常用农药合理使用准则》

2. 允许使用的蔬菜床土消毒药剂

50%拌种双粉剂7g/m²，或72.2%霜霉威水剂400倍液3kg/m²，或用1.5%恶霉灵水剂450倍液3kg/m²，或用50%多菌灵可湿性粉剂8g/m²。另外，可用25%甲霜灵可湿性粉剂3g，加70%代森锰锌可湿性粉剂1g，混合均匀后，再与15kg细土混合，而后在播种前先普施2/3（10kg/m²），播种后再覆盖1/3（5kg/m²）。同时，还可用30ml甲醛，加水2L，喷雾1m²床土，然后覆膜闷1周，再揭膜晾晒10天，散尽气味后再播种，可防治多种病害。

3. 允许使用的蔬菜种子处理药剂

蔬菜种子处理药剂很多，可根据不同蔬菜品种和不同处理方法，选用相应药剂，采取不同处理措施。拌种、浸种药剂品种及用量，见表5-8和表5-9。

此外，对优良蔬菜品种还可以进行包衣处理，即在对种子进行包衣和丸粒化处理的同时，加入适量的农药、植物激素或专用微肥，不仅能起到保种保苗作用，而且能预防苗期病害和增加秧苗营养。

化学农药对防治蔬菜虫害，确实有立竿见影的效果，但如果施用不当，药害也特别严重。所以，在无公害蔬菜生产中施用化学农时，必须严格掌握用法，用量和安全间隔期。

表5－8　拌种药剂品种及用量

种类	药剂名称	药剂用量占种子量（％）	防治病害
黄瓜	50%福美双	0.3	细菌性病害
	50%多灵菌	0.3	黑星病
菜豆	50%多灵菌	0.1	枯萎病
白菜	50%福美双	0.4	白斑、黑斑、黑腐、黑根、霜霉病同上
	30%甲霜灵	0.4	

表5－9　浸种药剂品种及用量

蔬菜种类	药剂名称	药液浓度（倍液）	处理时间（分钟）	防治对象
黄瓜	升汞	1 000	10~15	炭疽、角斑、枯萎病
	40%甲醛	150	60~100	同上
	多菌灵盐酸平平加	1 000	60	枯萎病
番茄	磷酸三钠	10%	20	病毒病
	磷酸三钠	10%	20	病毒病
青椒	链霉素	1 000	30	疮痂病
	硫酸铜	100	5	炭疽病
茄子	40%甲醛	300	15	褐纹病
菜豆	40%甲醛	300	30	炭疽病
洋葱	40%甲醛	300	180	灰霉病
菜豆	40%甲醛	400	10	黑霉病

4. 允许使用的菜田化学除草药剂

菜田除草，可选用高效低度少残留的如氟乐灵除草剂。一般多在播种后、出苗前使用除草剂对土壤进行杀草；如果出苗后使用除草剂，必须对土壤进行定向喷雾，以保护秧苗不受药害。对条播、撒播的密集型生长蔬菜，采用化学除草剂除草，可节省大量劳动力。但是，必须适当增加播种量，以防缺苗。常用除草剂的种类、剂量，见表5－10。

表5－10　蔬菜常用除草剂

中文通用名	剂型及含量	每亩，每次制剂施用量或稀释倍数及施药方法	适宜的蔬菜种类	防除对象
氟乐灵	48%乳油	70~100ml	油菜、马铃薯、胡萝卜、芹菜、番茄、茄子、辣椒、甘蓝、白菜、菜豆、豇豆等	野燕麦、马唐、牛筋草、狗尾草、金色狗尾草、千金子、画眉草、早熟禾、雀麦、马齿苋、藜、蒺藜草等一年生禾本科和小粒种子的阔叶杂草
二甲戊灵	33%乳油	100~150ml、土壤处理	马铃薯、大蒜、甘蓝、白菜、韭菜、葱、姜等	马唐、狗尾草、千金子、牛筋草、马齿苋、苋、藜、苘麻、龙葵、碎米莎草、异性莎草等
异丙甲草胺	72%乳油	100~150ml、土壤处理	甜辣、甘蓝、大萝卜、小萝卜、大白菜、小白菜、油菜、西瓜、花椰菜等	马唐、蟋蟀草、狗尾草、画眉草、马齿苋、苋、藜等
甲草胺	48%乳油	100~200ml、土壤处理	马铃薯、番茄、辣椒、洋葱、萝卜、油菜等	马唐、蟋蟀草、狗尾草、臂形草、马齿苋、苋、轮生粟米草、藜等
乙草胺	50%乳油	80~200ml、土壤处理	豆类、花生、马铃薯、油菜、大蒜等	马唐、狗尾草、牛筋草、千金子、看麦娘、野燕麦、早熟禾、硬草、画眉草等
敌草胺	25%可湿性粉剂	80~100ml喷雾	萝卜、白菜、菜豆、茄子、番茄、辣椒、马铃薯、西瓜等	马唐、狗尾草、野燕麦、千金子、看麦娘、早熟禾、藜、猪殃殃、繁缕、马齿苋等

（续表）

中文通用名	剂型及含量	每亩，每次制剂施用量或稀释倍数及施药方法	适宜的蔬菜种类	防除对象
精喹禾灵	5%乳油	30～50ml、喷雾	甜菜、油菜、马铃薯、西瓜、阔叶蔬菜等	野燕麦、狗尾草、金狗尾草、马唐、野藜、牛筋草、看麦娘、画眉草、千金子、雀麦、大麦属、多花黑麦草、毒麦、早熟禾、狗牙根、白茅、葡萄冰草、芦苇等
精吡氟禾草灵	15%乳油	30～60ml、喷雾	油菜、花生及甘蓝等	野燕麦、狗尾草、金色狗尾草、牛筋草、看麦娘、千金子、画眉草、雀麦、大麦属、黑麦属、早熟禾、狗牙根、假高粱、芦苇、野蚕、葡萄冰草等

十、无公害新型蔬菜的开发

开发新型蔬菜，是发展无公害蔬菜生产的一重要内容。近年来，社会上掀起了"回归大自然"的热潮，人们喜食各种各样的无公害蔬菜。而某些特殊和新型蔬菜本身就是无公害的蔬菜，再加上这类蔬菜营养丰富，有保健和减肥的作用，很受人们的青睐。目前，主要有以下几种。

（一）推广芽苗菜

利用蔬菜的种子及根、茎、叶、芽等组织或器官，生产嫩芽菜、幼苗菜。例如，生产豌豆苗、绿豆芽、香椿苗、萝卜苗、荞麦芽等新型蔬菜，基本上不用化肥和农药，很受消费者欢迎。

（二）开发野生蔬菜

野生蔬菜，包括在荒野、草地、山坡、森林、河边等处生长的各种野菜，如蕨菜、荠菜、山芹、小根蒜、蒲公英、桔梗、苦荬菜等，营养丰富，很少污染，基本上可以达到绿色食品的要求，越来越受到人们的关注和欢迎。

（三）发展食用菌生产

食用菌本身就是无公害蔬菜。由于食用菌生产的全过程贯穿着灭菌消毒，所以，病虫害很少。再加上食用菌生产周期短，发现病虫害一般都在中、后期，这时可以提前收获。即使用农药防治病虫害，也只用少量低毒农药即可，不会造成污染。食用菌营养丰富，老幼皆宜，还有特殊的保健功能，具有很大发展潜力。

（四）推广棚室蔬菜

在有污染的环境中发展无公害蔬菜生产，必须人为地创造无污染的小环境，切实可行的措施是发展棚室蔬菜生产。还可以在棚室内进行无土栽培，实行工厂生产。

十一、加强无公害蔬菜生产设施建设

发展无公害蔬菜，必须加强基础设施建设，从土、肥、水、气等因素着眼，结合蔬菜对温度和光照的要求，建立保护设施。目前，保护无公害蔬菜生产的基础设施主要是各种类型的日光温室和塑料大棚，夏季多来用支遮阳网、遮阳棚等方法安全度夏。随着芽苗菜生产的快速发展，棚室内的水培法、沙培法、立体种植模式也正在普及。不论采用哪种设施，都必须满足蔬菜对温、光、水、气、肥的需要，从而才能获得优质高产。因此，在修建日光温室和棚室的过程中，必须根据当地的地理位置和自然条件，合理设计，科学施工。

（一）修建日光温室的参考数据

（1）方位。坐北朝南。为了抢光，可偏东 $5° \sim 8°$；为了增温，可偏西 $5° \sim 8°$。

（2）间距。为了不影响光照以及移建温室方便，温室前排与后排的间距，应与温室的外跨度相同，一般以 7m 为宜。

（3）角度。地窗与地面的夹角以 60°为宜（60°~80°角采光量基本相同）。前屋面采光角（也称温室阳光入射角）和后屋面的仰角，应大于当地冬至太阳高度角，一般在 30°~40°。

（4）跨度。以 6~7m 为宜。跨度太小，土地利用率低；跨度太大，则需要增加温室高度和墙体厚度。

（5）前后坡。前坡覆盖无滴膜采光，后坡（后屋顶）用水泥板、草苫草泥覆盖保温。前坡与后坡之比为 4∶1 左右。如果跨度为 6~7m，则后坡在 1.2~1.5m。

（6）温室长度和高度。温室长度以 50m 为宜，过短则东西山墙遮阳，太长则不易调节温度。温度高度以中柱的最高点为准，2.7~3m 为宜。

（7）墙厚。以当地最大冻土层为准，墙体可垒成空心的砖墙。空心墙有单空心、双空心、三空心砖墙之分，空心的厚度以不超过 30cm 为宜，可防止空气对流。垒空心墙时，空心的内外都需抹严密，以利于保温。

（8）覆盖效果。覆盖聚氯乙烯无滴膜，有利于采光增温，提高光和效率。保温覆盖物的增温效果是：普通塑料膜增温 2~3℃，蒲席 3~4℃，草苫 4~6℃，4 层纸被 3~5℃，地膜 2~3℃，小拱棚 1~3℃，棉被 6~10℃。此外，温室二道幕可增温 1~3℃。室内用聚苯乙烯保温板贴墙，可增温 3~5℃。

（二）修建塑料大棚的参考数据

（1）方位。以南北延长、东西向为好，这样光照均匀，长势均匀。

（2）高度、跨度和长度。高度以 2.5~3m、跨度以 8~12m、长度以 30~50m 为宜。

（3）侧肩高。指大棚东西两侧的高度，以 1m 高为宜。

（4）逆温现象。在春季的夜间或阴天时，大棚内温度往往低于外界气温 2~3℃，这种现象称为逆温。预防逆温现象，可以事先在大棚四周围上草苫进行保温。

温室和大棚的建筑结构有多种样式，有水泥骨架温室、钢筋骨架温室、有柱钢筋骨架温室、无柱塑料大棚等。

十二、无公害蔬菜产品的检测标准

部分重金属及硝酸盐的残留含量必须进行化验测定，完全符合标准的才可以称为无公害蔬菜。无公害蔬菜农药残留最高限量，见表5 – 11；重金属允许含量规定，见表5 – 12；可食用部分硝酸盐含量分级标准，见表5 – 13。

表5 – 11　无公害蔬菜农药残留最高限量

农药名称	蔬菜名称	农药残留最高限量（mg/kg）
乐果	番茄	1.0
	其他蔬菜	2.0
敌百虫	青菜、芹菜、番茄	0.2
	甘蓝、莴苣、菠菜	0.5
	根菜（除萝卜外）	0.5
马拉硫磷	芹菜	1.0
	青菜、番茄、萝卜	3.0
	胡萝卜、小萝卜	2.0
甲萘威	黄瓜、南瓜	3.0
	茄子、辣椒、番茄	5.0
	叶菜类	10.0
氯氰菊酯	黄瓜、茄子	0.2
	莴苣、菠菜	2.0
	辣椒、番茄	0.5
多灵菌	黄瓜、甘蓝、茄子、南瓜	0.5
	芹菜、豆类、小黄瓜	2.0
	胡萝卜、莴苣、辣椒、番茄	5.0
甲霜灵	甘蓝、黄瓜	0.5
	甜瓜	0.2
百菌清	番茄	5.0
甲霜·锰锌	黄瓜	0.5

表 5 - 12 无公害蔬菜重金属允许含量规定 （单位：mg/kg）

金属名称		汞（Hg）	砷（As）	镉（Cd）	铅（Pb）	铜（Cu）	锌（Zn）	铬（Cr）
允许含量		0.01	0.5	0.05	1.0	10.0		
黄瓜	北方	0.007	0.34	0.015	1.82	15.2	44.9	7.13
	南方	0.0005	0.014	0.005	0.079	0.314	1.823	0.057
茄子	北方	0.008	0.203	0.045	1.99	13.8	26.4	1.65
	南方	0.0007	0.014	0.051	0.17	0.72	2.11	0.075

表 5 - 13 无公害蔬菜可食用部分硝酸盐含量的分级标准

（单位：mg/kg）

级别	一级	二级	三级	四级
硝酸盐	<432	<785	<1 440	<3 100
程度	轻度	中度	高度	严重
参考卫生标准	允许食用	不宜生食，可以熟食或盐渍	不宜生食或盐渍，可熟食	不允许食用

第二章 无公害绿色番茄生产技术

一、无公害绿色番茄的生物学特性

1. 形态特征

番茄属于茄科一年生或多年生草本植物。植株高 0.6~2m。全株被黏质腺毛。茎为半直立性或半蔓性，分枝能力强，茎节上易生不定根，茎易倒伏，触地则生根，所以番茄扦插繁殖较易成活。奇数羽状复叶或羽状深裂，互生；叶长 10~40cm；小叶极不规则，大小不等，常 5~9 枚，卵形或长圆形，长 5~7cm，先端渐尖，边缘有不规则锯齿或裂片，基部歪斜，有小柄。花为两性花，黄色，自花授粉，复总状花序。花 3 朵，成侧生的聚伞花序；花萼 5~7 裂，裂片披针形至线形，果时宿存；花冠黄色，辐射状，5~7 裂，直径约 2cm；雄蕊 5~7 根，着生于筒部，花丝短，花药半聚合状，或呈一锥体绕于雌蕊；子房两室至多室，柱头头状。果实为浆果，扁球状或近球状，肉质而多汁，橘黄色或鲜红色，光滑。种子扁平、肾形，灰黄色，千粒重 3~3.3g，寿命 3~4 年。花、果期夏秋季。根系发达，再生能力强，单大多根群分布在 30~50cm 的土层中。

2. 对环境条件的要求

（1）温度条件。番茄属于喜温喜光喜肥植物。适应的气温范围为 8~35℃，适宜的气温范围为白天 20~25℃，夜间 15~18℃，低于 8℃植株停止生长，高于 35℃植株生长不良。不同生长毒育阶段对温度的要求不同，发芽期和开花期对温度的要求偏高，以 20~30℃ 为宜；适应的土温为 10~25℃。

（2）水分条件。番茄需水量大，植株 90% 以上，果实的 94%~

95%是水分。但由于番茄根系强大，吸水力强，叶片呈深裂花叶，表面上又有茸毛，能减少水分蒸发，因此，番茄属半耐旱性作物。它对水分条件的要求是：空气湿度为45%～50%，盛果期土壤湿度为田间最大持水量的60%～80%。

（3）光照条件。番茄为喜光植物，整个生长发育过程都需要较强的光照。番茄的光饱和点为7万～7.5万lx，光补偿点为0.4万lx。属于短日照作物，在短日照条件下提前现蕾开花。

（4）土壤和营养。它对营养条件的要求是：需要氮、磷、钾、钙等营养元素，每生产1 000kg番茄，需要吸收氮2kg、磷1kg、钾6.6kg。番茄对土壤的要求不严，以土层深厚、透水透气，富含有机质的沙壤、黏壤土为好，土壤的酸碱度以氢离子浓度100～1 000/L（pH值6～7）为宜。

二、无公害绿色番茄的育苗技术

1. 播种育苗期

因栽培季节、栽培方式、育苗手段、苗龄及品种的不同，播种期也有所不同。番茄从播种出芽到现大花蕾的过程，需要1 000～1 200℃的积温。在温室条件下生产，秋冬茬番茄最早播种育苗期为7—8月，一般苗龄30～45天；冬春茬番茄，一般在12月中旬或翌年1月上旬育苗，苗龄60～80天。在春棚条件下生产，一般在2月育苗，5月露地定植。在露地夏茬生产，一般在4月育苗，5月定植。在育苗中，夏秋两季育苗可采用直播法，而其他时间生产必须事先育苗。在气温较高期间，或不打算分苗的情况下，苗龄一般30～40天。在气温低和分苗的情况下，不但要采取加温保温措施，而且苗龄长达60～80天。因此，冬春育苗，应在预计定植前的2个月播种育苗，夏秋育苗则在预计定植期前的1个月播种即可。

2. 品种和播种量

（1）番茄的部分优良品种。冬春生产的番茄，应选用中早熟、耐低温、品质优良的品种，如沈粉1号、佳粉2号、L-402、良丰3

号、双抗 2 号等。夏秋生产的番茄，则应选用耐热、抗病、品质好的中晚熟品种，如毛粉 802、巨丰、中杂 9、佳粉 15、强丰和中蔬 6号等。

（2）播种量的确定。番茄种子的千粒重为 3g 左右，每克种籽粒数为 330 粒左右，因品种和种子的饱满程度不同而有所不同。在播种中，要考虑到病苗、弱苗、杂株及其他损伤而造成的缺苗，需要一定富余的播种量，每亩播种量为 40g 左右。

3. 种子消毒与催芽

播种前要进行种子消毒和浸种催芽。

（1）种子的消毒处理。番茄的多种病害都可以通过种子传播，因此，种子消毒对防治病害有重要作用。种子的消毒方法又分为温汤浸种和药物浸种。

温汤浸种：将选好的种子，在 30℃ 左右清水中浸泡 15～30 分钟，然后再放到 55～60℃ 热水中不停地搅拌 15 分钟，种子在热水中处理完后，放入冷水中散去余热，然后浸种，再进行催芽。温汤浸种对番茄溃疡病、叶霉病、斑枯病、早疫病、青枯病有一定的防治效果。

磷酸三钠浸种：将种子在清水中浸泡 3～4 小时，然后放在 10%磷酸三钠液中浸泡 20 分钟左右，随后取出种子，用清水淘洗干净。然后催芽。这种方法可以用来防治烟草花叶病毒病。

高锰酸钾浸种：将种子用 40℃ 左右温水浸泡 3～4 小时，然后放入 1% 高锰酸钾溶液中浸泡 10～15 分钟，捞出用清水冲洗干净后催芽。这种方法可以防治番茄溃疡病及花叶病毒病。

（2）催芽。将经过消毒的种子，放在与种子等量的干细沙中，将种子与细沙均匀混合，用温水浸湿，再用湿布包好，放在底部悬空、并用木棍垫起来的瓦盆里，送进恒温箱或温室内进行催芽。在催芽中，要保证细沙和种子潮湿，但又不能有积水，温度控制在 28～30℃，当种子露白后则逐渐降温到 25℃。

如果在露地直播育苗，可在浸种后直接播种在床土湿润的苗床上，播后覆土，上面再盖地膜，保持气温在 25～30℃，待苗出土时揭去地膜。一般在春、秋季育苗，可用此法。

4. 配制床土与消毒

每亩生产田，需 $0.5m^2$ 的籽苗床。细菌床一般为 $12m^2$，成苗床一般为 $50m^2$。番茄苗期较长，所以，床土的配制必须满足秧苗生长所需要的营养。一般苗床可用 50% 园田土和 50% 腐熟马粪，每立方米床土中再加入 500g 硝酸铵、400g 过磷酸钙 1 000g 优质钾肥，然后将各种配料捣碎过筛，混合均匀，配制成床土，并按 5cm 的厚度，平铺在播种床里。在寒冷季节，床土下应铺电热线（$80W/m^2$）。为了对床土消毒，在每平方米床土上，可用 70% 多菌灵可湿性粉剂 5g 或 70% 甲基硫菌灵粉剂 5g，再加入 1 000g 细干土拌均匀制成药土，在播种前用 2/3 药土铺底，播种后再用 1/3 药土覆盖种子即可。

对于需分苗床的床土，必须保证有更充足的营养，可用 40% 园田土、50% 腐马粪、10% 腐熟粪干粉，每立方米床土中再加入 5kg 过磷酸钙和 2kg 硫酸铵。然后将各种配料捣碎后过筛，均匀混合，配制成床土，对床土进行消毒，可用 65% 代森锌松剂 60g 与 $1m^3$ 床土均匀混合，然后用塑料膜密封 3 天，再揭膜晾晒 3 天，待床土没有药味后即可移苗。需分苗的床土，要在苗床上平铺 10cm 厚，在寒冷季节床土下要铺电热线（$80W/m^2$）。

如果用营养钵育苗，可将床土装到营养钵内。一般只装 9 分满，待浇透水后，营养钵内有 8cm 厚的床土，移苗覆土后，床土的总厚度 9cm 左右即可。

5. 播种与籽苗管理

播种前用 30℃ 的温水浇透床土，待水渗下后播种；也可提前 3—5 天浇透床土，覆盖塑料薄膜烤床土，待床土稳定在 15℃ 以上进行播种。在播种时，先撒 2/3 药土，然后按种距 1cm × 1cm 左右进行播种，播后再撒 1/3 的药土覆盖，随即可盖塑料薄膜保温保湿，也可通过电热线控制温度，在保持床土温度 15 ~ 20℃ 的条件下，一般 3 ~ 5 天即可出苗。出苗后，即可揭去塑料薄膜，供给充足光照，白天保持气温在 25℃，夜间控温在 15℃ 左右，床土温度要保持在 15 ~ 20℃，当播后 20 天左右，长到 2 ~ 3 叶时为花芽分化期。为促使早开花和降低开花节位，应提供低温（15 ~ 18℃）和短日照条件，而且在这个时期不要移苗。

6. 幼苗期与成长期管理

幼苗期与成长期管理的主要差别是营养面积不同，幼苗期营养面积每株为 5cm×6cm，成苗期营养面积为 8cm×10cm，在移苗至缓苗期，都必须保温保湿促缓苗，缓苗后则要控温降湿促生根，经过逐渐降温锻炼，番茄的秧苗可变成紫绿色，而且有弹性，如发现叶面呈黄绿色，出现脱肥现象，可在晴天喷 0.2% 尿素或喷磷酸二氢钾，在定植前，必须达到壮苗标准。

7. 番茄壮苗标准

壮苗是指生长健壮、无病害、生命力强、能适应定植以后栽培环境条件的优质丰产苗。一般冬季育苗 70 天，夏、秋季育苗 30 天左右，春季 40~50 天苗龄；壮苗株高 15~20cm，下胚轴 2~3cm 长；茎粗一般在 0.5~0.8cm，节间短，呈紫绿色，叶片 7~9 片，叶色深绿带紫，叶片肥厚；第一花穗已现大蕾；根系发达，吸收根多，植株无病虫害，无机械损伤。

8. 育苗过程中的异常现象

（1）高温高湿引起的异常现象。易徒长，子叶细小而长，胚轴长超过 4cm，叶色淡绿，叶片薄。

（2）低温干旱引起的异常现象。易老化，叶片小，叶色黑绿，节间短，植株矮小，根系不发达。

（3）缺钙症状。新叶叶缘老化并不断扩大，最后叶缘变褐坏死，而下部叶仍绿。

防止秧苗徒长的措施，主要是增强光照和降低温度，并适当控制水分，因此，必须蹲苗或炼苗。采用营养钵或营养土块育苗，其炼苗方法与黄瓜栽培相似，具体做法是：将营养钵或营养土块平摆开，往其缝隙中填细干土，同时控水，并适当降温，即可达到蹲苗、炼苗的效果。为了减少占地，也可将营养钵或营养土块叠垒起来，适当控水降温，同样起到蹲苗、炼苗的效果。有时虽然已育好秧苗，但因腾茬困难，不能及时定植，也可采取这些方法囤苗。

三、无公害绿色番茄栽培的田间管理与采收

1. 定植期

春季在露地定植，应在终霜期过后，如用地膜覆盖，可提前1周，夏季应在花芽分化后的4叶期进行小苗定植，或采取不育苗的直播方法。冬季在保护地生产，应选择地温稳定在15℃以上，气温在20℃左右的晴天中午定植。在夏季生产，则应选在阴天或晴天的15:00以后定植，这样有利于缓苗。

2. 定植前整地

番茄要求土壤疏松肥沃，适宜于保水保肥的中性偏酸土壤（氢离子深度 $100 \sim 1\,000 \mathrm{m}^2 / \mathrm{L}$，即 pH 值 $6 \sim 7$），其氮、磷、钾含量比一般为2:1:6。因此，要选择有效期长的农家肥作基肥，每亩施腐熟的圈肥5 000kg，过磷酸钙50kg，要深翻地30cm。然后做成大垄，垄距120cm，垄高20cm，垄顶宽80cm。垄中间留水沟，覆地膜后，烤地1周即可。

3. 定植方法

按大垄、双行、内紧外松的方法定植，双行的小行距为50cm，株距为35cm，定点打孔。然后定植带有壮秧的土坨，接着浇温水，以洇透土坨为宜，最后用土封埯，也可栽后就封埯，再顺着膜下的垄沟（小沟）浇水，以水洇透垄台为宜，定植密度每亩在3 500株左右，并实行单干整枝。

4. 缓苗前后的管理

缓苗前后要保温少通风，白天控温在25~30℃，夜间保持15~20℃。在露地定植，如遇晚霜，可在早晨5:00~6:00用柴草熏烟防霜，定植后5~7天，心叶开始生长，新根出现，则证明已经缓苗。这时，要降温降湿进行蹲苗，白天控温20~25℃，夜间保持在10~15℃。另外，要采用通风、控水、中耕等措施降温，以利于蹲苗。一般蹲苗半个月左右，蹲苗后则根系发达，茎粗叶厚，颜色墨绿，而且蓓蕾肥大。

5. 蹲苗后的管理与采收

（1）支架绑蔓。支架和绑蔓可以使叶片分布空间加大，避免遮阴，增加光合作用，改善通风条件，减少病害发生，同时，利于田间操作。因此，番茄蹲苗后，首先要插架绑蔓。露地插人字架。每株两根架条，保护地可垂直插单架，每株一根架条，一般架条高 1.1m，如果用人架则架高 1.6m，距番茄根 10cm 处把架条插入地下 10cm，插架绑架后，再将番茄植株绑到架上，一般每两串花序绑一道蔓。

（2）整枝打杈、蘸花保果。在绑蔓的同时进行整枝打杈，实行单干整枝，及时去掉所有侧枝侧芽，或在侧枝留 2 片叶打尖，在第一串花序留 4 个花，或在第一串花序留 4 个花（第一花序的第一朵为畸形，不结果，俗称鬼花，应予摘掉），在第二花序留 3～4 个花，在第三花序留 2～3 个花，在第四花序留 2 个花，在第四串果以上，留 2～3 片叶后打尖。这样管理，将来留几个花就坐几个果，而且植株上下的果实大小相似，为了达到保花保果的目的，在开花期用浓度为 20～30mg/kg 防落素蘸花，或用番茄丰产剂 2 号 5ml 对水 0.75L 蘸花。蘸花时注意不可重复，以免引起药害。

（3）加强水肥管理。在蹲苗后第一穗果长到直径 3cm 左右时，开始浇水追肥。这是营养生长与生殖生长同时进行的时期，必须加强水肥管理。在浇水同时，每亩追施尿素 15kg，或追施人粪尿 1 500 kg。2 周后再随浇水追尿素 15kg。总之，这个时期必须保持土壤湿润，肥足水勤。在夏季露地栽培，要防强光照（在高温来临时，枝叶达到封垄水平即可），防高温，可支遮阳网，或在 16:00 以后浇水降温。尤其要注意防涝，在热雨过后还要涝浇园，以降低土温，确保根系正常的生理活动。

（4）适时采收。适时采收的标准是：果实充分膨大，果皮由绿变黄或红。要选择无露水采收，如果采收过早，青皮番茄食用对人体有害，必须催熟后才能食用。在气温超过 28℃ 时，果皮则不转色，因此，番茄采收期应控制气温低于 28℃。如果采收过晚，易受虫害和鸟害，还会出现落果现象，影响产量和质量。

四、无公害绿色番茄的病虫害防治

1. 番茄裂果病

（1）发病条件。易发生在果实转色期。

（2）主要症状。分为3种，一是放射状裂果，以果蒂为中心呈放射状，一般裂口较深；二是环状裂果，呈环状开裂；三是条状裂果，即在果顶部位呈不规则的条状裂口。裂果发生以后，果实品质下降，病菌易侵入，以致腐烂。

（3）防治措施。选择抗裂品种，一般选择果皮厚的中小型品种；防止土壤过干或过湿，保持土壤相对湿度在80%左右；增施有机肥和质量好的生物肥，改善土壤结构，为根系生长提供良好的环境；正确施用植物生长调节剂，在使用植物生长调节剂喷花。

2. 番茄早疫病（又称轮纹病或夏疫病）

（1）发病条件。早疫病为真菌性病害，病菌在种子上或残体上越冬，通过植株的表皮或气孔侵入植株，借助气流、雨水和引种移苗进行传播，当气温在25℃左右、空气相对湿度在70%以上时，易流行早疫病。

（2）主要症状。早疫可为害叶、茎、花和果实，病叶有黄色晕环状的同心轮纹斑，病斑受叶脉限制呈多角形，表面生有毛状物，病茎在分枝处产生黑褐色椭圆斑，有黑霉，花萼染病后呈椭圆形凹陷黑斑。果实的病斑呈椭圆形，有同心轮纹的黑色硬斑，后期果实开裂。

（3）防治措施。一是保护地番茄重点抓生态防治。由于早春定植时昼夜温差大，白天20~25℃，夜间12~15℃，空气相对湿度高达80%以上易结露，利于此病的发生和蔓延。应重点调整好棚内温湿度，尤其是定植初期，闷棚时间不宜过长，防止棚内湿度过大温度过高，做到水、火、风有机配合，减缓该病发生蔓延。二是于发病初期喷撒5%百菌清粉尘剂，每亩每次1kg，隔9天1次，连续防治3~4次。也可施用45%百菌清烟剂或10%腐霉利烟剂，每亩每次200~250g。三是发病前或进入雨季后开始喷洒3%多抗霉素水剂600~900

倍液，或喷洒86.2%氢化亚铜可湿性粉剂1 000倍，或喷洒80%代森锰锌可湿性粉剂600倍液，或喷洒70%丙森锌可湿性粉剂600倍液，或喷洒65%多果定可湿性粉剂1 000倍液，或喷洒70%百菌清锰锌可湿性粉剂600倍液。四是种植耐病品种。五是与非茄科蔬菜实行3年以上轮作。六是加强田间管理，合理密植，及时整枝打杈。

3. 番茄晚疫病（又称疫病）

（1）发病条件。晚疫病属于真菌性病害，病菌在病残体上或马铃薯上越冬，通过叶的表皮或气孔侵入植株，借助风雨或引种进行传播。当气温在15℃左右、空气相对湿度在85%以上时，易发病。

（2）主要症状。晚疫病为害叶、茎和青果。病叶的叶尖或叶缘呈水浸状暗绿斑，潮湿时叶背有白霉。病茎有黑褐色腐烂斑。病果有水浸状暗褐色凹陷斑，潮湿时有白霉。

（3）防治措施。一是保护地番茄从苗期开始，严格控制生态条件，防止棚室高湿条件出现。二是种植抗病品种。如中杂7号、晋番茄1号、渝红2号、中蔬4号、佳红、中杂4号等。三是与非茄科作物实行3年以上轮作，合理密植，采用配方施肥技术。四是加强田间管理，及时打杈。五是药剂防治。发病初期喷洒0.5% OS - 施特灵（有效成分为氨基寡聚糖）水剂300～500倍液，或用52.5%恶酮霜脲氰水分散粒剂1 500倍液，或用10%氰霜唑悬浮剂50～100mg/L，或用72%霜脲锰锌粉剂500～600倍液，或用70%丙森锌可湿性粉剂700倍液，每亩用对好的药液50～60L，连续防治2～3次。也可用50%多菌灵磺酸盐可湿性粉剂800倍液，或12%松脂酸铜乳油600倍液灌根，每株灌对好的药液0.3L，隔10天左右1次，连续灌注3次。

4. 番茄叶霉病

（1）发病条件。叶霉病为真菌病害，病菌在病残体或种子上越冬，通过叶片表皮侵入植株，借助引种育苗进行传播，当气温在20℃左右，空气相对湿度在90%以上时，易发生叶霉病。

（2）主要症状。叶霉病可为害叶、茎、花、果，病叶有椭圆形浅黄色斑，叶背有白霉，继续发展叶两面有黑霉，叶片卷曲并呈黄褐色干枯，病茎有梭形黄褐斑，有黑霉，病花有淡黄病斑，并有黑霉，病果表面有黑色圆形凹陷硬斑。

（3）防治措施。一是选用抗病品种。二是播前种子用 53℃温水浸种 30 分钟，晾干播种。三是发病严重的地区，应实行 3 年以上轮作，以减少初侵染源。四是采用生态防治法。加强棚内温湿度管理，适时通风，适当控制浇水，水后及时排湿，使其形成不利病害发生的温湿条件；适当密植，及时整枝打杈，按配方施肥，避免氮肥过多，提高植株抗病力。五是药剂防治。保护地于发病初期用硫黄粉熏蒸大棚或温室，每 55m² 空间，用硫黄 0.13kg、锯末 0.25kg 混合后，用木炭或红煤球点燃，于定植前把棚密闭，熏 24 小时。还可于发病初期用 45%百菌清烟剂每亩每次 250g，熏夜或于傍晚喷撒 7%叶霉净粉尘剂，或用 5%春雷王铜粉尘剂隔 8～10 天 1 次，连续或交替轮换施用。

5. 番茄青枯病（又称细菌性枯萎病）

（1）发病条件。青枯病属于细菌性病害。病菌在病残体上越冬，通过根部或伤口侵入植株，借助雨水和田间作业传播，当气温在 30℃以上，土壤含水量大于 25%，又是酸性土壤时，则易发病。

（2）主要症状。为害叶片和茎。病株的幼叶萎蔫下垂，然后中下部叶片凋萎，有的植株一侧叶片萎蔫，病茎有水浸状褐色斑，维管束变褐，折断病茎后由伤口处流出白色菌脓，在病茎的下部易生长不定根。

（3）防治措施。一是提倡施用有机活性肥或生物有机肥，推广 BB 专用肥（掺混肥）。实行与十字花科或禾本科作物 4 年以上轮作，最好与禾本科进行水旱轮作。二是选用抗青枯病品种。三是选择无病地育苗，采用高畦栽培，避免大水漫灌。四是加强栽培管理。采用配方施肥技术，施用充分腐熟的有机肥或草木灰，改变微生物群落，或每亩施石灰 100～150kg，调节土壤 pH 值。五是药剂防治。发病初期喷淋或浇灌 50%氯溴异氰尿酸可溶性粉剂 1 200 倍液，或用 53.8%氢氧化铜干悬浮剂 1 000 倍液，或用 72%硫酸链霉素可溶性粉剂 4 000 倍液，或用 72%硫酸链霉素与水合霉素 1∶4 混合制得复配剂，或用 50%琥铜乙膦铝可湿性粉剂 400 倍液，或用 25%青枯灵可湿性粉剂

800 倍液，每株灌对好的药液 0.3~0.5L，隔 10 天 1 次，连续灌 2~3 次。

6. 番茄溃疡病（又称鸟眼病）

（1）发病条件。番茄溃疡病属于细菌性病害，病菌在种子上或病残体上越冬，通过表皮伤口侵入植株，借助引种、育苗及雨水传播，在温暖潮湿、结露多雨的环境中发病严重。

（2）主要症状。溃疡病可为害叶片、茎和果实，病叶似缺水状卷缩，有的植株一侧叶片凋萎，病茎的髓部变褐烂，或在茎部开裂生成不定根，潮湿时有白色脓状物溢出，病果有稍突起的圆斑，其边缘为白色，中央部分为褐色（似鸟的眼睛，故又称鸟眼病），后期果肉腐烂，并使种子带菌，有的幼果皱缩停长。

（3）防治措施。番茄溃疡病属于检疫性病害，因而应加强种子和苗木检疫，要认真清理田园，选择抗病品种，推广无土育苗或床土消毒，对种子进行消毒处理（可用 52℃ 水搅拌浸种 30 分钟，或用 200mg/kg 硫酸链霉素浸种 2 小时）；实行 3 年以上菜田轮作，或选用野生番茄加砧木进行嫁接；定植时用硫酸链霉素水浇灌定苗（每支硫酸链霉素加水 15L）。发现病株及时拔除，全田喷洒 53.8% 氢氧化铜干悬浮剂 1 000 倍液，或 40% 硫酸链霉素可溶性粉剂 2 000 倍液。

7. 番茄病毒病

（1）发病条件。病毒病是由病毒引起的传染性病害，病毒可在种子上或病残体上越冬，通过汁液接触，由伤口侵入植株，借助蚜虫为害，由汁液接触或田园作业进行传播，在高温干旱及有蚜虫为害的情况下容易发病。

（2）主要症状。番茄病毒病叶片、茎和果实，病叶呈黄绿相间的花叶形，或呈线状蕨叶形。其下部叶片上卷，病茎有黑褐色斑块，有的扭曲停长，病果有云纹斑或褐色斑块，果实小而硬，整个植株矮化、丛生，有畸形花，结果少或不结果。

（3）防治措施。防治番茄病毒病，采用以农业防治为主的综防措施。一是针对当地主要病原，因地制宜选用抗病品种。二是实行无病毒种子生产。播种前用清水浸种 3~4 小时，再放入 10% 磷酸三钠溶液中浸40~50分钟，捞出后用清水冲净再催芽播种，或用0.1%高锰酸钾浸种30分钟；定植用地实行2年以上轮作。三是加强田间管理。预防高温干旱，例如，用遮阳网防高温防强光照，与高秆作物玉米等间作套种，以达到遮光降温效果。另外，在移苗时不要伤根，在间管理时不要损伤植株。四是提倡采用防虫网，防止蚜虫传毒。五是预防病毒可喷20%吗胍乙酸铜可湿性粉剂500倍液，每亩用药液50kg。

8. 番茄主要虫害

番茄主要害虫有棉铃虫、蚜虫、斑潜蝇。

（1）棉铃虫。

①为害特点：以幼虫蛀食番茄植株的蕾、花、果，偶也蛀食茎，并且食害嫩茎、叶和芽。但主要为害形式是蛀果。易造成病菌侵入引起腐烂、脱落，造成严重减产。

②防治方法：压低虫口密度。及时整枝打杈，适时去除老叶；提倡使用防虫网；抓住关键期，于幼虫未蛀入果内之前施药。喷洒15%茚虫威悬浮剂4 000~5 000倍液，或喷洒4.5%高效氯氰菊酯乳油1 000倍液。交替轮换用药。

（2）蚜虫。

①为害特点：成虫及若虫在叶片刺吸汁液，造成叶片卷缩变形，植株生长不良。蚜虫传播多种病毒，造成的为害远远大于蚜害本身。

②防治方法：加强预测预报；在田间管理上，要预防高温干旱，可挂银灰色塑料薄膜驱蚜，也可用涂有机油的黄色板诱杀；设施栽培时，提倡采用防虫纱网；生物防治上用食蚜瘿蚊或毒力虫霉菌防治蚜虫；药剂防治上应尽量选择兼有触杀、内吸、熏蒸三重作用的农药，如国产50%高渗抗蚜威1 000倍液，或用10%吡虫啉可湿性粉剂1 500倍液，或用20%氰戊菊酯乳油2 000倍液。使用抗蚜威的采收前11天停止用药。

（3）斑潜蝇。

①为害特点：成、幼虫均可为害番茄，雌成虫飞翔把植物叶片刺伤，进行取食和产卵，幼虫潜入叶片和叶柄为害，产生不规则蛇形白色虫道，叶绿素被破坏，影响光合作用。受害叶片脱落，造成花芽、

果实被灼伤，严重的造成毁苗。

②防治方法：与斑潜蝇不为害的作物进行套种或轮作；适当疏植，增加田间通透性；收获后及时清洁田园；具有防虫网的可释放天敌；喷洒10%灭蝇胺悬浮剂800倍液，或喷洒40%灭蝇胺可湿性粉剂4 000倍液，或喷洒10%虫螨腈悬浮剂1 000倍液。

第三章　无公害绿色青椒生产技术

一、无公害绿色青椒生物学特性

1. 形态特征

青椒属于茄科、茄属一年或多年生草本植物。根为浅根系，根量少，而且不易生不定根。茎直立，易木质化，可有多级分枝，其中无限分枝型植株高大，有限分枝型植株矮小，簇生结果。叶为圆锥形，单叶互生。花为白色，单生或簇生，自花授粉。果为圆锥形、桶形或灯笼形浆果，成熟时有红色、黄色、紫色等多种颜色。种子扁平，肾脏形，淡黄色，千粒重4~7g。青椒的果实和种子内含有辣椒素，有辣味。

2. 对环境条件的要求

对温度的要求是：适应温度范围为15~35℃，适宜的温度为25~28℃，发芽温度为28~30℃。对水分条件的要求是：对光照要求不严，光照强度要求中等，光补偿点位0.15万 lx，光饱和点位3万 lx，每天日照10~12小时，有利于开花结果。青椒的生长发育需要充足的营养条件。每生产1 000kg青椒，需氮2 000g、磷1 000g、钾1 450g，同时，还需要适量的钙肥。对土壤的要求，以潮湿易渗水的沙壤为好，土壤的酸碱度以中性为宜，微酸性也可。

二、无公害绿色青椒育苗

1. 播种育苗期

青椒系喜温暖、短日照作物，在露地栽培，一般在冬季12月至翌年 2 月播种，3 ~ 5 月定植。在越夏栽培中，需要有遮阳、防暴雨等防护措施。在温室栽培青椒，必须是抗寒耐热的早熟丰产品种，可在 12 月育苗，翌年 3 月定植。栽培秋冬茬青椒，育苗正值高温的 8 月，所以，要采取遮阳降温措施，后期还要有保温措施。青椒育苗的苗龄较长，要预防老化苗和脱肥现象。目前，多推广小苗龄定植（育苗期在 1.5 个月左右）。

2. 品种和播种量

在早春保护地栽培青椒，多选用早熟品种，如中蔬 13、甜杂 6 号、2 号、海花 3 号、早丰 1 号等。中早熟品种有辽椒 3 号、双丰甜椒等。在露地栽培，多选用中熟品种，如茄门、三道筋、大牛角椒、巨早 851、津椒 3 号、沈椒 4 号、世界冠军、冀椒 1 号等。甜椒的栽培密度大，多采用双株穴栽方法。在冬春季育苗时，发芽率与成苗率较低，必须加大播种量。一般每亩用种量 150g。

3. 种子消毒与催芽

播种前，现将干种子放在 70℃ 条件下烘烤 72 小时，然后将种子放在 55℃ 水中搅拌浸种 15 分钟，接着用温水浸泡 10 小时，捞出后放在 25 ~ 30℃ 的保湿条件下催芽。而后每天用清温水淘洗 4 ~ 6 次，4 天后发芽率可达 70% 左右，这时即可播种。

4. 配制床土与药土

按肥沃的园田土 4 份，腐熟的大粪干粉 1 份和细炉灰渣 1 份的比例，分别过筛后均匀混合，然后每立方米床土再加入过磷酸钙 5kg、三元复合肥 1kg，均匀混合后装入营养钵成纸袋中，或在播种床内平铺 5 ~ 10cm 厚。配制药土时，可用 50% 多菌灵和 50% 福美双各 5g，与 15kg 细干土混合均匀后，即为药土，留以备用。

5. 播种与籽苗期管理

在冬春季保护地生产，可在土温 16℃ 左右、气温 20℃ 以上时播种。现将床土用温水浇透，然后覆盖筛过的潮床土，每平方米再普撒药土 10kg（总厚度 1cm），接着在每平方米床土播种 50g 左右。播后在覆药土 5kg 和过筛细潮土 1cm 厚，然后再覆盖塑料膜保温保湿。为了防止出土戴帽，可在幼苗刚拱土时，再覆细土 0.5cm 厚。在保持床土 20℃条件下，一般经 5～7 天即可出苗。出苗后，揭开塑料膜降温降湿，保持床土 16～20℃，气温 20～25℃。如发现苗床有裂缝，可轻撒一层细沙土弥缝。当籽苗长到 2 叶 1 心期，即可分苗，或者将苗移栽到营养钵或纸袋内。每两株籽苗为一撮。如只进行 1 次分苗，穴距 8cm×10cm，如两次分苗，第一次分苗的苗距可为 5cm×5cm，第二次分苗的苗距为 10cm×10cm。移栽后，浇足底水，再覆细潮土1.5～2cm，随后覆盖塑料膜，保温保湿，气温控制在 25～28℃。待缓苗后，即可揭掉塑料膜，降温降湿。

青椒长到 2～3 真叶期，为花芽分化期（在播后 35 天左右）。为了促进开花和结果节位低，应适当降温，地温控制在 16℃左右，气温保持在 20℃左右；同时，提供短日照，日光照以 8～10 小时较好。4 真叶以后，则恢复正常的温湿度管理。

6. 幼苗与成苗期管理

在保证营养面积的基础上，要满足正常的温湿条件，及时除草防病。在幼苗定植前 0.5 月左右，应结合浇水，在每平方米苗床追施硫酸铵 50g，随后适当松土，但不要伤根。在定植前 1 周，应再随水在每平方米追施尿素 50g。然后，则控温控水囤苗，促发新根，以利定植后的缓苗。同时，定植前必须达到壮苗标准。

7. 壮苗的标准

苗龄在 60～80 天，株离 15cm 左右，茎粗 0.4cm 以上，叶片 8～10 真叶，颜色浓绿，90% 以上的秧苗已现蕾，根系发育良好，无锈根，无病虫害和机械损伤。

8. 育苗注意事项

如遇低温，则茎节变短，茎细，叶片小，生长慢。如夜温低，则叶柄短，叶片下垂，易出现锈根；夜温高，则叶柄长，下胚轴长，植株细弱。

土壤缺水时，叶片下垂，叶柄弯曲，呈黄绿色。

如果基肥的生粪多或铵态氮多，则易出现亚硝酸危害，造成缺铁反应，即出现心叶黄化，根系少，吸收力弱，甚至于死苗。

青椒的植株易木质化，所以，在育苗中可适当少蹲苗或不蹲苗。

青椒的根系怕水涝，育苗时，一定要注意排水防涝，千万不可积水。

青椒喜光又怕强光，喜湿又怕涝，喜肥又怕生粪，所以，在栽培中必须掌握好限度，否则，易造成损失。

三、无公害青椒的适时定植

露地定植必须在终霜期过后，扣小拱棚可提前1周定植，应在10cm地温稳定在15℃以上才可定植。定植前，先整地施肥，每亩施腐熟的优质农家肥5 000kg、磷酸二铵15kg。要选用排灌条件好的中性或微酸性沙质土壤，深翻20cm，做成1.2m宽的大垄，垄中间开一水沟，然后覆地膜烤地。

定植时，要选择晴天中午，采取大垄双行、内紧外松的方法定植。用打孔器按一定的穴行距打孔，小行距50cm，穴距40cm，每亩3 500穴左右。打孔后，将带有2株壮秧的土坨载人穴内，然后浇温水，待水渗入后及时封埯，随后可扣小拱棚，以利于保温保湿。也可以栽苗后即封埯，稍镇压后再进行膜下暗灌，以水洇湿垄台（垄背）为准。

四、无公害青椒定植后的管理和采收标准

1. 缓苗前后的管理

缓苗前，以保湿为主，如无地膜覆盖，可进行中耕，以提高地温。当心叶开始生长或有新根出现时，则证明已经缓苗，这时就可适当降温降湿。缓苗后至开花期，一般不浇水，只有在干旱时浇水。当门椒长至3cm大小时，结合中耕进行施肥，每亩施腐熟的大粪干粉200g、尿素10kg。在培土后浇水，以水洇湿垄台为宜。对于覆盖地膜的可以扎眼施肥，或膜下暗灌，随水施肥。

2. 露地栽培管理

在封垄前，要结合施肥进行培土保根，争取在高温来临之际达到封垄水平（可以通过追肥浇水，促进茎叶生长）。追肥要做到氮磷钾

肥配合使用，以促进秧苗健壮成长，防治落花落果。

3. 开园（开始采收）后的管理

门椒采收后，要及时浇小水，以促秧攻果，但要注意防止积水沥涝。夏天热雨过后，必须及时用井水浇灌，以降低地温，保证根系正常生理代谢。此外，在高温季节，应早晚浇小水，在气温高于35℃时，夜晚也应浇小水（俗称偷水），以利于降低地温。

青椒喜温喜水喜肥，但又怕高温多雨大肥，所以，要科学管理，当气温超过30℃，光照强度大于3万lx时，就要进行遮阳管理，即罩遮阳网、盖塑料膜或支凉棚，以防病毒病和日灼病。青椒平作，必须在高温来临之前达封垄水平。如果与玉米等高秆作物套种，应以2行玉米、4行青椒的形式套种，这样既能满足玉米对强光的需要，又对青椒生长有利。为了防落花落果，可在开花期用浓度为15～25mg/kg的防落素药液喷施1次。

高温多雨季节过后，为促进第二次结果高峰（恋秋生产），应及时浇水追肥，并要进行整枝、打杈、摘叶等植株调整。要剪掉内膛枝和老病残枝，以打开风、光的通路。在3级分枝以上留2片叶进行打尖，可控制营养生长。对新长出的枝条，留1果2叶进行打尖。摘掉下部的老叶病叶，以减少营养消耗。同时，还应再一次培土，以促发新根和防倒伏。此外，要进行叶面喷肥，如喷施0.2%的尿素、磷酸二氢钾或白糖水等，都可促进植体加快生长，有利于开花结果。

4. 适时采收

对于不留种的青椒，以采收嫩果为主。当果皮变绿色，果实较坚硬，而且皮色光亮时，即可采收。从开花至采收，一般需20天左右。每亩产量在3 500～4 500kg。

如果需要留种，应留第二、第三、第四层分枝上的果实，待充分成熟，果皮变红或变黄时，再及时采收。有的采摘后再晾晒1周，以促后熟。

五、无公害青椒病虫害防治

1. 青椒疫病

（1）发病条件。青椒疫病属于真菌性病害。病菌在土壤里或种子上越冬，通过近地表的果实和茎的表皮侵入植株。借助雨水或育苗传播。一般气温在 25～30℃、空气相对湿度在 90% 以上时，发病严重。

（2）主要症状。青椒苗期、成株期均受疫病为害，主要为害叶片、茎和果实。病叶由暗褐圆斑，其边缘为黄绿色。病茎有水浸斑，病斑绕茎表皮扩展成黑褐色条斑，分枝处也有褐色斑，病部易缢缩折倒，病果的果蒂部有水浸绿斑，潮湿时长出白霉，呈褐色腐烂，干燥后成为褐色僵果。

（3）防治措施。一是前茬收获后及时清洁田园，耕翻土地，采用菜粮或菜豆轮作，提倡垄作或选择坡地种植。二是选用早熟避病或抗病品种；培育适龄壮苗，适度蹲苗，定植苗龄以 80 天左右为宜，不宜过长。但要求达到壮苗指标，即株高 15～20cm，茎粗 0.2cm，80% 现蕾时，每亩定植 3 200～3 500株。三是按配方施肥，提倡施用稳得高 301 活性生态肥或喷洒爱多收 6 000 倍液，或植宝素 7 000 倍液，提高抗病力。四是加强田间管理，预防高温高湿。五是药剂防治。①种子消毒：先把种子经 52℃ 温水浸种 30 分钟或清水预浸 10～12 小时后，用 1% 硫酸铜浸种 5 分钟，捞出后拌少量草木灰；也可用 72.2% 霜霉威水剂或 0.1%～20% 甲基立枯磷乳油浸种 12 小时，洗净后晾干催芽。②栽植后喷洒或灌根：前期掌握在发病前，喷洒植株茎基和地表，防止初侵染。进入生长中期以后，以田间喷雾为主，防止再侵染。用 52.5% 噁酮·霜脲氰水分散粒剂 1 500 倍液，或用 70% 乙铝·锰锌可湿性粉剂 500 倍液，或用 66.8% 缬霉威可湿性粉剂 700 倍液，或用 72% 霜脲·锰锌可湿性粉剂 600～700 倍液。棚室保护地也可选用烟熏法或粉尘法，即于发病初期用 45% 百菌清烟雾剂，每亩每次 250～300g，或用 5% 百菌清粉尘剂，每亩每次 1kg，隔 9 天左右 1 次，连续防治 2～3 次。

2. 青椒叶枯病（又称灰斑病）

（1）发病条件。青椒叶枯病属于真菌性病害。病菌在病残体或种子上越冬，通过叶片表皮侵入植株，借气流和雨水传播。在气温高于24℃空气相对湿度大于85%时，偏施氮肥的地块易发病。

（2）主要症状毛青椒叶枯病为害叶片和茎。病叶为褐色小斑点，逐渐发展成灰色圆斑，干燥时病斑易穿孔脱落。病茎有灰褐色椭圆斑。病害一般由下部向上部扩展，病斑越多，落叶越严重，严重时，整株叶片脱光或秃枝。

（3）防治措施。一是种子包衣。每50kg种子用10%咯菌腈悬浮种衣剂50ml，以0.25～0.5L水稀释药液后均匀拌和种子，晾干后催芽或播种。二是加强苗床管理，用腐熟厩肥作基肥，及时通风，控制苗床温湿度，培育无病壮苗；有条件的提倡与玉米、花生、大豆、棉花、豆类、十字花科2年以上轮作。三是加强田间管理，合理使用氮肥，增施磷钾肥或施用喷施宝、植宝素、爱多收等；定植后及时松土、追肥，雨季及时排水，严防湿气滞留。四是药剂防治。发病初期喷施78%波尔·锰锌可湿性粉剂600倍液，或喷施60%多菌灵盐酸可溶性粉剂600倍液，或喷施75%百菌清可湿性粉剂600倍液，或喷施66.8%缬霉威可湿性粉剂700倍液，或喷施10%苯醚甲环唑水分散粒剂2 000倍液，隔10～15天1次，连喷2～3次，防治效果90%。

3. 青椒炭疽病

（1）发病条件。青椒炭疽病属于真菌性病害。病菌在病残体或种子上越冬，通过叶片或果实的表皮及伤口侵入植株，借助风雨、田间作业和育苗传播。当气温在15～30℃、空气相对湿度90%以上时，则易发病。

（2）主要症状。青椒炭疽病可危害叶片和果实。病叶有水浸状褐色圆形斑，病斑上轮生小黑点。病果有水浸状褐色圆形斑，病斑逐渐凸起，形成灰褐色同心轮纹斑，轮纹上有小黑点，潮湿时，分泌出红色黏稠物质，使病果呈半软腐状，干缩后病斑呈膜状破裂，果柄上有褐色凹陷斑，易干缩开裂。

（3）防治措施。一是种植抗病品种。二是选无病株留种或种子用30%苯噻氰乳油1 000倍液浸种6小时，带药催芽或直接播种。或进行种子包衣，每5kg种子用10%喀菌腈悬浮种衣剂10ml，先以100L水稀释药液，而后均匀拌和种子。或用55℃温水浸30分钟后移入冷水中冷却，晾干后播种。也可用次氧酸钠溶液浸种，在浸种前先用0.2%～0.5%的碱液清洗种子，再用清水浸8～12小时，捞出后置入配好的次氧酸钠溶液中浸5～10分钟，冲洗干净后催芽播种。三是发病严重的地块实行与瓜、豆类蔬菜轮作2～3年。四是果用营养钵育苗，培育适龄壮苗。五是加强田间管理，避免栽植过密；采用配方施肥技术，避免在湿地定植；雨季注意开沟排水，预防果实日灼。六是药剂防治。发病初期开始喷洒25%咪鲜胺乳油1 000倍液，或喷施50%咪鲜胺可湿性粉剂1 000倍液，或喷施25%溴菌腈可湿性粉剂500倍液，或喷施70%炳森钾可湿性粉剂600倍液，或喷施80%波尔多液可湿性粉剂400倍液，或喷施80%炭疽福美可湿性粉剂800倍液，7～10天1次，连续防治2～3次。

4. 青椒枯萎病

（1）发病条件。青椒枯萎病属于真菌性病害。病菌在土壤中越冬，通过近地表的茎叶表皮或伤口侵入植株，借助风雨和育苗传播，当气温24～28℃、土壤湿度大时，则易发病。

（2）主要症状。青椒枯萎病可为害叶片、茎和根部。病株下部叶片逐渐萎蔫脱落，以后影响到上部叶片萎蔫。病茎基部的皮层呈水浸状腐烂，使茎的上部一侧或全株的茎叶萎蔫后期全株枯死，病根的皮层呈水浸状软腐，木质部变成暗褐色，潮湿时，生有白色或蓝绿色霉状物。

（3）防治措施。提倡使用酵素菌沤制的堆肥或生物有机复合肥或海藻肥；加强田间管理，与其他作物轮作；选种适宜本地的抗病品种；选择易排水的沙性土壤栽种；合理灌溉，加强菜地沟渠管理，尽量避免田间过湿或雨后积水。发病初期喷洒或浇灌50%绿溴异氰尿酸可溶性粉剂1 000倍液，或喷洒35%甲霜·福美双克湿性粉剂800倍液，或喷洒3%甲霜·恶毒灵水药剂800倍液，每株灌对好的药液0.4～0.5L，视病情连续灌2～3次。

5. 青椒疮痂病

（1）发病条件。青椒疮痂病属于细菌性病害。病菌在种子上越冬，通过叶片的气孔或伤口浸入植株，借助雨水和昆虫的活动传播。此病易在高温多雨的7~8月雨后发生，尤其是台风或暴风雨后容易流行，浅育期3~5天，发病适温27~30℃，高温持续时间长，叶面结露对该病发生和流行至关重要。

（2）主要症状。青椒疮痂病危害叶片、茎蔓和果实。病叶有黄褐色水渍状轮纹，病斑呈凸起的疮痂状。茎蔓传染病则有水浸状条斑，后期木栓化纵裂成疮痂。病果上有圆形墨绿色斑突起，后期干腐呈疮痂状。

（3）防治措施。一是选用抗病品种。二是选用无病种子，从无病株或无病果上选留生产用种。三是种子消毒。先把种子用清水浸泡10~12小时后，再用0.1%硫酸铜溶液浸5分钟，捞出后拌少量草木灰或消石灰，使其成为中性再进行播种，也可用52℃温水浸种30分钟后移入冷水中冷却再催芽。四是实行2~3年轮作。五是药剂防治。发病初期开始洒53.8%氢氧化铜干悬浮剂1 000倍液，或喷洒36%氧化亚铜水分散粒剂1 000倍液，或喷洒78%波尔·锰锌可湿性粉剂500倍液，或喷洒硫酸链霉素·土霉素4 000倍液，或喷洒72%硫酸链霉素可溶性粉剂3 000倍液，或喷洒47%春雷·王铜可湿性粉剂700倍液。隔7~10天1次，共防2~3次。

6. 青椒软腐病

（1）发病条件。青椒软腐病属于细菌性病害。病菌在病残体上越冬，通过果皮或伤口侵入植株，借雨水，灌溉和昆虫活动传播。在气温25~30℃、空气相对湿度90%以上的阴雨天，易流行此病。此外，如果脐腐病又受软腐细菌的浸染，也易引起软腐病。

（2）主要症状。青椒软腐病主要危害果实。病果有水浸状暗绿色斑，后期果皮变白，果肉呈褐色，腐烂并有臭味，干燥时果实干缩，并且扔挂在枝条上。

（3）防治措施。一是实行与非茄科及十字花科蔬菜进行2年以上轮作。二是及时清洁田园，尤其要把病果清除带出田外烧毁或深埋。三是培育壮苗，适时定植，合理密植。四是保护地栽培要加强放风，防治棚内湿度过高。五是及时喷洒杀虫剂防治烟青虫等蛀果害虫。六是药剂防治，雨前雨后及时喷洒 40% 硫酸链霉素可溶性粉剂 2 000 倍液，或喷洒硫酸链霉素·土霉可溶性粉剂 4 000 倍液，或喷洒 53.8% 氢氧化铜干悬浮剂 1 000 倍液，或喷洒 47% 春雷王铜可湿性粉剂 600 倍液，或喷洒 86.2% 氧化亚铜乳油 1 000 倍液。

7. 青椒病毒病

（1）发病条件。青椒病毒病是由病毒引起的传染病。病毒在病残体上越冬，通过茎、枝、叶的表层伤口浸入，通过昆虫活动、田间作业等方式由汁液接触而传染。若气温在 20℃ 以上，空气干燥，而且有蛀牙的条件下，则易发病。

（2）主要症状。青椒病毒病常见有花叶、黄化、坏死和畸形等 4 种症状。花叶分为轻型花叶和重型花叶两种类型：轻型花叶病叶初现明脉轻微褪绿，或现浓绿、淡绿相见的斑驳，病株无明显畸形或矮化，不造成落叶；重型花叶除表现褪绿斑驳外，叶面凸凹不平，叶脉皱缩畸形，或形成线，生长缓慢，果实变小，严重矮化。黄化：病叶明显变黄，出现落叶现象。坏死：病株部分组织变褐坏死，表现为条斑、顶枯、坏死斑驳及环斑等。畸形：病株变形，如叶片变成线状，即叶，植株矮小，分枝极多，呈丛枝状。有时集中症状同在一株上出现，或引起落叶、落花、落果，严重影响青椒的产量和品质。

（3）防治措施。一是选用抗病品种。二是适时播种，培育壮苗。要求秧苗株型矮壮，第一分叉具花蕾时定植。三是种子用 10% 磷酸三钠浸种 20~30 分钟后洗净催芽，在分苗、定植前，或花期分别喷洒 0.1%~0.2% 硫酸锌。四是利用保护地设施，于终霜前 20~25 天定植，或采用塑料薄膜覆盖栽培，促其早栽、早结果，进入病毒病盛发期青椒已花果满枝，根系发达，植株老健，抗病能力增强。五是采用配方施肥技术，施足有机活性肥或 BB 蔬菜专用肥或腐熟有机肥，勤浇水。六是采用防虫网防治传毒蚜虫，减轻病毒发生。七是药剂防治。喷洒 20% 吡虫啉可湿性粉剂 3 000 倍液，防治传毒蓟马、蚜虫；发病初期喷洒 2% 宁南霉素税基水剂 500 倍液，或喷洒 0.5% 菇类蛋白多糖水剂 200~300 倍液，或喷洒 3.85% 三氮唑核苷·铜·锌水乳剂 600 倍液，或喷洒 31% 氮苷·吗啉胍可溶性粉剂 1 000倍液及 10% 混合脂肪酸铜水剂 100 倍液，隔 10 左右 1 次，连续防治 3 ~4 次。

8. 青椒虫害

青椒害虫主要有蚜虫和棉铃虫，防治措施可参考番茄虫害防治。

第四章 无公害绿色韭菜栽培技术

一、无公害绿色韭菜的生物学特性

1. 形态特性

韭菜属于百合科葱属多年生宿根草本植物。它属于须根系，根系浅，在老根基上面易生新根茎，根茎下部着生须根，随着根茎的上移，韭根也在上移，俗称跳根。茎则分为营养茎和花茎，花茎细长，顶端着生薹；营养茎在地下短缩成茎盘，并逐年向地表分蘖，形成分枝。营养茎因贮存营养而肥大，形成葫芦状，称为鳞茎，外面有纤维状鳞片。鳞茎上有叶鞘和叶片，叶扁平状，叶鞘抱合成假茎。花为伞形花序，白色两性花。果为蒴果，种子盾形、黑色，千粒重 4.2g。

2. 对环境条件的要求

韭菜生长适温 12~24℃，发芽适温 15~18℃，超过 25℃ 则生长缓慢，在 6℃ 以下进入冬眠期。要求土壤湿润，空气相对湿度为 60%~70%。韭菜是长日照作物，在夏季长日照后才抽薹开花。韭菜喜肥，特别喜氮肥，对土壤适应性强，在土层深厚、疏松、肥沃的土壤上生长良好。

二、无公害绿色韭菜的育苗技术

1. 播种期

一般在土壤化冻后即可播种，北方多在 4—5 月播种。要用新鲜种子；如果用陈籽，可顶凌播种，以提高发芽率。一般 7 月定植，苗龄 3 个月左右。

2. 品种选择与播种量

一般宽叶韭菜，适于露地栽培，或在早春晚秋覆膜生产，宜采用汉中冬韭、雪韭、791、雪青、寒青、嘉兴白根等品种。窄叶韭菜耐寒耐热，不易倒伏，适于冬季温室生产，宜采用铁丝苗等品种。一般每亩播种量 4 ~ 5kg，可定植 3 335 ~ 5 336m²。

3. 种子处理

韭菜多采取干籽直播，为了抢墒出苗，也可浸种催芽。要选用新种子，用 30℃水浸泡 10 小时，搓洗冲净后，用湿布包好放在 18℃温度条件下保湿催芽，每 6 小时用清水投洗 1 次，经 2 ~ 3 天即可出芽播种。

4. 播种与苗期管理

苗床的床土，可用肥沃的园田土，并在每平方米加入 10kg 腐熟粗肥和 100g 尿素，普撒后耙翻 20cm，平整后做畦，轻轻镇压，浇足底水后随即播种。撒播或条播皆可，覆土 1cm 厚，然后覆盖塑料膜保湿。一般经 3 ~ 5 天即可出苗，出苗时种子呈弯钩状（拉弓）。为保证出苗，必须使床土又细又潮。一般从齐苗到苗高 15cm 时，应勤浇小水催苗，并随水施用化肥，每亩施用尿素 15kg。以后，则要防止徒长和倒伏，还要及时锄耪松土和除草。到定植时，要达到壮苗标准。

5. 壮苗标准

一般苗龄 80 ~ 90 天，苗高 15 ~ 20cm，单株 5 ~ 6 片叶，植株无病虫害，无倒伏现象。

6. 育苗注意事项

在韭菜育苗过程中，要预防地蛆的为害，可用 50% 辛硫酸磷乳油 1 000 倍液灌根。另外，还要预防草荒和沥涝灾害，雨后要及时排水防涝。

三、无公害绿色韭菜的田间管理及采收

韭菜可以直播，也可以育苗移栽。当气温高于 15℃、地温在

10℃以上时，即可直播。播种前每亩施腐熟粗肥 5 000kg，普撒后耕翻做畦，畦宽 1.2m，做畦后按畦浇小水，以洇透畦区为准。待水渗下后，在畦内均匀撒 0.5cm 厚的细土，然后即可播种。播种量为每亩 4 ~ 5kg，播种后盖 1cm 左右的细土。为了防治苗期杂草，每亩可用 33% 二甲戊灵乳油 0.15kg 喷洒畦表土进行化学除草，最后覆盖保温保湿的遮阳物。一般春播 10 ~ 15 天即可出苗，夏播 6 ~ 7 天出苗。出苗后，畦面仍要保持潮湿，并逐渐撤掉覆盖的遮阳物。其他管理方法，与定植后的管理方法相同。

对于先育苗后移栽定植的韭菜，在气温 12 ~ 24℃ 地温 10℃ 以上即可进行移栽定植。定植前要先整地施肥，每亩施腐熟的粗肥 5 000 ~ 8 000kg，普撒后耕翻做畦。畦宽 1.2m。然后按 20cm 沟距、10cm 穴距，在畦内开沟穴栽（每畦 5 沟，每穴 10 株左右）。定植时，将韭菜苗拔出，剪掉须根，（只留 3cm 长），剪掉叶尖（留叶片 10cm 长），栽的深度为 3cm，培土以露出叶鞘即可，稍镇压后顺沟浇水。也可将栽培沟扶平，然后按畦浇水。

定植后，通过浇水保苗，很快转入缓苗期。当新根新叶出现时，即可追肥浇水，每亩随水追施尿素 10 ~ 15kg。幼苗 4 叶期，要控水防徒长，并加强中耕除草，预防草荒，在夏季还要防积水沥涝腐烂。立秋以后，则要加强水肥管理，每亩施尿素 15 ~ 20kg。当长到 6 叶期开始分蘖时，出现跳根现象（分蘖的根状茎在原根状茎的上部），这时可以进行盖沙压土或扶垄培土，以免根系露出土面。当苗高 20cm 时，再追肥浇水，以备收割。

一般在韭菜收割前 10 天地上部分生长加快，割后 10 天则地下部分生长加快，在地上部分高 25cm 左右即可收割。要选晴天的早晨收割，用快刀割留叶鞘基部 3 ~ 4cm，割口以黄色为宜，不可伤及根状茎（俗称马蹄），收割后晾晒 1 ~ 2 天，待新叶长出时再培土浇水追肥，以防腐烂。一般每 20 ~ 25 天可收割 1 茬，每年可收割 4 ~ 5 茬。每亩每次可收割 500 ~ 1 000kg。

四、宿根韭菜的管理

1. 宿根韭菜的移栽管理

多采用栽韭菜根的方法，即将地上部分剪掉，再将老根掰去，只留新根进行移栽。

2. 宿根韭菜的越冬管理

在9—10月温度适宜时，韭菜生长较快，应加强水肥管理，这样既可增加产量，又能为根茎积累营养物质。到11月地上部分枯萎，营养贮存于根部，在封冻前必须浇1次封冻水肥，以利于越冬。冬季随着气温下降，可铺沙盖土压粗肥，也可盖塑料膜和稻草，以保持相应温度。

3. 宿根韭菜的春季管理

宿根韭菜越冬后，即在第二年春天，随着气温的上升，要逐渐除掉覆盖物，清除畦面的枯叶杂草，待新芽出土时追肥浇水促生长。在夏季高温多雨季节，必须及时排水防涝，防止郁闭腐烂。要加强通风，将根部的培土扒开，促使植株基部通风。为防止茎叶倒伏，可将韭叶捆成束直立于地面，也可用横向的竹竿将倒伏叶片扶起（每隔1～2m插一竖杆，固定横向的竹竿）。这样，既有利于通风透光，又可减少病虫草害。在夏季秋初时节，要清除韭畦内的枯枝烂叶，对韭根培土，防止倒伏，此后即可转入正常水肥管理。

五、无公害绿色韭菜的病虫害防治

1. 韭菜疫病

（1）发病条件。韭菜疫病属于真菌性病害。病菌在病体上越冬，通过植株的表皮直接侵入，借助风雨或育苗传播。在气温25～32℃、湿度较高的阴雨天气，最易发病。

（2）主要症状。根、茎、叶、花薹等部位均可被害，尤以假茎和鳞茎受害重。叶片及花薹染病，多始于中下部，初呈暗绿色水浸状，长 5～50mm，有时扩展到叶片或花薹的一半，病部失水后明显缢缩，引起叶、薹下垂腐烂，湿度大时，病部产生稀疏白霉。假茎受害呈水浸状浅褐色软腐，叶鞘易脱落，湿度大时，其上也长出白色稀疏霉层，即病原菌的孢子囊梗和孢子囊。鳞茎被害，根盘部呈水浸状，浅褐至暗褐色腐烂，纵切鳞茎内部组织呈浅褐色，影响植株的养分贮存，生长受抑，新生叶片纤弱。根部染病变褐腐烂，根毛明显减少，影响水分吸收，致根寿命大为缩短。

（3）防治措施。一是选用抗病品种。提倡因地制宜选用早发韭 1号、优丰 1 号韭菜、北京大白根、北京大青苗、汉中冬韭、寿光独根红、山东 9－1、山东 9－2、嘉兴白根、平顶山 791 等优良品种，减少发病。二是选好种植韭菜的田块，仔细平整好苗床或养茬地，雨季到来前，修整好田间排涝系统。三是进行轮作换茬，避免连年种植。四是药剂防治。夏季高温多雨季节发现韭菜疫病中心病区时，马上喷洒 72% 霜脲・锰锌可湿性粉剂 700 倍液，或喷洒 69% 烯酰・锰锌可湿性粉剂 600～700 倍液，或喷洒 60% 锰锌・氟吗啉可湿性粉剂 700～900 倍液，或喷洒 60% 琥铜・乙铝・锌可湿性粉剂 500 倍液，隔 10 天左右 1 次，连续防治 2～3 次。

2. 韭菜菌核病

（1）发病条件。韭菜菌核病属于真菌病害。病害在病残体上或土壤中越冬，有的病菌混杂在种子里，通过植株表皮侵入植株，借助气流、灌水或接触等方式传播。在气温 15～20℃、空气相对湿度 85% 以上时，偏施氮肥的土壤里容易发病。

（2）主要症状。韭菜菌核病危害叶片、叶鞘和假茎。病叶呈灰褐色软腐状，并有黄白色菌丝，有的病叶干枯。叶鞘染病呈褐色腐烂，生有灰白色菌丝。假茎染病则基部呈灰褐色腐烂，有灰白色菌丝或黄褪色菌核。

（3）防治措施。一是提倡施用酵素菌沤制的堆肥或生物有机复合肥；整修排灌系统，防止植地积水或受涝。二是合理密植，采用配方追肥技术避免偏施、过施氮肥。定期喷施植宝素、喷施宝或增产菌使植株早生快发，可缩短割韭周期，改善株间通透性，减轻受害。三是及时喷药预防。每次割韭后至新株抽生期喷淋 50% 异菌脲可湿性粉剂 1 000 倍液，或喷淋腐霉利可湿性粉剂 1 500 倍液，或喷淋 50% 异菌·福美双可湿性粉剂 800 倍液，或喷淋 60% 多菌灵盐酸可卡因可溶性粉剂 600 倍液，或喷淋 40% 菌核净可湿性粉剂 800 倍液，隔 7 ~ 10 天 1 次，连续防治 3 ~ 4 次。棚室韭菜染病可采用烟雾法或粉尘法，具体方法见黄瓜霜霉病。

3. 韭菜灰霉病

（1）发病条件。韭菜灰霉病属于真菌性病害。病菌在病残体上或土壤中越夏，通过叶片的表皮或伤口侵入，借助于气流、雨水或田间作业传播。在气温 15 ~ 21℃ 空气相对湿度 85% 以上的条件下，容易发病。

（2）主要症状。韭菜灰霉病危害叶片，分为白点型、干尖型和湿腐型。白点型和干尖型初在叶片正面或背面生白色或浅灰褐色小斑点，由叶尖向下发展。病斑梭形或椭圆形，可互相汇合成斑块，致半叶或全叶枯焦。湿腐型发生在湿度大时，枯叶表面密生灰色至绿色绒毛状霉，伴有霉味。湿腐型叶上不产生白点。干尖型由割茬刀口处向下腐烂，初呈水浸状，后变淡绿色，有褐色轮纹，病斑扩散后多呈半圆形或 "V" 字形，并可向下延伸 2 ~ 3cm，呈黄褐色，表面生灰褐色或灰绿色绒毛状霉。大流行时或韭菜的贮运中，病叶出现湿腐型症状，完全湿软腐烂，其表面产生灰霉。

（3）防治措施。一是选用抗病品种。如黄苗、竹竿青、早发韭 1 号、优丰 1 号、中韭 2 号、克霉 1 号、791 雪韭等。二是清洁田园韭菜收割后，及时清除病残体，防止病菌蔓延。三是保护地内适时通风降湿是防治该病的关键。通风量要据韭菜长势确定。刚割过的韭菜或外温低时，通风要小或延迟，严防扫地风。四是培育壮苗，注意养茬。施用有机活性肥，及时追肥、浇水、除草，养好茬。五是加强预防工作。秋季扣膜后浇水前每亩用 65% 甲硫·乙霉威可湿性粉剂 3kg，拌细土 30 ~ 50kg，均匀撒施预防灰霉病发生。进入花果期是重点防治时期。六是化学防治。应抓住侵染时期，重点保护春季韭菜第二茬的二刀、三刀，割后 6 ~ 8 天发病初期喷撒 6.5% 甲硫·乙霉威或 5% 腐霉利粉尘剂、5% 异菌脲粉尘剂，每亩每次 1kg。此外，也可喷洒 65% 甲硫·乙霉威可湿性粉剂 1 000 倍液，或用 25% 咪鲜胺乳油

1 000 倍液，或用 40% 嘧霉胺悬浮剂 1 200 倍液，或用 28% 霉威·百菌清可湿性粉剂 500 倍液，或用 50% 异菌·福美双可湿性粉剂 800 倍液，隔 10 天左右 1 次，防治 2~3 次。

4. 韭蛆（又称迟眼蕈蚊、黄脚蕈蚊）

（1）为害症状。幼虫聚集在韭菜地下部的鳞茎和柔嫩的茎部为害。初孵幼虫先为害韭菜叶鞘基部和鳞茎的上端。春、秋两季主要为害韭菜的幼茎引起腐烂，使韭叶枯黄而死。夏季幼虫向下活动蛀入鳞茎，重者鳞茎腐烂，整墩韭菜死亡。

（2）防治措施。一是因地制宜选择优良品种。如北京大白根、北京大青苗、汉中冬韭、寿光独根红、山东 9 - 1、山东 9 - 2、嘉兴白根、平顶山 791 等。二是有机肥与化肥配合施用。提倡施用酵素菌沤制的堆肥或腐熟好的干鸡粪 3 200kg 或牛、羊、马等腐熟有机肥 4 000kg，于第三茬韭菜采收后及 10 月下旬至越冬前，每亩施入上述肥料的 50%。控制大量施入氮素化肥，每亩追施碳酸氢铵 30kg，在第一、第二茬韭菜收割后各追施 15kg，采收前 15~20 天停止追肥。三是药剂防治。抓住成虫羽化盛期喷洒 75% 灭蝇胺可湿性粉剂 5 000 倍液，或喷洒 5% 氟虫腈悬浮剂 1 500 倍液，或喷洒 50% 辛硫磷乳油 1 000 倍液，可有效地杀灭成虫，于 9:00~10:00 施药效果最好。四是灌杀幼虫。北京地区 4 月中下旬至 5 月上旬，秋季 8 月下旬至 9 月上旬田间出现黄叶并逐渐向地面倒伏时，马上随水浇灌 0.5% 藜芦碱醇溶液 500 倍液，或用 1.1% 苦参碱粉剂 500 倍液，或用 50% 辛硫磷乳油 800 倍液，每亩灌对好的药液 200~300L。也可用 5% 辛硫磷颗粒剂 2kg，掺些细土撒在韭根处，再覆些土或用 50% 辛硫磷乳油 800 倍与苏云金杆菌乳剂 400 倍液混后灌根，效果更好些，韭菜采收前 10 天，提倡用 0.2% 苦参碱水剂 500~1 000 倍液，杀蛹、杀幼虫效果好，持效 10 天，且无公害。灌辛硫磷或使用氟虫腈的，采收前 10 天停止用药。

5. 韭菜潜叶蝇（又称葱斑潜蝇、葱潜叶蝇）

（1）为害症状。寄主葱、洋葱、韭菜。幼虫在叶组织内蛀蚀成隧道，呈曲线状或乱麻状，影响作物生长。

（2）防治措施。一是秋翻葱地，及时锄草，与非百合科作物轮作，减少虫源。二是保护利用天敌。三是药剂防治。可在成虫盛发期喷洒50%辛硫磷乳油1 000～1 500倍液，或喷洒10%灭蝇胺悬浮剂1 500倍液，或喷洒0.9%呵维菌素乳油2 500倍液，或喷洒10%吡虫啉乳油2 500倍液，使用辛硫磷的韭菜采收前10天停药，洋葱、大葱采收前17天停止用药。

第五章 无公害绿色洋葱生产技术

一、无公害绿色洋葱的生物学特性

1. 形态特征

洋葱属于百合科葱属，是具有特殊辛辣味的一种蔬菜。它根系浅，生长慢，茎短缩，在营养生长期可形成扁圆的茎盘，茎盘上抽生筒状花薹，花薹呈中空状，在总苞中逐渐形成气生鳞茎。洋葱叶呈筒状中空，叶稍弯曲并有蜡粉，叶鞘基部互相抱合形成假茎，后来逐渐变得肥大而形成肥厚的肉质鳞状茎。每个鳞茎可以抽生 2~4 个花薹，薹的顶端形成伞形花序。种子小，呈粒状，盾形，千粒重 3~4g。

2. 对环境条件的要求

洋葱较耐旱，适应性强。对湿度要求较低，生长适应温度为 5~26℃，生长适宜温度为 20℃左右，幼苗生长适温为 12~20℃。对水分条件要求不严，比较耐旱，要求空气相对湿度为 60%~70%。要求土壤比较干旱，只有在鳞茎膨大期需要保持土壤湿润。洋葱的光照需求与品种有很大关系，一般南方品种属于短日照，日照在 12 小时以下，有利于鳞茎的形成。早熟品种多属于短日照，中晚熟品种多属于长日照。对光照强度，要求中光照。洋葱为喜肥作物，尤其需要较多的磷、钾肥。按每亩 3 000kg 产量计算，需氮 14.3kg、磷 11.3kg、钾 15kg。在幼苗期，应以氮为主；鳞茎膨大期，需施磷、钾肥。洋葱对土壤要求较严，喜疏松肥沃、保水力强的中性土壤。

二、无公害绿色洋葱的育苗技术及田间管理与采收

1. 播种期

洋葱一般用种子繁殖。我国北方对洋葱实行秋播冬贮、春栽夏收的生产流程：秋播一般在 8 月中下旬开始播种，11 月上中旬使其苗龄达到 60~70 天，这时进行移植。在翌年 3 月，即可进行顶凌定植。在保护地，多在冬前 11 月育苗。

2. 品种和播种量

白皮洋葱多为早熟品种，黄皮洋葱多为中早熟品种，红皮洋葱多为中晚熟品种。我国北方应选早熟或中早熟品种，如莘荠扁、黄皮葱头和北京农家的紫皮葱头等。一般每亩播种量为 4~5kg，每亩秧苗可移栽 6 670m² 生产田。

3. 种子催芽和播种

先将种子用清水浸泡 5 分钟，再用 45~50℃ 水搅拌浸种 20 分钟，捞出后在 30℃ 水中浸泡 3~5 小时，用清水淘洗干净后即可在 25℃ 条件下保湿催芽。当 60% 的种子露白时，即可播种。

播种前先配制床土。一般的比例是：用 5 份肥沃园田土、4 份充分腐熟马粪和 1 份过筛的细沙或炉渣，每立方米床土再加入尿素 5kg、过磷酸钙 10kg，均匀混合后，在床面上平铺 5cm 厚，或装入营养钵备用。

在气温 20℃ 左右时即可播种。播种时先浇足底水，再覆盖一层细干土，然后播种。在床土上进行撒播，株距 1cm 即可，播后覆盖 0.5~0.8cm 厚细土，然后盖塑料膜保温保湿。也可采用干籽播种，其方法是：先播种，覆土后稍镇压再浇水，然后覆膜保温保湿。播种后直至出苗前都要保温保湿，如果土壤较干，要喷水。出苗后，则要中耕松土，促使根部生长，并控温在 18~20℃，以保证冬前达到壮苗标准。

4. 壮苗标准

冬前苗龄在 70 天左右（春播春栽的洋葱苗龄 60 天左右），株高

15~20cm，茎基部粗0.6~0.8cm，有3~4片真叶，秧苗根系较多，植株无病虫害。

5. 育苗注意事项

出苗后，若苗床干旱，则茎较粗，而叶片较小，叶色墨绿，呈短缩苗状，这时应适当浇小水。

温度高而且湿度又较大时，则叶片徒长，叶鞘长而间距大，叶片细长下垂，这时应适当降湿降温。

播种太早或秧苗过大，则易早抽薹，因而应适时播种，冬前达到壮苗标准，以预防早期抽薹。

对于秋播春栽的洋葱苗，冬季要做好囤苗假植工作。在土壤封冻前起苗，每百株捆一把，在地势较高的地里挖20cm深的浅沟（长宽不限），将秧苗密集假植在沟内，然后分次覆土。一般假植后3~5天即封冻最好。为了防止地面裂缝透风受冻，可以随时覆细土弥缝，以保护幼苗不受冻为准。

洋葱根系浅，生长期需要的肥料多，所以，在整地前需要多施基肥，一般每亩施用腐熟优质粗肥800kg、过磷酸钙50kg，普撒后耕翻20cm，然后做宽畦，畦宽1.2m，长6m，畦面覆地膜烤地。春季在土壤化冻时，就可及时定植，定植的株行距以15cm×20cm为宜。或者每畦5行开沟定植，株距15cm。定植时适当浅栽，覆土后以埋住小鳞茎为度。覆土后稍加镇压，然后再按畦浇水。浇水时要缓慢，不可冲倒秧苗，更不可漂秧。

定植后，要采取保温保湿措施，也可扣小拱棚保温，保持温度为18~20℃，一般经4天即可缓苗。缓苗后，应适当通风降温降湿，促使根系生长，并要进行中耕松土，以提高地温。缓苗后1周左右，开始浇水追肥，应少施氮肥，多施磷、钾肥，一般每亩随水施尿素10kg，施磷、钾肥20kg，以促茎叶生长强壮。当地上叶片生长显著减慢时，地下的小鳞茎则迅速增长，当鳞茎3cm左右时，应再次追肥浇水，每亩随水追施尿素15kg、复合肥10kg。一般每2周追肥1次，并且要一直保持土壤湿润。洋葱一般露地越夏，所以在下雨后要及时排除积水，热雨过后必须用井水漂园。

洋葱鳞茎膨大期，地上叶片开始停长，到夏季高温前，洋葱外层

2～3叶片开始枯黄，假茎逐渐革质化，正是洋葱的收获期。为了使洋葱收获后便于贮运，应在收获前1周停止浇水。有时为了提前腾地倒茬，在地上假茎刚变软时，可人为地将假茎踩扁使其倒伏在地，促使提前进入采收期。收获时应在晴天连根拔起，充分晾晒，而后再进行贮藏。

三、无公害绿色洋葱栽培管理中应注意的事项

1. 预防洋葱早期抽薹

洋葱早期抽薹，除了小葱头的品种原因外，还因春播过早或秋播过晚而遇到低温，同时，定植后很快通过春化也容易抽薹。另外，洋葱属于绿体型通过春化阶段的蔬菜，一般在幼苗期的假茎0.6～0.9cm，9℃以下低温时间太长，也容易通过春化抽薹开花。所以，针对上述情况，在生产上设法预防，就可防止洋葱早期抽薹。

2. 洋葱不长葱头的原因

土壤温度太低，不利于营养生长；另外，肥水过大，又遇秋后的冷湿环境，使叶片枯黄，而不长葱头，或者使葱头营养积累太少，而只长叶片，不长葱头。

四、无公害绿色洋葱的病虫害防治

1. 洋葱锈病

这是在低温缺肥情况下发生的真菌病害。发病的叶片与假茎有椭圆形浅黄色凸斑，后期表皮破裂散发出黄色褐色粉末。防治措施是：加强田间管理，预防低湿缺肥。发病初期，可喷施15%三唑酮可湿性粉剂2 000倍液，或喷施70%代森锰锌可湿性粉剂1 000倍液。

2. 洋葱软腐病

洋葱软腐病属于细菌性病害。病叶下部有乳白色斑点，叶鞘基部软化腐烂，鳞茎呈水渍状腐烂并有臭味。防治措施是：在田间管理方面，要预防高温高湿；在发病初期，可喷72%硫酸链霉素可溶性粉

剂2 000倍液。

3. 洋葱黄矮病

这是由病毒引起的传染病，在高温干旱条件下通过蚜虫传播。病叶呈扭曲状变细并有波纹，叶尖黄，有黄绿斑。防治措施：加强田间管理，预防高温干旱，及时防治蚜虫。为了提高植株的抗病性，可进行叶面喷肥。在发病初期，应喷施20%吗胍·乙酸铜可湿性粉剂500倍液，每亩用药液40kg。

4. 洋葱的虫害

洋葱的害虫，主要是蚜虫。防治措施是：预防高温干旱；在栽培畦内挂银灰色塑料膜驱蚜，也可用黄色机油板诱杀，或喷施乐果乳油防治。

第六章 无公害绿色草莓生产技术

一、草莓无公害生产中要求的环境条件

虽然草莓生长环境适应性广泛，但在生产栽培还要根据草莓的习性进行管理，管理方向主要是光照、温度、水分、土壤、施肥 5 个方面。

（一）光照

草莓果实的产量和品质都与光合作用有直接或间接的关系。影响草莓光合作用和生育的首要环境因素就是光照。

1. 光照强度

一般情况下，草莓光合作用的强度随着光照强度的增大而增强，但光照过强时，光合作用也会减弱甚至停止。只有在光照强度适宜时，草莓的光合作用才最强。草莓进行光合作用所需要的光照强度，因品种、温度、生育阶段的不同而变化。

2. 光照时数

光照时间的长短对草莓光合作用有重要影响。延长光照时间可提高草莓产量。短日照条件下，有利于草莓花芽分化，一般要求光照在 12 小时以下，但分化后的花芽发育却需要长日照条件。日照比温度对草莓的休眠影响大，休眠主要是秋季短日照引起，而长日照是打破草莓休眠的条件之一。

（二）温度

草莓的各种生命活动过程，如光合作用、呼吸作用、蒸腾作用、

根系吸水、矿质吸收、物质运输、生长发育等，都与土壤温度和空气温度有密切关系。

1. 土壤温度

草莓根系分布浅，易受环境条件影响。土壤温度是影响草莓根系生长的重要环境因素。草莓根系生长的最低温度为 $15 \sim 23 \text{℃}$，最高温度为 36℃。土壤温度不仅直接影响草莓根系和茎叶的生育，而且最终影响草莓生产的果实产量和品质。

2. 空气温度

空气温度影响草莓的光合作用，其最适温度为 $20 \sim 25\text{℃}$；15℃ 以下、30℃ 以上时，则光合作用下降；在高温下时间越长，光合速率下降越明显；在光照强度较高和二氧化碳浓度较大的条件下，光合作用的最适温度也随之提高。

草莓在气温 5℃ 时即开始生长，在 10℃ 以上时即开始开花，花药开裂适宜温度为 $13.8 \sim 20.6\text{℃}$；花粉粒发芽的最适温度为 $25 \sim 27\text{℃}$，花期和结果期最低温度为 5℃。温度适当低，有利于果实肥大；温度适当高，则有利于果实成熟。草莓花芽分化，在温度为 $10 \sim 24\text{℃}$，一般经过 12 小时以下的短日照诱导即可完成。草莓打破休眠所需温度及时间的长短，随草莓品种的不同而不同。

草莓的冻害：草莓越冬时，绿色叶片在 -8℃ 以下的低温中可大量冻死，影响花芽的形成、发育和来年的开花结果。在花蕾和开花期出现 -2℃ 以下的低温，雌蕊和柱头即发生冻害。通常是越冬前降温过快而使叶片受冻；而早春回温过快，促使植株萌动生长和抽蕾开花，这时如果有寒流来临，冷空气突然袭击骤然降温，即使气温不低于 0℃，由于温差过大、花器抗寒力极弱，不仅使花朵不能正常发育，往往还会使花蕊受冻变黑死亡。花瓣常出现紫红色，严重时，叶片也会受冻呈片状干卷枯死发生冻害。

（三）水分

水分是草莓体内含量最多的物质，草莓果实含水量达 90% 左右。水分存在于草莓的各部分，草莓的生命活动离不开水。草莓对水分的要求，可分为地下部分对土壤水分的要求和地上部分对空气湿度的要求两个方面。

1. 土壤水分

土壤水分对草莓根系的生长有直接、明显的影响，最终也明显地影响草莓果实产量和品质。草莓各生育阶段要求的土壤含水量适宜范围是：育苗期应是大田持水量 60%～75%，定植期为 60%，开花坐果期为 70%，果实肥大期为 80%，采收期应适当控制土壤水分。

2. 空气湿度

草莓生产中空气湿度过低时，草莓就利用气孔等调节器官的机能来控制蒸腾量，间接影响光合作用量和养分的输送。空气湿度过高时，则抑制草莓授粉受精，加重灰霉病、芽枯病、白粉病等病害的发生，且降低草莓生产果实品质和产量。草莓花期要求空气相对湿度不宜超过 94%，否则，花药不能开裂，花粉粒易吸水膨胀破裂或难以与柱头黏着，致使不能授粉受精。空气相对湿度降到 85% 或再低一些，则叶面就不再凝水，病原菌得不到必需的水分，就难以造成病害。

（四）土壤

草莓是浅根性植物，根系主要集中在 20cm 的表层土壤中，因此，表层土壤的结构、质地及理化性质对草莓的生长与结果影响很大。草莓要求肥沃、疏松、透水、通气的中性、微酸性或微碱性土壤。在沙质土壤上，如果能多施有机肥，勤灌水，草莓则着色好，含糖量高，成熟期可提前 4～5 天。

（五）施肥

肥料是保证草莓正常生长结果的重要营养来源，为保证无公害生产，施肥原则是无论施用何种肥料，均不能造成对环境和果品的污染。草莓生产应以施用有机肥为主。有机肥是指动植物残体、畜禽粪尿、生物废料、绿肥、作物秸秆、堆肥和厩肥等农家肥料。所有有机肥都应经过 500℃ 以上的高温发酵 7 天以上，以消灭病菌、虫卵和杂草种子等。施用有机肥能够增加土壤肥力，改善土壤结构及生物活性，同时，避免化学肥料中的有害物质进入土壤。

草莓在施用有机肥以后，要少施用化肥，因为过量施用化肥，或施肥方法和施用比例不当，会造成环境、果实污染以及果实品质下降。化学肥料的施用要根据草莓的生长发育规律，在施用中要与有机肥、微生物肥料配合使用，可作基肥或追肥使用。

二、草莓无公害栽培的关键控制点

（一）母株选择

选择草莓母株时应考虑种苗的适宜性和抗性，选择具有质量合格证的健壮母株，从而提高植株抗性，降低病虫害危害概率，提高草莓苗的繁育系数。母株的购买均应来自经过基地评定的合格供应商，同时，对购买的种苗进行登记，质量合格证书存档。

（二）种植基地的选择与管理

选择适宜于草莓生产的地方建草莓园，应考虑土壤类型、侵蚀程度、地下水质和水位、水源的持续供给，并进行风险评估，避免潜在的污染危险。同时，绘制基地平面图和基地位置图，确立唯一性标志，以便基地管理和建立记录。

（三）土壤管理

首先应对基地不同位置的土壤形态结构进行分析，绘制基地的土壤耕作图，建立土壤图示，表明各区域的土壤类型、分布、条件和适宜性。其次是根据土壤、地形、气候等因素，选择适宜的耕作方法，如轮作、采用溴甲烷/氯化苦/棉隆/威百亩等土壤熏蒸处理、石灰粉日光消毒处理、采收后深耕并加施有机肥或锯末等，从而保持和改良土壤结构，减少化肥施用量，防止土壤板结。

（四）肥料施用

由经过培训并具备相关资质和能力的技术员，根据土壤和植株分析结果，确定施肥种类和数量，制订施肥计划。通过日常维护和定期校验，确保施肥机械状态良好、用量准确。对于肥料存放，应建立购入、库存、领用清单，存放条件良好，避免污染环境。施用有机肥时，应有危害分析和成分分析，用量和施用方法适宜，以降低污染危险。施用无机肥时，应对矿物质和化学成分进行含量分析，避免重金属超标而引起对草莓消费者的潜在危害。

（五）灌溉管理

依据当地气象条件，预测降水量、蒸发量，在采用平衡计算法、土壤湿度等方法的基础上，计算确定灌溉的水量、时间、频率，制订灌溉计划指导灌溉，并在进行灌溉需求预测基础上，采用与基地条件和水资源相适应的灌溉系统（如沟灌、喷灌、滴灌、渗灌等）。同时，加强水资源管理，进行水质检测，灌溉用水质量应符合我国有关规定如《NY 5104—2002 无公害食品草莓产地环境条件》和（或）WHO1989 年出台的《农业和水产业废水和排泄物安全使用指南》的要求，开展风险评估，采取相应的纠正措施，避免基地和草莓受到污染。

（六）植物保护

一是应采用有害生物综合防治（IPM）系统，技术员要经过培训，通过对农药的轮换使用、合理混用等，避免抗药性的产生。二是选用农药时，要选用我国已正式登记、草莓销售目的国没有禁用的、有效期能满足安全间隔期要求的农药，根据我国农药登记公告、说明书、GB/T 8321 等确定的使用浓度和防治对象进行病虫害防治，并做好使用记录。三是基地应收集保存国和草莓销售目的国的禁用农药清单和限量指标，并及时依据相关法律法规变化更新。四是定期更新库存清单，及时清理过期农药，并以合法的适当方式处理。五是空农药容器应确保其存放安全、隔离，通过有效途径进行妥善处理，并做好处理记录。

（七）草莓采收

每年对采收操作进行卫生风险评估，执行卫生操作程序，规范采收和基地内的运输行为。通过清洗维护，保持采收容器、工具和设备卫生。采收作业场所内有固定或移动的洗手设施和卫生间，并要求卫生状况良好。采收人员在采收前或采收中途离开去卫生间，回来应按卫生操作要求清洁或消毒。采收完毕收工时，应对采收工具、容器、作业场所等进行清洁卫生或消毒，采收后废物或垃圾应及时清理。基地建立保持采收记录、清洁卫生或消毒记录体系。

（八）采后处理

对采后处理过程进行卫生风险评估，执行卫生操作程序，保证采后处理人员的个人卫生。清洗用水检测合格后方可使用。果园内的包装点应有良好的环境卫生，避免对草莓造成污染。工作地点附近有洗手设施，且卫生条件良好，提供无香味的肥皂和水。包装车间地面设计有斜坡并保持清洁、通畅的排水通道。使用或可能与草莓接触的清洁剂等化学用品应登记，这些清洁剂应许可在草莓上使用，并且是草莓销售目的国未禁用的产品。包装和存放设施应清洁畅通，根据清洗程序进行清洗和维护，并采用有效措施控制病虫害和畜禽进入。此外，还应做到采收和包装容器专用。

（九）人员的健康、安全和福利

加强员工健康、安全培训，至少配备一名接受过急救培训的急救人员，制定并实施《员工培训方案》《健康安全方针》《来访人员卫生程序和要求》《紧急事故处理程序》。配备各种必要的卫生、安全设施、设备，提供相关信息（如危险警告标志、事故处理框架、急救建议）。设专人负责监督和管理员工的健康、安全和福利，管理人员和雇员之间定期召开交流会。

三、日光温室园地选址

1. 适宜的地理位置

（1）地势平整、开阔，无遮光的树木或建筑物。

（2）最好有天然屏障，避开风口。

（3）无烟尘、有害气体、污染源。

（4）交通方便，距水源、电源近。

2. 日光温室园地的选择

草莓本身为喜光、喜水植物，在保护地栽培条件下室内主要靠太阳能，因此，园地应选择背风向阳、光照条件好、地势平坦、土层较厚、保水保肥性较好的肥沃壤土或沙壤土的地块，并且灌水、排水方便。前茬为番茄、马铃薯、茄子的地块，因与草莓有共同的病虫害，不适宜做草莓的园地，草莓连作地也不适宜选择做草莓保护地进行草莓生产。

3. 日光温室的设计和建设

（1）温室跨度。温室跨度过大不利于保温，跨度过小则土地利用率低。目前，建设的日光温室的跨度以 6～8m 为宜。北纬40°以南地区 7～8m 为宜。

（2）温室墙体。温室后墙和两侧山墙起到支撑作用，同时，还具有一定的保温、蓄热、散热等功能。墙体的保温性能是由墙体建筑材料的吸热性、蓄热性和导热性来决定的。在夯实的泥土、草泥垛、砖和石块中以石墙和土墙的蓄热性好，但吸热性差、导热性强。墙体有单质墙体和复合墙体两种，单质墙体是由一种建筑材料砌成，复合墙体是中间填充保温材料，内外层则是由砖砌成。墙体中间的隔热材料可以选用干土、煤渣、珍珠岩等。但不能使用有机材料作隔热材料。墙体的厚度因建筑材料而定，一般土墙的厚度 1.0m 左右为宜，南方可薄一些，北方可适当厚一些；砖墙以 50～60cm 为宜，中间有隔热层的效果更好。

（3）后屋面。后屋面连接前屋面和后墙，具有承重、保温和防水等功能，其建筑材料和厚度直接影响着保温效果。建筑材料可分两种，其一由钢筋混凝土空心板为主要材料；其二用疏松、干燥、多孔的材料如玉米秸秆、高粱秸、稻草、炉渣等，这种后屋面的厚度一般为 30～70cm 为宜。后屋面的宽度也是影响保温的重要参数。后屋面宽有利于保温，但不利于升温；后屋面窄有利于升温，但不利于保温。在设计后屋面宽度时，要以后屋面垂直投影占温室跨度的 1/5～1/4 为宜。

（4）外保温覆盖材料。指温室前屋面夜间覆盖保温的物品，传统覆盖材料有草苫、蒲席、棉被、保温被等。以上材料在覆盖后可使温室室内最低温度提高 1～5℃。

在温室设计中除主要注意以上几个方面外，还要设置防寒沟、温室缓冲间以及进行地面覆盖（如地膜覆盖种植等），来增强温室的保温效果。

四、草莓的促成栽培和半促成栽培

1. 促成栽培

在花芽分化后、尚未休眠之前，进行保温，抑制其休眠，使其提前生长结果，采果期为 12 月中旬至翌年 3 月。

2. 半促成栽培

草莓在自然条件下完成花芽分化和自然休眠后，进行加温，使其加快生长结果，采果期为 2 月下旬至 4 月。

五、无公害草莓栽培对土壤环境的要求

1. 土壤

草莓为须根状浅根作物，根系集中分布在土壤表层，草莓又在保护地条件下栽培，为获高产，应选择排灌方便、微酸性的沙壤土或壤土种植。

2. 施肥

在保护地种植草莓的地块要求全整地，把地整平整细后，施用底肥，每亩施腐熟农家肥2 000kg或菜饼100kg，45%复合肥50kg，每隔80cm一垄，垄高20～30cm，垄顶宽40cm（一般8m宽大棚中间8垄，加两边各1行，10m宽中间11垄加两边各1行）。底肥可集中施于起垄栽植草莓部位，垄起好后用多菌灵和敌克松进行垄面消毒。

3. 土壤墒情

一般要求种植前5天做好畦，并灌一次跑马水，让土壤沉实，以免草莓种植后再灌水时，土壤沉实，灌水时埋心及施肥不均会引起肥害。

六、草莓保护地栽培母株的繁殖

草莓在保护地栽培条件下，在结果后期就开始大量生产匍匐茎，这时应注意保护这些匍匐茎，为进入田间生产选择母株做准备。

1. 选择母株的标准

选择品种纯正、生长健壮的植株，并应具有4片以上展开叶，根茎粗度1.2cm以上，根系发达，苗重30g以上的无病虫害的匍匐茎苗。

2. 生产用子苗营养钵快繁育壮苗

为解决草莓种植中种苗质量差、病虫害严重等制约草莓生产的问题，可以采用营养钵快繁育苗技术。6—7月从无菌田根据母株生长情况选择标准移植母株，定植在土、沙、珍珠岩按一定比例混合配成的营养基质上，将花序摘除，把装好营养土的营养钵放在母株两侧的地面上，选择优质健壮、无病虫害的子苗，从土中扯出牵引至营养钵上，用细扎丝或麦秆将其根部固定在营养钵上。每个母株可培育优质子苗20～30株。营养钵快繁育苗技术使移栽成活率达90%以上。利用营养钵育苗，还可通过控制植株的氮素营养状况促进花芽分化。

3. 草莓避雨育苗提高繁苗率

草莓耐热性和抗涝性差，常规露地育苗繁殖系数低，易感染炭疽病、灰霉病和红茎根腐病，死苗现象普遍。采用全程避雨棚覆盖，高温期间加盖遮阳网，创造良好的温湿度条件培育草莓种苗，可提高繁殖系数。3月下旬至4月上旬选晴天将母株定植到育苗地，避雨棚温度白天控制在20~25℃，夜间控制在12~18℃。定植后7~10天大棚可早晚密闭。4月底5月初白天温度超过25℃时掀起边膜和棚头膜进行合理通风。夜间温度低于12℃时，在傍晚放下边膜和棚头膜。夜间温度高于5℃时撤去棚头膜和裙膜，改大棚为避雨棚。7月中旬至8月白天气温高于32℃时，视植株生长情况，适时覆盖遮阳网遮阳降温。

七、无公害大棚草莓种植苗的管理

草莓保护地种植，是北方地区反季节生产草莓的一种手段。这时的天气已不适合草莓的正常生长，需要人为地创造适合草莓生长的环境条件，才能使草莓正常生长发育，所以，保护地草莓生长环境既有与大田生长的草莓环境相同的地方，同时，也有它需要的特殊环境条件。

1. 大棚（温室）内的土壤管理

在定植前半个月，为了防治根腐病、凋萎病、叶枯病等，用氯化苦（15~20L/亩）进行土壤消毒。有条件的地方可用黑色地膜覆盖栽培草莓种植垄，不但可以降低成本，增加抗性，提高产量，并且用黑色地膜覆盖的草莓苗生长发育较快，前期不徒长，后期不早衰，生长稳健，膜下行间不长杂草，减少了杂草对其营养生长的威胁。

2. 大棚（温室）内草莓苗的定植

定植在花芽分化前进行，北方地区一般在9月下旬，每垄栽两行，株距10cm，每亩地15 000株左右。定植时要尽量使根系展开，苗心稍高于垄面，不可栽得太深。栽后灌水，要求使垄下部浇透，一周内保持土壤湿润。

3. 保护地扣棚时期的湿度控制与补光

当气温降至5℃时，应及时在温室前坡覆盖塑料薄膜，初期注意通风或遮光，防止室内温度超过20℃。以后以20℃为中心保持17～23℃的最适温度。当夜间室内温度低于5℃时，开始在前坡薄膜上加盖草帘。为防止植株矮化不长，夜间最低夜温必须保持7～8℃。要打破草莓休眠期需要在长日照条件下，通过补光既可以促进花芽的发育、现蕾、开花、果实的成熟，还可连续形成花芽、收获果实、增加产量。补充时间以每天光照时数达16小时为宜。

八、无公害大棚草莓花期及结果期的管理

从保温开始到开花期，主要管理措施是促进植株生长发育和保证有足够的叶面积。可用赤霉素处理打破草莓的休眠，在晴天用100mg/L浓度的赤霉素按5ml/株喷洒，可以促使花芽发育，提早现蕾、开花、防止矮化。

1. 保护地温、湿度控制要点

扣棚后温度调节主要通过放风进行。保温初期，白天温度不超过28～30℃，夜间10～12℃。现蕾期白天温度26～28℃，夜间8～10℃。开花结果期白天温度24～26℃，夜间6～8℃。采收期白天温度20～24℃，夜间5℃为宜。应注意的是，当棚内温度超过草莓各生育阶段最适温度高限时即要通风。通风口由小到大灵活掌握。阴雨天则不通风或中午前后短时通风。

降低棚内湿度的方法主要有选择无滴农膜、采用滴灌、垄面地膜覆盖、沟中铺无病稻草等，日常管理中以通风散湿为主。考虑降湿与保温是矛盾的，一般以中午前后加大通风散湿为最佳时间。其他时间段降湿应以先保温为原则。

2. 开花期的管理

从缓苗后到覆膜保温开始，摘除枯老病叶、腋芽和匍匐茎。保留从新展开叶向外数5～6片健全叶，以利花芽的分化，培育健壮植株。保温开始后，腋芽生长较快，要尽快摘掉。开花期保留顶花序腋下长出来的1～3个强壮腋芽，其他全部摘掉，同时，使花序伸向垄两侧分株理顺，便于以后采收。

进入开花期后，利用蜜蜂进行辅助授粉，可以防止产生畸形果，一般在开花前几天每个温室放置一箱即可。要把最高温度控制在25℃左右，可以提高花粉的发芽率，相对湿度控制在40%花粉发芽最好。因此，花期应充分进行通气降湿。摘除畸形果，坐果较多时，也可疏掉一些小果。

3. 结果期的管理与采收

草莓的收获适期，在冬春两季不同，从开花到果实完全着色，一般需要6℃以上的有效积温600℃才能成熟。因此，冬季温室内的日平均温度为13~15℃需40~45天成熟；到3月之后的春季25~30天就可以采收了。冬季气温较低，果实的成熟着色缓慢，可采收完全着色的果实。春季气温上升果实成熟着色加快并进入盛果期，可以在着色7~8成时提前采收。采收时间以早晨果实温度尚未升高时为宜，应在9:00之前完成采收工作，并按果实大小分级包装，使用便于搬运的采收箱（30cm×50cm×12cm，分6格带盖的纸箱），切忌使用塑料周转箱，以免使果实挤压，热量不易散发而腐烂，丧失商品价值。

九、温室大棚中草莓病虫害的防治

草莓的病害要立足于预防，虫害要立足于早治。主要有两方面：首先要重视轮作换茬和土壤消毒。一般种植草莓2年后与水稻等禾本科作物进行水旱轮作。不能轮作的最好采用土壤消毒剂（如土菌消、溴甲烷等）或太阳能高温消毒处理。其次是重点在开花前防治，尤其在保温初期，每隔7~10天用药1次，连续3~4次，直至开花期。主要防治灰霉病和白粉病，药剂有50%速克灵1 000倍液、世高2 000倍液、70%甲基托布津1 000倍液等。此外蚜虫、斜纹夜蛾等虫害用乐斯本2 000倍液、20%杀灭菊酯3 000倍液、阿维虫清等无公害农药防治。用近2年来相继开发的灭菌烟剂、灭蚜烟剂进行熏治，效果也很好。